研究生用书

U0965189

电机与新能源发电技术

Electrical Machine and Renewable Energy Generation Technology

翟庆志　主　编
苏　娟　副主编

中国农业大学出版社
CHINA AGRICULTURAL UNIVERSITY PRESS

内容简介

全书分上、下两篇，共九章。上篇主要介绍电机技术，包括电机基础知识、典型电机、特种电机及典型应用、电机实验与典型控制、电机的现状与发展；下篇主要介绍新能源发电技术，包括新能源基本知识、新能源发电基本理论和方法、新能源发电系统、新能源发电相关技术。

本书在选材和编写时注重理论联系实际，强调主要结论，力求简洁实用、宽知识面、方便自学，关注材料、工艺等工程应用，使读者能较全面地掌握与电机和新能源发电技术相关的基本知识、主要结论、学科特点和基本分析方法，提高解决各种相关实际问题的能力。

本书可作为电气工程领域和工业自动化领域的高年级本科生和研究生的参考书，对该领域的工程技术人员也有很好的参考价值。

图书在版编目(CIP)数据

电机与新能源发电技术/翟庆志主编. —北京：中国农业大学出版社，2010.12
ISBN 978-7-5655-0159-3

Ⅰ.①电… Ⅱ.①翟… Ⅲ.①能源开发-发电-技术 Ⅳ.①TM61

中国版本图书馆 CIP 数据核字(2010)第 232337 号

书　　名　电机与新能源发电技术
作　　者　翟庆志　主编

策划编辑　梁爱荣　席　清　　**责任编辑**　梁爱荣
封面设计　郑　川　　**责任校对**　王晓凤　陈　莹
出版发行　中国农业大学出版社
社　　址　北京市海淀区圆明园西路 2 号　　**邮政编码**　100193
电　　话　发行部 010-62731190，2620　　读者服务部 010-62732336
　　　　　编辑部 010-62732617，2618　　出　版　部 010-62733440
网　　址　http://www.cau.edu.cn/caup　　**E-mail**：cbsszs @ cau.edu.cn
经　　销　新华书店
印　　刷　北京鑫丰华彩印有限公司
版　　次　2011 年 3 月第 1 版　　2011 年 3 月第 1 次印刷
规　　格　787×980　　16 开本　　21.75 印张　　390 千字
定　　价　32.00 元

图书如有质量问题本社发行部负责调换

出版说明

我国的研究生教育正处于迅速发展、深化改革时期，研究生教育要在研究生规模和结构协调发展的同时，加快教学改革步伐，以培养高质量的创新人才。为加强和改进研究生培养工作，改革教学内容和教学方法，充实高层次人才培养的基本条件和手段，建设研究生培养质量基准平台，促进研究生教育整体水平的提高，中国农业大学通过一系列的改革、建设工作，形成了一批特色鲜明的研究生教学用书，本书是其中之一。特别值得提出的是，本书得到了"北京市教育委员会共建项目"专项资助。

建设一批研究生教学用书，是研究生教育教学改革的一次尝试。这批研究生教学用书，以突出研究生能力培养为出发点，引进和补充了最新的学科前沿进展内容，强化了研究生用书在引导学生扩充知识面、采用研究型学习方式、提高综合素质方面的作用，必将对提高研究生教育教学质量产生积极的促进作用。

中国农业大学研究生院

2008 年 1 月

前　言

传统电机理论经典完整，专著很多。仅对电机学课程进行系统化学习，少学时也需要60学时；新能源发电领域涉及的学科众多，另有一番交叉融合的火热景象；而电机与新能源发电技术之间则有着十分密切的关系；以永磁材料和电力电子技术等为代表的新兴材料与技术，不断拓宽着人们对电能应用的发展空间。因此，面对以上内容的教学和科研应用实际需求，帮助读者梳理主干、体现精髓、启发思考、快速掌握要点、迅速进入研究内容，是本书编写的基本思路。

本书是在编著者多年本科、研究生教学和科研经验积累的基础上，参考了多种教材及专著，结合中国农业大学电气工程及相关应用专业研究生的实际学习需求，从注重理论联系实际、强调主要结论、力求简洁实用、拓宽知识面、方便自学、关注材料、工艺的工程应用等角度编写的。通过本书学习，读者能较全面地掌握与电机和新能源发电技术相关的基本知识、主要结论、学科特点和基本分析方法，提高解决各种相关实际问题的能力。

本教材分上、下两篇，具有相对的独立性，按48学时授课量编写。讲授顺序可视具体专业的教学要求进行调整。部分章节的内容，可以视需要选讲或供学生自学。

本书由翟庆志老师负责全书的内容与符号的统一以及文字的修改和整理等工作，并编写上篇(第一至五章)，苏娟老师编写下篇(第六至九章)。

本书承清华大学柴建云教授审定，提出的宝贵意见对完善和提高教材质量起到重要作用，谨在此表示衷心的感谢。

由于水平有限，书中难免存有不妥、疏漏之处，敬请广大读者批评指正，以便改进。

目 录

上篇　电机技术

第一章 电机基础知识

现代的生产、生活每时每刻都离不开电，而电能的生产，输送和使用都与电机密切相关。本章共十一节，分别从基本概念、结构、主要特征、类别等方面进行介绍，力求使读者从多角度、较为全面地了解电机的基本问题。

第一节 电能与电机

一、电能

人类在地球上生存，需要多种形式的能量，如光、热、电等，但人类文明的实质性飞跃，是从电能的发明和利用开始的，可以说，没有电能应用，就没有人类现代文明的快速发展。

今天，之所以现代社会的生产、生活每时每刻都离不开电，是因为电能具有以下十分鲜明的特点：

(1)容易利用各种能源集中产生，分散使用；

(2)易于传输，分配方便；

(3)容易转换为其他形式的能量。

电能的这些“全能”型优点，使得到目前为止，还没有一种其他形式的能量受到人类如此广泛的认同和利用。

电能的生产、输送和使用都与电机密切相关。

二、电机

电机是一种转换和传递能量（或信号）的电气装置，它区别于其他能量转换装置的根本特点是：①通过电磁感应进行能量（或信号）转换；②完成机械能与电能或电能与电能之间的转换。

在各种类型的大型电站中，都是由发电机将机械能转换为电能；而为了输送和分配电能，在电力系统中使用着大量的升、降压变压器；绝大多数的生产机械都是由电动机拖动的，在家用电器中也大量使用着各种小容量的电动机；在飞行器、水面舰只、海岛、高原甚至蒙古包等电网无法到达的地方，各种由发电机和电动机所构成的微型电力系统，帮助人们实现着更高质量的生活、生产以及与外部的通讯。无处不在的电机，支撑并不断改善着我们生活的方方面面，即便在一台中档轿车上，也有30只以上的电机，为整车服务。

第二节　电磁感应定律

英国科学家法拉第(Faraday)于1821年做了最早的电动机实验模型的尝试。于1831年发现了电磁感应定律：“当磁场的磁力线发生变化时，在其周围的导线中就会感应产生电流。”其数学表达式为

$$e=-\frac{d\psi}{dt} \tag{1-1}$$

其中，ψ为磁通总量，当其通过具有N匝的线圈时，有$\psi=N\varphi$，φ为单匝线圈中通过的磁通量，则式(1-1)可写为

$$e=-\frac{d\psi}{dt}=-N\frac{d\varphi}{dt} \tag{1-2}$$

1832年法国人皮克希(Pixii)应用电磁感应定律制成了最初的发电机。

1833年，楞次(Lenz)总结法拉第实验并提出了楞次定律“回路内因感应电势产生的感应电流的方向为感应电流所激发的感应磁场阻止外加磁场变化的方向。”从理论上确定了电动机和发电机的可逆原理。

设磁通 Φ 按正弦变化，则由式(1－2)可导出

$$\dot{E} = -j4.44fN\dot{\Phi} \tag{1-3}$$

式中，若交流电频率 f 的单位为 Hz，N 为绕组匝数，通过绕组的磁通向量 $\dot{\Phi}$ 的单位为 Wb，则绕组感应电势向量 $\dot{E}$ 的单位为 V。

当绕组外接交流电 U 时，由于 f 和 N 均为常值，故电动势 E 的大小仅由磁通 Φ 所决定。若忽略漏阻抗压降，则有

$$U \approx E = 4.44fN\Phi \tag{1-4}$$

直导体在磁场中作切割磁力线的运动时，导体中将产生感应电动势 e。如果磁场方向、导体放置方向和导体运动方向三者相互垂直，则感应电动势 e 的大小为

$$e = BLv \tag{1-5}$$

式中，若磁感应强度 B 的单位为 T，导体有效长度 L 的单位长度为 m，运动速度 v 的单位为 m/s，则感应电动势 e 的单位为 V。感应电动势 e 的方向用右手定则来判定，见图 1－1。

通电导体在磁场中受到的力，称为电磁力，当电流方向与磁场方向相互垂直时，电磁力的大小为

$$F = BLI \tag{1-6}$$

式中，若磁感应强度 B 的单位为 T，单体有效长度 L 的单位为 m，导体中电流 I 的单位为 A，则电磁力 F 的单位为 N。

电磁力 F 的方向可用左手定则来判定，见图 1－2。

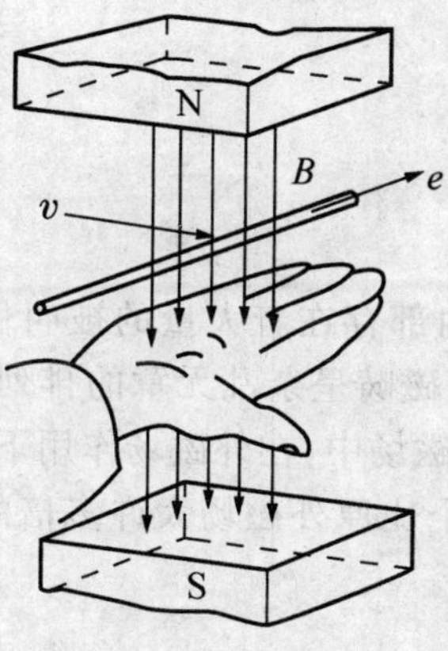

图 1－1　右手定则

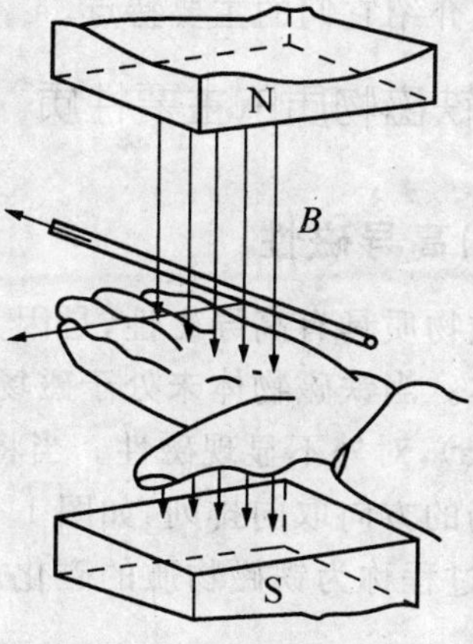

图 1－2　左手定则

第三节 能量转换与平衡

能量守恒定律指出，能量既不能产生也不能消亡，只能发生形式的转换。将其应用于以磁场作为主要储能机制的机电系统中时，能量的流程可表达为

电源输入能量 ＝ 机械输出能量 ＋ 磁场存储能量 ＋ 转换成的热能量

上式中，各项具有正值时，为电动机运行；当作为发电机运行时，电能与机械能项应取负值。

对于一个无损磁场储能系统，磁场变化时，有

$$dW_{elec} = ei\,dt \tag{1-7}$$

式中，dW_{elec} 为输入电能的微分，e 为感应的电势，i 为输入的电流，ei 为电磁功率。

这样的系统中，磁场是电能与机械能之间的耦合场，因此说，机电能量转换的实质就是在耦合场中实现电能与机械能之间能量形式的变换。

第四节 铁心与绕组

作为电机的重要结构和导磁部件的铁心，是用铁磁物质制成的，铁磁物质包括铁、钴、镍以及它们的合金；而电机的导电部分，则由绕组来主要构成，几乎均为铜材。本节介绍它们的主要特点。

一、铁磁物质的主要性质

(一)高导磁性

铁磁物质具有高导磁性，是因为在铁磁物质内部存在着大量的被叫做磁畴的微小磁体。当铁磁物体未处于磁场中时，其内部的磁畴呈杂乱无章的排列状态，见图 1 - 3(a)，对外不显现磁性。当将铁磁物体放入磁场中，在外磁场作用下，磁畴将按外磁场的方向取向排列，如图 1 - 3(b)，形成一个比原外磁场大许多倍的附加磁场，这个过程称为铁磁物质的磁化。

(二)磁饱和

图 1 - 4 所示为 $B=f(H)$ 曲线，称作该种铁磁物质的磁化曲线。在曲线中 Oa

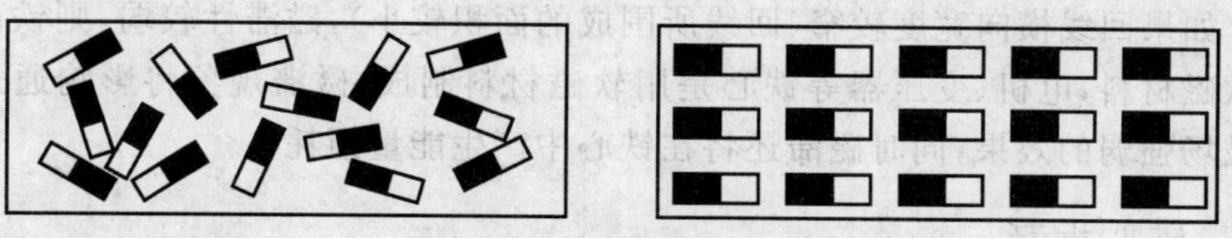

图 1-3　磁畴

(a)磁畴无序的排列；(b)磁畴的取向排列

段上，当 H 值随电流 I 成正比增大时，B 值增大较快，且大致和 H 成正比。在 ab 段上，B 值增长逐渐缓慢，这是因为大部分磁畴已按 H 的方向排列，可以转向的磁畴越来越少。在 b 点以后，磁化过程基本结束，B 值增加更加缓慢，由于磁化趋于结束和完全结束而使铁心中 B 值增长变缓的现象称为磁饱和。磁饱和使铁心的磁导率 $\mu=\dfrac{dB}{dH}$ 变小，磁阻 $R_m=\dfrac{L}{\mu S}$ 变大。磁饱和程度越高，μ 值越小，R_m 值越大。

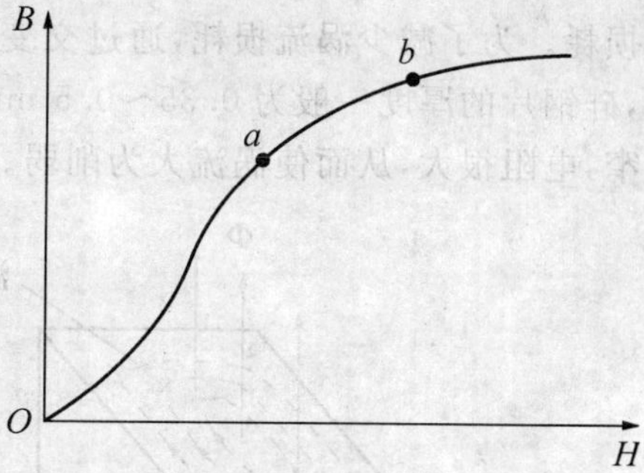

图 1-4　铁磁物质的 $B=f(H)$ 曲线

(三)磁滞

当铁心中的磁场强度 H 交变时，磁感应强度 B 也将随之交变。这时铁心中的磁畴将不断地翻转，以改变方向。由于磁畴之间的相互摩擦，使得它们取向排列的步调跟不上外磁场的变化步调，即 B 的变化滞后于 H 的变化，这种现象称为磁滞。B 随 H 的变化关系称为磁滞回线，如图 1-5 所示。

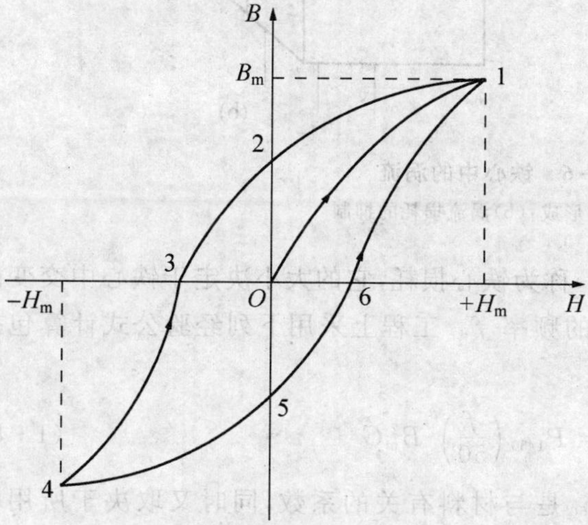

图 1-5　铁磁材料的磁滞回线

在图 1-5 中，当 H 由 $+H_m$ 减少为零时，B 仍将保持一定数值，称为剩磁感应强度。如果回线横向宽度较宽，铁磁物质的磁滞性越强，剩磁越大，称为硬磁材料，工程上多用此材料制成永久磁铁。如果回线横向宽度较窄(回线所围成的面积较小),磁滞性较弱,则铁磁材料称为软磁材料,电机、变压器等铁心是用软磁材料制成,磁滞现象将影响通过电流调节磁场强弱的效果,同时磁滞还将在铁心中产生能量损耗。

二、铁心损耗

当通过铁心的磁通交变时,因此而不断翻转的磁畴之间的相互摩擦,将使铁心发热,由此引起的能量损失称为磁滞损耗。

当通过铁心的磁通交变时,在铁心的表面上将产生感应电动势,并形成漩涡状的电流如图 1 - 6(a)所示。涡流在铁心中流动造成能量损失,使铁心发热,称为涡流损耗。为了减少涡流损耗,通过交变磁通的铁心采用相互绝缘的硅钢片叠压制成,硅钢片的厚度一般为 0.35～0.5 mm,如图 1 - 6(b)所示,由于涡流的路径变得很窄,电阻很大,从而使涡流大为削弱。

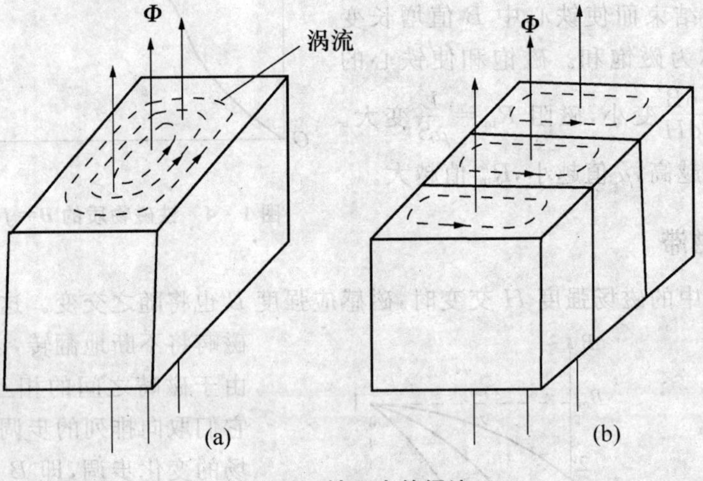

图 1 - 6　铁心中的涡流

(a)涡流的形成;(b)涡流损耗的抑制

磁滞损耗和涡流损耗合在一起,称为铁心损耗,它的大小决定于铁心中交变磁感应强度的最大值 B_m 和磁通交变的频率 f。工程上采用下列经验公式计算包括磁滞和涡流损耗在内的铁损耗

$$p_{Fe} = P_{1/50}\left(\frac{f}{50}\right)^{\beta} B_m^2 G \tag{1-8}$$

式中,指数 β 在 1.3～1.6 取值;$P_{1/50}$ 是与材料有关的系数,同时又取决于所用单位;G 为铁心的体积。

三、绕组

铁磁材料的高导磁特性，使得常规电机制造中均选用高性能铁磁材料构成主磁路，与其密切配合的，则是构成电回路的绕组。

绕组的主要物理特征为匝数 N，配合主磁路上的铁磁材料（$\mu_{Fe} \gg \mu_0$），实现高性能导磁，其主磁通可表达为

$$\Phi = \frac{i \cdot N}{\dfrac{l}{\mu \cdot S}} = \frac{F}{R_m} \tag{1-9}$$

式中，$F = iN$ 为产生磁通 Φ 的磁动势；$R_m = \dfrac{l}{\mu \cdot S}$ 称为磁路的磁阻，l 为磁路长度，S 为磁路正导磁面积；式(1－9)亦称为磁路欧姆定律。

绕组的电路特征，除了电压 U、电流 i 外，还包括感抗

$$x = 2\pi fL = 2\pi fN^2\Lambda \tag{1-10}$$

式中，绕组的自感系数 $L = N^2\Lambda$，$\Lambda = \dfrac{1}{R_m}$ 称为磁路的磁导。

绕组的磁场储能可表示为

$$w = \frac{1}{2}Li^2 \tag{1-11}$$

对于交流电机而言，绕组的以上特征具体表现为：以 x 表征的感性电路特点，以及以 w 表征的与电源进行的感性无功能量交换，也就是常说的对电源滞后的无功需求以及对应体现的滞后性的功率因数。

定义导体的电流密度

$$J = \frac{I}{S} \tag{1-12}$$

式中，I 为流过导体的电流值，A；S 为导体的截面积，mm^2。

以 J 来衡量绕组的载流能力，过大的 J 将导致绕组过热而损伤绝缘，工程上通常控制 J 在 5～8 A/mm^2。

绕组还应满足绝缘、空间、机械、参数、冷却等其他方面的设计和运行要求。

第五节　绝缘与冷却

电机的绝缘，按其耐热性分为 A、E、B、F、H 五种等级，运行时的最热点温度上

限，分别对应为105、120、135、155、180℃，一般而言，电机耐热的瓶颈，首推非金属的绝缘材料，如纸、化纤织物、胶木、玻璃纤维和云母等。

影响电机绝缘性能的因素有热、电、环境和机械等。对小型电机而言，运行中的最热点温度、大气压以及湿度等环境因素是主要的；对于中、大型电机而言，过电压等电应力的影响，以及由启动、电动力引起的冲击振动，也起很重要的作用。

绕组绝缘结构应具有所要求的耐热等级、耐电强度和机械性能。在规定的环境条件下使用时，绝缘结构的机械、电气性能，应能确保其安全运行。

电机运行时，由于摩擦、磁滞、涡流以及 i^2r 等损耗因素会引起发热，而显然，电机的稳定工作温度取决于发热与冷却平衡时的温度，因此，对连续运行的电机而言，采用适当的冷却形式，使电机的稳定工作温度不超过其对应的最热点温度上限，是电机设计制造的基本命题之一。

物理上看，热量的传递是通过相邻物质间存在的温度差来实现的，电机的散热形式有三种，即传导、辐射和对流。电机内的热量，一般通过传导，传递到与冷却介质相接触的表面，然后通过对流和辐射作用，散发到周围介质中。

电机中使用的冷却介质有空气、氢气、水和专用冷却油等。

中、小型电机，常采用表面和通风的冷却方式，如电动机机壳上的散热筋和冷却风扇。中、大型电机，常采用循环、氢和水的冷却方式，如油浸式变压器和中、大型汽轮发电机中的铁心和绕组的冷却。

第六节　损耗与效率

电机的“铁心＋绕组”式结构以及运行方式，决定了其通常的损耗总要包括：

(1)基本铁损耗。在铁心中因主磁通交变引起的磁滞和涡流损耗。

(2)绕组电阻损耗。电流流过绕组电阻，产生的 i^2r 损耗，对带有励磁绕组的同步和直流电机，还应计入励磁绕组的电阻损耗。

(3)杂散损耗。包括表面损耗和脉振损耗，主要与引起损耗的谐波磁场有关。

(4)如果是旋转电机，还应包括风摩损耗。包括风扇及通风系统损耗、转子表面与冷却介质的摩擦损耗、轴承摩擦损耗及电刷摩擦损耗等。

并非所有电机运行时，均包括上述4项损耗。例如，变压器运行时，应不含风摩损耗；常规异步电动机运行时，应不含励磁绕组的电阻损耗。

记 $\sum p$ 为包括上述4项损耗在内的电机总损耗，则电机的效率

$$\eta = \frac{P_2}{P_1} = 1 - \frac{\sum p}{P_2 + \sum p} \tag{1-13}$$

式中，P_1、P_2 分别为电机的输入和输出功率。

第七节 电机的类型与工作制

若按电机的功能分类，则有

(1)将机械能转换为电能——发电机；

(2)将电能转换为机械能——电动机；

(3)将电能转换为另一种形式的电能——包括变压器、互感器、移相器等；

(4)在自动控制系统中转换和传递信号——控制电机。

按基本结构和工作原理分类，电机可分为直流电机、变压器、异步电机和同步电机四大类。

也可按交流与直流，单相与多相，旋转与静止等类型分类。

按电机的运行情况，电机的工作制，主要有连续、短时和断续周期三种工作制。

第八节 安装形式与防护类型

常规电机的体积与其功率一定是正相关的，且其细长比通常也与美学特点相近，因此常以电机的中心高来综合表征其体积、容量以及基本安装尺寸。电机成品底脚平面至轴中心的距离，称为轴中心高，以 mm 为单位计量，相关规格及对应的形位公差，可参阅国标。

电机的安装形式，若按安装的紧固面分，有端盖安装和底脚安装二种；若按轴线所处的位置分，有卧式和立式安装二种。

国标规定的电机防护类型有：

(1)防止人体接触电机内带电或转动部分和防止固体异物进入电机内的防护等级；

(2)防止水进入电机内的防护等级。

防护标志由特征字母 IP 和两个防护等级的表征数字组成，如 IP54 等，详见相应国标。

第九节　影响电机主体特征的因素

一、电机的利用系数

为综合衡量电机设计、制造的经济性，体现包括铁心和导线在内的电工材料的利用水平，有表达式

$$C = \frac{S}{D_{i1}^2 l \cdot n_N} \propto A \cdot B_\delta \tag{1-14}$$

式中，D_{i1}为交流电机定子内径（或直流电机电枢直径）；l为铁心有效长度；n_N为交流电机同步转速（或直流电机额定转速）；A为线负荷；B_δ为气隙磁通密度；S为计算视在功率，对交流电机有

$$S = mEI_N \tag{1-15}$$

式中，m为相数；E为满载时定子绕组每相电动势；I_N为定子额定相电流。

对直流电机有

$$S = E_a I_a \tag{1-16}$$

式中，E_a为电枢绕组电动势；I_a为电枢绕组电流。

线负荷A表示沿定子圆周上单位长度的安培导体数，与绕组的电流密度J一起，直接影响电机绕组的用铜量及绕组温升。

气隙磁通密度B_δ，也称为电机的磁负荷，由电机的几何尺寸、导磁材料、励磁安匝数等因素决定。

按照电机的用途，合理地配置A与B_δ是良好电机设计与制造的关键。高的A与B_δ会提高C值，但对电机的温升和效率不利；低的A与B_δ，对电机的温升和效率有利，但成本会相应提高，详细分析可参阅有关电机设计资料。

二、用于大容量、高效率能量转换的电机

（一）发电机的类型

发电机作为电网中电能产生的源头，必须首先考虑效率和单位电能的成本问题，虽然电能发明之初的发电机是直流的，但人类最终选择了三相交流发电机，因为它不仅有最经济的结构和效率，而且便于进行调节和控制。当发电机的类型确定之后，输送环节的变压器以及用户端的用电设备，均以三相交流电源为基准进行

配置，就是很自然的事了。

(二)装机容量及电压等级

在电力系统中应用的电机，主要以发出、变送电能或将电能转换为其他形式的能量为首要目标，由于电能输送总量十分巨大，为有效减少损耗、提高效率，在设备上，要求包括发电机、电动机、变压器在内的各类电机的单机容量尽可能做大。目前，限制电机单机容量无限增大的主要因素有：发热、振动以及材料等因素；在线路传输环节，电能应尽可能在高电压下输送，以有效减小线路电流以及对应的损耗 i^2r。

(三)功率

由电路原理知，在交流电路中，存有三种功率形式，即视在功率 S、有功功率 P 和无功功率 Q，其间的关系为

$$S^2 = P^2 + Q^2 \tag{1-17}$$

功率因数可表达为

$$\cos\varphi = \frac{P}{S} = \frac{1}{\sqrt{1+\left(\frac{Q}{P}\right)^2}} \tag{1-18}$$

对于一个三相交流电器设备，若线电压为 U，线电流为 I，则其视在功率可表达为

$$S = \sqrt{3}UI \tag{1-19}$$

通常变压器和发电机以视在功率作为其额定功率，表明其带各类负荷的综合能力。有功功率可表达为

$$S = \sqrt{3}UI\cos\varphi \tag{1-20}$$

通常电动机(也有发电机)以有功输出功率作为其额定功率。

无功功率 Q 是负荷与电源之间进行能量交换所占用的功率。在电机上则体现为线圈内的磁场储能与电源之间的能量交换。由前述知，一台已制成的发电机，其视在功率 S 是一个不能轻易突破的功率上限值，以一个功率三角形为例，如图1-7，当此发电机满发时，其功率三角形的斜边为一定值 S，当一个直角边 Q_1 较大时，另一个对应直角边 P_1 就不得不按勾股定理

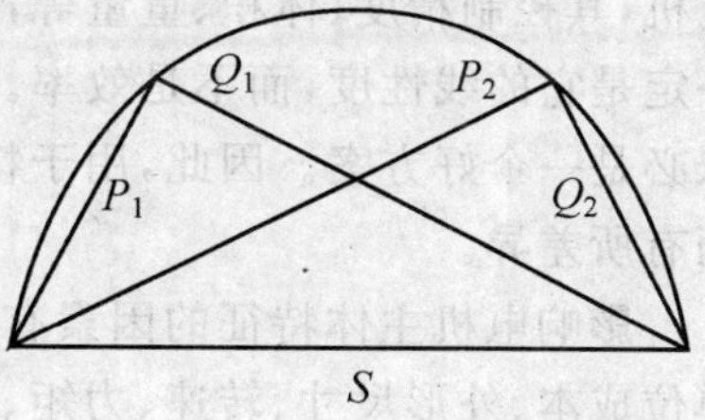

图 1-7 交流电功率三角形

相应减少。

表现在发电机负载运行时的情况是:在不能过载运行的前提下(S 不变),其无功负荷 Q 的增加,必然伴随着所能带的有功负荷 P 减少,另一个重要表征就是功率因数 $\cos\varphi$ 的降低。通常为补偿 $\cos\varphi$ 的过低,在电源端可通过调节发电机励磁电流的方法,发出与负荷需求匹配的无功功率 Q;在负荷端,可采用并联电容器的方法,利用电容器中的电场储能,来弥补电机线圈内用于励磁的磁场储能需求,以减少对电源的无功功率依赖,提高功率因数。$\cos\varphi$ 的提高还可以有效减少线路电流幅值,进而减少输电线路的有功损耗 i^2r。如图 1 - 7 所示,当有效提高该发电机的 $\cos\varphi$ 后,仍在不过载运行的前提下(S 不变),无功负荷 Q_2 的减少,会使发电机所能带的有功负荷 P_2 增加,因此,$\cos\varphi$ 的高低,也体现了对发电机容量的利用程度。

(四)寿命及可靠性

由于在电力系统中运行的各类电机的装机容量日趋增大,单机成本以及对系统的影响都不容小视,因此从设计、制造开始,其寿命及可靠性问题,也都是十分重要的因素,否则,频繁地维护甚至更换,都将对运行和投资的成本构成不利的影响。电力系统中运行的发电机、变压器等大型电力设备,其设计寿命均在 10 年以上,许多设备甚至可以运行 20 年以上。

三、用于特殊用途的电机

用于非电力系统等非大容量、高效率能量转换的电机,林林总总,五花八门,其首要的评价指标,多数已不是效率、寿命等,会随其应用场合或用途而差异很大。例如,航天飞机上使用的电动机,其可靠性、控制精度、体积、重量甚至外形等要求,都会比效率更加重要,为达到其技术要求,甚至不惜成本;用于 DV 上的调焦驱动电机,其控制精度、体积、重量等,显然都比效率更重要;应用测速发电机,更看重的一定是它的线性度,而不是效率。将一款普通玩具电机,设计成寿命在 10 年以上,未必是一个好方案。因此,用于特殊用途的电机,其首要的评价指标,因用途不同,而有所差异。

影响电机主体特征的因素有许多,像效率、寿命、可靠性、线性度、体积、重量、单位成本、外形尺寸、转速、力矩、电压、电流等,只有将需求、成本等因素明确之后,才能找到那“总有一款适合你”的电机。

第十节 常规动力电机

常规电机通常系指用于大规模发电或提供动力的中、大型电机，依托于交流电网工作，在电力系统的发、输、配、变、用电这五个环节中，在电能从产生到耗尽的各个环节中，均可以找到常规电机的显眼身躯，图 1 - 8 显示出了各种电机，在电力系统中应用的所处位置，图 1 - 9 为一台 200 MW 汽轮发电机组的实物照片。在发电环节，无论是水电站、热电厂、核电站，甚至部分风电场，发电单元都是由同步发电机充任主角；在输、配、变电这三个电能输送环节，电能能够实现在各个电压等级间的变换，需要大量的升压和降压变压器，其装机总容量往往是系统变送总功率的数倍；在用电环节，异步、同步和直流电动机是用电的主体，其中又以异步电动机用电量最大。

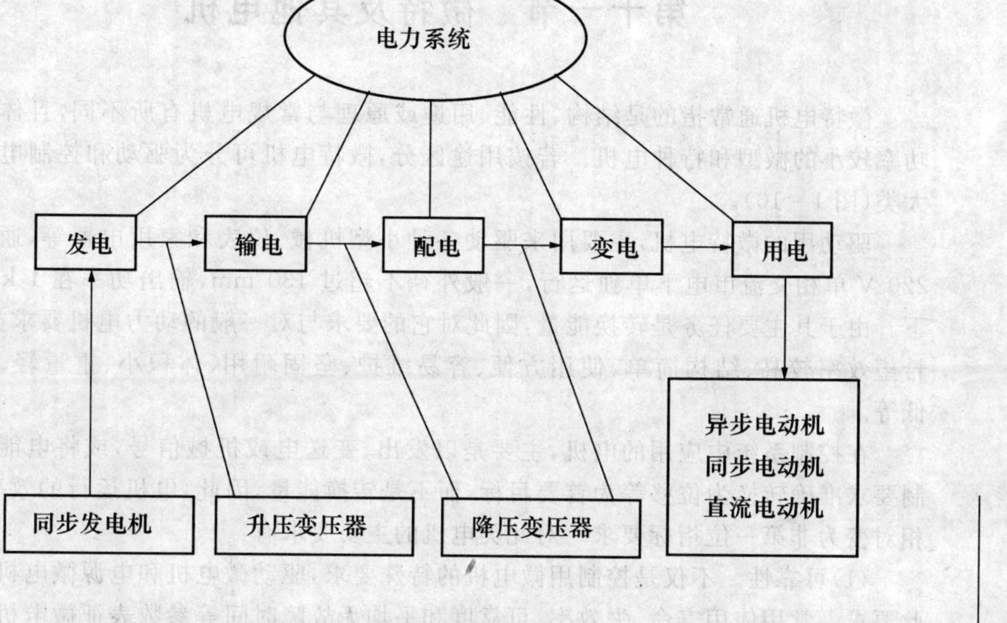

图 1 - 8 电力系统中电机的应用

图 1-9　200 MW 汽轮发电机组实物照片

第十一节　微特及其他电机

微特电机通常指的是结构、性能、用途或原理与常规电机有所不同，且体积和功率较小的微型和特种电机。若按用途区分，微特电机可分为驱动和控制电机两大类(图 1-10)。

驱动用的微特电机，主要用来驱动各种小型机械、仪表和家用电器等，通常在 220 V 单相交流市电下单独运行，一般外径不超过 130 mm，输出功率在 1 kW 以下。由于其主要任务是转换能量，因此对它的要求与对一般的动力电机要求类似，希望效率较高、结构简单、使用方便、容易维护、坚固耐用、体积小、重量轻、价格低等。

在控制系统中应用的电机，主要是以发出、变送电或机械信号，或将电能按控制要求准确转换为位移等为首要目标，而不是转换能量，因此，电机运行的效率，会相对变为非第一位指标要求。对此类电机的主要要求有：

(1)可靠性。不仅是控制用微电机的特殊要求，驱动微电机和电源微电机也有此要求。常用使用寿命、失效率、可靠度和平均无故障时间等参数表征微电机的运行可靠性。由于电机有运动部件，其可靠性往往比控制系统中的其他静止的、无触点的器件要差，有可能会成为系统在这方面的“短板”，甚至造成严重后果。因此，此类电机的可靠性，远比其他（如效率等）指标来得重要。

（2）精度。一定输入条件下，输出信号的实际值与理论值的差值代表微电机的精度，常用误差大小表示。控制电机在其测量或转换信号时，所体现的精度是其正常运行时的价值所在。

（3）快速响应。系统控制的理想境界是实时控制，要求各方面的信息能够跟随得上系统主令信号的变化，而电机的转动部分有惯量，绕组线圈有电感，这些都会不同程度地影响控制电机的相应速度，进而直接影响系统的动态性能。

- 微特电机
  - 驱动用
    - 换向器电机、感应电机
    - 同步电机、永磁无刷电机
    - 超声波电机、直线电机
    - 双凸极电机
  - 控制用
    - 伺服电动机、测速发电机、
    - 旋转变压器、自整角机、
    - 步进电动机

图 1-10　微特电机的分类

（4）工作特性。控制用微电机有其独特的特性参数，常用输出量与输入量，或一个输出量与另一个输出量之间的关系来表示。从控制要求来说，静态特性曲线应连续、光滑，没有突变；动态特性常用频率曲线或响应曲线来表示。频率曲线应平稳，无突跳振荡点；响应曲线应快速收敛。

（5）灵敏度。对应于单位输入信号的输出量的大小。一般常用比力矩、比电动势、放大系数等表示。

第二章 典型电机

虽然如今电机种类十分繁多，但依据电磁感应定律工作的电机依然是绝对主流，从基本工作原理上看，可分为直流电机、变压器、异步电机和同步电机四种典型类别。其他种类的电机多是由这四种典型电机派生出来的，因此本章将就此四种典型电机作简要介绍。

第一节 变 压 器

变压器是一种静止的电力机械，它的主要作用是：通过电磁感应把一种电压等级的交流电能转变为同频率的另一种电压等级的交流电能。本节将以单相电力变压器稳态运行作为分析对象。

管式油箱变压器及其辅件见图 2－1。

一、运行原理

变压器负载运行时，一、二次侧电流 $\dot{I}_1$ 和 $\dot{I}_2$ 所产生的磁动势 $\dot{I}_1N_1$ 和 $\dot{I}_2N_2$

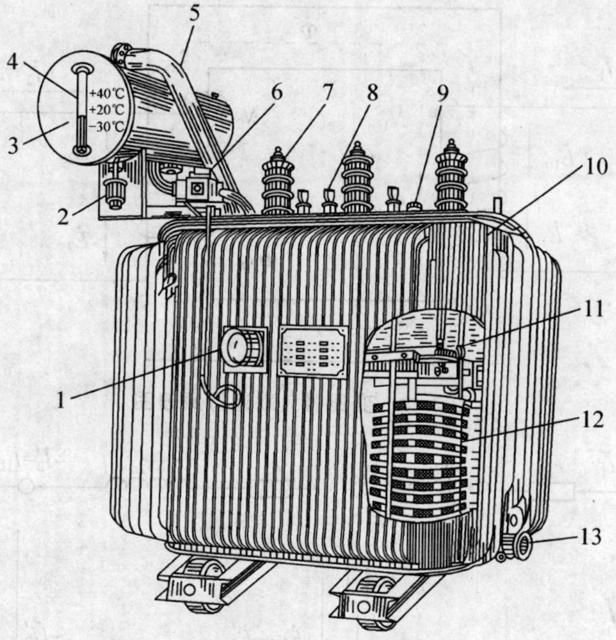

图 2-1　管式油箱变压器及其辅件

1. 信号式温度计；2. 吸湿器；3. 储油柜；4. 油表；5. 安全气道；6. 气体继电器；7. 高压套管；8. 低压套管；9. 分接开关；10. 油箱；11. 铁心；12. 线圈及绝缘；13. 放油阀门

构成铁心中的合成磁动势 $\dot{F}_m = \dot{I}_1 N_1 + \dot{I}_2 N_2$，共同建立负载时的主磁通 Φ。并由 Φ 在一、二次侧中感应对应电动势 $\dot{E}_1$ 和 $\dot{E}_2$。

由于 $\Phi = \dfrac{E_1}{4.44fN_1} \approx \dfrac{U_1}{4.44fN_1}$ 基本不变，所以 $\dot{F}_m$ 可看作近似等于空载磁动势 $\dot{F}_0$，即有磁势平衡式

$$\dot{F}_0 = \dot{I}_0 N_1 = \dot{I}_1 N_1 + \dot{I}_2 N_2 = \dot{F}_m \tag{2-1}$$

其中相量 $\dot{I}_1 N_1$ 通常与 $\dot{I}_2 N_2$ 的夹角接近 180°，即 $\dot{I}_2 N_2$ 实际对 $\dot{I}_1 N_1$ 总是起去磁作用的。

变压器的运行原理见图 2-2。

二、数学模型

经过将二次绕组向一次折算后，所得的变压器的 T 形等效电路如图 2-3 所示。

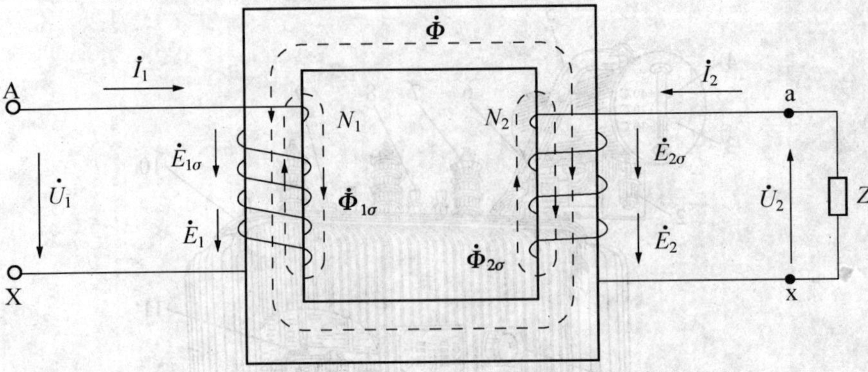

图 2-2　变压器负载运行原理图

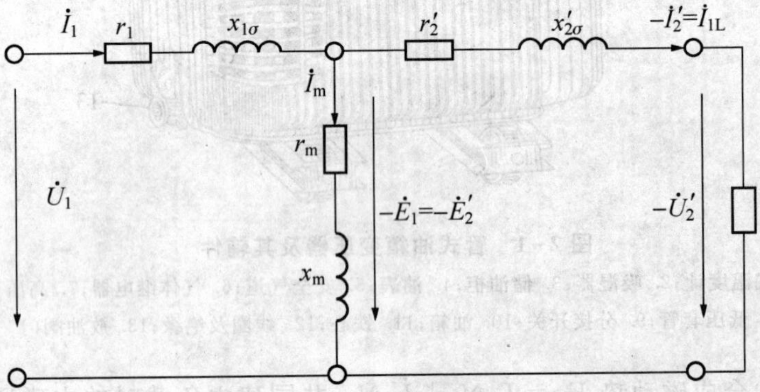

图 2-3　变压器的 T 形等效电路

折算后变压器的基本方程式为

$$\left.\begin{aligned}\dot{U}_1 &= -\dot{E}_1+\dot{I}_1 Z_1\\ \dot{U}'_2 &= \dot{E}'_2-\dot{I}'_2 Z'_2\\ \dot{I}_m &= \dot{I}_1+\dot{I}'_2\\ \dot{E}_1 &= \dot{E}'_2\\ -\dot{E}_1 &= \dot{I}_m Z_m\\ \dot{U}'_2 &= \dot{I}'_2 Z'_L\end{aligned}\right\} \tag{2-2}$$

式中，一次支路：漏阻抗 $Z_1=r_1+jx_{1\sigma}$ 中，$x_{1\sigma}$ 为一次绕组漏电抗，r_1 为一次绕组电阻；励磁支路：励磁阻抗 $Z_m=r_m+jx_m$ 中，x_m 为励磁电抗，r_m 为励磁电阻，是对应于铁耗的等效电阻；二次支路：漏阻抗 $Z'_2=r'_2+jx'_{2\sigma}$ 中，$x'_{2\sigma}$ 为二次绕组漏电抗折算值，r'_2 称为二次绕组电阻折算值；负载支路：Z'_L 为负载阻抗折算值。

在电力变压器中，由于 I_m 在 I_{1N} 中所占的比例很小，在工程中有时可以忽略 I_m。即在等效电路中去掉励磁支路，如图 2－4 所示，称为变压器的简化等效电路。

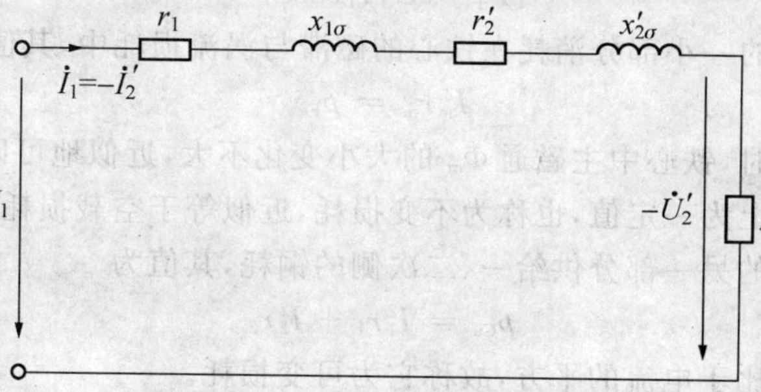

图 2－4　变压器的简化等效电路

在简化等效电路中，可将一、二次侧的漏阻抗合起来，得到

$$\left.\begin{aligned} r_k &= r_1 + r'_2 \\ x_k &= x_{1\sigma} + x'_{2\sigma} \\ Z_k &= r_k + jx_k = Z_1 + Z'_2 \end{aligned}\right\} \tag{2-3}$$

式中，Z_k 为变压器的短路阻抗；r_k 为短路电阻；x_k 为短路电抗。

三、工作特性

变压器的工作特性，主要包括电压变化率和效率特性。

(一) 电压变化率

变压器一次侧加额定电压 U_{1N}，从空载到满载二次侧电压的算术差$(U_{20}-U_2)$与其额定电压 U_{2N} 的比值定义为变压器的电压变化率，即

$$\Delta U = \frac{U_{20}-U_2}{U_{2N}} \times 100\% \tag{2-4}$$

对式(2－4)整理后，可得下式：

$$\Delta U = \beta(r_k^* \cos\varphi_2 + x_k^* \sin\varphi_2) \tag{2-5}$$

式中，$\beta = I_1/I_{1N}$，称为变压器的负载率；r_k^*、x_k^* 分别为变压器短路电阻和短路电抗的标准值；φ_2 为变压器输出电压与电流之间的夹角，即功率因数角，与负载性质密切相关。因此式(2－5)反映出了变压器的参数、负荷大小和负载性质对其电压变

化的影响。

(二)效率

变压器输入功率为

$$P_1 = U_1 I_1 \cos\varphi_1 \tag{2-6}$$

输入功率中的一小部分消耗在铁心的磁滞与涡流损耗中，其值为

$$I_m^2 r_m = p_{Fe} \tag{2-7}$$

当负载变化时，铁心中主磁通 Φ_m 的大小变化不大，近似地可以认为是常数，因此铁心损耗基本上为一定值，也称为不变损耗，近似等于空载损耗 p。

输入功率中的另一部分供给一、二次侧的铜耗，其值为

$$p_{Cu} = I_1^2 r_1 + I_2^2 r_2 \tag{2-8}$$

由于铜耗正比于电流的平方，故称它为可变损耗。

输出功率为

$$P_2 = U_2 I_2 \cos\varphi_2 \tag{2-9}$$

变压器的效率为

$$\eta = \frac{P_2}{P_1} = \frac{P_2}{P_2 + \sum p} = \frac{\beta S_N \cos\varphi_2}{\beta S_N \cos\varphi_2 + p_0 + \beta^2 P_{kN}} \tag{2-10}$$

当功率因数不变时，变压器的效率随负载变化情况，见图 2-5。

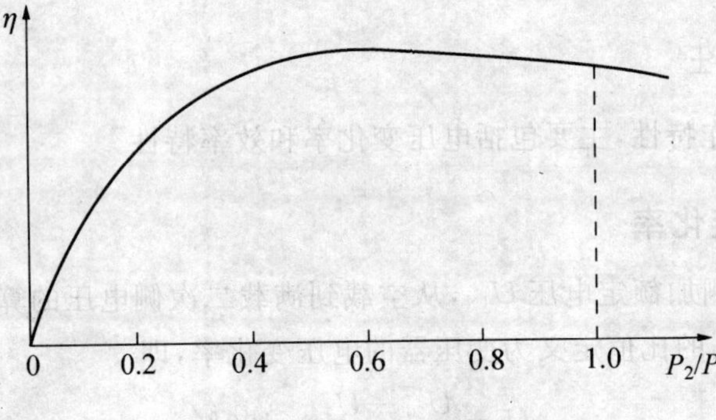

图 2-5　变压器的效率曲线

由于电力变压器的负载时刻变化，且一次侧长期接在电网上，因此当一次侧电压不变时，铁耗总是存在，且基本不变。一般电力变压器的最大效率发生在 β=0.5～0.6。

以上内容，也适用于对三相电力变压器稳态、对称运行时的一相分析，其他如联结组、并联运行和不对称运行等详细内容，可参考电机学教材和其他相关技术资料。

四、基本结论与典型应用

在电力变压器运行分析中，体现出如下基本规律：

(1)各绕组之间的电量同频率且按照匝数比体现感应关系，例如，对于二绕组变压器有

$$f_1 = f_2, k = \frac{E_1}{E_2} = \frac{N_1}{N_2} \approx \frac{U_1}{U_2} \approx \frac{I_2}{I_1} \tag{2-11}$$

(2)依据电磁感应定律导出的正弦交流电势表达式

$$\dot{E} = -j4.44 fN\dot{\Phi}_m \tag{2-12}$$

有着十分广泛的应用。

(3)各绕组的磁动势及电流之间依据磁势平衡，存有内在的联系，对于一个有 N 个绕组的单相变压器，如果以第一个绕组为基准，则有

$$\sum_{i=1}^{N} \dot{F}_i = \sum_{i=1}^{N} \dot{I}_i N_i = \dot{I}_{10} N_1 = \dot{F}_{10} \tag{2-13}$$

在电力系统中运行的变压器，如二绕组、三绕组和自耦变压器等，为追求经济性，其主磁通 Φ_m 通常工作在拐点附近，由于饱和的原因，其二次回路会感生低次谐波；而用于测量或传递信号类的变压器，如电压互感器、电流互感器、自整角机、旋转变压器等，为提高线性度，应尽量使其主磁通工作在磁化曲线的线性段。

第二节 直流电机

直流电机是将能量在直流电能与机械能之间相互转换的旋转机械，包括直流发电机和电动机，二者间原理上是可逆的。

直流电动机具有优良的启动、调速和制动性能，所以在对启动及调速性能要求较高的生产机械，以及直流电源较容易获得的场合，直流电动机能够得到很好的应用。

随着电子技术的发展，直流发电机有逐步被可控整流电源取代的趋势。

直流电机的结构图见图 2-6。

一、运行原理

以电动机为例，图 2-7 中，在外施电压 U 作用下，有电流 I 经过电刷 A 及换向片进入电枢绕组 a-b-c-d，成为电枢绕组中的电流 i_a，然后经换向片及电刷 B 而返回电源负端。电枢电流 i_a 与磁场相互作用，使电枢线圈受到电磁力 F，在电磁力

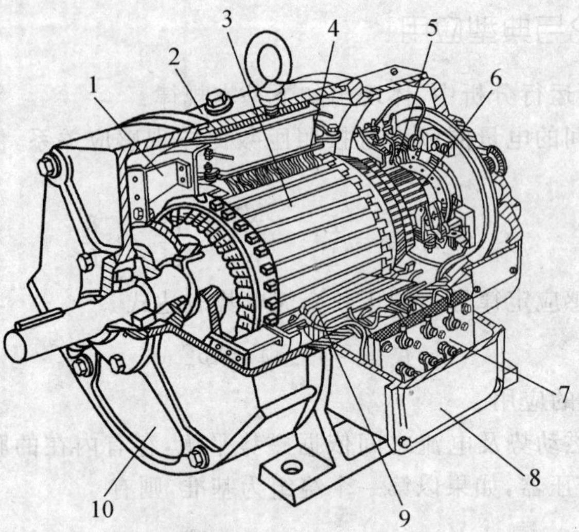

图 2-6 直流电机的结构图

1. 风扇；2. 机座；3. 电枢；4. 主磁极；5. 刷架；6. 换向器；7. 接线板；8. 出线盒；9. 换向极；10. 端盖

所产生的电磁转矩 T 驱动下，转子沿 T 方向旋转起来。

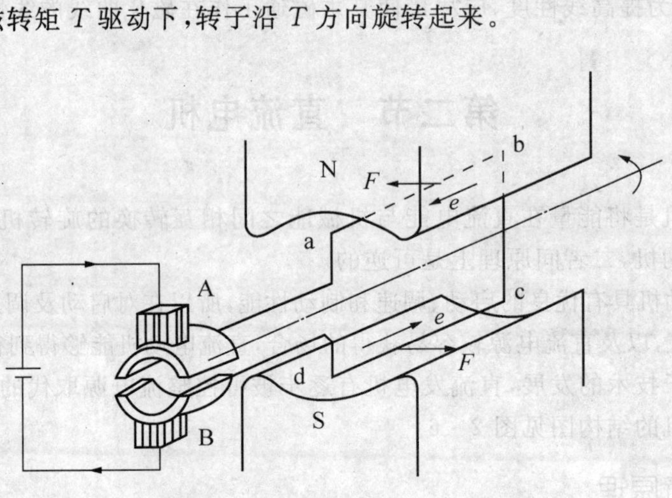

图 2-7 直流电动机的工作原理

按电枢绕组和励磁绕组的连接方式不同，直流电机可分为他励、并励、串励和复励电机四种，如图 2-8 所示。以永磁材料励磁，可视为他励的一种。不同的励磁方式对电机的运行性能有很大影响。

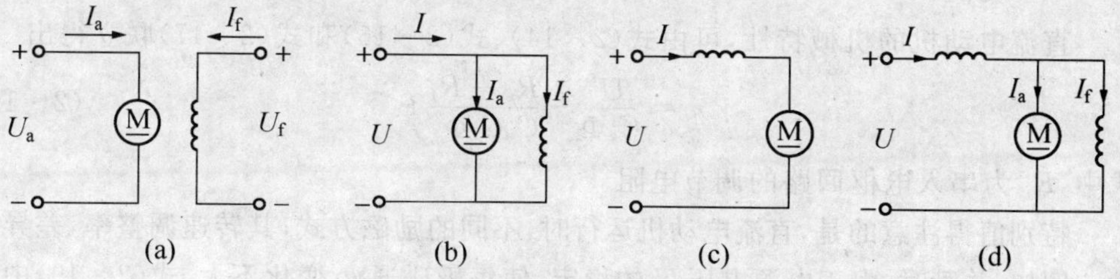

图 2-8　直流电动机的励磁方式

(a)他励;(b)并励;(c)串励;(d)复励

二、数学模型

直流电机的电动势与电磁转矩表达式为

$$E = C_e \Phi n \tag{2-14}$$

式中,C_e 为电动势常数;Φ 为每极磁通,单位为 Wb;n 为电枢转速,单位为 r/min;E 为从正负电刷引出的电枢电动势,单位为 V。

$$T = C_T \Phi I_a \tag{2-15}$$

式中,C_T 为转矩常数;如果每极磁通 Φ 的单位为 Wb,电枢电流 I_a 的单位为 A,则电磁转矩 T 的单位为 Nm。

式(2-14)和式(2-15)对直流电机普遍适用,而电压回路方程为

对于直流发电机

$$E = U + I_a R_a \tag{2-16}$$

对于直流电动机

$$U = E + I_a R_a \tag{2-17}$$

上二式中 R_a 均为电枢回路总电阻,包括电枢回路串联各绕组电阻与电刷接触电阻两部分。

区分直流电机运行在发电机还是电动机状态的判据为:判断 U 与 E 的大小,E 大者为发电机,反之则为电动机。

三、工作特性

直流电动机的转速调整率

$$\Delta n = \frac{n_0 - n_N}{n_N} \times 100\% \tag{2-18}$$

式中，$n_0=\dfrac{U}{C_e\Phi}$为 $I_a=0$ 时的转速，称为理想空载转速。

直流电动机的机械特性，可由式(2-14)、式(2-15)和式(2-17)联立得出

$$n=\frac{U}{C_e\Phi}-\frac{R_a+R_j}{C_eC_T\Phi^2}T \tag{2-19}$$

式中，R_j 为串入电枢回路的调节电阻。

特别值得注意的是，直流电动机运行时，不同的励磁方式，其转速调整率，差异很大。例如，并励时，由于电源电压 U 的稳定，使每极磁通 Φ 变化不大，式(2-19)中的分母也就变化不大，因此负载变化时，引起的转速波动不会很大；而串励时，由于 $I_f=I_a$，负载变化时会引起式(2-19)中的分母 Φ 的很大变化，因而引起转速的很大波动，甚至在工程应用中，不得不限制串励电动机产品，不得在纯空载状态下运行。

并励或他励直流电动机运行时应确保励磁，否则，极易导致电枢电流过大或飞车等危险情况出现。

直流电动机的优点之一，就是速度调节方便、范围宽，其中又以调磁调速更为经济，但通常只能向额定转速以上进行高调速。

四、基本结论与典型应用

在直流电机的运行分析中，有以下基本结论：

(1)以换向器为分界，电机外部呈现直流特征；但在电机内部，电枢绕组内部电流 i_a 是交变的，且其频率与转速成正比变化；

(2)电机正常运行时，处在同一磁极下的电枢电流 i_a 的方向应保持不变。

在常规有刷直流电机中，上述特征由电刷与换向器的组合实现以上的物理保证。当以电子换流等方式保证上述条件时，则该电机即使没有换向器，也可以按直流电机的模式运行，电动机如此，发电机也是如此，在无刷直流电机中，可以很好地感受到这些；其实在同步发电机的励磁磁场与电枢电流之间，也是如结论 2 所述的相对关系；在单相串励电动机以及直流直线电动机中，也是这样。道理其实也简单，就是因为只有依据结论 2 工作时，电机才能获得方向始终一致的电磁力。

第三节　异步电机

异步电机是各行业使用最广泛的一种交流旋转电机，主要用作电动机。异步电动机的转速随机械负载的变动而略有改变，与电源频率间没有严格不变的关系，

也可以用做发电机运行。

异步电机的结构图见图 2－9。

异步电机的转子电流是依据电磁感应原理由定子磁场感应产生的，所以也称为感应电机。通常分三相和单相两类，笼型转子结构居多。

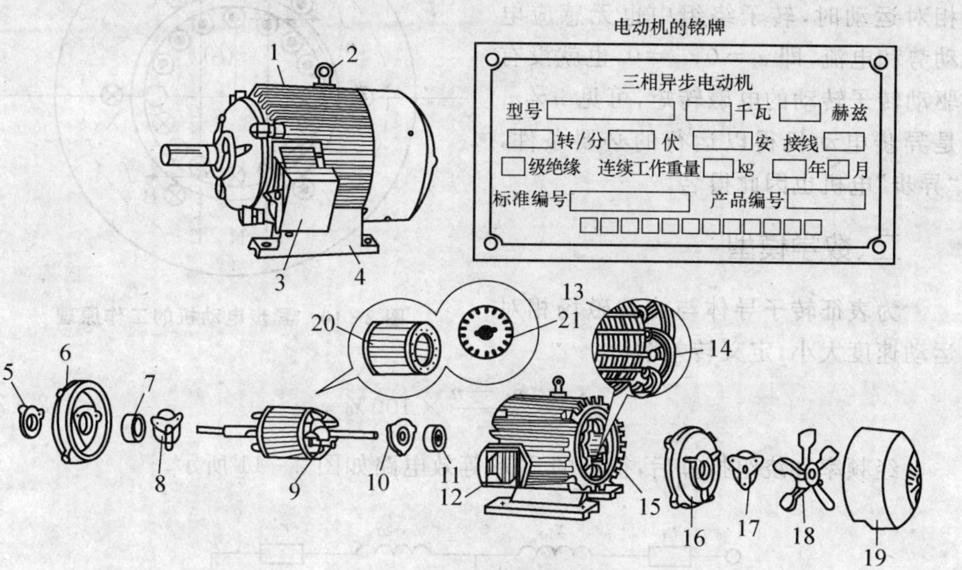

图 2－9　笼型异步电动机典型构成

1. 散热器；2. 吊环；3. 接线盒；4. 机座；5. 前轴承外盖；6. 前端盖；7. 前轴承；8. 前轴承内盖；9. 转子；10. 后轴承内盖；11. 后轴承；12. 接线板；13. 定子铁心；14. 绕组；15. 定子；16. 后端盖；17. 后端盖轴承；18. 风叶；19. 风罩；20. 鼠笼绕组；21. 转子铁心

异步电机有结构简单、制造方便、坚固耐用、成本低廉、运行效率较高等功能指标和令人满意的工作特性，因而获得了较其他机型更广泛的应用。其主要不足是不能自身在较宽的范围内实现调速，以及具有总是滞后的功率因数。

本节以三相异步电动机为分析对象。

一、运行原理

异步电动机转子上设置有三相或多相（如笼型）闭合绕组，转子导体因与定子旋转磁场间有相对运动而感应电动势 e_2，并因绕组自闭合而产生转子电流 i_2。如图 2－10，设 i_2 与 e_2 同相（一般 i_2 略滞后于 e_2），则可判断出转子载流导条在气隙中的旋转磁场中受到的电磁力 f 方向，各转子导体所受电磁合力形成驱动转子转动的电磁转矩 T，转子转向与定子旋转磁场转向相同，这就是异步电动机的工作原理。

若设电机转子转速为 n，气隙中旋转磁场转速为 n_1，则转子导体与 n_1 间的相对运动速度为 $\Delta n = n_1 - n$。当 $n = n_1$ 时，$\Delta n = 0$，即转子与旋转磁场间无相对运动时，转子绕组中也无感应电动势和电流，即 $e_2 = 0, i_2 = 0$，也就没有驱动转子转动的电磁转矩，可见 $n \neq n_1$ 是异步电动机得以运行的必要条件，“异步”电机也因此得名。

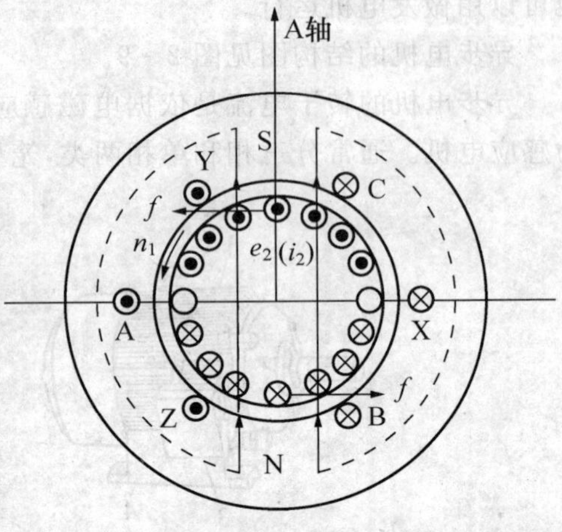

图 2-10　异步电动机的工作原理

二、数学模型

为表征转子导体与旋转磁场相对运动速度大小，定义转差率

$$s = \frac{n_1 - n}{n_1} \times 100\% \tag{2-20}$$

经频率和绕组折算后，得到的 T 形等效电路如图 2-11 所示。

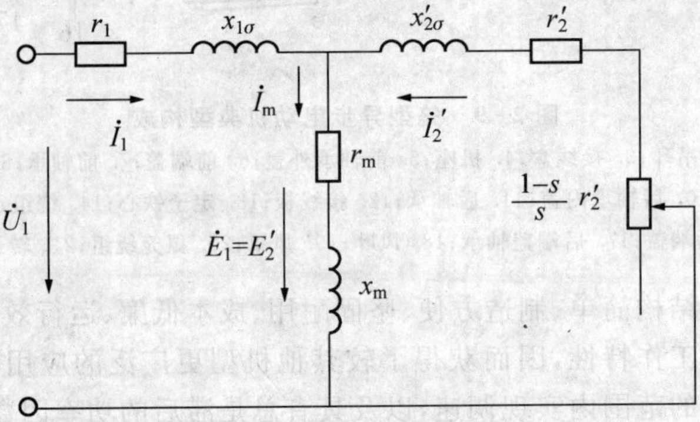

图 2-11　异步电机 T 形等效电路

对应的方程式为

$$\left.\begin{aligned}
\dot{U}_1 &= -\dot{E}_1 + \dot{I}_1 Z_1 = -\dot{E}_1 + \dot{I}_1(r_1 + jx_{1\sigma}) \\
\dot{E}'_2 &= \dot{I}'_2 Z'_2 = \dot{I}'_2\left(\frac{r'_2}{s} + jx'_{1\sigma}\right) \\
\dot{E}_1 &= -\dot{I}_{\rm m} Z_{\rm m} = -\dot{I}_{\rm m}(r_{\rm m} + jx_{\rm m}) = \dot{E}'_2 \\
\dot{I}_1 + \dot{I}'_2 &= \dot{I}_{\rm m}
\end{aligned}\right\} \tag{2-21}$$

式中，定子支路：漏阻抗 $Z_1=r_1+jx_{1\sigma}$ 中，$x_{1\sigma}$ 为定子绕组漏电抗，r_1 为定子绕组电阻；励磁支路：励磁阻抗 $Z_m=r_m+jx_m$ 中，x_m 为励磁电抗，r_m 为励磁电阻，是对应于铁耗的等效电阻；转子支路：漏阻抗 $Z'_2=r'_2+jx'_{2\sigma}$ 中，$x'_{2\sigma}$ 为转子绕组漏电抗折算值，r'_2 为转子绕组电阻折算值；等效负载支路：$\frac{1-s}{s}r'_2$ 称为机械功率等效电阻，对应的功耗 $I_2'^2\ \frac{1-s}{s}r'_2$ 代表了转子转动时，轴上具有可以输出的全部机械功率。

三、工作特性

异步电动机在功率传递的过程中损耗，总损耗 $\sum p$ 由以下 4 项构成：

(1)铜损耗 p_{Cu}。包括定子铜损耗 p_{Cu1} 和转子铜损耗 p_{Cu2}，其大小与流过的电流平方成正比。

(2)铁损耗 p_{Fe}。是主磁通引起的，与 B_m^2 成正比，可以近似认为与 U_1^2 成正比。当 U_1 不变时，p_{Fe} 基本不变。

(3)机械损耗 p_Ω。轴承摩擦、风阻等引起，其大小与电机转速、摩擦系数等因素有关。

(4)附加损耗 p_{ad}。又称为杂散损耗，其大小不易计算，通常根据经验估计。例如：大型电机，$p_{ad}\approx 0.5\%P_N$，在小型电机中，$p_{ad}\approx(1\%\sim3\%)P_N$。

异步电动机功率流程及全部损耗的关系如图 2-12 所示，电机轴上的输出功率 P_2 可写为

$$P_2=P_1-p_{Cu1}-p_{Fe}-p_{Cu2}-p_{ad}-p_\Omega=P_1-\sum p \qquad (2-22)$$

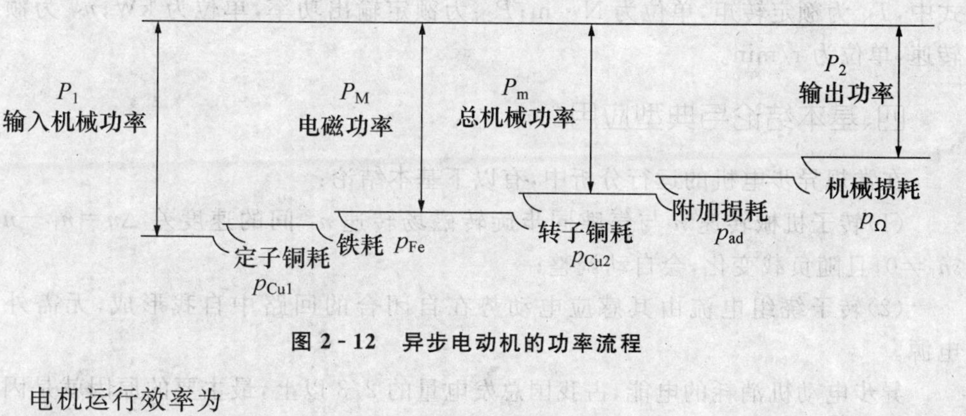

图 2-12 异步电动机的功率流程

电机运行效率为

$$\eta = \frac{P_2}{P_1} = \frac{P_1 - \sum p}{P_1} \tag{2-23}$$

异步电动机的转速 n 与电磁转矩 T，是其正常运行时最重要的物理特征量，二者之间的关系为

$$T = \frac{m_1 p U_1^2 \frac{r'_2}{s}}{2\pi f_1 \left[\left(r_1 + \frac{r'_2}{s} \right)^2 + (x_1 + x'_2)^2 \right]} \tag{2-24}$$

值得注意的是：

(1)当电机各参数及电源频率 f_1 不变时，T 与 U_1^2 成正比，因此当电源电压降低时，电动机的电磁转矩 T 将正比于 U_1^2 而大幅度降低；

(2)保持U_1/f_1不变，同时调节 U_1 与 f_1 时，不仅调节了转速，还能保证电磁转矩 T 基本不变，此即为变频调速的基本原则。

电动机在负载运行时，有

$$T_2 = T - T_0 \tag{2-25}$$

式中，$T_0 = \frac{p_\Omega + p_{ad}}{\Omega}$为对应机械损耗和附加损耗的转矩，叫空载转矩；$T_2 = \frac{P_2}{\Omega}$为异步电动的输出转矩。

其轴上输出的额定转矩可以通过电机铭牌上的额定功率和额定转速求得

$$T_N = \frac{P_{2N} \times 10^3}{\frac{2\pi n_N}{60}} = 9\ 550 \frac{P_{2N}}{n_N} \tag{2-26}$$

式中，T_N 为额定转矩，单位为 N·m；P_{2N}为额定输出功率，单位为 kW；n_N 为额定转速，单位为 r/min。

四、基本结论与典型应用

在常规异步电机的运行分析中，有以下基本结论：

(1)转子机械转速 n 与气隙同步旋转磁场转速 n_1 间的速度差 $\Delta n = n_1 - n = sn_1 \neq 0$，且随负载变化，会自动调整；

(2)转子绕组电流由其感应电动势在自闭合的回路中自我形成，无需外施电源。

异步电动机消耗的电能，占我国总发电量的 2/3 以上，最主要的原因就是因为如结论 2 所致的其非常简单的转子结构，这使得在与同步电机、直流电机的对比中，凸显出其性价比、可靠性等方面的综合优势，这样的转子结构及其运行原理，也

有十分广泛的其他应用，如盘式电度表、感应加热、电磁搅拌、感应移相器等；结论1所体现的异步电机对其机械转速较宽幅度波动的自适应及调整能力，也使得它在风力发电等行业，大放异彩。

第四节　同步电机

同步电机的基本特点是转子转速为某一固定的同步转速，即转速 n 与电枢电流的频率 f 之间满足下列关系式

$$n = n_1 = \frac{60f}{p}(\mathrm{r/min}) \tag{2-27}$$

同步电机最主要的用途是作为发电机。现在工农业所用的交流电能几乎全由同步发电机供给。虽然已经开始研究其他发电方式，但目前电力系统中实际在运行的发电机都系三相同步发电机。

一、运行原理

图2-13为同步电机的工作原理图。它的定子和异步电机相同，定子铁心上有齿和槽，槽内设置有三相对称绕组。转子上装有励磁绕组形成磁极，当励磁绕组通以直流电流后，电机内就产生转子磁场。

如用原动机拖动转子旋转，则转子磁场与定子绕组间有相对运动，就会在定子三相对称绕组中，感应出三相对称交流电动势。

同步电机无论作为发电机或电动机，它的转子转速总等于由电机极对数和电枢电流频率所决定的同步转速，“同步”机因而得名。

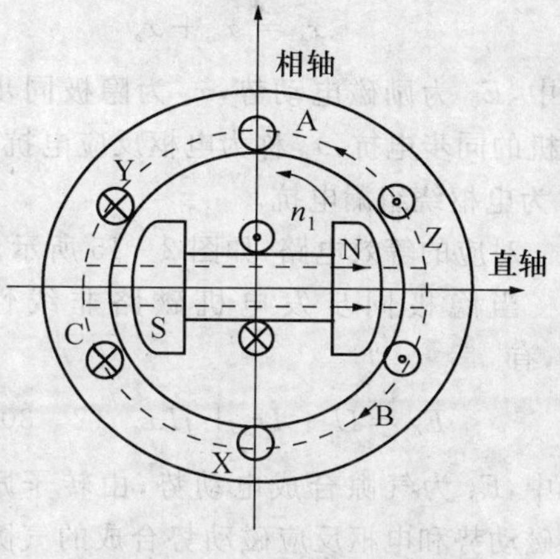

图2-13　同步电机工作原理图

同步电机有旋转电枢式和旋转磁极式两种结构形式。旋转电枢式结构在小容量同步电机中得到一定的应用，高电压、大容量的同步电机，通常采用旋转磁极式结构。

在旋转磁极式结构中，根据磁极形状又可分为隐极和凸极两种形式，图2-14(b)所示，为凸极形式。

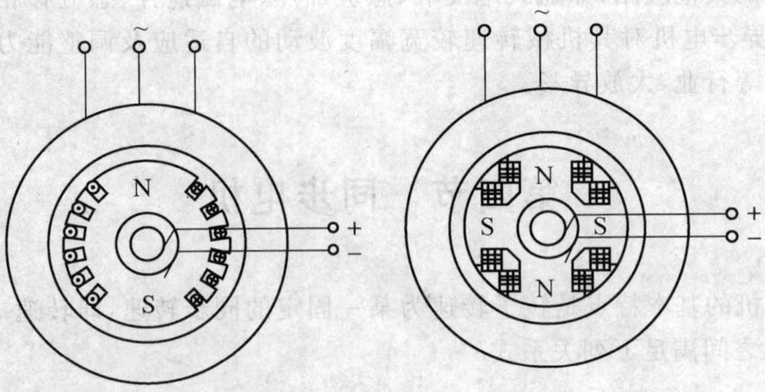

图 2-14 旋转磁极式同步电机的类型

(a)隐极式；(b)凸极式

二、数学模型

对于隐极同步发电机磁路线性时，有

$$\dot{E}_0 = \dot{U} + \dot{I}r_a + j\dot{I}x_a + j\dot{I}x_\sigma = \dot{U} + \dot{I}r_a + j\dot{I}x_t \tag{2-28}$$

$$x_t = x_a + x_\sigma \tag{2-29}$$

式中，$\dot{E}_0$ 为励磁电动势，x_t 为隐极同步电机的同步电抗，x_a 称为电枢反应电抗，x_σ 为电枢绕组漏电抗。

对应的等效电路，如图 2-15 所示。

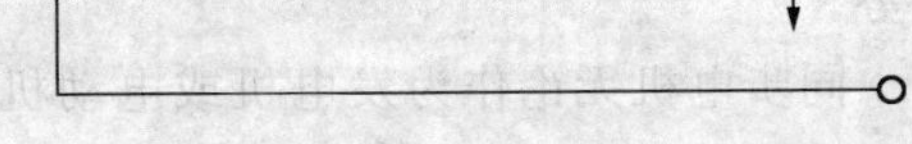

图 2-15 用励磁电动势和同步电抗表示的隐极同步发电机的等效电路

当隐极同步发电机磁路非线性时，有

$$\dot{E}_\delta = \dot{U} + \dot{I}r_a + j\dot{I}x_\sigma \tag{2-30}$$

式中，$\dot{E}_\delta$ 为气隙合成电动势，由转子励磁动势和电枢反应磁动势合成的气隙磁动势，感应而成。

对于凸极同步发电机磁路线性时，电动势平衡方程为

$$\dot{E}_0 = \dot{U} + \dot{I}r_a + j\dot{I}_d x_d + j\dot{I}_q x_q \tag{2-31}$$

式中，x_d 和 x_q 称为凸极电机的直轴同步电抗和交轴同步电抗，意义与隐极电机的 x_t 相同。只是由于凸极电机气隙不均匀，由双反应理论导出了两个同步电抗，且有

$x_d > x_q$。

当凸极同步发电机磁路非线性时，有

$$\dot{E}_\delta = \dot{U} + \dot{I}r_a + j\dot{I}x_\sigma \quad (2-32)$$

式中，各物理量的含义与隐极电机相同。

将以上对发电机分析的结论，用于同步电动机，也是适用的。为方便起见，只需注意采用电动机惯例，即以电机的输入电流为电流正方向，且有电机的功率角$\theta<0$即可。

三、工作特性

(一)发电机输出有功功率的调节

要改变发电机输出有功功率 P_2，就必须改变原动机输入功率，随着输出功率的增大，当励磁不作调节时，电机的功率角 θ 就必然对应改变，其关系式为

隐极同步发电机：

$$P_2 \approx m\frac{E_0 U}{x_t}\sin\theta \quad (2-33)$$

式中，m 为发电机的相数，θ 为发电机励磁电动势 $\dot{E}_0$ 与输出电压 $\dot{U}_0$ 间的夹角。

凸极同步发电机：

$$P_2 \approx m\frac{E_0 U}{x_d}\sin\theta + m\frac{U^2}{2}\left(\frac{1}{x_q} - \frac{1}{x_d}\right)\sin 2\theta \quad (2-34)$$

式中，各物理量的含义与前述相同。

(二)发电机输出无功功率的调节

要调节发电机输出无功功率 Q_2，可通过调节发电机的励磁电流来实现，对于隐极同步发电机，有

$$Q_2 = \frac{mUE_0}{x_t}\cos\theta - \frac{mU^2}{x_t} \quad (2-35)$$

事实上，在一定有功功率负荷下，调节发电机励磁电流的大小，不仅可以改变发电机输出 Q_2 的大小，还可以按用户需求，改变输出 Q_2 的性质(容性、感性或阻性)，这是同步发电机的优良特质所在。由图 2-16 可以看出，当发电机处于“欠励”状态时，向电网输出超前性的无功功率；当发电机运行于“过励”状态时，输出滞后性的无功功率。

同步电动机的特点是，稳态运行时转子转速与负载大小无关而始终保持为同

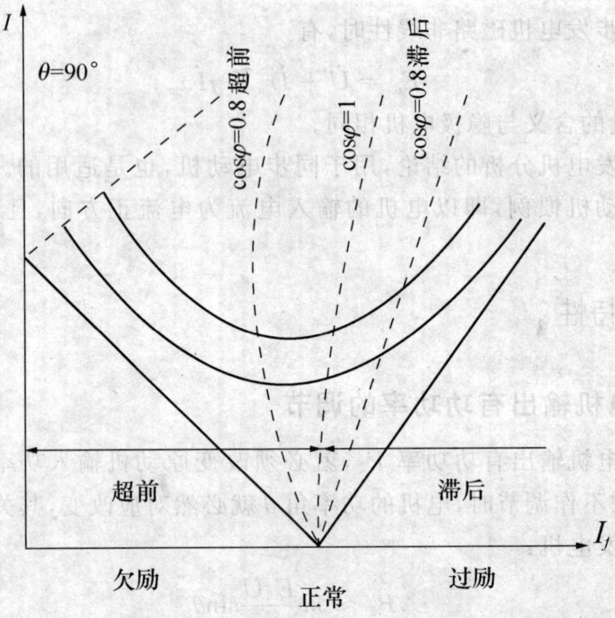

图 2-16　同步发电机的 V 形曲线

步转速，且其功率因数与发电机一样，可以调节。因此在恒速负载及需要改善功率因数的场合，常优先选用同步电动机，以期兼顾动力驱动与无功调节。

四、基本结论与典型应用

在常规同步电机的运行分析中，有以下基本结论：

(1)同步电机的转子机械转速 n 与气隙同步旋转磁场转速 n_1 相同；

(2)调节气(水)轮同步发电机的气(水)门开度，可以十分方便地调节其输出有功功率的大小；

(3)调节同步发电机的直流励磁电流，可以十分方便地调节其输出无功功率的大小和性质。

以上特点，成就了同步发电机在电力系统电源中的绝对主力地位，结论 1 体现其稳频效果好，结论 2 凸显其调功、调压能力强，而且这样的能力在其作为电动机运行时，也可以方便体现；结论 1 也可以做磁阻最小原理理解，这在开关磁阻电机、步进电机中都有应用；以永磁材料替换结论 2 中的直流励磁，不仅简化了电机结构，而且提高了电机效率，这样的应用在同步电动机和风力发电机中都可见到。

第三章 特种电机及典型应用

上一章所述四种典型电机的基本概念，也是多数电机运行的理论基础，本章所介绍的几种电机以及四种电磁应用实例，虽然所属类别各不相同，都可以看到第二章所述四种典型电机的基本概念和原理运用。

第一节 交流变频异步电动机

常规驱动型交流旋转电动机，主要包括异步电动机和同步电动机二大类，由上一章基本工作原理知，无论是异步还是同步电动机，在我国工频电源供电条件下，常规交流电机均无法满足用户对电动机在其转速、转矩等方面宽幅调节的需求，更难以实现在节能、自动控制等方面的愿望。例如，仅就转速而言，两极常规异步电动机，其同步转速上限是 3 000 r/min，满载时，其转速也仅仅能下降 5%左右；同步电动机的转速，更是由电源频率约束在同步转速上，不可变动。

变频器的应用，彻底摆脱了常规驱动型交流旋转电动机转速变化区间极小的常规“硬”约束，其转速不仅可以轻松突破电网同步转速上限，而且也可下探极低的转速下限；在调节速度的同时，还可以根据用户的需求，进行转矩和功率控制，更可贵的是可以很好地改善启动问题。一些电机的主要性能指标，也随之屡屡突破常规电机无法逾越的理论约束。

交流变频电机控制，相应地也分成异步和同步变频驱动控制两种类型，其中以异步变频控制应用最为广泛，也是本节以下重点介绍的内容。

异步电动机的变频控制，实际上是由异步电动机和与之匹配的变频器组合而成的，通常以开环的形式构成，如图 3 - 1 所示，其目的是在保持常规异步电动机高可靠性、高性价比等诸多优点的基础上，有效弥补其运行中速度变化区间过小的缺点，并且通过相关的控制策略，可实现在各种转速下其机械特性基本不变或变化不大。随着电力电子器件和技术的迅速发展，与异步电动机配套的变频器，成本不断降低，而性能却逐渐提高，因此这种变频控制运行方式在各行各业得到了越来越广泛的应用。以下将就变频控制的基本原理、变频控制器的基本构成、变频器的种类、变频器对电机的影响以及变频电动机的特点，分别作介绍。

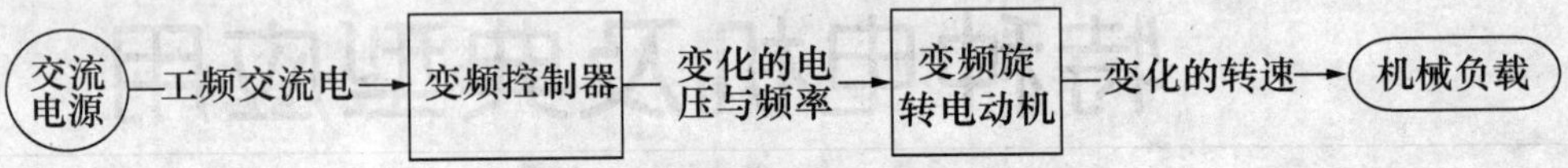

图 3 - 1　变频驱动系统工作原理简图

一、异步电动机变频控制的基本原理

1. 转速与频率

由式(2 - 20)和式(2 - 27)可得：

$$n=\frac{60f(1-s)}{p} \tag{3-1}$$

式中，n 为电动机转速，r/min；f 为电源频率，Hz；p 为电动机极对数；s 为转差率。

为减少常规电动机运行时的转子损耗，在设计、制造环节，已保证了其转差率 s 很小，通常在 0.5%～5%。因此，n 与 f 基本呈线性关系，即如能实现频率 f 的连续变化，也就实现了对异步电动机转速的连续调节。

2. 定子电压与气隙磁通

每极气隙磁通

$$\Phi=\frac{E_1}{4.44fN_1K_{W1}}\approx\frac{U_1}{4.44fN_1K_{W1}} \tag{3-2}$$

式中，U_1 为外施相电压；f 为交流电频率；N_1K_{W1} 为定子绕组有效匝数。通常，定子漏阻抗压降与定子电压 U_1 相比很小，所以可认为 $U_1\approx E_1$。

从而可以得

$$\Phi \propto \frac{U_1}{f} \tag{3-3}$$

上式说明，如果能够维持电压/频率＝常数，则每极气隙旋转磁通不变，与频率变化无关，这样可以始终合理、有效地利用铁心的导磁特性。

3. 频率变化区间特点

称额定频率 f_N 为基频，则变频调速可从基频开始向下调，也可从基频开始略向上调。但是，不能仅单一地调节电源频率，如果这样，电动机内部阻抗也改变，这将引起高速时由于励磁不足造成转矩不足和低速时由于过励磁造成的磁饱和现象，使电动机的功率因数、效率显著下降。

(1)从基频向下调的变频调速。按 U_1/f 不变的规律进行变频调速，可以保证在基频附近电动机最大电磁转矩 T_m 基本不变。当 f 降低时，由于漏电抗随频率改变，最大转矩 T_m 将变小，其机械特性如图 3-2(a)所示，它近似于恒转矩调速性质。但是，当要求 f 很低，若 U_1 也等比例很低时，定子漏阻抗压降就不可忽略，应加以补偿，可以将 U_1 略微升高以抵消定子阻抗压降，即低频段时，应有相应的电压补偿。

(2)从基频向上调的变频调速。电动机端电压原则上是不允许升高的，因此提高频率 f 时端电压 U_1 若保持不变，则由 $U_1 \approx E_1 = 4.44 f_{N1} K_{W1} \Phi$ 式可知，随 f 增大 Φ 会降低，以保持上式关系。这种频率上调时 Φ 降低的特点，说明这是一种削弱磁场的调速类型。其机械特性如图 3-2(b)所示，可以认为是恒功率调速性质。

维持电机主磁通 Φ 基本不变，是电机能够正常、高效运行的核心诉求，若过饱和则会使励磁电流迅速增大，铁耗增加，电机过热，功率因数变得更低，电动机带负载的能力降低，电机运行性能变差；若 Φ 过低，电动机允许输出转矩下降，过载能力下降，电机利用率下降，在一定负载下还可能有闷车的危险。

在改变频率的同时，控制变频器的输出电压，俗称调压调频变频器(Variable Voltage Variable Frequency - VVVF)。作为变频器调速控制方式，U_1/f 控制比较简单，现在通用变频器以及风机和泵类机械驱动用变频器多采用这种控制方式，具有节能和软启动等优点，在各领域得到广泛应用。

二、变频控制器的基本构成

以异步电动机变频控制为例，变频器的基本构成如图 3-3 所示，它由整流、滤波、逆变及控制回路等部分组成。工频交流电源，经整流、滤波后变成直流电源，控制回路有规则地控制逆变器的导通与截止，使之向异步电动机输出电压和频率可变的电能，驱动电动机运行，整个系统是开环的。

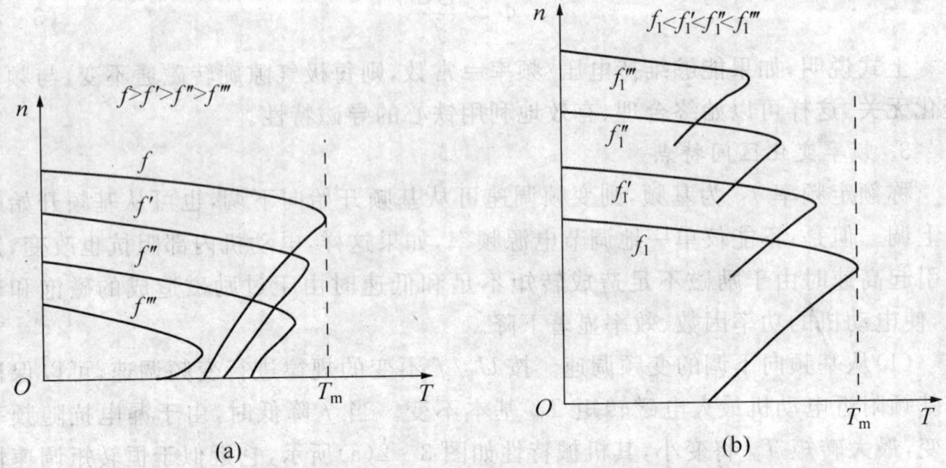

图 3-2　异步变频调速机械特性

(a)从基频向下调；(b)从基频向上调

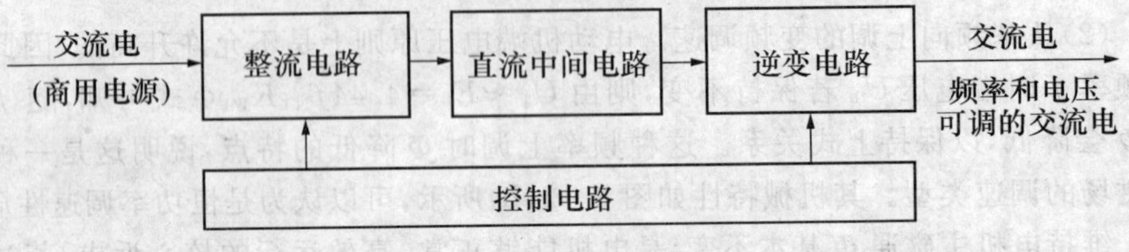

图 3-3　变频器的基本构成

变频器的各部分构成，简述如下：

1. 主回路

给异步电动机提供调频调压的电源电力变换部分，称为主回路。图 3-4(a)所示典型的电压型变频器的主电路基本结构，主回路由三部分构成：将工频电源变换为直流电源的“整流器”；吸收由整流器和逆变器回路产生的电压脉动的“滤波回路”，也是储能回路，构成了直流中间电路；将直流功率变换为交流功率的“逆变器”。另外，异步电动机需要制动时，有时附加“制动单元”。

(1)整流电路。功能是实现将工频电源变换为直流电源，一般采用二极管整流。单向时电功率不可逆，而如果利用功率器件构成可逆整流器，由控制电路控制，可实现功率方向可逆，可以进行再生制动运行，此时称为变流器。

(2)滤波回路。在整流器整流后的直流电压中，含有六倍电源频率的脉动电压，此外，逆变器回路产生的脉动电流也使直流电压波动。为了抑制这些电压波动，采用直流电抗器和电容器吸收脉动电能。

(3)逆变电路。同整流电路相反，逆变电路的作用是在所确定的时间里，按照控制算法，由控制电路控制，使六个功率开关器件有规则地导通、关断，从而将直流功率变换为所需幅值电压和频率的交流输出功率，典型的逆变方法如 PWM 及 SPWM。

(4)制动单元。异步电动机在再生制动区域(第二象限)运行时，再生能量首先存储于储能电力电容器中，使直流电压升高。一般来说，由机械系统(含电动机)惯量所积蓄的能量比电容器能存储的能量大，中、大功率系统需要快速制动时，必须用可逆变流器把再生能量反馈到电网侧，这样节能效果更好，或设置制动单元(开关管和电阻)，把多余的再生功率消耗掉，以免直流回路电压的上升超过极限值。

(5)异步电动机的四象限运行。异步电动机根据负载种类的不同，其旋转方向和转矩方向是不同的，必须根据负载种类构成适当的主回路。

2. 控制电路

控制电路向变频器主回路提供各种控制信号，对于速度精度和响应快速性要求较高的系统，采用图 3-3 的开环系统还不够，还需要由变频器主回路及电机侧检测反馈信号，经运算回路综合后控制触发回路，此时的系统是闭环的。控制指令来自外部的运行指令。控制电路由以下部分组成：决定 U/F 特性的频率电压"运算回路"，主回路的"电压/电流检测回路"，电动机的"转速检测回路"，根据运算回路的结果生成相应 PWM 脉冲并进行隔离和放大的"PWM 生成及驱动回路"，以及变频器和电动机的"保护回路"。

3. 保护回路

变频器控制电路中的保护回路，可分为变频器保护和异步电动机保护两种。

(1)变频器保护主要包括瞬时过电流保护、过载保护、再生过电压保护、瞬时停电保护、对地过电流保护、冷却风机异常等。

(2)异步电动机的保护主要包括过载保护、超频(超速)保护、过电流失速保护、再生过电压失速保护等。

三、变频器的种类

变频器的分类可以有多种方式，如可以按其主电路工作方式进行分类，可以按其开关方式进行分类，可以按其控制方式进行分类，还可以按其用途进行分类。下面就根据这几种分类方法对变频器进行简单介绍。

1. 按主电路工作方式进行分类

(1)电压型变频器。在电压型变频器中，整流电路或者斩波电路产生逆变电路所需要的直流电压，并通过直流中间电路的电容进行平滑后输出。整流电路和直流中间电路起直流电压源的作用，而电压源输出的直流电压在逆变电路中被转换为具有所需额定的交流电压。

在电压型变频器中，由于能量回馈给直流中间电路的电容，并使直流电压上升，还需要有专用的放电电路，以防止换流器件因电压过高而被破坏。

(2)电流型变频器。在电流型变频器中，整流电路给出直流电流，并通过中间电路的电抗将电流进行平滑后输出。整流电路和直流中间电路起电流源的作用，而电流源输出的直流电流在逆变电路中被转换为具有所需频率的交流电流，并被分配给各输出相后作为交流电流提供给电动机。在电流型变频器中，电动机定子电压的控制是通过检测电压后对电流进行控制的方式实现的。

对于电流型变频器来说，在电动机进行制动的过程中可以通过将直流中间电路的电压反向的方式使整流电路变为逆变电路，并将负载的能量回馈给电源。

由于在采用电流控制方式时可以将能量回馈给电源，而且在出现负载短路等情况时也更容易处理，电流型控制方式更适合于大容量变频器。

图 3-4 给出了电压型变频器和电流型变频器主电路的基本结构。

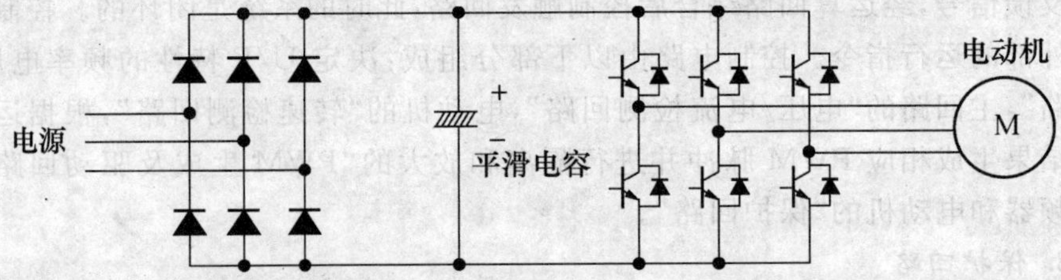

(a)

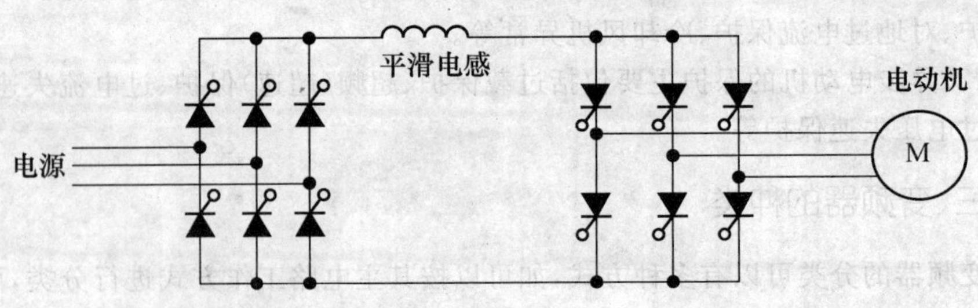

(b)

图 3-4　电压型变频器和电流型变频器主电路基本结构

(a)电压型变频器主电路；(b)电流型变频器主电路

2. 按照开关方式分类

在按照逆变电路的开关方式对变频器进行分类时，变频器可以分为 PAM 控制方式、PWM 控制方式和高载频 PWM 控制方式三种。

(1)PAM(Pulse Amplitude Modulation)控制。PAM 控制是脉冲振幅调制控制的简称，是一种在整流电路部分对输出电压(电流)的幅值进行控制，而在逆变电路部分对输出频率进行控制的控制方式。因为在 PAM 控制的变频器中逆变电路换流器件的开关频率即为变频器的输出频率，所以这是一种同步调速方式。

由于逆变电路换流器件的开关频率(以下简称载波频率)较低，在使用 PAM 控制方式的变频器进行调理驱动时具有电动机运转噪声小，效率高等特点。但是，由于这种控制方式必须同时对整流电路和逆变电路进行控制，控制电路比较复杂。此外，这种控制方式也还具有当电动机进行低速运转时波动较大的缺点。

(2)PWM(Pulse Width Modulation)控制。PWM 控制是脉冲宽度调制控制的简称，是在逆变电路部分同时对输出电压(电流)的幅值和频率进行控制的控制方式。在这种控制方式中，以较高频率对逆变电路的半导体开关元器件进行开闭，并通过改变输出脉冲的宽度来达到控制电压(电流)的目的。

为了使异步电动机在进行调速运转时能够更加平滑，目前在变频器中多采用正弦波 PWM 控制方式。所谓正弦波 PWM 控制方式指的是通过改变 PWM 输出的脉冲宽度，使输出电压的平均值接近于正弦波。这种控制方式也被称为 SPWM 控制。

采用 PWM 控制方式的变频器可以减少高次谐波带来的各种不良影响，转矩波动小，而且控制电路简单，成本低，是目前在变频器中采用最多的一种逆变电路控制方式。但是，该方式也具有当载波频率不合适时会产生较大的电动机运转噪声的缺点。为了克服这个缺点，在采用 PWM 控制方式的新型变频器中都具有一个可以改变变频器载波频率的功能，以便使用户可以根据实际需要改变变频器的载波频率，从而达到降低电动机运转噪声的目的。

图 3-5 给出了电压型 PAM 控制和 PWM 控制变频器的基本结构以及 SPWM 的波形示意图。

(3)高载频 PWM 控制。这种控制方式实际是对 PWM 控制方式的改进，是为了降低电动机运转噪声而采用的一种控制方式。在这种控制方式中，载频被提高到人耳可以听到的频率(10～20 kHz)以上，从而达到降低电动机噪声的目的。这种控制方式主要用于低噪声型的变频器，也将是今后变频器的发展方向。由于这种控制方式对换流器件的开关速度有较高的要求，所用换流器件只能使用具有较高开关速度的 IGBT 或 MOSFET 等半导体元器件，目前在大容量变频器中的利用仍然受到一定限制。但是，随着电力电子技术的发展，具有较高开关速度的换流元

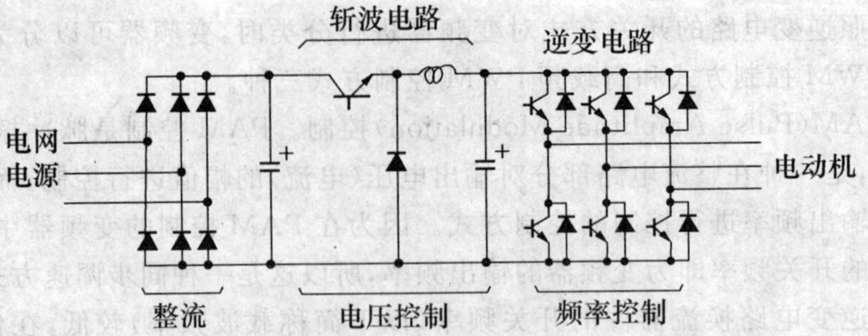

(a)

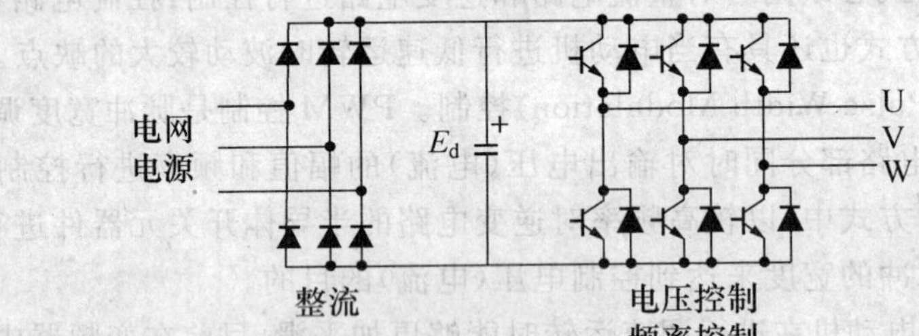

(b)

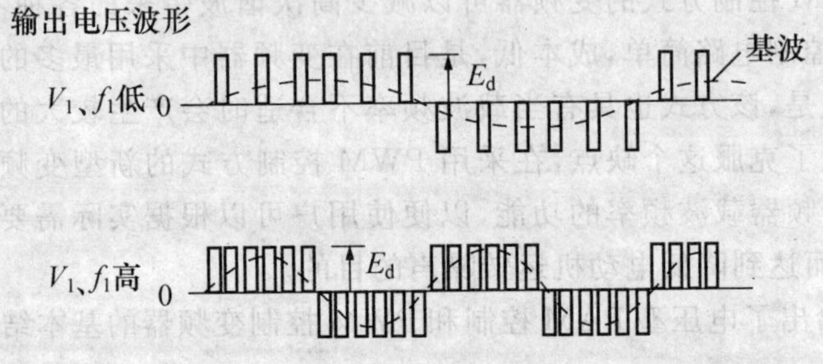

(c)

图 3-5　PAM 控制和 PWM 控制变频器的基本结构和 SPWM

(a)电压型 PAM 控制；(b)电压型 PWM 控制；(c)SPWM 波形

器件的容量将越来越大，预计采用这种控制方式的变频器也将越来越多。

PWM 控制和高载频 PWM 控制都属于异步调速方式，即变频器的输出频率不等于逆变电路换流器件的开关频率。

3. 按照工作原理分类

当按照工作原理对变频器进行分类时，按变频器技术的发展过程可以分为U/F控制方式、转差额率控制方式和矢量控制方式三种。

(1)U/F 控制变频器。U/F 控制是一种比较简单的控制方式。它的基本特点是对变频器输出的电压和频率同时进行控制，通过使 U/F（电压和频率的比）的值保持一定而得到所需的转矩特性。采用 U/F 控制方式的变频器控制电路成本较低，多用于对精度要求不太高的通用变频器。

(2)转差频率控制变频器。转差频率控制方式是对 U/F 控制的一种改进。在采用这种控制方式的变频器中，电动机的实际速度由安装在电动机上的速度传感器和变频器控制电路得到，而变频器的输出频率则由电动机的实际转速与所需转差频率的和被自动设定，从而达到在进行调速控制的同时控制电动机输出转矩的目的。

转差频率控制是利用了速度传感器的速度闭环控制，并可以在一定程度上对输出转矩进行控制，所以和 U/F 控制方式相比，在负载发生较大变化时仍能达到较高的速度精度和具有较好的转矩特性。但是，由于采用这种控制方式时需要在电动机上安装速度传感器，并需要根据电动机的特性调节转差，通常多用于厂家指定的专用电动机，通用性较差。

(3)矢量控制变频器。矢量控制是 20 世纪 70 年代，由德国 Blaschke 等人首先提出来的对交流电动机的一种新的控制思想和控制技术，也是交流电动机的一种理想的调速方法。

矢量控制的基本思想是将异步电动机的定子电流分为产生磁场的电流分量（励磁电流）和与其相垂直的产生转矩的电流分量（转矩电流），并分别加以控制。由于在这种控制方式中必须同时控制异步电动机定子电流的幅值和相位，即控制定子电流矢量，这种控制方式被称为矢量控制方式。

矢量控制方式的采用，使对异步电动机进行高性能的控制成为可能。采用矢量控制方式的异步电动机不仅在调速范围上可以与直流电动机相匹敌，而且可以直接控制异步电动机产生的转矩。

由于在进行矢量控制时需要准确地掌握对象电动机的有关参数，这种控制方式过去主要用于厂家指定的变频器专用电动机的控制。但是，随着变频调速理论和技术的发展以及现代控制理论在变频器中的成功应用，目前在新型矢量控制变频器中已经增加了自调整功能。带有这种功能的变频器在驱动异步电动机进行正常运转之前可以自动地对电动机的参数进行辨识并根据辨识结果调整控制算法中的有关参数，从而使得对普通的异步电动机进行有效的矢量控制也成为可能。

4. 按照用途分类

(1)通用变频器。顾名思义,通用变频器的特点是其通用性。这里通用性指的是通用变频器可以对普通的异步电动机进行调速控制。

随着变频器技术的发展和市场需要的不断扩大,通用变频器也在朝着两个方向发展:低成本的简易型通用变频器和高性能多功能的通用变频器。这两类变频器分别具有以下特点:

简易型通用变频器是一种以节能为主要目的而削减了一些系统功能的通用变频器。它主要应用于水泵、风扇、鼓风机等对于系统的调速性能要求不高的场所,并具有体积小,价格低等方面的优势。

通用型变频器基本上采用的是电路结构比较简单的 U/F 控制方式,与采用了转矩矢量控制方式的高性能变频器相比,在转矩控制性能方面要差一些。随着变频器技术的发展和变频器参数自调整的实用化,目前一些厂家已经推出了采用矢量控制方式的高性能多功能通用变频器,以适应竞争日趋激烈的变频器市场的需要。

(2)高性能专用变频器。随着控制理论,交流调速理论和电力电子技术的发展,异步电动机的矢量控制方式得到了充分的重视和发展,采用矢量控制方式高性能变频器和变频器专用电动机所组成的调速系统在性能上已经达到甚至超过了直流伺服系统。此外由于异步电动机还具有对环境适应性强、维护简单等许多直流电动机所不具备的优点,在许多需要进行高速高精度控制的应用中这种高性能交流调速系统正在逐步替代直流伺服系统。

(3)高频变频器。在超精密加工和高性能机械领域,常常要用到高速电动机。为了满足这些高速电动机驱动的需要,出现了采用 PAM 控制方式的高速电动机驱动用变频器。这类变频器的输出频率可以达到 3 kHz,所以在驱动两极异步电动机时电动机的最高转速可以达到 180 000r/min。

(4)单相变频器和三相变频器。交流电动机可以分为单相交流电动机和三相交流电动机两种类型,与此相对应,变频器也分为单相变频器和三相变频器。二者的工作原理相同,但电路的结构不同。

为了得到相同的驱动转矩(即有功功率),采用三相变频器时的驱动电流只是单相变频器驱动电流的 1/3。由于在使用单相变频器时需要给出更大的驱动电流,所以在选择变频器时也应加以注意。

四、变频器对电机的影响

由于常规电动机是为了在工频电源下能够获得最佳特性而设计的,在使用通用变频器进行驱动时，有时难以得到令人满意的特性。越来越多的厂家开始生产不同类型的变频器专用电动机，例如，低噪声、低振动电动机、在低速区可以提高连续容许转矩的恒转矩电动机、高速运转用电动机、矢量控制用电动机等。由于变频器专用电动机是专门为了满足某一类变频器驱动的需要而设计的，而变频器各种内部参数也都是根据电动机的特性而设定的，其控制性能要高于普通的异步电动机。此外，变频器专用电动机在设计上通常都考虑了低速运转时的散热问题以及高速运转时的动态平衡和轴承的承受能力等问题，当使用常规电动机选用变频器时，必须考虑上述问题，否则会在电机低速及带较大负荷运行时，出现过热等严重问题。

1. 电动机的效率和温升的问题

由工作原理知，不论哪种形式的变频器，在运行中，均会产生不同程度的谐波电压和电流，使电动机在非正弦电压、电流下运行。据资料介绍，以目前普遍使用的 SPWM 型变频器为例，其低次谐波基本为零，剩下的比载波频率大一倍左右的高次谐波分量为：2u＋1（u 为调制比）。高次谐波会引起电动机定子铜耗、转子铜耗、铁耗及附加损耗的增加，最为显著的是转子铜耗。因为异步电动机是以接近于基波频率所对应的同步转速旋转的，因此，高次谐波电压以较大的转差切割转子导条后，便会产生很大的转子损耗。除此之外，还需考虑因集肤效应所产生的附加铜耗。这些损耗都会使电动机额外发热，效率降低，输出功率减小，如将普通三相异步电动机运行于变频器输出的非正弦电源条件下，其温升一般要增加10％～20％。

2. 电动机绝缘强度问题

采用 PWM 控制方式的中小型变频器，其载波频率约为几千到十几千赫兹，这就使得电动机定子绕组要承受很高的电压上升率，相当于对电动机施加陡度很大的冲击电压，使电动机的匝间绝缘承受比常规电机严酷得多的考验。另外，由 PWM 变频器产生的矩形斩波冲击电压，叠加在电动机运行电压上，会对电动机对地绝缘构成威胁，电机对地绝缘在高压的反复冲击下会加速老化。

3. 谐波电磁噪声与震动

普通异步电动机采用变频器供电时，会使由电磁、机械、通风等因素所引起的震动和噪声变得更加复杂。变频电源中含有的各次时间谐波与电动机电磁部分的固有空间谐波相互干涉，形成各种电磁激振力。当电磁力波的频率和电动机本体的固有振动频率一致或接近时，将产生共振现象，从而加大噪声。由于电动机工作频率范围宽，转速变化范围大，各种电磁力波的频率很难避开电动机的各构件的固有震动频率。

4. 电动机对频繁启动、制动的适应能力

由于采用变频器供电后，电动机可以在很低的频率和电压下以无冲击电流的方式启动，并可利用变频器所供的各种制动方式进行快速制动，为实现频繁启动和制动创造了条件，因而电动机的机械系统和电磁系统处于循环交变力的作用下，给机械结构和绝缘结构带来疲劳和加速老化问题。

5. 低转速时的冷却问题

首先，当电源频率较低时，异步电动机的阻抗较小，电源中高次谐波所引起的损耗较大；其次，普通异步电动机在转速降低时，因冷却风量与转速的三次方成正比而大幅减小，致使电动机的低速散热状况变坏，温升急剧增加，难以实现长时间稳定运行。

五、变频电动机的特点

1. 电磁设计

对普通异步电动机来说，在设计时主要考虑的性能参数是过载能力、启动性能、效率和功率因数。而变频电动机，可以在临界转差率接近1时直接启动，因此，过载能力和启动性能不再需要过多考虑，而要解决的关键问题是如何改善电动机对非正弦波电源的适应能力。一般采用如下设计思路：

(1)尽可能地减小定子和转子电阻。减小定子电阻既可以降低基波铜耗，又可以弥补高次谐波引起的铜耗增加。

(2)为抑制电流中的高次谐波，需适当增加电动机的电感。但转子槽漏抗较大，其集肤效应也大，高次谐波铜耗也增大。因此，电动机漏抗的大小要兼顾整个调速范围内阻抗匹配的合理性。

(3)变频电动机的主磁路一般设计成不饱和状态，一是考虑高次谐波会加剧磁路饱和，二是考虑在低频时，为了提高输出转矩而适当提高变频器的输出电压。

2. 结构设计

在结构设计时，主要也是考虑非正弦电源特性对变频电机的绝缘结构、振动、噪声和冷却方式等方面的影响，一般注意以下问题：

(1)绝缘等级，一般为F级或更高，以加强对地绝缘和线匝绝缘强度，特别要考虑绝缘耐冲击电压的能力。

(2)对电机的振动、噪声问题，要充分考虑电动机构件及整体的刚性，尽力提高其固有频率，以避开与各次力波产生共振现象。

(3)冷却方式。一般采用强迫通风冷却，即主电机散热风扇采用独立的电机驱动。

(4)防止轴电流措施。对容量超过 160 kW 电动机应采用轴承绝缘措施。电机磁路的不对称，以及其他高频分量所产生的电流结合一起作用时，轴电流将大为增加，从而导致轴承损坏。

(5)对恒功率变频电动机，当转速超过 3 000 r/min 时，应采用耐高温的特殊润滑脂，以补偿轴承的温度升高。

第二节　单相串励电动机

单相串励电动机是将电枢（通常位于转子上）绕组与励磁（通常位于定子上）绕组串联后接到电源上，采用换向器结构，可以使用直流电源，也可使用交流电源，故又称为交直流两用电动机，其本质上属直流电动机范畴。

串励电动机具有启动转矩大、过载能力强、调速方便、体积小、重量轻等很多优点，在电动工具和家用电器中普遍使用，如电钻、电刨、电吹风、电动缝纫机、吹尘机、多功能食物切削机、豆浆机、榨汁搅拌机、电动按摩器、电推子等均采用单相串励电动机。

一、直流串励电动机的工作原理

直流串励电动机的电枢绕组与励磁绕组是串联在一起的。串励线圈所产生的磁场方向和电枢电流的方向如图 3-6 所示，根据左手定则，电动机转子顺时针方向旋转，若将电源的正负极对调，励磁绕组的电流方向与电枢电流的方向同时改变，根据左手定则，电动机的方向不变，仍为顺时针方向。

要改变直流电动机的转动方向，只需改变励磁电流（即磁场方向）或只改变电枢电流方向即可。若要改变串励电动机的方向，必须拆开电动机，把串励绕组与电枢绕组的相对关系改变一下，即将串励绕组的出线端，改接到对面的电刷片上即可反转。

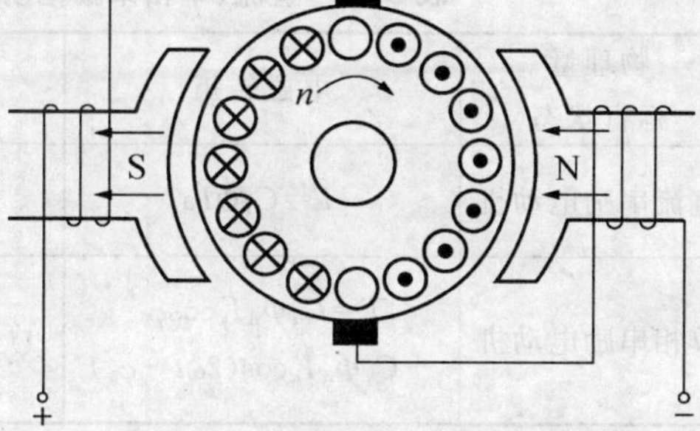

图 3-6　直流串励电动机工作原理

二、单相串励电动机

当给直流串励电动机施加交流电，则该电机就在单相串励电动机状态下运行了。图 3-6 所示的电机，若接入正弦交流电源，当交流电为正半周时，如前所述，用左手定则知电动机顺时针方向旋转；当电流为零时，励磁电流和电极电流均为零，电动机由于惯性继续旋转；当交流电处于负半周，励磁电流（磁场）方向和电枢电流的方向都反向，根据左手定则，电动机仍产生顺时针方向转矩，电动机则仍然顺时针方向旋转。

由上述知，无论所接的电源正负极改变或者按正弦规律变化，串励电动机均往一个方向旋转，故串励电动机可用直流，也可用交流电源。成品的串励电动机的转向是不变的，与电源的极性无关。

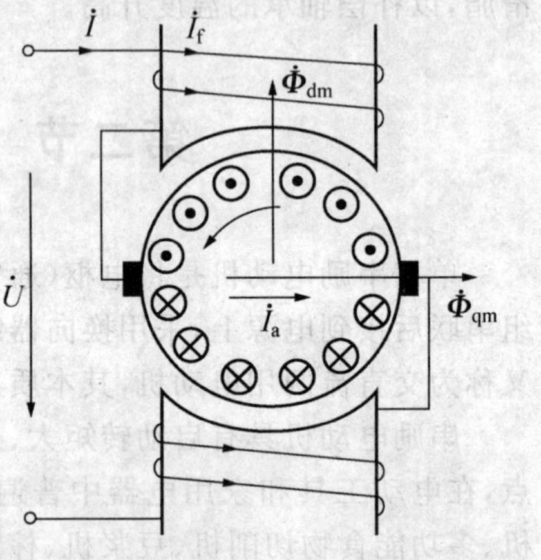

图 3-7 单相串励电动机的电磁关系

(一)工作特性

单相串励电动机与运行在直流电源下相比，虽然原理上相同，但仍然有一些不同之处，为简洁、明了起见，以下对相关物理量，以表格的形式进行对比简述（图 3-7、表 3-1 和表 3-2）。

表 3-1 直流、单相串励电动机磁通和电势对比

物理量运行状态	d 轴主磁通	q 轴主磁通	电枢绕组的旋转电动势	$\dot{\Phi}_d$ 在励磁绕组的感应电势	$\dot{\Phi}_q$ 在电枢绕组的感应电势
直流串励电动机	Φ_d	Φ_q	E		
单相串励电动机	$\dot{\Phi}_d$	$\dot{\Phi}_q$	$\dot{E}$	$\dot{E}_d$	$\dot{E}_q$

表 3-2 直流、单相串励电动机电磁转矩和电势方程对比

物理量 运行状态	电磁转矩	电势方程
直流串励电动机	$T=C_T\Phi I_a$	$U=E+I_aR_a+2\Delta U$
单相串励电动机	$T=C_T\Phi_d I_a\cos\varphi_0$ $+C_T\Phi_d I_a\cos(2\omega t-\varphi_0)$	$\dot{U}=\dot{E}-\dot{E}_d-\dot{E}_q+\dot{I}_aR_a+j\dot{I}_a(X_{\sigma a}+X_{\sigma f})+2\Delta\dot{U}$

表 3-2 中，C_T 为转矩常数，φ_0 为铁损耗角，R_a 为电枢回路电阻，$2\Delta U$ 为一对电刷的接触压降，$X_{\sigma a}$、$X_{\sigma f}$ 分别为电枢和励磁绕组漏阻抗。

从表 3 - 1 和表 3 - 2 中可以看出：

(1)直流串励电动机各主要物理量，如电压、电势、磁通等为直流性质；

(2)单相串励电动机的电磁转矩中的第二项 $C_T\Phi_d I_a\cos(2\omega t-\varphi_0)$，为二倍频率的脉动转矩，平均值为零，故不对外做功，但增大了电动机工作时的振动和噪声；

(3)单相串励电动机的电压方程，除了为交流表现形式外，其回路方程中，多出了两个交流电势 $\dot{E}_d$ 和 $\dot{E}_q$，以及漏电抗压降 $j\dot{I}_a(X_{\sigma a}+X_{\sigma f})$。

(二)机械特性

将单相串励电动机各主要物理量，如电压、电势、磁通等以及在电枢回路串入的附加电阻 R_j，代入式(2 - 15)，不难得出其机械特性的表达式对应的曲线如图3 - 8。

可以看出，当负载转矩增大，电机的电磁转矩也需增大，但转速下降明显，反之，转速快速上升，即采用串励方式的直流电机特性很软。

图 3 - 8 所体现的串励特性，表现为：高转矩负荷时的低转速响应，许多此类电动机甚至在堵转时，也不会导致过大的电枢电流；低转矩负荷时的高转速响应，甚至在空载时，会引起极高的转速，即所谓“飞车”现象。上述情况，近似体现出了电机转矩与转速的乘积变化不大的特征，即所谓“恒功率”机械特性。这样的特性，特别适合于电动工具的应用。

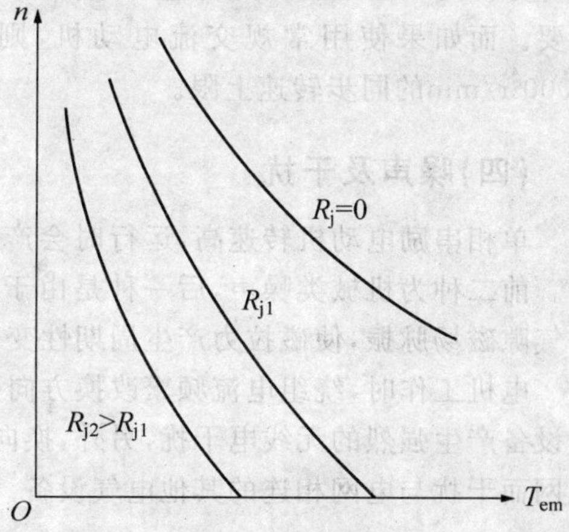

图 3 - 8 串励电动机的机械特性

(三)调速

与常规直流电动机的调速方法一样，从直流电动机的转速公式可知，其调速方法有三种：改变电源电压调速、串电阻调速、调磁调速。

1. 改变电源电压调速

如果能够采取技术措施，在其他条件不变的情况下，实质性改变施加在电机电枢和励磁绕组两端的电压幅值，也就可以影响电机的转速了。

具体的主要有：利用改变串联晶闸管导通角的方法，实现调压调速；利用串联电抗器,分压的方法,实现调压调速。

2. 串电阻调速

从电路原理上理解,在电机的回路中串入电阻 R_j,与串联电抗器一样,也相当于使用了分压的方法,但在功率损耗上,显然串电阻的方法效率低,但调速实现方便。

3. 调磁调速

前两种方法,都是设法整体改变施加在电机电枢和励磁绕组两端的电压幅值,如果能设法通过分流的方法,仅改变励磁绕组两端的电压或者匝数,实现对 $\dot{\Phi}_d$ 的相对独立调节,则也可以影响电机的转速。通常有:设置两个励磁绕组,通过它们之间的串、并联换接,实现对励磁磁势的改变;另一种常见的方式是励磁绕组分级抽头。

由于采用了直流电动机的结构和运行原理,单相串励电动机可以方便地运行在每分钟几千甚至上万的转速下,这对于驱动电动工具、吸尘器等电器来说,至关重要。而如果使用常规交流电动机,则由于电网频率的限制,至少无法突破 3 000 r/min的同步转速上限。

(四)噪声及干扰

单相串励电动机转速高,运行时会产生噪声,主要有通风、机械和电磁噪声三种。前二种为机械类噪声,后一种是由于转子齿槽产生的周期性单边磁拉力变化和气隙磁场脉振,使磁拉力产生周期性变化而引起。

电机工作时,绕组电流频繁改换方向引起换向器与电刷间的火花,对周围的电子设备产生强烈的无线电干扰,另外,换向引起的高频信号会沿着电源线馈入公共电网而干扰与电网相连的其他电气设备。

(五)应用

由于单相串励电动机所具有的启动转矩大、转速高、体积小、调速方便、恒功率机械特性等优点,因此其产量很大,应用极为广泛。主要用于各类电动工具、家用电器、医疗器械和小型机床等。例如,博世电动工具全球范围内每年就约销售 3 200万件。

自 1895 年德国制造出世界上第一台直流电钻开始,以及随后出现的三相工频(50 Hz)电钻,但电动机转速没能突破 3 000 r/min;至 1914 年,出现了单相串励电动机驱动的电动工具,电动机转速已可达 10 000 r/min 以上。中国电动工具工业从 1942 年模仿开始,经过半个多世纪的艰辛发展,目前中国已经成为世界电动工具的生产大国和外贸出口大国。

单相串励电动机也可以制成通用电机，作驱动或伺服电机使用。

第三节　无刷直流电动机

普通直流电动机优良的控制性能和调速性能一直是它在直流电源容易获得的场合能够得到广泛使用的主要原因。但是，由于它采用机械方式进行换向，存在相对的机械摩擦，带来火花、噪声、无线电干扰、寿命短及维护复杂等弱点，再加上制造成本高及需要直流电源等情况，大大限制了它的应用范围。近年来，随着半导体大功率开关元器件的发展，各种专用集成电路不断出现，特别是单片机控制技术的越来越普及，一种可以使用常规交流电源、以电子换向取代机械换向的直流电动机——无刷直流电动机(Brushless DC Motor)应运而生，它既具备交流电动机结构简单、运行可靠、维修方便等优点，又具备直流电动机的运行特性。

一、无刷直流电动机的结构与运行原理

(一)结构

与有刷直流电动机不同，无刷直流电动机的定子绕组作为电枢，励磁方由永磁材料所取代。按照流入电枢绕组的电流波形的不同，直流无刷电动机可分为方波直流电动机(BLDCM)和正弦波直流电动机(PMSM)，BLDCM 用电子换向取代了原直流电动机的机械换向，用永磁材料做转子，省去了电刷；而 PMSM 则是用永磁材料替代同步电动机转子中的励磁部分，省去了励磁绕组、滑环和电刷。在相同的条件下，驱动电路要获得方波比较容易，且控制简单，因而 BLDCM 的应用较 PMSM 要广泛得多。

无刷直流电动机一般由电子换向电路、转子位置检测电路和电动机本体三部分组成，电子换向电路一般由控制部分和驱动部分组成，而对转子位置的检测一般用位置传感器来完成。工作时，控制器根据位置传感器测得的电机转子位置，有序地触发驱动电路中的各个功率管，进行有序换流，以驱动直流电动机(图 3 - 9)。

1. 电动机本体

无刷直流电动机在基本部件结构功能配置上与有刷直流电动机基本相同，但出于简化结构和方便制造等原因，一般将电机的电枢绕组放在定子上，把永磁体放在转子上。通常是三相绕组，小、微型电机多采用集中绕组，也有采用分布式绕组的。转子采用永磁材料，多用铁氧体(Ferrite)或钕铁硼(NdFeB)等，主要有凸极和

内嵌式结构。

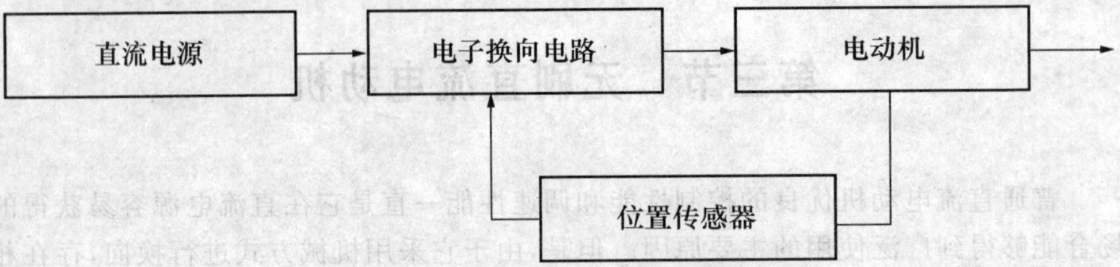

图 3-9　无刷直流电动机的原理框图

2. 永磁材料

无刷电动机的发展与永磁材料的发展密不可分，性能日益优良的永磁材料使用，减小了无刷电动机的重量、简化了结构，提高了性能和可靠性。

采用了稀土永磁材料的电机，会带来诸多便利：

(1)替换了电励磁环节，意味着省略了励磁绕组及其引出接线，这样的“无线”励磁部分放置在转子上，是绝佳的选择；

(2)高的高磁能积，允许缩小永磁转子的外径，减小转动惯量，降低时间常数，改善电动机的动态特性，提高伺服系统的带宽，有可能选择比较大的工作气隙，甚至采用无铁心电枢，减少重量；

(3)减少了励磁损耗，提高了效率；

(4)输入电流和输出转矩之间的线性度高，也简化电磁设计计算。

3. 电子换向电路

电子换向电路主要由驱动电路和对应的控制电路组成。

(1)控制电路。无刷直流电动机通过控制驱动电路中的功率开关器件，来控制电机的转速、转向、转矩以及保护电机，包括过流、过压、过热等保护。控制电路最初采用模拟电路，控制比较简单。目前，控制电路一般有专用集成电路、微处理器和数字信号处理器三种组成形式。对电机控制要求不高的场合，由专业集成电路组成控制电路是简单实用的方法；由于数字信号处理器运算快，外围电路少，系统组成简单、可靠，使得直流无刷电动机的组成大为简化，性能大大改进，有利于电机的小型化和智能化。

(2)驱动电路。驱动电路由大功率开关器件组成，为电动机提供驱动功率，并受控于控制电路。随着全控型的功率开关器件如可关断晶体管(GTO)、电力场效应晶体管(MOSFET)、金属栅双极性晶体管 IGBT 模块、集成门极换流晶闸管(IGCT)及电子注入增强栅晶体管(IEGT)等器件性能的不断提高，相应的无刷电动机的驱动电路也获得了飞速发展。目前，全控型开关器件正在逐渐取代线路复杂、体积庞大、功能指标低的普通晶闸管，驱动电路已从线性放大状态转换为脉宽调制的开关状态，相应的电路组成也由功率管分立电路转成模块化集成电路，为驱动电路实现智能化、高频化和小型化创造了条件。

4. 转子位置判断

永磁无刷电动机是一个闭环的机电一体化系统，它是通过转子磁极位置信号作为电子开关线路的换向信号，因此，准确判断转子位置，并根据转子位置及时对功率器件进行切换，是无刷直流电动机正常运行的关键，而转子位置的准确判断方式，主要包括有位置传感器和无位置传感器两种。

(1)位置传感器。用位置传感器作为转子的位置检测装置是最直接有效的方法。一般将位置传感器安装于转子的轴上，实现转子位置的实时检测。最早的位置传感器是磁电式的，既笨重又复杂，已被淘汰；目前磁敏式的霍尔位置传感器广泛应用于无刷直流电动机中，另外还有光电式的位置传感器。

(2)无位置传感器。位置传感器的存在，增加了无刷直流电动机的重量和结构尺寸，不利于电机的小型化；旋转时传感器难免有磨损，且不易维护；同时，传感器的安装精度和灵敏度直接影响电机的运行性能；另一方面，由于传输线太多，容易引入干扰信号；由于是硬件采集信号，更降低了系统的可靠性。

无位置传感器与直接检测法相比，省去了位置传感器，简化了电动机本体结构。它运用相应的硬件和软件，间接获取电机转子位置信号，例如，利用电枢绕组的感应反电动势来间接获得转子磁极位置，但由电机静止时，不产生反电动势，因而如何顺利启动是该电机需要解决的问题。

(二)运行原理

正如本书第二章直流电机部分的基本结论所述，只要能够保证电机中处在同一磁极下的电枢电流 i_a 的方向始终保持不变，则该电机无论有没有电刷和换向器，也无论是否使用直流电源，都可以按照直流电机的原理工作，当然也就可以在运行中体现直流电机的优良特性。

如果用一般直流电源给永磁无刷电动机的定子绕组供电，只能形成直流恒定电流，它不能与运动中的转子磁场产生单一方向的转矩来驱动转子转动，只有定子绕组中的电流方向与转动经过该绕组的转子磁极的极性相配合一致，才能获得单一方向的驱动转矩。所以，无刷直流电动机除了由定子和转子组成电动机的本体以外，还要由位置传感器、控制电路以及功率开关共同构成的电子换向装置，使得无刷直流电动机在运行过程中，若定子绕组中的正向电流配合转子方转过的 N 极形成驱动转矩，则 S 极到来时，必须有负向电流配合，才能形成与前半周转向相同的驱动转矩。

为了更加清晰地阐述无刷直流电动机的工作原理和特点，以下以三相半波无刷直流电机为例，来加以简要说明。

图 3－10 为一个基本三相半波无刷直流电机及其电子控制器电路。三相定子绕组 Y 接，中性点与电源的正极连接。晶体管 TR_1、TR_2、TR_3 流过受转子位置传感器控制的基极驱动信号控制的单向电流。当传感器将检测到的转子位置信号，比如 N 极到达 A 相绕组区间，则触发晶体管 TR_1 正向导通，当 N 极依次到达 B、C 相绕组区间时，则依次触发晶体管 TR_2 和 TR_3 正向导通，反之亦然，如此周而复始，电机可持续获得方向始终一致的驱动转矩，正常工作。

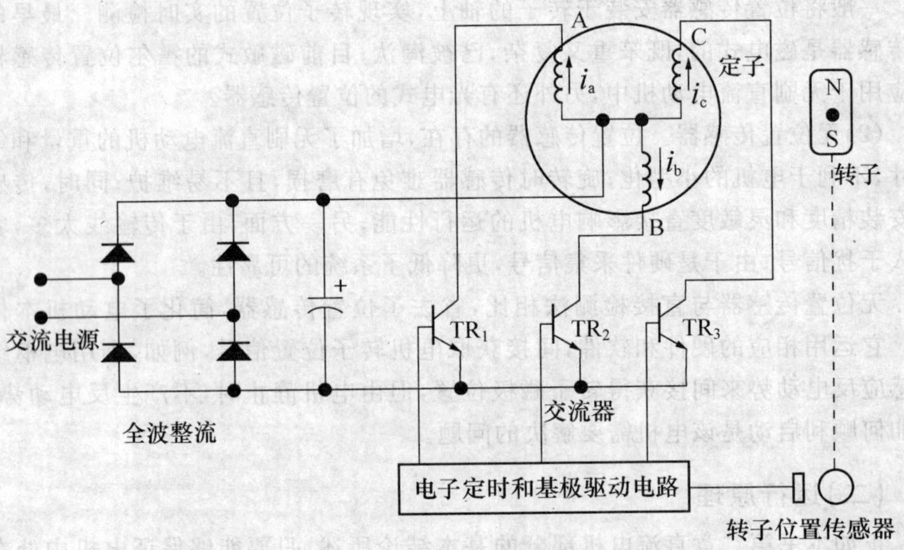

图 3－10　三相半波无刷直流电动机

需要说明的是，当电机的功率较大时，绕组中储存的磁场能量也会增大，在晶体管关断过程中，会感生较大的反电势，为避免晶体管被击穿损坏，实际线路中，会在各功率器件二端，反向并联续流二极管，通过续流的作用来实现对晶体管的保护。

二、运行特性

(一)基本方程

无刷直流电动机的基本方程形式，与普通直流电动机无异，详见第二章直流电机部分。需要说明的是，由于结构上的不同，以及流入电枢绕组的电流波形有方波和正弦波之分，电机的系数 C_e 及 C_T 与常规直流电机有所不同，但是，对于已制成的电机而言，它们都已是常数，也可参考有关资料详细了解。

(二)机械特性

永磁无刷直流电动机的机械特性，如式(2-19)所示。

由于电机采用永磁材料励磁，因此其机械特性，类似于常规他励或永磁直流电动机。需要注意的是，当电机负荷较大时，开关管管压降增大，加在绕组上的电压 U 有所减小，使得特性曲线向下弯曲，如图 3-11。

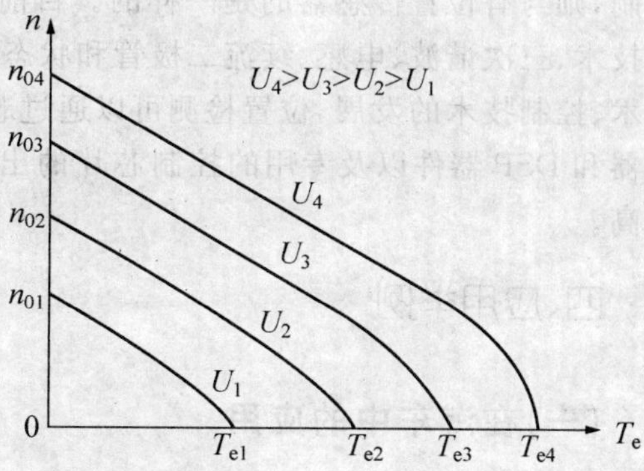

图 3-11 永磁无刷直流电动机的机械特性曲线

三、控制方法

永磁无刷直流电动机的控制方法，一般按有无位置传感器来区分。另外，由于没有了换向器，虽然控制目标(如转速、转向等)不变，但前端的控制手段却有所不同。

(一)有位置传感器

1. 转速控制

由于是永磁电机，因此调速主要通过调节施加到电机绕组端的电压 U 来实现，而电子换向电路的主回路通常是 PWM 的调压方式，因此，其电压调节的手段十分方便，而转速控制的区域以向下调节为主。

2. 转向控制

改变直流电机的转向，原理上是相同的，但由于永磁无刷直流电动机采用的是单向导电的电力电子功率器件，且显然，主磁场的方向也不能改变，因此只能采用改变定子绕组通电相序的办法，即借鉴三相交流电动机改变转向的方法，这在 PWM 实际控制中，也是非常容易实现的，只要改变主回路三相功率器件导通的顺序即可。

3. 电流控制及相关保护

电子换向电路中，承担主功率传送的是其中成组出现的电力电子功率器件，当电机因为种种(重载、堵转、短路等)原因以及主回路自身异常等情况而出现过电流现象时，都可能导致流过功率器件的电流值超过其允许的峰值，进而引起损坏，因此电流控制十分重要。另外，对过电压、控制信号抗干扰等也都是必需的，本书不在此详述。

(二)无位置传感器

电机不借助位置传感器，通过间接的方式来获取必需的转子位置信息，之后的控制，则与有位置传感器的是一样的。目前，较为成熟的是反电动势法，诸如锁相环技术、三次谐波、电感、续流二极管和状态观测等方法，此处不再详述。随着电子技术、控制技术的发展，位置检测可以通过芯片配合适当的算法来实现。高速微处理器和 DSP 器件以及专用的控制芯片的出现，使得运行速度、处理能力有很大的提高。

四、应用举例

(一)在汽车中的应用

1. 汽车净化器用无刷直流电机

汽车净化器多采用直流无刷电动机带动离心式风叶，以排出污浊空气。电动机本体是根据电机电路方案来确定，常用二相桥式换向驱动电路。

2. 汽车空调用无刷直流电动机

开发低电压大电流型汽车空调用无刷直流电动机可以解决原有刷直流电动机噪声大、寿命短及维护困难的缺点，提高电机运行性能。其额定电压为 12 V，由于是低电压大电流型，为了保证电流密度不致过高，永磁体采用稀土永磁材料钕铁硼。

3. 汽车驱动用无刷直流电动机

有文献认为无刷直流电动机用于驱动具有明显的优势。电动汽车的四个轮子分别由四个独立的轮式电动机直接驱动，采用逆变器进行电子换向，取消机械换向器和电刷，这种结构便于高速运行且在更换胎时不影响电动机本体。采用取消齿轮、直接驱动的外转子式电动机，是当今国际上车辆驱动用电动机中较为先进的方案。

(二)在电动自行车中的应用

在电动自行车上应用的无刷直流电动机通常制成盘式电动机，安装在车轮的轮毂内，轮毂由辐条与车圈连接，直接带动车轮转动。定子是由定子铁心、电枢绕组及其引出线、传感元件及其引出线、定子支架、轴等部分组成。定子铁心一般做成多对极多个槽数，以满足大力矩、低转速的要求。定子绕组的形式和多相的永磁同步电动机类似，它在实现能量转换过程中起着重要的作用。绕组相数多取三相，并采用Y型连接，三相绕组分别与电子开关线路中相应的功率开关器件连接，即为三相半控驱动方式。另一类广泛用于电动自行车的是外转子永磁无刷直流电动机，目前国内研制出的外转子永磁无刷直流电动机大多采用多极多槽、扁平结构。

（三）在家用电器中的应用

近年来的变频式空调机中使用了多台能无级调速的永磁无刷直流电动机，无论是压缩机拖动，还是在风机、加湿机中，都逐步采用无刷直流电动机拖动方式。由于环境恶劣（如压缩机内部），采用无刷直流电动机，可以提高机械可靠性，又可降低成本。

此外，在新一代热水器、吸尘器、洗衣机、电风扇、搅拌器中使用无刷直流电机可以实现多功能自动操作，提高家电产品的自动化程度和效率。总之，该领域的市场需求潜力很大，在家电产品中无刷电机大有取代交流电动机的趋势。

（四）在工业自动化设备领域的应用

如工业缝纫机用无刷直流电动机，其优点为可以实现正反转，快速启动与制动（100 ms），定位精度高，过载能力大，振动低，同时实现工业缝纫机的自动返缝、自动割线和自动挑线3个自动控制功能。目前我国研制成功了中直径2 mm直流无刷电动机，与国际同类电磁型微电机相比，在总尺寸相近的条件下具有更大的力矩与效率；与静电型微电机相比，其力矩高出几个数量级。

此外，在高档数控加工设备、工业智能机器人、自动化生产流水线、自动纺织、包装、冶金等，采用无刷直流电机可以满足机械设备的高精度、高效率、高性能的要求。一些要求精确控制速度和位置的轻工机械中大多也采用无刷电动机。

（五）在精密电子设备和器械中的应用

如骨科医疗器械由于手术的需要，要求其动力系统能在较宽的范围连续变速，以适应铣缝、钻孔、锯等种场合的要求。而现有骨科医疗器械用驱动电机是单相交直流串励电机及电压调节器，其缺点是噪声大；由于电刷和换向器的存在，致使手术前无法消毒；同时需要定期更换电刷及电机维护。而应用无刷直流电机作为驱动系统后，具有低噪声、宽范围调速、体积小、重量轻等优点。

另外，在计算机硬（软）盘驱动、录像机鼓驱动、激光打印机、复印机、卫星上太阳能帆板驱动、仪用通风机、血液分析仪、医护监控设备等领域的应用正在逐步取代有刷电机。该类无刷直流电动机尺寸小、加工精度高，属于技术密集型，其需求量巨大。

(六)其他领域

无刷直流电机还广泛用于其他领域，如航空工业中，美国制成驱动航天飞机升降副翼用的12.6 kW，9 000 r/min 稀土永磁无刷直流电动机，效率为95%，仅重7.65 kg；军事国防设备中的电传动装甲车辆和鱼雷大功率无刷直流电动机；稀土永磁无刷直流无齿电梯曳引机；稀土永磁无刷直流发电机等。

第四节　开关磁阻电机

开关磁阻电机（Switched Reluctance Motor，SRM，亦有简称 SR 电机）的出现，已有160多年的历史。20世纪80年代以来，借助于电力电子等学科技术的快速发展，SR电机成为一种新型调速电机，真正迅猛发展起来。SR电机的结构简单坚固，调速范围宽，调速性能优异，而且在整个调速范围内都具有较高的效率，系统可靠性高，产品应用的领域非常广泛，如电动汽车、家用电器、航空等，市场潜力巨大。

一、开关磁阻电机运行原理与结构

(一)运行原理

磁场中的磁力线，遵循磁阻最小原理，总有一种寻找磁阻最小的路径闭合的本能。如果在磁场中，存在着磁阻差，身处其中的铁磁物质将会受到磁场力的作用，如果外界能够持续创造这样的条件，该铁磁物质就会获得持续的磁场力驱动，这个过程会伴随着磁场储能向机械能的转换。在SR电机中，“开关”在不断创造“磁阻”差异，从而持续驱动电机转子旋转。

图3-12所示的4相(8/6)SR电机，由一个有绕组的八极定子和一个无绕组的六极转子构成，当沿径向相对的二个定子极通以直流电，形成一个磁场，该磁场使对应的一对转子磁极受力旋转与定子磁极中心线重合。当定子DD′极励磁时，所产生的磁力，力图使转子极轴线SS′与定子极轴线AA′重合的位置，并使A相励磁绕组的电感最大。若以图中定、转子所处的相对位置作为起始位置，依次给

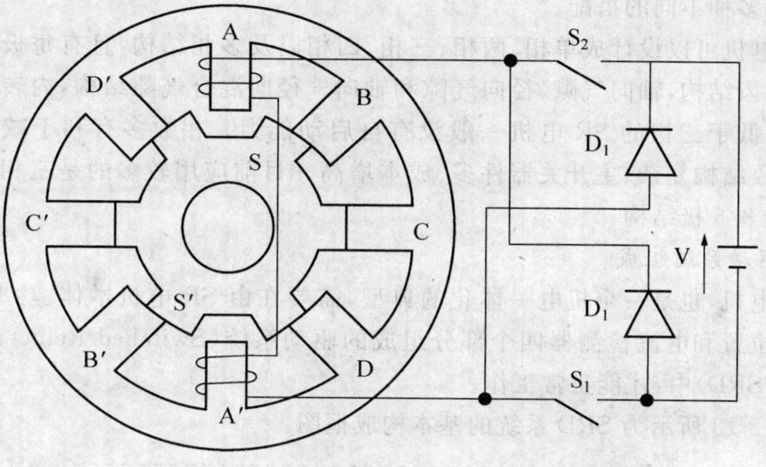

图 3-12　典型的四相 8/6 极 SRM 结构原理图

DD′—AA′—CC′相定子绕组通电、断电，转子就会逆着励磁顺序方向以逆时针方向连续旋转；反之，若依次给 BB′—AA′—DD′—CC′相通、断电，则电动机就会沿顺时针方向转动。与步进电机相似，SR 电机每次的步进角度与定子极数 N_s 和转子极数 N_r 有关，步进角 θ 为：

$$\theta = \frac{360°}{N_r} - \frac{360°}{N_s} \tag{3-4}$$

以四相 SR 电机为例，其步进角为 15°。由上例可见，SRM 电动机的转向与相绕组的电流方向无关，仅取决于相绕组通电的顺序。同时，设置有转子位置传感器，用于确定定子每相绕组何时需要通电或断电；而转子的转速，由连续开闭定子绕组的频率所决定，输出的扭矩是由通过定子极绕组的电流来决定的。这样，就可根据负荷的性质实现恒转矩或恒功率调速系统。此外，从图 3-12 可以看出：当主开关器件 S_1、S_2 导通时，A 相绕组从直流电源 V 吸收电能，而当 S_1、S_2 关断时，绕组电流经续流二极管 D_1 续流导通，并回馈给电源 V。因此，SR 电机传动的共性特点是具有能量再生作用，系统效率高。而且可实现四象限运行。

(二)结构

1. 电动机本体

SR 电动机定、转子的凸极均由普通硅钢片叠压而成。转子既无绕组也无永磁体，定子磁极上绕有集中绕组，径向相对的两个绕组串联形成一个两级磁极，称为“一相”。SRM 电动机可以设计成多种不同相数结构，且定、转子的极数不能相同，但可以有多种不同的搭配。

SR 电机可以设计成单相、两相、三相、四相以及多相结构，且有每极单齿结构和每极多齿结构，轴向气隙、径向气隙和轴向—径向混合气隙结构，内转子和外转子结构。低于三相的 SR 电机一般没有自启动能力。相数多有利于减小转矩波动，但导致结构复杂、主开关器件多、成本增高。目前应用较多的是三相 6/4 极结构和四相 8/6 极结构。

2. 驱动系统组成

SR 电机，也是一个机电一体化的典型，需要在由 SR 电机本体、功率变换器、控制器、位置和电流检测器四个部分组成的驱动系统（Switched Reluctance Drive System，SRD）中，才能正常工作。

图 3 - 13 所示为 SRD 系统的基本构成框图。

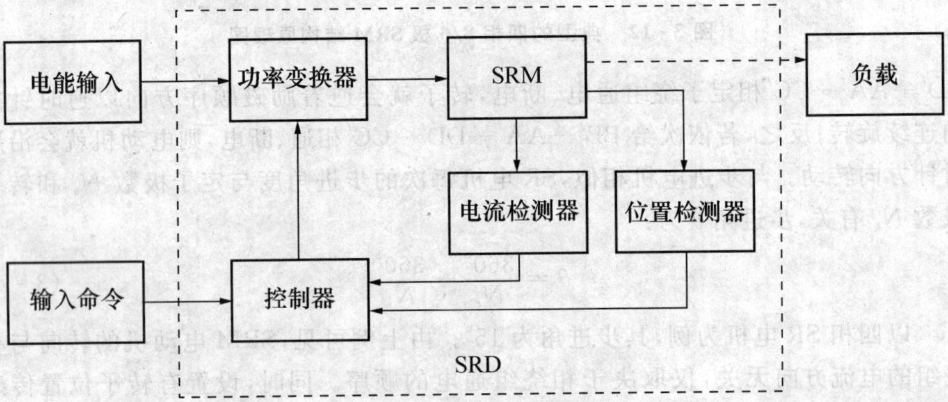

图 3 - 13　SRD 基本构成

二、驱动系统

(一)功率变换器

SR 电机驱动时，所需的能量由功率变换器供给，如图 3 - 13 所示，电能输入端提供直流电能，借助开关器件有序地通断，为电机绕组提供脉动的电流并输入电功率，形成对应的磁场，电机遵循的磁阻最小化原理，将输入的电功率转换成机械功率输出，电机即可在所需要的转速和转矩下稳定工作。由其工作原理知，在开关器件换流期间，还可以将绕组内的部分磁场储能回馈给电源。

功率变换器在整个 SRD 成本中占有很大的比重，合理选择和设计功率变换器是提高 SRD 性价比的关键之一，功率变换器主电路形式的选取对 SR 电机的设计也直接产生影响，应根据具体性能、使用场所等方面综合考虑，找出最佳组合方案。

(二)信号检测

SRD 系统只有获取了 SR 电机的转子位置和绕组电流信号，才能通过控制器，形成对应的控制信号，驱动功率变换器，进而控制 SR 电机的运行。

位置检测器，负责获取转子位置及速度等信号，并及时向控制器提供定、转子极间相对位置的信号。常见的位置检测方式有光电式、磁敏式及开关式等。位置检测器信息直观，但提高了成本，降低了可靠性。因此，人们正致力于研究取消位置检测器，利用绕组电感随转子位置变化这一特点，来判断转子位置，就是目前一种较好的方案。

SR 电机在低速或制动状态下运行时，需要准确知道绕组中电流的大小，来实现转矩控制。电流检测器向控制器提供电机绕组的电流信息，常见的电流检测方案有：电阻采样、霍尔元件采样和磁敏电阻采样等。

(三)控制器

控制器综合处理位置检测器、电流检测器提供的电机转子位置、速度和电流等反馈信息及外部输入的指令，实现对 SR 电机运行状态的控制，是 SRD 的指挥中枢。通过控制加到 SR 电动机绕组中电流脉冲的幅值、宽度及其与转子的相对位置，即可控制 SR 电动机转矩的大小方向，这正是开关磁阻电动机的调速基本原理。

控制器一般由单片机及外围接口电路等组成。在 SRD 中，要求控制器具有下列功能：

(1)电流斩波控制。适用于低速和制动运行，转矩平稳，适合用作转矩调节，但抗负载扰动的动态响应慢。

(2)角度位置控制。适用于高速运行，转矩调节范围大，电机的效率高。

(3)启动、制动、停车及四象限运行。

(4)速度调节。

SR 电机运行特性可分为三个区域：恒转矩区、恒功率区、串励特性区(自然特性区)，如图 3-14 所示。在恒转矩区，由于电机转速较低，电机反电动势小，因此需对电流进行斩波限幅，称为电流斩波控制(CCC)方式，也可采用调节相绕组外加电压有效值的电压 PWM 控制方式；在恒功率区，通过调节主开关管的开通角和关断角取得恒功率特性，称为角度位置控制(APC)方式；在串励特性区，电源电压、开

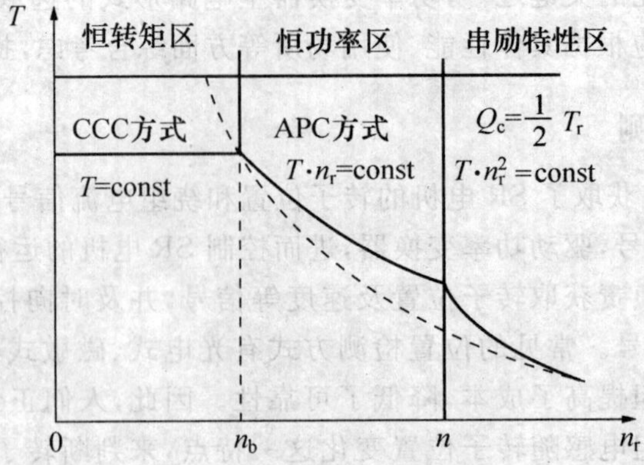

图 3-14 SRD 电动机典型运行特性

通角和关断角均固定。转速 n_b 和 n 为各特性交接的临界转速，是 SR 电机运行和设计时要考虑的重要参数。n_b 是 SR 电机开始运行于恒功率特性的临界转速，定义为 SR 电机的额定转速，也称为第一临界转速，对应功率为额定功率；n 是能得到额定功率的最高转速，恒功率特性的上限，可控条件都达到了极限，当转速再增加时，输出功率将下降，n 也称为第二临界转速。

三、开关磁阻电机的特点

SR 电机系统具有一些很有特色的优点：

(1)电机结构简单、坚固、制造工艺简单，成本低，转子仅由硅钢片叠加而成，可工作于极高转速；定子线圈为集中绕组，嵌放容易，端部尺寸短而牢固。工作可靠，能适用于各种恶劣、高温甚至强振动环境。

(2)损耗主要产生在定子，电机易于冷却；转子无永磁体高温退磁现象；可允许有较高的温度。

(3)转矩方向与电流方向无关，因而可简化功率变换器，降低系统成本。同时功率变换器不会出现直通故障，可靠性高。

(4)启动转矩大，低速性能好，无异步电机在启动时所出现的冲击电流现象。

(5)调速范围宽，控制灵活，易于实现各种特殊要求的转矩—速度特性。

(6)在较广的转速和功率范围内具有较高的效率。能四象限运行，具有较强的再生制动能力；有很好的容错能力，可以缺相运行。

(7)通过调整开通角和关断角这种纯逻辑的控制方式，很容易智能化，从而能通过重新编程或替换电路元件，方便地满足不同运行特性的要求。

(8)电机的脉冲供电，以及转子结构上的不对称，使得震动和噪声较大。

四、应用举例

近20年来，开关磁阻电机的应用和发展取得了明显的进步，已成功地应用于电动车驱动、通用工业、家用电器、牵引电机、高转速电机和纺织机械等各个领域，功率从10 W到5 MW，最大速度高达100 000 r/min。

开关磁阻电机最初的应用领域就是电动车。目前，电动摩托车和电动自行车的驱动电机主要有永磁无刷及永磁有刷两种，然而采用开关磁阻电机驱动有其独特的优势。

在食品加工机械中，开关磁阻电机显现出其独特的优势：体积小，不烧电机，没有或只有小的齿轮减速比，电机外形设计灵活，适应性好（"扁平"或"细长"），安全停机，速度离散可选或连续可调，易实现特殊要求的机械特性（软件编程）。

开关磁阻电机由于低成本、高性能、智能化已开始应用于洗衣机，在美国高档洗衣机中已小批量采用，具有明显的优点：很低的洗涤速度；良好的衣物分布性；滚筒平衡性好，快速安全停机；软启动，电流限幅；最大速度高，低速转矩大；机械特性易调整；对水温、水流等易于智能控制。

电动工具采用开关磁阻电机，具有以下特点：软启动，起、制动平滑；工作转速高；速度保护好；电机无电刷和永久磁钢；效率提高；体积小、质量轻，操作容易。

第五节　步进电动机

步进电动机(Stepping Motor)机理也是遵循磁阻最小原理工作的，其原始模型可以追溯到1830—1860年间。20世纪60年代后期，随着永磁材料的发展，步进电动机在本体方面有了快速进展，而半导体技术的发展则推动了步进电动机在性能、控制和精度方面的迅速提升。如今，步进电动机在数字控制、OA(Office Automation)机器、数控机械和计算机外设等领域作为控制用电机和驱动用电机，已被广泛使用。

步进电动机是较早使用的典型的机电一体化组件。步进电动机本体、步进电动机驱动电源和控制器构成步进电动机系统不可分割的三大部分。图3-15所示为典型的步进电动机开环控制系统结构图。

步进电动机的工作过程为：每输入一个定子脉冲信号，则改变一次励磁状态，使转子转过一定角度，若没有脉冲信号输入，则转子保持在某一位置静止不动(即

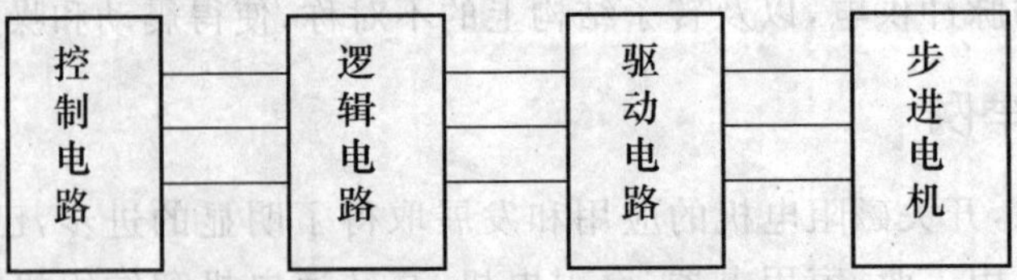

图 3-15　步进电动机系统框图

具有自锁功能)，所以又称脉冲电动机。

步进电动机有永磁式(PM)、反应式(VR)和混合式(HB)等类型。永磁式步进电动机一般为两相，转矩和体积较小；反应式步进电动机一般为三相，可实现大转矩输出，但噪声和振动都很大；混合式是指混合了永磁式和反应式优点的步进电动机。

反应式步进电动机工作原理比较简单，以下以三相反应式步进电动机为例作介绍。

一、反应式步进电动机结构与运行原理

(一)基本结构

如图 3-16，电机定、转子铁心均由硅钢片叠压而成，转子表面均匀分布着很多小齿，定子六个凸磁极沿圆周均匀分布，每个磁极上也有与转子表面齿距相同的小齿，每两个相对的定子凸磁极上串绕有一套控制绕组，如 A-A′二极，串有 A 相绕组。

在同一相磁极下，定、转子齿应同时对齐，或同时错开，以保证几个齿获得的作用力可以同方向叠加，产生最大的力矩；在不同相磁极下，定、转子齿应依次错开 1/m 齿距(m 为相数)，以保证在连续通电状态下，可以实现连续运动。

(二)工作原理

如 A 相通电，B、C 相不通电时，由于磁场作用，转子齿与 A 极的定子齿一一对齐(转子不受任何力，以下均同)；如 B 相通电，A、C 相不通电时，处在 B 极下的转子齿，因与定子齿错开 1/m 齿距，而有趋于定转子齿一一对齐的转动要求，此时转子逆时针移过 1/m 齿距；如 C 相通电，A、B 相不通电，同理，转子继续逆时针移过 1/m 齿距；如果不断地按 A、B、C、A 的次序通电，电机就以每步(每脉冲)1/m 齿距逆时针旋转，如按 A、C、B、A 的次序通电，电机就反转。由此可见，电机的位置和速度与导电次数(脉冲数)和频率成一一对应关系，而方向由导电顺序决定。出于

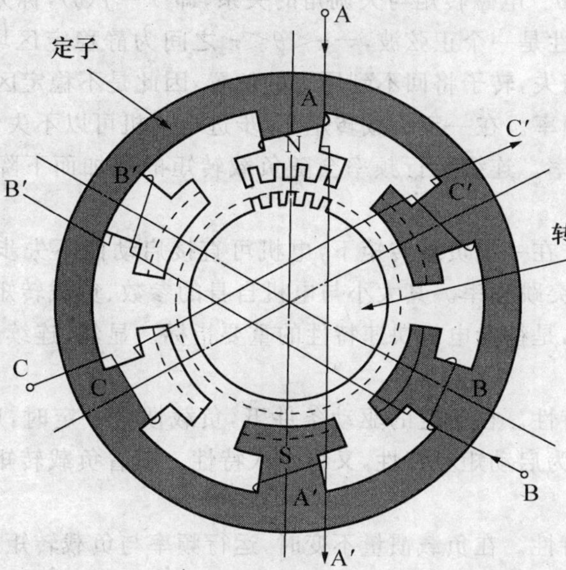

图 3-16 三相反应式步进电动机的结构剖面图

对力矩、平稳、噪声及减少角度等方面考虑，往往采用 A—AB—B—BC—C—CA—A 的通电形式，这样将原来每步 1/m 改变为 1/2m，甚至于通过二相电流不同的组合，使移动距离为 1/3m、1/4m 等，这就是电机细分驱动的基本理论依据。只要符合这一条件，理论上可以制造任何相的步进电动机，出于成本等多方面考虑，市场上一般以二、三、四、五相为多。

二、反应式步进电动机的特性

步进电动机的主要特性如下：

(1)步距角。步距角指每输入一个电脉冲信号，电机转子所应转过的角度。

$$\theta_s = \frac{360^\circ}{m_1 z_r} \tag{3-5}$$

其中，z_r 为转子齿数；m_1 为运行拍数，通常等于相数 m 的整数倍，即 $m_1 = km$。

可见，增加拍数(或相数)和转子齿数，可以减小步距角，有利于提高控制精度，但相数越多，电源及电机的结构越复杂，成本也越高。

(2)矩角特性。不改变各相绕组的通电状态，即一相或几相绕组同时通以直流电流时，步进电动机处于平衡静止状态(静态)，空载静态时，的反应转矩叫静转矩 T，理想空载时的静转矩为零。当有扰动时，转子偏离初始稳定平衡位置，偏离的

电角度称为失调角 θ。电磁转矩与失调角的关系，即 $T=f(\theta)$，称为矩角特性。

理想的矩角特性是一个正弦波，$-\pi<\theta<\pi$ 之间为静稳定区域；θ 处于之外的区域时，一旦干扰消失，转子将回不到原来的位置，因此是不稳定区域。

(3)连续运行频率。在一定负载转矩下，步进电动机可以不失步运行的最大频率称为连续运行频率。连续运行频率会随负载转矩的增加而下降，而且受电机自身参数的影响。

(4)启动频率。在一定负载转矩下，电机可直接启动而不失步的极限频率，称为极限启动频率或突跳频率。其大小与电机自身的参数、负载转矩、转动惯量及电源情况等因素有关，是衡量电机快速特性的重要指标。显然，连续运行频率要大于启动频率。

(5)启动矩频特性。在给定的驱动条件下，负载惯量一定时，启动频率与负载转矩之间的关系称为启动矩频特性，又称牵入特性。随着负载转矩的增加，启动频率会呈下降趋势。

(6)运行矩频特性。在负载惯量不变时，运行频率与负载转矩之间的关系称为运行矩频特性，又称牵出特性。与启动类似，随着负载转矩的增加，运行频率也会呈下降趋势。

(7)惯频特性。在负载力矩一定时，频率和负载惯量之间的关系，称为惯频特性。惯频特性分为启动惯频特性和运行惯频特性。

三、驱动电源

一般交、直流电机的电源，常常是一个标准的交流或者直流电源，只要电压等级和容量与电机的额定参数相匹配，电机就可以运行，并体现相应的性能。步进电动机的性能很大程度上依赖于驱动电源的特性。

步进电动机的驱动电源有多种驱动方式，通常有单电压驱动，高低压驱动，调频调压驱动和斩波驱动等几种。各种驱动方式，都应满足于以下几点：

(1)电源的相数、通电方式、电压、电流等应与所驱动的步进电动机相匹配；

(2)满足步进电动机负荷运行时的启动和运行频率要求；

(3)能有效抑制震荡，工作稳定，抗干扰能力强；

(4)功耗低，效率高，成本低，安装维护方便。

(一)驱动电源组成

步进电动机驱动电源主要由环形分配器、数/模转换电路、恒频脉宽调制电路、参考电源电路、功率驱动电路、检测保护电路等组成。步进电动机的工作控制系统框图如图 3 - 17 所示。

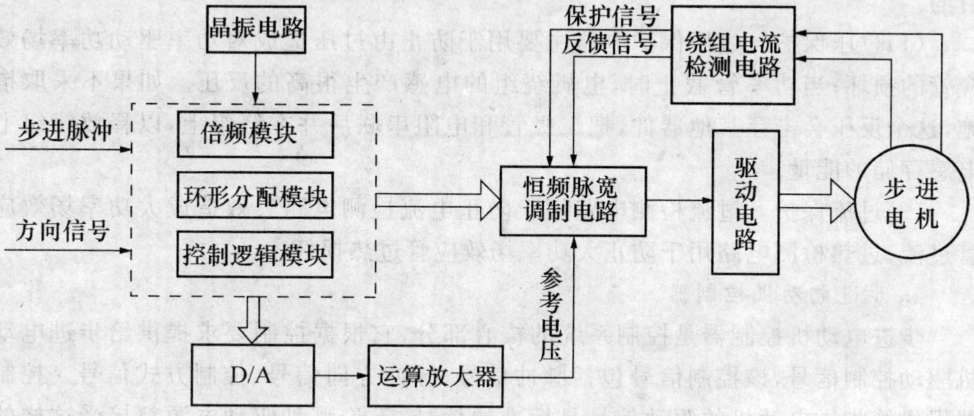

图 3 - 17 步进电动机驱动电源总体结构框图

工作原理如下:从控制器输入的脉冲、方向等信号送给环形分配器。这里,信号经过判断处理,输出相应的细分控制数据至 D/A 转换器,D/A 转换器根据电流设定值,输出模拟阶梯电压作为参考电压信号;同时输出环分信号作为相控信号。经信号放大与处理送入驱动电路。信号处理实现信号的某些转换、合成功能,可以产生斩波、抑制等特殊功能的信号。同时可以根据需要设置过电流保护、过热保护、过压保护、欠压保护电路等对驱动电源检测保护。有时还需要对输入信号进行监护,发现异常也提供保护动作。

1. 环形分配电路

脉冲环形分配是步进电动机驱动中的一个重要组成部分。主要使电机各相绕组按一定的顺序和时间导通或切断并根据输入指令使电机正转或反转。步进电动机各相绕组的脉冲信号可以由专用集成环形分配器来产生,在某些情况下环形分配器的功能也可以由计算机或单片机来实现。

2. 功率驱动电路

功率驱动模块为步进电动机输出电磁转矩提供高电压、大电流。主回路中,开关管的上升和下降时间是很重要的,但又存在一定的矛盾。从防止"直通"角度考虑,希望上升时间长一点,从缩短无效零时间、降低系统谐波角度,希望下降时间短一点。

3. 检测及保护电路

在步进电动机驱动中,为提高驱动系统工作的可靠性,保护环节至关重要,主要是以下两个方面的保护:过压保护和过流保护。故障中任何一种或几种故障同时出现时,均可立即封锁所有相控制信号,达到保护驱动系统和步进电动机的目的。

(1)过压保护。过压保护电路主要用于防止由过压造成对功率驱动功率场效应管的损坏;当功率管截止时,电机绕组的电感产生很高的反压。如果不采取措施,这个反压会击穿其他器件,把二极管和电阻串联后并在绕组上,以释放绕组上电感存储的能量。

(2)过流保护。过流检测电路用于防止电流检测电路失效造成大功率场效应管过流;过热检测电路用于防止大功率场效应管过热损坏。

4. 步进电动机控制器

步进电动机控制器是控制系统的核心部分,它根据控制要求提供给步进电动机驱动控制信号,该控制信号包括脉冲信号、脉冲方向信号、控制方式信号。控制器提供给步进电动机的驱动信号是标准的信号,不论哪种驱动电源都接受这样的标准信号,从而为开放式的控制提供了标准接口。这样为步进电动机设计的控制器就可根据不同的需要与不同的驱动电源连接使用。

为了控制的方便,步进电动机一般可以有两种不同的控制模式可供选择。控制模式是由控制方式信号来设置的。一种是方向脉冲模式,在这种控制模式下,脉冲信号控制的是步进电动机的运动,脉冲方向信号控制的是步进电动机的运动方向(即正、反转),另一种是脉冲模式,此时这两路信号分别控制步进电动机的正转和反转运动,这样对于某些只需要一个方向运动的应用场合。可以省去一路信号,简化设计。

不管在哪种控制模式下工作,步进电动机控制器的设计关键都是一样的:根据步进电动机的特性和预期需要的运动发出控制脉冲信号。一般应用场合下,对步进电动机的控制属于开环控制,因此,对步进电动机动作的正确性、可靠性及速度都有较高的要求。

(二)典型驱动方式

1. 单电压驱动方式

单电压驱动方式是指步进电动机绕组上加上恒定的电压,以单电源、单极性方式驱动电路,每相只用一只功率管。这种驱动方式的电路较简单,成本低,但这种驱动方式的缺点是,串联在主回路上的限流电阻功率大,发热严重,效率低,高频出力小,低频功率大。如要进一步提高电流上升的速率,则必须同时提高电压和限流电阻的阻值,这样电阻上的损耗也将进一步增加,所以很难进一步提高性能,因此常用来驱动小功率步进电动机。

2. 高低电压驱动方式

高低电压驱动方式是单电压驱动方式的改进型，它使用两种电压电源，每相需要两只功率管，效率较高，启动和运行频率比单电压驱动高。采用高低电压切换来改善绕组电流波形以接近方波。当相绕组导通时，高压功率管与低压功率管同时导通，此时加到绕组上的电压为高端电压，上升电流具有较陡的前沿特性。当电流上升到额定值时，高压功率管关闭，只由低压功率管继续导通以维持相电流。这种驱动，功耗较低，高频出力较大，常用于大功率驱动电源。

3. 调频调压驱动方式

调频调压驱动是一种电机绕组上的电压随工作频率而变的驱动方式，低频时用低压驱动，避免低频振荡；高频时用高压驱动，提高高频输出。与一般驱动电路相比，这种驱动电路增加了一套比较电路和调压电路。调压电路输出的电压高低由比较器的输出控制，而比较器的输出又由积分器的输出与锯齿波发生器的比较结果决定。因此，当控制步进电动机动作的频率变化时，积分器的输出和比较器的输出都跟着改变，从而达到改变调压器输出的目的。

4. 斩波驱动方式

以上三种驱动方式都是以绕组电压为控制对象，而本质上，定子绕组电流对于电动机的性能起着决定性的作用。斩波驱动方式就是以绕组电流为控制对象。

斩波驱动方式又称为恒电流驱动方式，它是供电电压比电动机额定电压高得多时而采用斩波方式使电动机绕组电流从低速到高速运行范围内保持恒电流的一种驱动方式。它弥补了高低压电路中相电流波形有凹点的缺陷，提高了输出转矩。它是目前控制场合使用最为广泛的一种线路，缺点是线路相对复杂，对功率管的开关速度要求高。

(三)细分驱动技术

随着数控技术及机械工业的发展，人们对产品精度的要求越来越高，一方面，采用常规电机本体的设计方法，如增加定、转子齿数以获得小的步距角等，受到电机结构等的限制；而另一方面，在驱动电源中，借助于特殊的驱动电路设计以及对应控制方法，来提高步进电动机的运行性能，就是细分驱动控制技术，又称微步控制。

细分控制的实质是在步进电动机各相绕组的电流切换时，代替原来的绕组电流直接通断的方法，采用只切换绕组电流的一部分，使对应切换相绕组中的电流阶梯地上升到额定值或下降到零，从而产生一系列的假想的磁极对（即新的稳定平衡点），使转子对应的每步运动只为原来的一部分，而达到细分的目的。采用细分驱动技术有许多优点：

(1)在不改变步进电动机整体结构的前提下，可以大幅度提高步进电动机的步距分辨率；

(2)电机绕组中的电流变化幅度减小，低频振荡的过冲能量降低，改善了低频性能，减小了开环运动的噪声，提高了运行稳定度；

(3)可以有效缓解电机本体设计和减速机构方面的压力；

(4)采用微步驱动时，可以改善步进电动机运行的矩频特性，对应的控制频率也可相应提高。

要实现细分驱动，就是要使电机各相绕组中的电流按一定的规律阶梯上升或下降，针对这种电流波形的实现方法，国内外都有研究，从脉冲分配电路上看，有采用硬件细分及软件细分的区别。从功率放大器上看，即从功率管的工作状态来分，有放大型的也有采用开关式的；软件细分也有多种；从阶梯电流形成的角度分，有采用叠加法的，有采用 PWM 控制的，也有采用脉频调制(PFM)的。

四、步进电动机的特点与应用

(一)步进电动机的特点

归纳起来步进电动机的特点有：

(1)可以用数字信号直接进行开环控制，整个系统简单廉价；

(2)输出位移与输入脉冲信号数相对应，步距误差不长期积累，可以组成结构较为简单而又具有一定精度的开环控制系统，也可在要求更高精度时组成闭环控制系统；

(3)无刷，电机本体部件少，可靠性高；

(4)易于启动、停止、正反转及变速，响应性也好；

(5)停止时，可有自锁能力；

(6)步距角选择范围大，可在几十角分至 180°内大范围选择。在小步距情况下，通常可以在超低速下，高转矩稳定运行，通常可以不经减速器直接驱动负载；

(7)速度可在相当宽范围内平滑调节。同时用一台控制器控制几台步进电动机完全同步运行；

(8)步进电动机带惯性负载的能力较差；

(9)由于存在失步和共振，因此步进电动机的加减速方法根据利用状态的不同而复杂化；

(10)不能直接使用普通的交直流电源驱动。

(二)步进电动机的应用

自20世纪中叶,步进电机的应用渗透到数字控制的各个领域,尤其在数控机械中广泛利用其开环控制的特点。近几十年来,步进电机作为控制用电机和驱动用电机而被广泛使用,如数控机床、磁盘驱动系统、打印机、绘图仪、自动记录仪、机器人等。

第六节　直线电动机

直线电动机(Linear Motor),顾名思义,可以将电能直接转变成直线机械运动,而不需要任何中间转换机构,因此可以使整个传动系统结构简单、运行可靠,良好的设计还可以获得高的效率和精度。

早期,直线电动机发展缓慢,主要有以下几个方面的原因:一是直线电动机的电磁气隙与极距的比值通常高于相应的旋转电机,导致其激磁电流较大。另外,由于铁心两端开断,存在着特有的边缘效应,使得直线电动机的效率和功率因数比同容量旋转电机低;二是控制元器件以及导磁材料等的高成本、低性能,成为发展的障碍。

从原理上讲,每一种类型的旋转电动机都有与之对应的直线电动机。由于人们对感应式直线电动机的研究较早,且其具有结构简单、坚固耐用、适应性强、成本低等优点,所以在各个领域首先获得推广应用。本节主要以感应式直线电动机为例加以介绍。

一、感应式直线电动机的结构与工作原理

(一)结构

如图3-18所示,直线电动机可以认为是旋转电机在结构方面的一种演变。它可以看做是先将一台旋转电机沿一条径向线将定、转子一起剖开,再将电机的定、转子圆周展成直线所形成的“平板”型电机。由定子演变而来的一侧为一次侧,由转子演变而来的一侧称为二次侧。

在图3-18中,演变而来的直线电动机的一次侧和二次侧长度是相等的。在直线电动机运行时,一次侧与二次侧之间是要做相对运动的,为了保证在所需的行程范围之内,一次侧与二次侧之间的电磁作用能保持不变,实际应用时,一次侧与

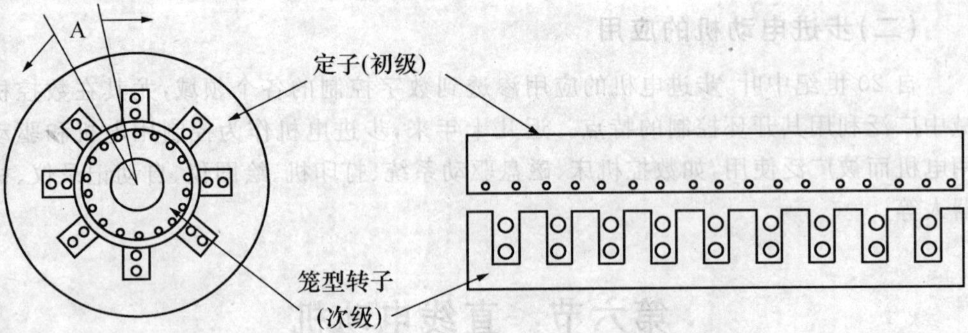

(a)沿径向剖开　　(b)把圆周展成直线

图 3-18　旋转电机向直线电动机演变的过程

二次侧的长度要制造成不相等。事实上,在直线电动机制造时,即可以是一次侧短、二次侧长,也可以是一次侧长、二次侧短,见图 3-21。前者称作短一次侧,后者称为长一次侧。显然,短一次侧制造成本和运行费用均较低。

(二)工作原理

直线电动机最基本的工作原理,如图 3-19 所示,在一次侧绕组通入交流电源,则在气隙中产生行波磁场。二次侧在行波磁场的切割下,产生感应电动势,进而在闭合的绕组中产生电流,该电流与气隙中的磁场相互作用就产生电磁推力。如果一次侧固定,则二次侧在推力的作用下做直线运动,反之亦然。如此,直线电动机就把电能直接转变为直线运动的机械能而无需任何中间变换装置。若把这样的直线电动机还原回圆形的旋转电机,对应的也就是我们比较熟悉的异步电机工作原理。

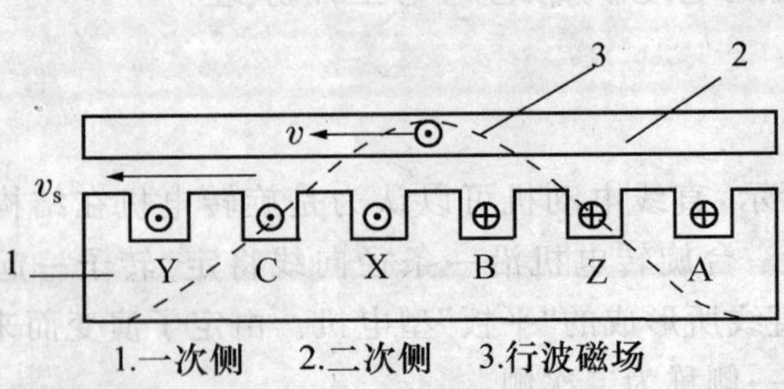

1.一次侧　2.二次侧　3.行波磁场

图 3-19　直线电动机的基本工作原理

直线感应电动机的控制主要是速度和位移的控制,仍然可以采用旋转感应电机的调速方法，同时考虑到直线电动机的特有特点，加以修正，如考虑动态边缘效应的影响、长二次侧导体分段接头处电流断开的影响等。表 3 - 3 是旋转感应电机和直线感应电机在速度方面参数的不同表示。可以看出，改变直线感应电机的极距 τ 也可以改变同步速度，只是极距 τ 的改变非常有限。

表 3 - 3 直线和旋转感应电动机参数比较

	旋转感应电动机	直线感应电动机
同步速度	$n_s=\frac{60f}{p}$(r/min)	$v_s=2f\tau$(m/s)
滑差率	$s=\frac{n_s-n}{n_s}$	$s=\frac{v_s-v}{v_s}$
运行速度	$n=(1-s)n_s$	$v=(1-s)v_s$

(三)工作特性

直线感应电动机的推力 - 转差率特性和旋转感应电动机的转矩 - 转差率特性曲线，见图 3 - 20。直线感应电动机的最大推力出现在 $s=1$ 处，因此其启动推力大，而在高速区域推力小，具有较好的控制品质，其推力可由下式确定：

$$F=(F_{st}-F_0)\left(1-\frac{v}{v_0}\right) \tag{3-6}$$

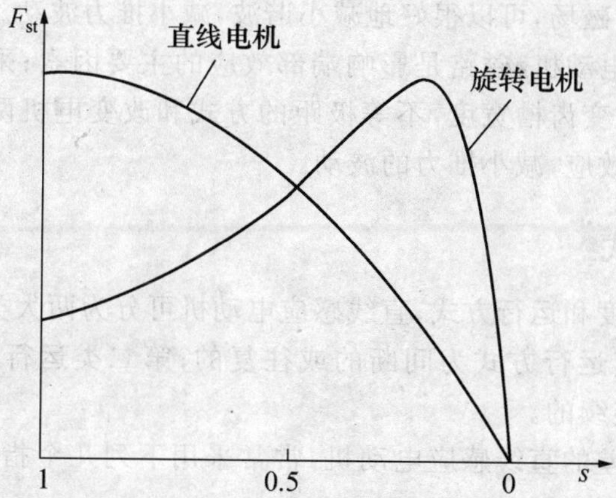

图 3 - 20 直线感应电动机的推力 - 转差率特性与旋转感应电动机的转矩 - 转差率特性曲线

式中，F_{st}为启动推力，N；F_0 为摩擦力，N；v_0 为空载速度，m/s。

(四)边缘效应

1. 纵向边缘效应

直线感应电动机的一次侧铁心是长直的，二端开断形成二个纵向边缘，这导致了在铁心和绕组中的磁场的不连续，以及各相间的互感的不对称。上述由于直线电动机中磁场的不连续分布产生的现象，在电机运行中会形成静态和动态纵向边缘效应，并最终都将增加附加损耗，减少有效输出，影响电机的性能。

2. 横向边缘效应

当直线感应电动机的二次侧采用实心结构时，导电板将因处在行波磁场中而感生电动势，进而在导电板表面产生涡流，该电流对气隙磁场沿横向分布的影响，称为直线电动机的横向边缘效应。该效应的存在，使电动机的平均气隙磁通密度降低，输出功率减小，二次侧导电板的损耗增大，电动机的效率降低。

永磁直线电动机端部效应的直接表现是电磁推力的周期性波动。消除端部效应的措施有多种，其中可以在电机的端部加专门的补偿绕组，但这会增加电机的重量和成本，控制上的难度也会增加；可以增加电机的极数来减小各绕组间阻抗的不对称，抑制推力波动；可以加补偿电气元件，使三相绕组的阻抗对称，减小推力波动。

抑制电机推力波动的其他方法还有采用斜极或斜槽的方式，可有效地削弱高次谐波和齿谐波；采用分数槽绕组也可以削弱推力波动；利用特殊的永磁材料及排列方式，产生特殊的磁场，可以很好地减小谐波，减小推力波动。

对于永磁直线电动机，磁路是影响端部效应的主要因素；采用多极方式，齿宽排列不相等方式，改变齿槽宽度，不等极距的方式和改变电机两端部磁导的方式，将有效地削弱端部效应，减小推力的波动。

(五)运行方式

按照其运行速度和运行方式，直线感应电动机可分为两大类：第一类运行于低速高滑差的电机，其运行方式为间断的或往复的；第二类运行于高速低滑差的电机，其运行方式为连续的。

对于低速高滑差的直线感应电动机，常常采用下列几个指标来评定电机性能指标的优劣：

(1)单位输入功率所能产生的推力，即力功比；

(2)推力对装置重量或体积之比；

(3)单位推力的装置投资；

(4)单位推力要求的辅助设备需求；

(5)装置的可靠性等。

通常以第一条为评价电机性能指标的依据，即要求力功比较大。

对于高速低滑差的直线感应电动机，其性能指标好坏的评价标准为：

(1)电磁效率应该尽可能大。所谓电磁效率，就是指单位电磁功率所能产生的机械效率的大小，其值越大，表明由电磁功率转换为机械功率的效率愈大；

(2)总效率应该满足技术指标；

(3)功率因数应该满足技术指标；

(4)启动推力应该足够大；

(5)整个装置的重量应该尽可能轻。

通常以第一条为评价电机性能指标的依据，其额定工作状态选择在电磁效率取得最大值时为最合适。

二、其他类型的直线电动机介绍

(一)基本分类

扁平型直线电动机，如图 3-21 所示，仅在电机二侧中的一边安放有绕组，这样的结构形式被称为单边型直线电动机。这种结构电机的一个最大特点是在一、次侧之间存在一个很大的法向吸力。在大多数的场合下，这个法向吸力是不希望存在的。如果在二次侧的两边都装上一次侧，那么这个法向拉力就可以相互抵消，这种结构形式被称为双边型，见图 3-22。

除了扁平形直线电动机之外，直线电动机还可以做成圆筒形(也称管型)、圆弧

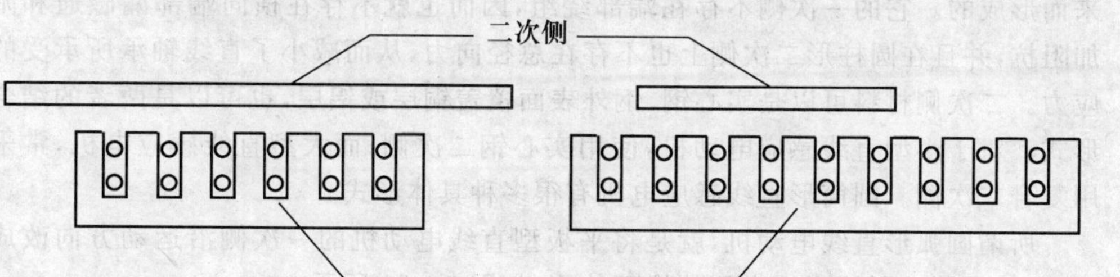

(a)短一次侧　　(b)短二次侧

图 3-21　单边型直线电动机

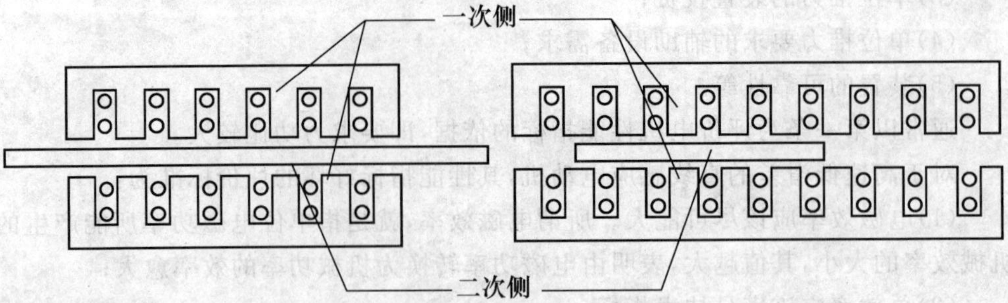

图 3-22　双边型直线电动机

形或圆盘形。

所谓圆筒形直线电动机，即为一种外形如旋转电机的圆柱形的直线电动机。这种直线电动机一般均为短一次侧形式。在需要的场合，还可将这种电机做成既有旋转运动又有直线运动的旋转直线电动机，至于旋转直线的运动体既可以是一次侧，也可以是二次侧，如图 3-23 所示。

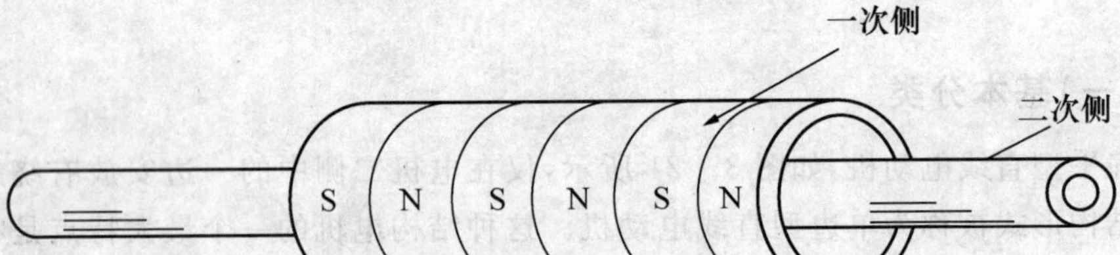

图 3-23　圆筒形直线电动机

圆筒形直线感应电机是将扁平形单边直线感应电机沿着纵轴轴线方向卷绕起来而形成的。它的一次侧不存在端部绕组，因而也就不存在横向端部漏磁通和附加阻抗，并且在圆柱形二次侧上也不存在总径向力，从而减小了直线轴承所承受的应力。二次侧材料可以是实心钢、钢外表面覆盖铜层或铝层，也可以是两者的结合形式。对于小型直线感应电动机，使用实心钢二次侧；而大型直线感应电机，常采用复合二次侧。圆筒形直线感应电机有很多种具体形式。

所谓圆弧形直线电动机，就是将平板型直线电动机的一次侧沿运动方向改成弧形，并安放于圆柱形二次侧的柱面外侧，如图 3-24 所示。

所谓圆盘形直线电动机，即该电机的二次侧是一个圆盘，不同形式的一次侧驱动圆盘二次侧作圆周运动，如图 3-25 所示。其一次侧可以是单边型，也可以是双边型。

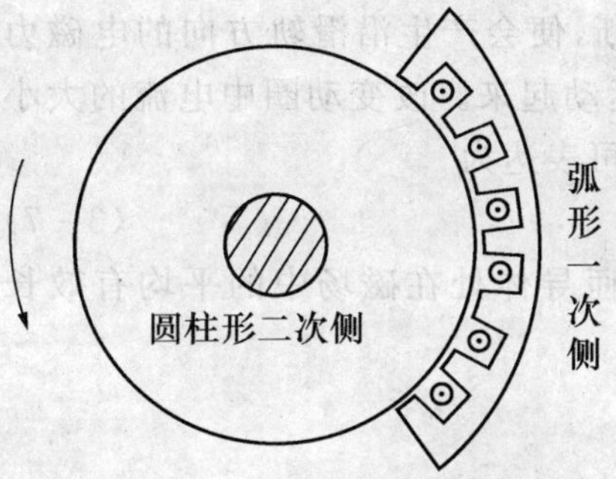

图 3-24　圆弧形直线电动机

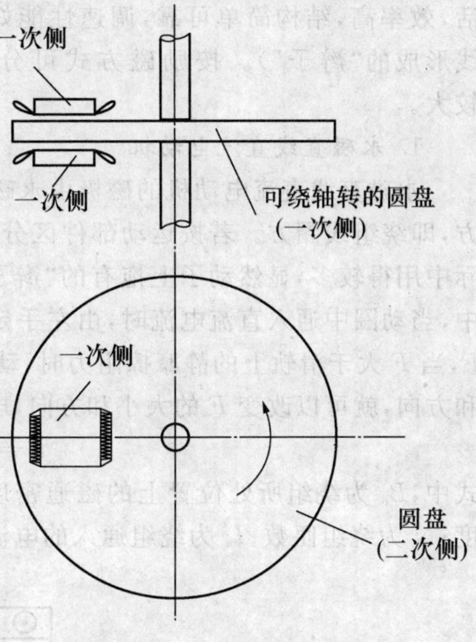

图 3-25　圆盘形直线电动机

直线电动机，特别是直线感应电机，按其功能用途，也可分为力电机、功电机和能电机。

力电机主要用于在静止物体上或低速的设备上施加一定的推力的直线电动机。它以短时运行、低速运行为主，如阀门的开闭、门窗的移动、机械手的操作、推车等。

功电机主要作为长期连续运行的直线电动机，它的性能衡量指标与旋转电机基本一样，即可用效率、功率因数等指标来衡量其电机性能的优劣。如高速磁悬浮列车用直线电动机，各种高速运行的输送线等。

能电机是指运动构件在短时间内所能产生的极高能量的驱动电机，它主要是在短时间、短距离内提供巨大的直线运动能，如导弹、鱼雷的发射，飞机的起飞以及冲击、碰撞等试验机的驱动等。

而随着高性能永磁材料的发展和价格的降低，永磁式同步直线电动机在许多小功率设备中得到了广泛应用，主要是在各种设备中作为伺服驱动和精密较高的定位控制。

(二)直线直流电动机

直线直流电动机(Linear DC Motor)通常为圆筒形，优点是控制比较方便、灵活，效率高，结构简单可靠，调速性能好；缺点是绕组带有电刷（或动子上拖有导线形成的"辫子"）。按励磁方式可分为永磁和电磁式两大类，后者驱动功率较大。

1. 永磁直线直流电动机

永磁直线直流电动机的磁极由永磁材料制成，原理上，还需要提供电能的另一方，即绕组线圈方。若按运动部件区分，可分为动圈型和动铁型两种，动圈型在实际中用得较多，显然动子上拖有的"辫子"是少不了的。在如图 3 - 26 所示的结构中，当动圈中通入直流电流时，由左手定则易判断，便会产生沿滑轨方向的电磁力 F，当 F 大于滑轨上的静摩擦阻力时，动圈就会运动起来。改变动圈中电流的大小和方向，就可以改变 F 的大小和方向，电磁力 F 可表达为

$$F = B_{\delta} l N I_{a} \tag{3-7}$$

式中，B_{δ} 为绕组所处位置上的磁通密度；l 为每匝导体处在磁场中的平均有效长度；N 为绕组匝数；I_{a} 为绕组通入的电流。

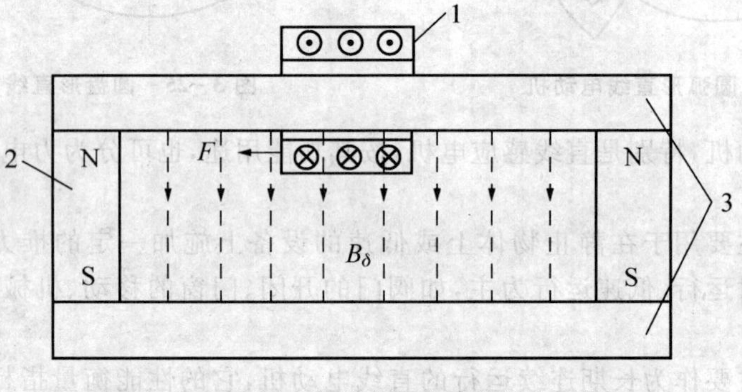

图 3 - 26　动圈式直线直流电动机结构示意图

1. 移动绕组；2. 永久磁铁；3. 软铁

2. 电磁式直线直流电动机

将永磁直线直流电动机的永磁材料励磁，改为电励磁，就成为电磁式直线直流电动机了，形式也可分为动圈型和动铁型两种。

对于动圈型直线直流电动机而言，电磁式产生的磁场强度大、可调控，但需要励磁电源、绕组回路及电刷，并且工作时会引起励磁损耗；永磁式的特点则正好相反，磁场强度一般、不可调控，不需要励磁电源、绕组回路及电刷，工作时不会引起励磁损耗，此外，高性能永磁材料成本较高，且生产制造方面的技术要求也高。

(三)直线电动机目前存在的问题

必须清醒地看到,采用直线电动机直接驱动控制之后,系统参数摄动、负载扰动等不确定因素的影响将直接反映到直线电动机的运动控制中,而没有任何中间的缓冲过程,因此增加了系统控制上的困难。此外,要求具有强制冷却系统、制动系统以及防铁屑与尘埃措施等,都增加了装置的成本。而在传动机械方面的简化,也会导致电气控制上的困难,提高了对传感器分辨率和反应能力的要求。直线电动机驱动系统对环境的要求比较严格,为防止灰尘、铁粉末被导磁体吸入,需要加装防护。另一个主要的问题就是在感应电机低速运行的时候效率不是很高,而直线电动机自身散热环境不好,所以必须采取强有力的措施(风冷或水冷),把电机工作时产生的热量迅速散出,否则会直接影响系统的工作精度,降低直线电动机的推力。

三、直线电动机的应用

(一)直线驱动

民用上、工业应用上都有地方需要低速往复运动的器件,这时采用圆筒形直线电动机是很合适的。如电梯、建筑物所用的自动门,采用圆筒形直线电动机可使门的结构简单,具有耐久性,整体装在机壳内,安装方便,不发生动作噪声,停电时也可以打开。自动窗帘机采用圆筒形直线电动机,可以不用齿轮、滑轮、牵绳等机构,所以没有噪声,开关速度快,故障少,几乎无须维修、检查,在停电等不通电时,也能用手开关。在工业生产中的冲床,也可由圆筒形直线电动机来驱动,这样可以使得系统结构简单。它还可用于开启阀门及油开关、往复泵、液态金属泵、自动控制机床中机械手及物体的传送线等。

在机械制造业中,机床的直线运动一般是通过旋转电机驱动(滚珠+丝杆)而形成的,控制系统通过对旋转电机的控制,使直线运动部件符合某一规律的直线运动,但对具有高精度、高频响的伺服控制要求的非圆截面加工来说,传统方案不能满足要求。由于直线电动机取消了源动力和工作台部件之间的一切传动环节,将电能直接转换成直线运动动能,这就克服了传统驱动方式的传动环节带来的缺点,显著提高了机床的动态灵敏度、加工精度和可靠性。表 3 - 4 给出了采用数字控制的直线电动机进给系统与滚珠丝杠系统的性能对比,由此可见,直线电动机更适于现代的高速加工。

表 3-4　两种进给系统的性能对比

性　能	滚柱丝杠进给系统	直线电动机进给系统
最高速度/(m/s)	0.67	2～4
最高加速度/g	0.5～1	2～10
静态刚度/(N/μm)	88～176	69～265
动态刚度/(N/μm)	88～176	157～206
稳定时间/ms	100	10～12
最大作用力/N	26 700	15 000
工作可靠性/h	6 000～10 000	50 000

为了提高生产效率和改善零件的加工质量而发展起来的高速和超高速加工，现在已成为机床发展的一个重大趋势，它不但要求数控机床具有超高速运转的大功率精密主轴驱动系统，而且要有一个反应快速灵敏，高速轻便的进给驱动系统。进给速度要提高到 40～50 mm/min 以上，加减速也要求提高到 25～50 m/s。目前，满足机床大推力进给部件要求的主要是交流直线电动机，从励磁方式分，分为永磁(同步)式和感应(异步)式两种。永磁式直线电动机在单位面积推力、功率因素、可控性等方面均要优于感应式，但价格较昂贵，安装调试、防尘等方面均不如感应式。

在超精密加工中的应用。在超精机床中，为进行机床和加工误差的在线补偿，以提高加工的形状精度；为进行某些特殊的非轴对称表面的加工，都需要微量进给装置，高精度微量进给装置现在已成为超精机床的一个重要的关键装置。

在异形截面的加工中，直线电动机亦可充分发挥其优势，采用直线电动机的直线运动机构由于具有响应快、精度高的特点，已成功地用于异型截面工件(汽车发动机活塞、波瓣形轴承外环滚道、活塞环及凸轮等)的计算机控制的精密车削和磨削加工。与传统的采用“靠模”加工异型内外圆轮廓的方法相比，具有编程修改灵活、加工精度高的特点，十分适合多品种、小批量产品的加工。

(二)磁悬浮列车

磁悬浮列车运行时，受到两个方向的力，其一是“托起”列车车体，悬浮于车道的导轨面上的举升力，为列车水平运行创造无接触摩擦的基本条件；其二是前行的驱动力。磁悬浮列车工作原理图见图 3-27。

磁悬浮列车利用“同性相斥，异性相吸”的原理，使车体完全脱离轨道，悬浮在距离轨道约 1 cm 处，腾空行驶。目前世界上有三种磁悬浮类型。一是以德国为代表的常导电式磁悬浮，二是以日本为代表的超导电动磁悬浮，这两种磁悬浮都需要用电力来产生磁悬浮动力。而第三种，就是我国上海磁悬浮列车采用的“常导磁斥型”（简称“常导型”）磁悬浮，它不需要励磁电力支持。

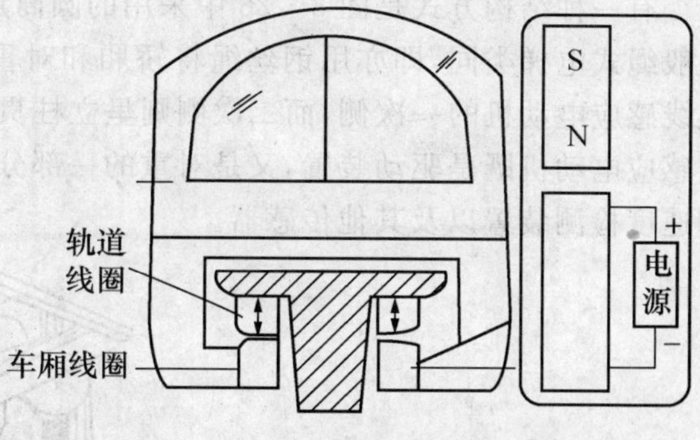

图 3-27　磁悬浮列车工作原理图

驱动磁悬浮列车水平运动的力，来源于直线电动机形成的驱动力。具体说，设置在轨道上的电枢绕组作为长一次侧；而设置在列车上与轨道上的一次侧绕组对应位置装有短二次侧。若将轨道上的长一次侧理解为电动机展开的定子，列车上的短二次侧为电动机的直线转子，则圆形电动机转子和定子之间的旋转运动，就变成了磁悬浮列车和轨道之间的直线运动。

（三）电梯驱动

在高层建筑物中，每一部电梯不仅需要电梯间、钢缆和配重，还需要升降道、电梯竖井和一台驱动电机（通常是装在专用机房内）。超高层的垂直输送是使用悬吊的绳式电梯，当提升高度增大时，在总垂直载荷中钢丝绳重量所占比例增加。

而直线电动机驱动的无绳电梯将改变这种状态，打破现行绳式电梯的界限。如果将无绳电梯与绳式电梯作一比较的话，可以看出它们具有以下几点不同：

（1）绳式电梯是通过钢丝绳把轿厢和对重联系起来，由电动机驱动，使轿厢上下运行，这种结构，对重需要占用井道空间，在井道顶部还需要设置专用机房。无绳电梯因为是靠直线电动机无接触直接驱动，无须设对重，也不要设机房；

（2）绳式电梯在一个井道只能牵引一部轿厢，而无绳电梯一个井道内可以设置几个通道，一个通道上又可运行两部以上的轿厢，每个轿厢既可以在自己的通道上垂直运行，当发生占道时又可以通过水平运输移位环，移位到另一个空闲通道上继续运行，这样就大大提高了电梯的运行效率，缩短了候梯时间；

（3）从安全性、一次性投资、安装维护等角度看，建筑物越高绳式电梯的缺点就越突出，无绳电梯的优点则越明显；

（4）因为无绳电梯采取的是无接触直接驱动方式，因此无噪声、无污染，有利于建筑物环境的改善。

有一种结构方式是图 3-28 中采用的圆筒形直线感应电动机。其总体结构和一般绳式电梯类同，即亦用钢丝绳将轿厢和对重相连接。对重装置中装有圆筒形直线感应电动机的一次侧，而二次侧则呈立柱贯穿于对重，并延伸到整个井道。直线感应电动机既是驱动装置，又是对重的一部分。此外，对重装置上还装有制动器和速度检测装置以及其他传感器。

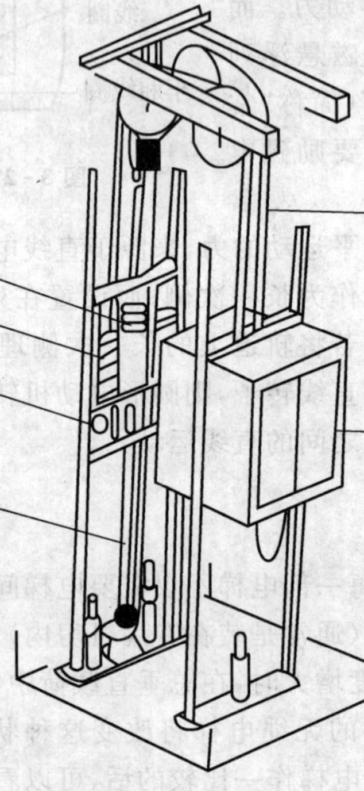

图 3-28　直线感应电动机驱动电梯结构示意图

对于驱动电梯的圆筒形直线感应电机，目前主要研究低速（速度小于 1 m/s），属于低速高滑差的直线电动机。

第七节　超声波电机

超声波电机（Ultrasonic Motor，以下简称 USM）是一种利用超声波振动能驱动的特种电机。USM 在原理上突破了传统电磁型电机的电磁效应驱动原理，利用压电陶瓷的逆压电效应激发超声振动（频率≥20 kHz），然后通过定、转子之间的接触和摩擦力，将交变的振动转化成旋转或直线运动，实现从电能到机械能的能量转换。USM 的能量传递也可以通过气体或者液体媒质耦合来实现。

由于这种电动机所用的交流电源的频率在超声波频段，因此被称为超声波电机；由于高频机械振动是通过压电陶瓷产生的，所以它又被称为压电电机。超声波电机是一个涉及振动学、摩擦学、材料学、电力电子技术、自动控制技术等学科的复杂机电耦合系统。

人们最初了解压电动机的驱动原理是在 20 世纪 40 年代；20 世纪 60 年代 Bulova Watch 首次将弹性体振动源应用于钟表上。目前，大型超声波电机的扭矩已超过 400 N·m，而微型超声波电机的直径也可做到 1 mm 以下。目前，日本在超声波电机研究领域处于世界领先地位，它拥有世界上大部分超声波电机的专利。

与传统的电磁型电动机相比，USM 具有如下明显的优点：

(1)不受磁场影响和不产生电磁干扰。USM 既无线圈，也不依靠电磁场工作，因而，USM 自身不受其他电磁场的影响，同时也不会对周围的设备造成电磁干扰。

(2)低速大力矩，可直接驱动。USM 无需齿轮减速便可低速运行，停电后具有自锁能力(因停电后定、转子之间仍保持较大的压紧力)，这不仅简化了传动机构，使整个系统体积小、重量轻、结构紧凑，可直接用于驱动，而且减少了由齿轮等减速机构带来的噪声和传动误差。USM 停电后的自锁能力可保证电机在不同时间的准确定位。另外，USM 的输出力矩大，可达同体积电磁式电动机的数倍。

(3)形式灵活，设计自由度大。USM 可以根据产生驱动力的位置和实际应用场合的需要灵活设计，自由度较大。如环形行波型 USM 产生驱动力的位置在圆环上，因此如果把 USM 做成环状中空结构，可以省去轴承。这可用于相机的自动调焦系统，充分利用了 USM 安静、调焦精度高、时间短、结构简单等优点。

(4)惯量小、响应快、可控性好、定位精度高。由于 USM 结构紧凑、转动惯量小、力矩大，因而其动态响应快，机械时间常数在数毫秒以内，其控制性能优越，尤其适用于要求快速反应的高精度定位系统中。USM 已经能够实现纳米级甚至更高级精度的定位。

(5)无噪声运行，结构轻巧，功率密度大。由于 USM 是工作在超声频率范围内的，超过了人耳的听觉范围，因而 USM 可以超静运行。在输出同样功率的情况下，USM 的重量和体积大约只有普通电磁式电动机的 1/8～1/5。

(6)输出功率小、寿命短。目前实际应用的输出功率仅 10 W 左右。个别的 USM 寿命目前大约只有 2 000 h，与传统的电磁型电机相比，还有不少不尽如人意之处。

(7)热稳定性差、效率低。由于 USM 转动是靠定子和转子之间的摩擦力来实现的，因此不可避免存在摩擦发热和摩擦损耗，效率仅有 10%～40%。当温度上升后，USM的转矩和转速均会产生波动。

(8)需要高频电源驱动。USM工作时需要频率为几十千赫的电源，高频电源驱动给USM的实际应用带来了不便。

(9)存在振动的影响。USM是由超声振动驱动的，其振动对外部的其他设备会产生一定的影响。

超声波电机应用前景广阔，例如，医疗器械、光学仪器、微型机器人、家用电器、汽车电器、办公自动化设备、精密加工设备、X－Y精密绘图仪、高档摄像机或照相机的自动调焦驱动系统和航空航天等领域。另外，超声波电机还可以做成能产生多自由度运动的独特结构。

超声波电机类型很多，有不同的分类方法。按照运行方式不同，USM可以分为定、转子表面接触式和非接触式；按照功能的不同，可以分为旋转型、直线移动型和球型电机，其中旋转型电机又可以分为连续旋转电机和单步工作电机（或者单旋向和双旋向电机）；按照定子表面产生椭圆运动的方式，可分为驻波型、行波型和复合型；按照电机自身的形状与结构进行分类，可以分为圆盘形、棒状或者杆状、平板电机等。

另外，国内外学者还研制了很多新型结构的USM，如行波改进型、球面结构型、直线运动型、单电源驱动的可双向运转以及结构类似于普通电磁型电机的USM。

一、行波型超声波电机

行波型USM在定子侧对压电陶瓷激振，利用压电陶瓷的振动带动弹性体产生振动行波，然后利用弹性体的厚度（或齿槽），在定子弹性体表面上诱发横向振动位移，从而与纵向振动位移合成椭圆运动，使得定子表面质点与转子之间有相对运动。由于与定子相接触的转子表面上粘有摩擦材料，因而在滑动摩擦力的作用下，转子得以做单方向的回转运动。如果适当地改变所加电源两相电压的相位，便可以改变行波的方向，进而改变电机的转向，所以此类电机容易实现正、反转。

(一)行波型超声波电机的结构

超声波电机基本上由两大部分组成：一部分为高频交流电源；另一部分是电机本体，电机结构如图3－29所示。与电磁型电机相同，电机本体也是由定、转子构成，不同的是其定、转子都不包含绕组。本节主要论述的环状行波型超声波电机，其定、转子均为环状结构，转子接触表面覆有一层特殊的摩擦材料，定、转子依靠锥形弹簧产生的轴向压力紧压在一起。

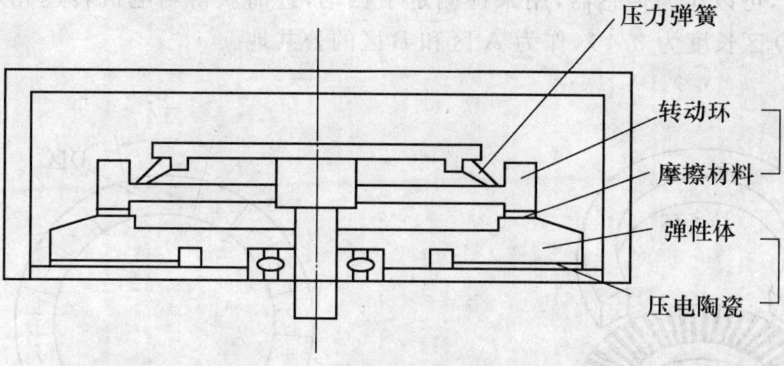

图 3-29 行波型 USM 的结构示意图

图 3-30 所示为超声波电机的定、转子模型图，定子为带齿槽的环状弹性体（如磷青钢、黄铜、不锈钢等）；转子也是由弹性体（如铝、不锈钢等）组成，而且转子受到锥形弹簧挤压，保证定、转子紧密接触。在定子环的背面粘贴了一层经过极化处理的压电陶瓷，以产生超声频域的振动（频率大于 20 kHz）。转子的弹性体下面粘有摩擦材料，以实现将高频超声振动通过摩擦力转换为单方向的运动。定、转子间摩擦力连续地对转子施加作用，使之产生旋转运动，完成定、转子之间的能量传递。由于电机依靠摩擦传动，能量传递过程损耗比较大，电机的效率也就比较低。

此外，从图 3-30 中可以看出，定子环上开有许多槽，它的齿部一般称作副振片，其作用是：首先，可以在不提高复合梁弯曲刚度、固有频率的情况下，增加定子的等效厚度，因此，振动幅值增大，使得转子速度相应提高；其次，副振片可以认为是一段固定于弹性体表面的振子，能提高定、转子之间的摩擦传动效率；除此之外，因磨损产生的微小粒子落入齿槽中而不会影响定、转子之间的摩擦传动，保证电机的长时间正常工作。

USM 中，压电陶瓷的分布情况如图 3-31 所示，压电陶瓷共有 2 组，分别分布在 A 区和 B 区。A 区和 B 区为极化区，分别由四对极化过的压电片组成，而且相邻的压电陶瓷极化方向相反，两组压电元件在空间上相差 $1/4\,\lambda$。若分别在这两组陶瓷上通以时间上相差 90°的超声频域交流电，则在弹性体内便产生一个弯曲行波，引起接触面的轴向位移；同时，由于弹性体有一定的厚度，因此位于弹性体上表面的质点便被诱发出周向的位移。两个方向的位移进行合成，决定了弹性体上表面的质点做椭圆形运动，使得定子表面质点与转子之间有相对运动。与定子相接触的转子表面粘有摩擦材料，在滑动摩擦力的作用下，转子沿环周作单方向旋转运动，USM 有两个非极化区，C 区和 D 区：C 区长度为 $1/4\,\lambda$，该区域内粘贴了一块孤立的压电片，可以作为传感器，用来检测定子振动，进而获得与电机转速相对应的反馈信号；D 区长度为 3/4 λ，作为 A 区和 B 区的公共地。

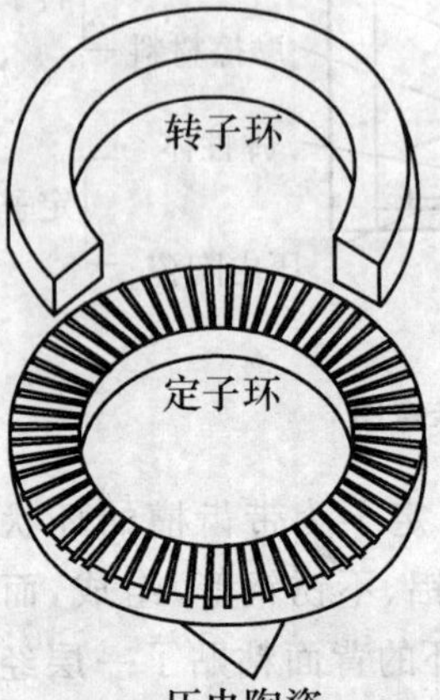

图 3-30　USM 定转子模型图

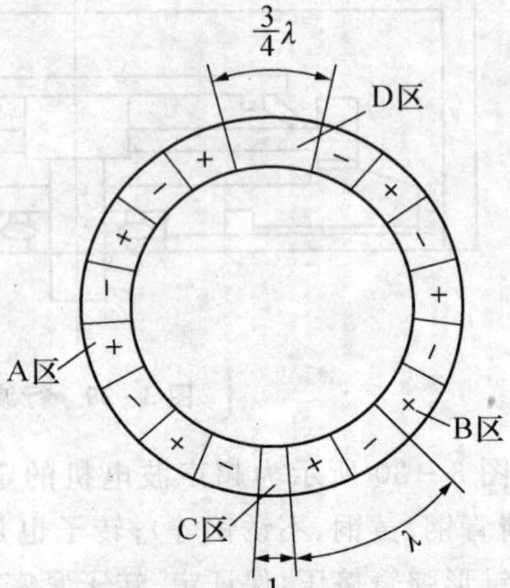

图 3-31　压电陶瓷极性分布图

如上所述，USM 并不是利用人耳听不到的超声波，而是利用压电陶瓷在超声频域内的振动，将超声振动能转化为机械能来实现电动机的能量传递。

(二)行波型超声波电机的运行机理

在将压电陶瓷用于行波型超声波电机前需对其做极化处理，根据压电陶瓷的逆压电效应，极化后的压电陶瓷受到外施电压后就会产生变形。取其中一段梁进行分析，若在压电陶瓷上施加如图 3-32(a)所示方向的直流电压后，由于压电陶瓷的逆压电效应，压电元件就产生了和极化方向对应的变形，因为压电陶瓷是粘贴在弹性体上的，所以整个压电体和弹性体都将呈现波浪状变形，若将所加直流电压正、负极性反向，则压电体和弹性体上每个质点受力方向都将与原来相反，压电体和弹性体的变形情况如图 3-32(b)所示。如果在压电陶瓷上施加正弦交流电压，则压电体和弹性体就会随时间做正弦波状的振动，振动频率与所加交流电压的频率相同，此时压电体和弹性体上每个质点只是相对于原来静止时的位置做上下振动，其横向位置并不会发生变化，表现为驻波方式，如图 3-32(c)所示。

有限长的直杆只能产生驻波，要产生固定方向的行波，至少需要有两个振动源。

若在压电陶瓷上通以时间上相差 90°的两相超声频率交流电，则两组压电元件会分别产生驻波振动，在弹性体内便合成产生一个行波，引起接触面的轴向位移。同时，由于弹性体有一定的厚度，因此位于弹性体上表面的质点便被诱发出周向的位移。两个方向的位移进行矢量合成，决定了弹性体表面的质点做椭圆形运动，使得定子表面质点与转子之间产生相对运动。考虑到与定子相接触的转子表面上粘有摩擦材料，因此在摩擦力的作用下，转子得以做单方向的回转运动。如果把所加的两相交流电的相位差改为负 90°，则可以改变行波的前进方向，进而改变电机的转向，所以此类电机很容易控制实现双向运行。

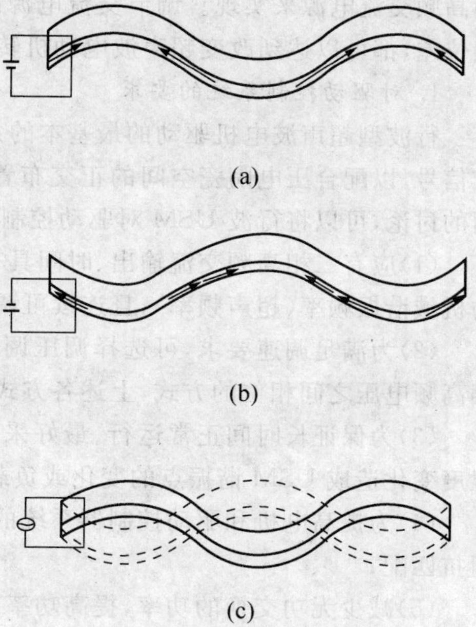

图 3-32　压电振动产生示意图

由两个驻波叠加形成行波，这样的物理概念与电机学中交流电机的旋转磁场理论是一致的。

还可以证明：当定子弹性体产生弯曲行波时，定子表面上的任何质点均做椭圆形运动。

为了保证行波型超声波电机的稳定运行，在设计及加工时，应该尽量保证压电陶瓷的均匀分布和两相驱动电源的平衡。

(三)行波型超声波电机驱动控制系统

超声波电机的性能不仅仅取决于电机自身结构的好坏，在很大程度上还取决于其驱动-控制系统的优劣。与普通电磁型电机截然不同，作为负载时 USM 呈现容性特性，这也就决定了 USM 驱动器的设计与呈电感性的传统电磁型电机的驱动器设计大不相同。

区别于传统的电磁型电机，行波接触型超声波电机是一个复杂的多变量、强耦合、时变系统，主要表现在：由于是利用定、转子之间比较复杂的滑动摩擦进行传动，其传动规律难以精确解析；而且随着温度、外施电压、输出转矩和定、转子之间静压力等外界条件的变化，压电陶瓷的谐振频率会发生漂移；再者超声波电机的参数时刻变化，系统呈现高度非线性特点。

为了调节 USM 的转速，需要改变其定子环的振动情况，这可以通过调节电机的高频交流电源来实现。调节交流电源的频率、电压幅值或者两相交流电之间的相位差，都可以达到改变超声波电动机转速的目的。

1. 对驱动控制系统的要求

行波型超声波电机驱动的最基本的条件是提供两相电，相角相差90°的两路正弦信号，以配合压电陶瓷空间的正交布置，以在定子激励出一个行波振动，结合前面的讨论，可以将行波USM对驱动控制器要求归纳如下：

(1)应有二相高频交流输出、时间具有一定相移的基本功能，频率略高于USM的机械谐振频率(超声频率)，且连续可调；

(2)为满足调速要求，可选择调压调速方式或调频调速方式，也可选择调节二相高频电压之间相位的方式，上述各方式均要求连续可调须有正、反转功能；

(3)为保证长时间正常运行、最好采用带有反馈检测环节的闭环系统，以防止温度变化造成USM谐振点的变化或负载变化造成工作点的漂移；

(4)为提高电机和驱动控制器系统的效率，驱动器的阻抗最好与USM的输入阻抗匹配；

(5)减少无功交换的功率，提高功率因数，驱动器最好具有无功补偿措施。

因此常用的驱动控制电路主要由信号发生电路、频率自动跟踪电路、移相电路等部分构成。

2. 行波型超声波电机的控制方式

根据行波型超声波电机的传动原理，能采用的控制方式如下：

(1)电压幅值控制。改变电压幅值可直接改变行波波动的幅值，线性度较好，但不宜宽幅采用，因为电压过低时，压电元件不能起振，电压过高时又会接近压电元件的工作极限，影响电机的使用寿命，因此，调压调速的可调节速度范围比较小，通常与频率控制方法相配合使用。

(2)频率控制。电源输出的交流电的频率范围是根据电动机的谐振频率确定的，其值一般在20～100 kHz。USM在谐振状态时，定子环的振动幅值最大，但此时振动的稳定性却最差，为了使电机能稳定地运行，电源输出的交流电的频率一般选在定子谐振频率的附近，通过在谐振点附近调节USM电源的频率来控制其速度。变频调速是超声波电机比较理想的调速方式，因为电机的工作点在谐振点附近，调频调速具有响应快、调速平滑的特点，同时可以充分利用其低速、大力矩、无噪声等优势。此外，由于USM工作时谐振频率会存在漂移，采用变频调速可以方便地跟踪和补偿USM频率的变化。

(3)相位差控制。改变两相电压的相位差可改变定子表面质点的椭圆形运动轨迹，但该种方法，非线性严重，有控制死区，运行噪声大，控制成本较高。理论分析和实验研究表明：两相电压相位差在90°附近时，电机效率、力矩等指标较高，电机的稳定性较好，所以很少有以牺牲电机的性能为代价，大幅改变相位差来进行调速。事实上，多数是仅仅采用调整两相之间相位差为±90°来实现正反转控制，这也是目前用来实现行波型USM双向运行的常用方法。

二、其他类型的超声波电机

(一)纵、扭复合型超声波电机

纵、扭复合型超声波电机的研制始于20世纪80年代，到目前为止，其结构种类已不下几十种。该种电机具有输出力矩特别大、可控性强、正反转特性一致、低速稳定性好、动态响应性能好等特点。

纵、扭复合型USM由两个振子组成：一个是扭转振子(类似于行波型USM的振子)，一个是纵向振子(类似于驻波型USM振子)，利用两个振子独立激振，分别产生纵、横向位移，从而合成椭圆运动。

纵、扭复合型超声波电机的总体结构由电机本体和驱动电源两部分组成，电机本体如图3-33所示，主要由夹心式定子和转子组成，纵、扭压电振子夹在弹性体之间构成定子，转子通过一碟簧以一定的压力与定子接触，转子与定子接触的端面上涂敷有一层摩擦材料，以增大摩擦系数及减小定转子间的磨损。纵振子由两片厚度方向极化的陶瓷环组成，扭转振子由多片切向极化的扇形片组成，两PZT振子端面涂覆银电极或粘接铜电极片。纵、扭振子分别通以同频、有一定相位差的交流信号。

纵、扭复合形超声波电机具有类似步进电机的特性。当对振子施加连续不断的正弦电压时，电机连续运行；当对振子施加一段时间的正弦电压，关断一段时间，又对振子施加一段时间的正弦电压，又关断一段时间时，这样电源开开关关，电机就会走走停停，类似于步进电机。

(二)非接触型超声波电机

1. 接触型USM目前存在一些缺点难以克服

(1)连续运行导致特性恶化。由于USM转子的转动是靠定子和转子之间的摩擦力来实现的，因此不可避免存在摩擦发热和摩擦损耗。当温度上升后，USM的金属特性与电特性均会发生改变。

(2)寿命短。个别的USM寿命目前大约只有2 000 h，与传统的电磁型电机相比，USM工作的连续性和耐久性还不尽如人意。

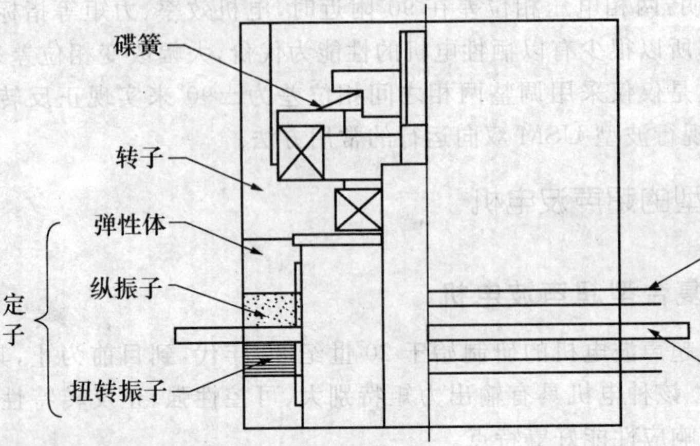

图 3-33　纵、扭复合型超声波电机结构

(3)USM 转速难以提高。大多数接触型 USM 的转速为每分钟数十转，在需要高转速的场合难以应用。

这些缺点的存在使得 USM 的应用范围受到很大限制。非接触型 USM 在保持接触型 USM 原有的不受电磁影响、无噪声等特性的同时，还具有长使用寿命和高转速的特点。

2. 接触型与非接触型超声波电机的比较

接触型的 USM 可以分为两大类：一类的定、转子接触区域不断变化，随定子振动行波一起运动，定子和转子总是在波峰附近接触；另一类为"间歇式"接触型。图 3-34(a)和(b)分别为接触型行波 USM 和非接触型液体媒质 USM 的工作示意图。

接触型行波 USM 采用两组相位差为 90°的电信号激励黏结在定子弹性体表面的压电陶瓷，使定子弹性体表面形成行波。根据波动理论可知定子表面质点将形成椭圆运动。在接触点处把振动能量通过转子与定子间的摩擦力传递给转子，推动转子转动。非接触型 USM 的定、转子间存在间隙，当定子产生行波时，USM 转动的方向与行波前进方向相同。以气体作为介质的非接触型 USM 的转速较高。经比较可知：

(1)接触型 USM 是通过定、转子间的摩擦实现驱动的；非接触型 USM 通常认为是由声压驱动的。

(2)接触型 USM 转子转动的方向与定子中行波前进的方向相反；非接触型 USM 转子转动的方向与定子中行波前进的方向相同。

(3)接触型 USM 工作寿命较短，一般不超过 2 000 h，非接触型 USM 工作寿命长。

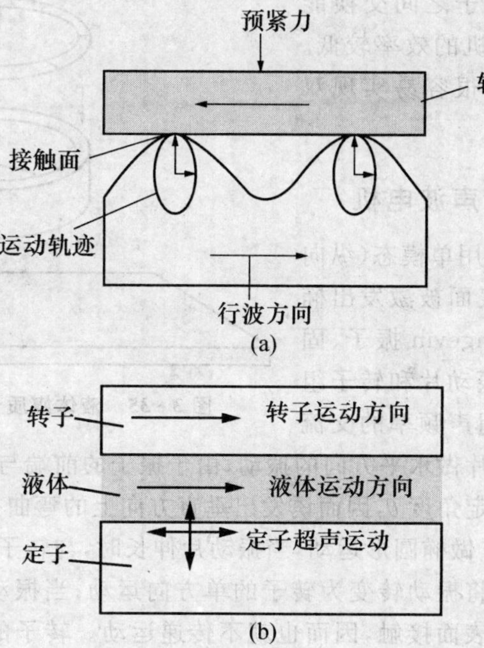

图 3-34　行波型 USM 和液体媒质 USM 的工作示意图

(4)接触型 USM 定、转子相接触，因而具有低速、高扭矩的特性；非接触型 USM 定、转子相分离，具有高速的特性，但输出扭矩较小。

(5)两者都需使用两路相位差为 90°的电信号激励。

3. 液体媒质超声波电机

液体媒质非接触型 USM 基本上由两大部分组成：一部分为高频交流电源；另一部分是电机本体。

液体媒质 USM 的结构如图 3-35 所示。与行波型 USM 相同，液体媒质 USM 也是由定、转子构成，不同的是液体媒质 USM 的定、转子之间并不直接接触。其定子由圆环结构的弹性体(如磷青钢、黄铜、不锈钢等)构成，定子环的一端粘贴了一层经过极化处理的 PZT 压电陶瓷，以产生超声频域的振动(频率大于 20 kHz)。定子环的另一端使用 10 mm 厚的橡胶基板密封好，在定子圆环中充满液体，带有翼片的电机转子置于液体之中。定子上的高频超声振动传递给定子圆环中的液体，使得液体高速旋转，并且通过液体与转子间的摩擦带动作用，使转子产生旋转运动，完成定、转子之间的能量传递。由于电机依靠液体传递能量，能量在液体与定、转子之间交换能量时损耗比较大，电机的效率较低。不难看出，此类电机很容易实现双向运行。

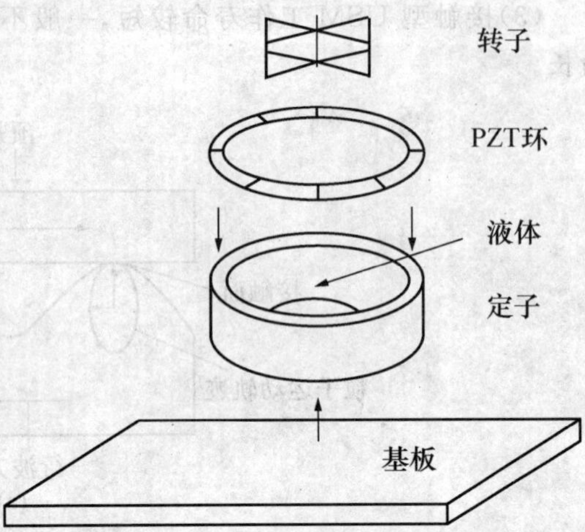

图 3-35 液体媒质 USM 结构示意图

(三)驻波型超声波电机

驻波型 USM 利用单模态(纵向振子)激振，使定子表面被激发出椭圆形运动。它由 Langevin 振子、固定在振子上的楔形振动片和转子组成。当给振子施加超声频率的交流电时，振子带动振动片做水平方向的振动，由于振子的前端与转子端面并不是互相垂直的，而是倾斜一定角度 θ，因而诱发出垂直方向上的弯曲振动，所以与转子相接触的振子前端的质点做椭圆形运动，当振动片伸长时，与转子相接触的振子沿转子表面运动，通过摩擦将振动转变为转子的单方向运动；当振动片收缩时，振子前端自由振动，不与转子表面接触，因而也就不传递运动。转子的驱动是间歇性的，但是由于定子的振动频率较高和转子存在转动惯量，转子的速度是稳定的。驻波型电机由于倾角较小，滑动比较困难，因此损耗较小、效率较高。其缺点是，振子容易被磨损，电机不容易实现双向运行。

三、超声波电机的用途与展望

通过以上分析可以看出，USM 特性鲜明，在一些领域，它的作用是普通电磁电动机无法比拟的，主要体现在如下几个方面：

(1)在需要低速、大转矩的场合。将 USM 作为直接驱动元件，在驱动源与执行机构之间无需任何减速机构。在很多情况下，由于减速机构的存在，限制了传动系统的精度，也限制了系统的响应速度。如果利用 USM 作为直接驱动器，那么系统就可以去掉复杂的减速机构，不但简化了系统的结构，并且由减速机构带来的摩擦、噪声、传动误差等一系列问题都不存在了，从而保证了系统的控制精度，提高了系统的效率和响应速度。

(2)需要快速响应的场合。USM 制动性能好、响应速度快的优点使它在许多场合得到了应用。例如，日本人已经将环形行波型 USM 用于自动聚焦的单透镜反射式照相机中的镜头驱动。USM 的采用,省去了普通电动机为了降低转速、保持一定的转矩而使用的减速机构,该 USM 的上升时间为 3 ms,从无限远到 3 m 的焦点调节时间只有 0.8 s,其寿命在百万次以上。

(3)在有磁场干扰或者不允许产生电磁干扰的场合。在一些场合,由于存在很强的磁场干扰,普通电磁式电机不能很好地运行。例如,西门子医疗器械公司的 RI-CT 使用 2T 以上的强磁场,而且在调整中要检测线圈周围的磁场,不允许会产生电磁干扰的磁体接近该装置,因此,目前只有 USM 能很好地满足其要求。

(4)在一些对驱动电机的外形及结构有特殊要求的场合。例如,轿车的门玻璃窗自动升降系统,在车门厚度、夹层空间有限,以及驱动所需的力矩很大的情况下,用普通电磁式电动机不容易达到以上要求。而 USM 内部结构非常简单,只有定子和转子组成,并且它的输出力矩基本上只与它的圆周尺寸有关,与厚度关系不大,因此很适合应用。另外,一些光学仪器中调节镜头的装置,往往要求电机做成中空的,因为光线要从电机中间通过,而环形行波型 USM 可以做成中空结构,以满足这种要求。

(5)在航空领域的应用。航天器中的许多部件都需要低速、大力矩的驱动电机,如电磁波发射和接收天线的驱动装置。其次,电磁干扰会严重影响航天器上的电子设备的工作性能及程序的正常运行,由于 USM 本身无铁心绕组,因而也就不存在电磁干扰。若采用 USM 驱动,不仅不会对信号产生任何电磁干扰,而且便于实现快速、准确的定位,还可以锁定位置,具有自保持功能。此时的 USM 是最佳选择之一。

USM 还在许多其他领域可望得到广泛的应用,如车辆刮水器、X-Y 绘图仪、升降式门帘等。在微创手术方面,微型超声波电机可以驱动微型机器人进入人体内部,探测肠胃疾患,切除病灶,或将药物放入预定部位;更微小的机器人甚至可以进入人的血管,自如地清除心血管和脑血管的堵塞,抢救心脏病患者和脑血管梗塞患者。

应当看到,USM 的出现,预示着在许多场合用它可以替代普通电磁式电机、简化系统的结构、提高系统稳定性、降低噪声;更应当看到,它的出现标志着一种区别于电磁驱动理论的、无电磁干扰的驱动方式的问世,它必将在电机领域发挥更为重要和独特的作用。

第八节　感应加热与电磁搅拌

电机所依据的原理,不仅体现在本章前七节所介绍的具体电机之中,还在一些地方，以“非电机”的形式，发挥着重要作用，如本节将要介绍的感应加热与电磁搅拌。

一、感应加热

在金属加工、机械制造等涉及金属加热及热处理的需求很多，如钢件的淬火、正火、退火与调值处理等。采用燃煤、燃油、燃气、电阻等的加热方式，有热能消耗大，加入效率低，环境污染严重等明显缺点。感应加热是一项先进技术，与火焰炉和电阻炉加热相比，其主要优点有：

(1)加热速度快，可成倍地提高加热设备的生产率；

(2)加热时间短，效率高。感应加热炉的效率可达60%～70%，而火焰加热炉的效率仅有20%左右，电阻炉的效率也仅有40%左右；

(3)由于加热速度快，加热时间短，因此热成形前加热时，可以提高模具的使用寿命，减少毛坯的氧化皮损耗，节约材料；

(4)散热损失小，不产生烟尘，加工生产更舒适、环保。

但受感应加热器内膛尺寸限制，加热大型工件困难，适合于形状简单、品种少、产量大的零件热加工。

(一)基本原理

在本书第一章第四节铁心与绕组部分，介绍了处在交变磁场中的铁磁物质内，会有磁滞与涡流现象发生，并将伴随有热损耗发生，这在电机运行中，本应竭力减少，但应用于加热生产时，却很高效。

以下以常见的圆柱形感应加热器为例，叙述其基本原理：由式(1－7)知，如果给加热器线圈，通以较高频率的交流电，并产生较高的磁密(或磁通)，则处在线圈内的导磁材料(如：铁、镍、铬等)内部，将会有因磁滞效应而引起发热；同时会有因涡流效应而引起的发热，由集肤效应知，在被加热材料表面，涡流效应最显著，也就是感应电流最大，加热效果最明显。若处在线圈内的为非导磁材料(如：铜、铝等，或铁磁材料处于居里点以上温度时)，则其内部不会有磁滞效应，而只有涡流效应，同样会因感应的涡流而将工件自身加热。分析表明，涡流效应所产生的热效应，远大于磁滞效应，是加热功率的主体因素。

如果把加热器线圈看成一台变压器的一次边，工件是这台变压器的二次边，那么这就是一种二次边只有一匝，且被短接的特殊变压器，因此在工件上，产生较低的电压和较大的电流，当工件在加热器内停留时间为 t 时，涡流产生的焦耳热为：

$$Q = i^2 rt \tag{3-8}$$

式中，i 为涡流电流；r 为工件上涡流流通时所遇到的等效电阻。

从能量上看，电功率从一次边经磁场被变送到二次边，以热的形式消耗掉。如果没有二次边，也就没有热损耗，换言之，只有工件进入到加热器线圈内，才有功率的定向、选择性传递；而没有工件进入时，加热器线圈并不能向外传递功率。因此，这种感应加热的方式，控制方便，效率高。

从通电线圈所产生的磁场分布上看，由于线圈内部磁场强度，远高于其外部，因此，欲获得好的加热效果，显然以将工件置于线圈内部为宜，这也是此种加热方式，工件体积受限制的主要原因。

(二)主要特点

1. 感应加热设备组成及分类

以毛坯感应加热设备为例，其主要由以下三个部分组成。

(1)电源。高频及中频电源，市场已有成套设备供应，包括变频设备、电容器组、冷却系统等。

工频加热电源，一般由专用变压器供电。当加热电源为单相，且容量较大时，还需有三相平衡器，以维护上级三相电源的平衡。

(2)感应加热炉。感应加热炉由感应器、进出料机构、炉架与冷却水系统等组成。感应器是加热的核心，应根据毛坯体积、加热温度与生产率等因素，综合确定电压和线圈等参数，安装应便于装卸与维修。冷却水系统包括进水与回水两部分，与具体选定的进出料机构等一起，装在炉架上成为一体。

(3)控制和操作系统。涉及进料节拍控制、冷却水温度检测、毛坯温度测量以及用电安全保护等。

2. 电流穿透深度

集肤效应表明，金属导体表面因交变磁通而感应的电流，其频率越高，电流流过的表面层越浅。定义导体某一深度处的电流密度为其表面电流密度的 1/e=0.368 时，这一深度 Δ 就是电流穿透深度。常用的计算式：

$$\Delta = 5\ 030\sqrt{\frac{\rho}{\mu_r f}} \tag{3-9}$$

式中，ρ 为导体电阻率，$\Omega \cdot cm$；μ_r 为相对磁导率；f 为电流频率，Hz。

3. 电流频率选择

感应加热总效率包括热效率和电效率。加热时间越短，生产率越高，相对热损失越小，热效率越高；感应器通电后，线圈会有铜损耗和铁损耗(工频感应加热)。因此，其总效率的高低，主要由电流的频率决定，钢坯加热，可参考表 3-5 和表3-6。

表 3-5　感应加热钢坯时的几种电流频率应用范围

电流频率/Hz	50	150	500	1 000	2 500	400	8 000
毛坯直径/mm	>150	120～250	70～160	50～120	30～80	20～60	15～40

表 3-6　几种工频感应加热的尺寸与温度关系

材料	钢	铝	纯铜	镍	钛
加热温度/℃	1 200	600	1 000	1 200	1 200
毛坯最小直径/mm	150	70	70	120	200
毛坯最佳直径/mm	330	90	90	210	400

4. *功率因数与无功功率补偿*

由于感应器主要由线圈构成，因此其对交流电源体现为一滞后性的负荷，功率因数：

$$\cos\varphi = \frac{P_g}{UI} \times 10^3 \tag{3-10}$$

式中，P_g 为感应器功率，kW；U 为感应器端电压，V；I 为感应器电流，A。

功率因数由 $\cos\varphi_1$ 补偿到 $\cos\varphi_2$ 时，所需电容器的容量为：

$$\begin{aligned} Q_c &= P_g(\tan\varphi_1 - \tan\varphi_2) \\ &= P_g\left(\sqrt{\frac{1}{\cos^2\varphi_1}-1}-\sqrt{\frac{1}{\cos^2\varphi_2}-1}\right) \end{aligned} \tag{3-11}$$

(三)典型应用

由于感应加热技术所具有的优良特性，其在现代工业生产中得到了日益广泛的应用。利用高频和中频电流对工件进行表面淬火，已经是目前制造业中的主要淬火方法，高频和中频感应加热，还可用于金属的冶炼与保温；应用中频电流对金属材料在锻造、冲压、挤压与轧制等加工前进行加热也很多，可用于工件的热处理，还可用于工件之间的热装配与热拆卸；其他如轻工、化工与电子工业等行业，也在越来越多地采用感应加热技术。

1. 预热

在冶金行业的钢坯精铸加工时，可以采用往复式工频感应加热炉，以提高加工和能源利用效率；推进或步进式工频感应加热炉，应用于钢棒热成型毛坯加热，具有进料结构相对简单，制造与维护方便等特点。

当钢棒直径较大时，绕制弹簧必须进行加热，即热绕弹簧。加热是在连续式感应加热炉中进行，钢棒长度不受限制，可以用感应器的台数进行调整。

2. 热处理

高性能的钢带，可以在一套连续热处理设备上，完成感应加热、淬火、再感应加热、回火的热处理过程，从而达到高效实现提高钢带综合性能的目的。

感应加热回转炉，目前已广泛应用于轴承制造行业，工件在炉内匀速旋转前进并不断翻转，以获得均匀的加热，为后续的淬火等处理作准备，特别适合大批量的小型零件的热处理。

钢管在焊接完成后，焊缝及其邻近的基体中存在晶粒粗大的魏氏组织，在冷却过程中，还会产生很大的热应力和组织应力，为消除上述缺点，可采用工频局部感应加热，进行回火或退火处理。

木工榔头的头、尾部用途不同，头部用于锤打，要求较硬、耐磨，不能开裂，尾部用于翘拔钉子，要求韧性好，不能折断。可以分别采用不同的感应加热淬火方法，以获得不同的性能。

3. 熔炼

感应熔炼炉在工厂的生产中，应用已经很普遍，一般为中频和工频加热，高频加热多用于试验研究。按感应炉的结构可以分为无芯与有芯两种。无芯感应熔炼炉，结构简单，用于钢、铁与有色金属的熔炼，炉容量较大时，炉壳采用钢结构，在线圈周围布有导磁体；有芯感应熔炼炉主要用于熔化铜及其合金，有卧式和立式之分。

4. 热加工

工厂在对一些大截面长尺寸的钢棒料进行分割下料时，使用锯床、车床时，有材料损耗高、生产率低等缺点，当采用冷剪下料，也不能满足工艺要求时，可以利用钢材在一定温度下具有的“兰脆”性质，在此温度下进行剪切，可以获得较好的断面质量。选择工频感应加热进行兰脆下料，具有高效率、环境污染小、切面光滑、平整等特点。

大直径钢管弯曲成型，必须在待弯曲部位进行加热。利用中频加热的方式，具有其独特的优点，通常感应线圈匝数很少，不会影响弯管加工机械工作，同时加热功率集中且效率高，且加热功率调节方便。

5. 其他

各种刀具产品与塑料手柄连接装配时，采用感应加热的方法，非常有效。为提高生产效率，通常使用高频感应电源，在几秒之内，即可将刀体手柄部分加热至所需温度，然后将刀体手柄部分推入处于常温下的塑料手柄对应位置，冷却后，产品即成。

一次性注射用针头使用后需销毁，但针尖十分尖锐，处理不当，极易造成人身损伤。如果采用感应加热的办法，使用后将针尖部分快速熔化，则不仅确保不会被二次利用，后续处理也安全许多。

二、电磁搅拌

电磁搅拌(Electromagnetic Stirring)技术是瑞典在 1930 年首先提出的，主要用于包括黑色金属及其合金以及各种有色金属的冶炼，世界上第一台能适应工业生产的装置——15 t 电弧炉用电磁搅拌装置在 1947 年问世。

电磁搅拌技术巧妙利用电动机的运行原理，以较小的装备代价，在金属冶炼过程中，通过提高金属液体流动速度，达到提高加热和搅拌均匀程度，从而有效提高金属冶炼质量和效率；电磁搅拌不破坏熔体表面的氧化层，可减少金属氧化，减少氧化渣量，延长冶炼炉寿命，还可减轻工人的劳动强度。

如果将在冶炼过程中的液态金属看成是整体导电金属，并在金属液附近安置能产生低频交变电磁场的电磁搅拌器，则处在此交变运动磁场周围的这些导电金属中，会感生电势，并形成电流，进而与该低频交变电磁场作用，形成驱动金属液运动的电磁力。其实这就是异步电机的工作原理，依据此原理运行的电磁搅拌器，只需要装备一个产生交变磁场的低频电源，无需再对液态金属通以其他电流。典型的如感应旋转磁场型、行波磁场型和平板式电磁搅拌器，图 3 - 36 为感应旋转磁场型电磁搅拌原理示意图。通过改变低频电源输出三相电流的大小，可以控制电磁搅拌器产生的磁场强度，从而控制电磁搅拌的强度。通过选择电源频率、电磁搅拌器形式、施加位置和组合形式等来满足不同冶炼工艺、不同合金种类的要求。

实际上，搅拌液态金属就是设法创造条件让熔炼炉中导电的液态金属获得驱动力，这样的驱动力也可以依据直流电动机或者直线电动机的运行原理来得到：设置一个恒定磁场，并按照左手定则，配置电极，在适当的位置给液态金属通电，以驱使液态金属按照指定的方向运动，图 3 - 37是直流驱动(静磁场通电)型电磁搅拌原理示意图。

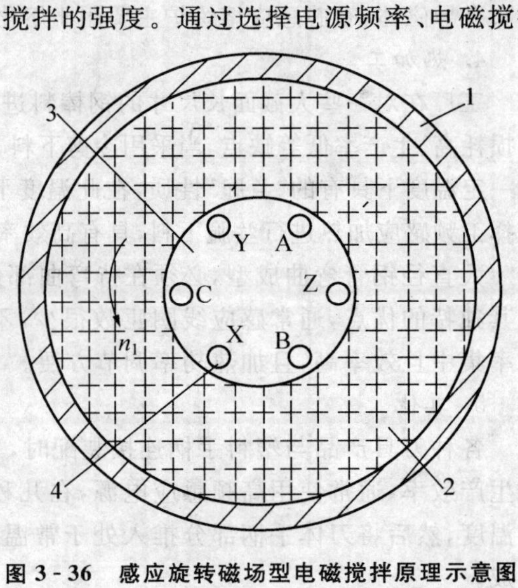

图 3 - 36　感应旋转磁场型电磁搅拌原理示意图

1. 炉壁；2. 金属液体；3. 搅拌器；4. 搅拌器三相绕组

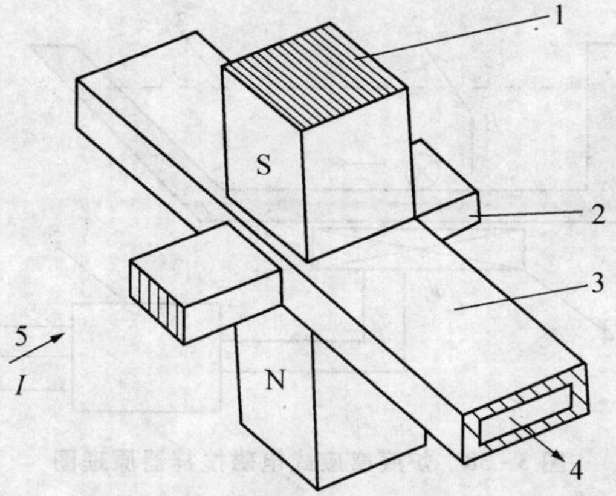

图 3-37 直流驱动型电磁搅拌原理示意图

1. 磁极；2. 电极；3. 导流通道；4. 液态金属流出方向；5. 电流方向

(一)主要特点

电磁搅拌装置主要由低频电源、感应器和水冷系统等几部分组成。

电磁搅拌装置在不同的应用场合有着不同的安装形式，根据安装形式和位置的不同，铝熔炉用电磁搅拌装置主要有“炉底感应式”和“侧壁感应式”两种。目前我国应用最多的还是以将感应器安装在炉底的为主，即炉底感应式电磁搅拌装置。如图 3-38 所示，感应器安装在炉底，磁场穿透炉底的耐火材料作用于金属溶液，根据磁场在空间分布的情况和在金属熔液内部的作用规律也即磁流体力学的作用原理，靠近炉底的熔液受到较大磁场力的作用，熔体上部受到磁场力的作用则相对较小，这样一来，熔液内部越靠近炉底(感应器安装位置)的部分流速和流量越大，而且有较大的作用面积，大量的中、下部熔液强烈的涌动带动了整炉熔液按照磁场力的作用规律作有规律的流动，因而，搅拌效果比较明显，综合经济效益高。

感应旋转磁场型电磁搅拌力，可分为径向力和切向力，一般径向力较小，起主要旋转作用的是切向力。其切向电磁力计算如下：

$$F = \frac{4\pi nRLB^2\varepsilon^2}{\rho_m} \times 10^{-4} \qquad (3-12)$$

式中，n 为旋转磁场转速；R 为旋转液芯半径；L 为电磁感应器铁心长度；B 为磁感应强度；ρ_m 为液态金属电阻系数；ε 为穿透深度。

侧壁感应式电磁搅拌装置安装在熔炼炉侧壁，感应线圈产生的磁场，会在熔化的金属中感生电流，其方向与感应线圈中的电流方向相反，故二电流之间将形成斥

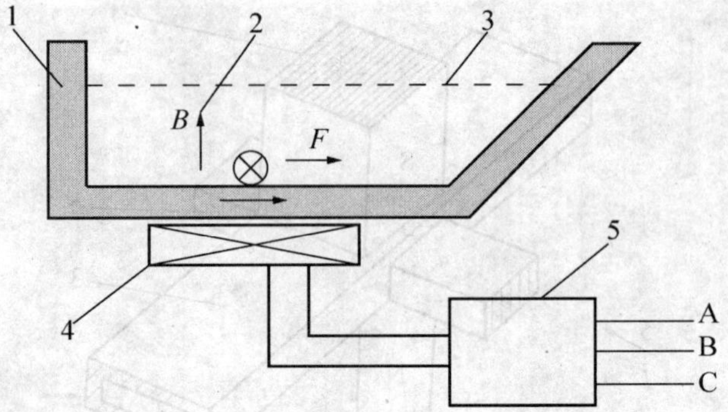

图 3-38　炉底感应式电磁搅拌器原理图

1. 炉壁；2. 行波磁场；3. 铝液；4. 感应器；5. 低频交流电源

力，同理，熔化的金属之间还会有压缩力，合理地安放感应线圈，可以综合金属液体所受力的情况，使其在熔炉中形成旋转运动，达到搅拌的目的。

电磁搅拌力 F，可按下式计算：

$$F = 316\sqrt{\frac{1}{\rho f}}\frac{P}{S} \tag{3-13}$$

式中，P 为消耗于炉料中的功率，W；S 为炉料表面积（液柱侧面积），cm^2；f 为频率，Hz；ρ 为被加热物体的电阻率，$\Omega \cdot cm$。

(二)典型应用

1. 电磁搅拌在钢的连铸中的应用

在连铸的结晶器、二冷区或凝固末端施加低频交变电磁场，利用电磁场与金属液间交互作用产生的电磁力来驱动金属液的流动，改善金属凝固过程中的流动、传热和传质过程，从而提高铸坯等轴晶率比率，清除缩孔、疏松，减少成分偏析，改善铸坯质量，满足不同钢种的生产工艺需求。

电磁搅拌器可以布置在连铸过程的各主要环节，分别为结晶器、二冷区、凝固末端和电磁制动等位置。

结晶器内的钢水，经电磁搅拌，具有折断树枝晶端并净化凝固前沿，凝固前期温度梯度变小，去除非金属夹杂等作用，因此在国际上已被广泛重视与应用。

二冷区的电磁搅拌目的主要在于获得较宽的等轴晶区，并可以促进铸坯特点部位聚集的大型夹杂物的分离。

凝固末端的电磁搅拌，对铸坯中心偏析的形成有直接影响，宜与前端的搅拌配合使用。

2. 电磁搅拌在铝熔炉上的应用

(1)电磁搅拌是非接触搅拌,不存在搅拌过程对熔体的污染,对熔炼高纯度铝及提高铝合金质量具有重要意义;

(2)搅拌充分,不仅提高了炉内成分均匀的速率,而且可使炉内的熔体温度更快地趋于一致,节省能源;

(3)不破坏熔体表面的氧化层,可减少氧化程度,即减少了氧化渣数量,又延长了炉体寿命;

(4)减轻了工人的劳动强度。

第九节　磁流体推进与磁流体发电

相对常规电机能量转换运行的惯例——旋转,本节将介绍两种不经旋转,借助于特定介质,直接在强磁场中获得电能或动力的方式。

一、磁流体推进

磁流体推进技术,是应用电磁力驱动的原理,从导电的流体上直接获得驱动力的一种技术,与常规旋转电机相比,具有控制简单,无须配备螺旋桨桨叶、齿轮传动机构和轴泵等旋转结构,无需燃烧等鲜明特点。目前得到典型应用的有磁流体推进船和等离子磁流体航天推进器等。

(一)工作原理

如果将本章上一节中直流驱动型电磁搅拌原理中的金属液体,换成仍然可以导电的其他物质的流体,比如海水或等离子磁流体,则这些导电流体,会在磁场中受到力的作用,其反作用力,会驱动装有电源和磁场的推进器,反向运动。其驱动原理如图 1 - 2 所示,当按左手定则配置恒定磁场及直流电流时,所受电磁力为如式(1 - 6)所述的 $F=BLI$。

值得注意的是,由于所使用的流体是非导磁物质,因此其磁导率 μ 远低于 μ_{Fe},由磁阻公式 $R_m=\dfrac{l}{\mu \cdot S}$ 知,其主磁路的磁阻较大,这直接导致获得足够大的磁密 B 较为艰难;由于所使用流体,在常温下的电阻率较大,这也会导致获得足够大的电流 I,要付出更高的代价。因此欲获得足够的驱动力 F,将面临许多极具挑战性的关键技术问题。

(二)典型应用

1. 磁流体推进船

使用具有一定导电特性的海水作为推进介质,在贯通海水的通道内建立一个磁场,这个磁场能对通电海水产生电磁力作用,使之在通道内运动,若运动方向指向船艉,则反作用力便会推动船舶前进。各物理量的方向如图 3-39 所示。

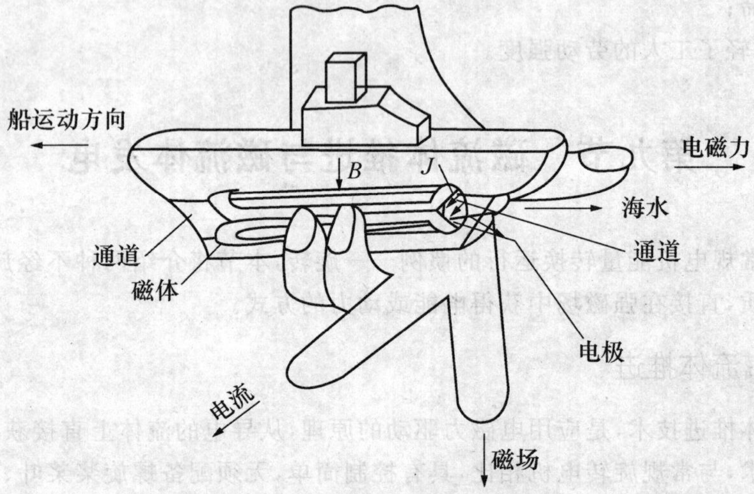

图 3-39 磁流体推进原理图

超导电磁流体推进是利用在超导条件下形成的强磁场,把电能直接转换成流体动能,以喷射推进方式,取代传统螺旋桨推进船艇的新技术,它具有低噪音和安全性等特点。

中科院电工所与船舶研究院 702 所合作研制了螺旋式超导磁流体推进试验船“HEMS-1”号,于 1998 年 11 月 28 日试航成功。该试验船长 3.2 m,宽 0.85 m,排水量约 1 t;船上装备有磁场强度为 5 万高斯的超导磁体系统,螺旋通道推进器,电池组和测控系统,由一人操作。在实验室用于试验船综合性能研究的航试盐水池中,对试验船的特性参数进行了综合性试验和试航行,船速达 0.65 m/s。试验表明,超导电磁流体船舶推进具有安静无噪声,操作简便等特点。

一旦现代潜艇使用了这种推进器,便从根本上消除了因机械转动而产生的振动、噪音以及功率限制,而能在几乎绝对安静的状态下以极高的航速航行。据理论计算其航速可达 150 节,这是任何机械转动类推进器不可能实现的。

2. 电磁泵

在冶金、铸造等领域得到有效应用的电磁泵，也是利用磁流体推进的原理工作，只是推进介质是液态金属，该项技术可以使液态金属在非接触条件下，按照要求，较好地使传输量和运动速度得到有效控制。

电磁泵主要可分为直流和交流二大类。直流电磁泵是最简单的类型，如图 3-37 所示。它适于输送的液态金属压强为 0.2～0.3 MPa，其应用范围较广。交流电磁泵中，以感应式三相电磁泵为在目前实际应用较多的一种，其工作原理与异步电动机类似，只要把液态金属视为载流导体，在感应器线圈产生的行波磁场作用下，无论是低温易溶金属，还是高温液态金属都因会受到电磁驱动力的作用，而流动起来，从而达到输送的目的。

3. 等离子磁流体航天推进器

等离子磁流体航天推进器，也称为离子发动机，其工作原理与船舶磁流体推进器相同，所不同的是利用等离子作为导电流体，在强磁场和二磁极间高电压的作用下，等离子体受力后被高速喷射出去，推动航天器前进。据介绍，欧洲航天局的“SMART-1 号”月球探测器上安装使用的离子推进器，其实际飞行驱动效率是传统火箭推进系统的十倍。

二、磁流体发电

1832 年法拉第首次提出有关磁流体力学问题。他根据海水切割地球磁场产生电动势的想法，测量泰晤士河两岸间的电位差，希望测出流速，但因河水电阻大、地球磁场弱和测量技术差，未达到目的。1937 年哈特曼根据法拉第的想法，对水银在磁场中的流动进行了定量实验，并成功地提出黏性不可压缩磁流体力学流动(即哈特曼流动)的理论计算方法。

1959 年，美国就研制成功了 115 kW 磁流体发电的试验装置。60 年代中期以后，美国将它应用在军事上，建成了作为激光武器脉冲电源和风洞试验电源用的磁流体发电装置。美苏联合研制的磁流体发电机 U-25B 在 1978 年 8 月进行了第四次试验，气体-等离子体流量为 2～4 kg/s，温度为2 950 K，磁场为 5 T，输出功率 1 300 kW，共运行了 50 h。目前许多国家正在研制百万千瓦的利用超导磁体的磁流体发电机。

前苏联在 1986 年，开始兴建世界上第一座 50 万 kW 的磁流体和蒸汽联合电站，这座电站使用的燃料是天然气，它既可供电，又能供热，与一般的火力发电站相比，它可节省燃料 20%。

我国于 20 世纪 60 年代初期开始研究磁流体发电，先后在北京、上海、南京等地建成了试验基地。

作为一种高技术，磁流体发电推动着工程电磁流体力学这门新兴学科和高温燃烧、氧化剂预热、高温材料、超导磁体、大功率变流技术、高温诊断和降低工业动力装置有害排放物的先进方法等一系列新技术的发展。这些科学成果和技术成就可以得到其他方面的应用，并有着美好的发展前景。

(一)工作原理

磁流体是“磁电－流体动力学”的简称，这一发电技术研究导电流体(如等离子体)在磁场中的运动规律。由式 $e=BLv$ 易知，在其中的发电必备三要素中，切割磁力线的物质，可以是固体，当然也可以是液体，甚至是气体，只要它导电性能良好；当然，切割速度也十分重要。显然，在高温下，可体现出高速和良好导电特性的等离子气体，是很好的选择对象。因此，用燃料(石油、天然气、燃煤、核能等)直接加热经过特殊配比的气体，目前在 3 000℃的温度下，可以达到磁流体发电所需的离子流，然后使其在强磁场中以 1 000 m/s 的高速流动，切割磁力线，就可以产生感应电动势，如图 3－40 所示。这种无需经过机械转换环节，将热能直接转换成电能的方式，可称之为“直接发电”，其燃料利用率较高。

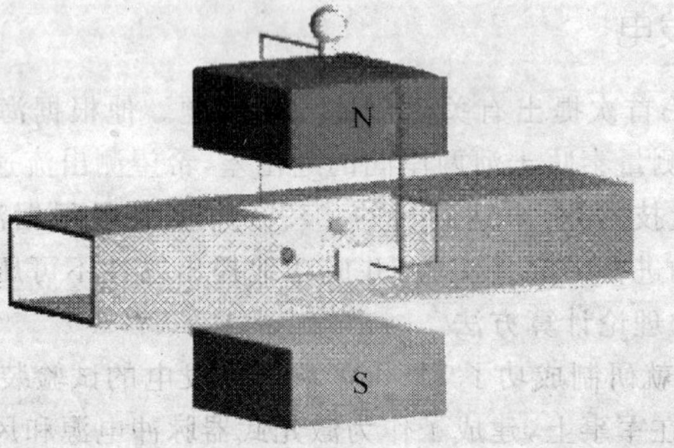

图 3－40　磁流体发电原理图

为了使磁流体具有足够的电导率，需在高温和高速下，加上钾、铯等碱金属和加入微量碱金属的惰性气体(如氦、氩等)作为工质，以利用非平衡电离原理来提高电离度。前者直接利用燃烧气体穿过磁场的方式叫开环磁流体发电，后者通过换热器将工质加热后再穿过磁场的叫闭环磁流体发电。

(二)应用前景

我国目前采用的燃煤发电方式要向大气排放大量SO_2、NO_X和黑烟,对大气环境造成严重污染。因此,发展洁净煤发电技术,减少污染物排放,提高燃煤发电效率是一项重要的战略任务。

燃煤磁流体发电技术——亦称为等离子体发电,也是磁流体发电的典型应用,燃烧煤而得到2.6×10^6℃以上的高温等离子气体并以高速流过强磁场时,气体中的电子受磁力作用,沿着与磁力线垂直的方向流向电极,发出直流电,经直流逆变为交流送入交流电网。磁流体发电本身的效率仅20%左右,但由于其排烟温度很高,从磁流体排出的气体可送往一般锅炉继续燃烧成蒸汽,驱动汽轮机发电,组成高效的联合循环发电,总的热效率可达50%~60%,是目前正在开发中的高效发电技术中最高的。同样,它可有效地脱硫,有效地控制NO_X的产生,也是一种低污染的煤气化联合循环发电技术,对环境的污染也小。

在磁流体发电技术中,高温陶瓷不仅关系到在2 000~3 000 K磁流体温度能否正常工作,且涉及通道的寿命,亦即燃煤磁流体发电系统能否正常工作的关键,目前高温陶瓷的耐受温度最高已可达到3 090 K。

燃煤开环磁流体发电,目前已有示范工程,预计在2010年内可局部商业化,其将对节能和减少CO_2排放实现电力行业的绿色生产做出重大贡献。非平衡电离式闭环磁流体发电,由于工作温度较低,又适合于100~300 MW中型机组和配合发展以煤为燃料的燃气发电行业具有巨大的潜力。

利用磁流体发电,只要加快带电流体的喷射速度,增加磁场强度,就能提高发电机的功率。人们使用高能量的燃料,再配上快速启动装置,就可以使发电机功率达到1 000万kW。目前,中国,美国、印度、澳大利亚以及欧洲共同体等,都积极致力于这方面的研究。

第四章 电机实验与典型控制

第一节 误差概念

人们在生产实践和科学实验过程中，经常要进行各种测量，测量就是为确定被测对象的量值而进行的实验过程。

在电机的设计与应用过程中，总会遇到测量问题，其中对误差的理解与处理，首先需要有一个明确的认识，因此本节将首先介绍有关概念。

一、误差公理

无论使用多么准确的仪器或工具，采用怎样完美的测量方法，测量者如何认真细心，在同一条件下多次测量同一个被测量，其测量结果往往存在差异，即每次测量结果只是被测量值的近似值。测量结果与被测量的真值之间的差异，称为测量误差。误差始终存在于一切科学实验和测量之中，这就是人们公认的误差公理。

二、误差的来源

误差按产生的原因，可分为以下几类。

(一)装置误差

计量装置是指为确定被测量值所必需的计量器具和辅助设备的总和。在电机试验和测量中,装置误差有如下几种:

(1)标准器误差。标准器是提供标准量值的器具,如标准电阻、标准电感、标准电池等。他们的标称值与其自身在一定条件下体现出来的客观量值之间有某些差异,在测量中所用的是标称值,故使测量结果产生误差。

(2)仪器误差。这是由于所使用的测量仪器(包括测量工具、电工仪表、电桥、温度计、秒表等)因为设计、制造工艺、结构、材料等方面的某些缺陷所引起的误差。如指针式电表因表盘分度不准确所产生的误差。

(3)装备及附件误差。测量中除仪器及标准器意外的其他辅助设备和附件,如电源的波形及频率不够标准,三相电源不很对称,以及测量用的连接线、开关、触点等所引起的误差。

(二)环境误差

环境误差或称外界误差,这是由于外界环境因素(如温度、湿度、气压、电场、磁场等)与仪表所规定的使用条件有某些差别而引起的测量误差。如在强磁场中,会引起指针式仪表读数随之有某些变化。所以,在使用电表或仪器时,要注意力求在其所规定的使用条件下进行,以尽量减小环境误差。

(三)方法误差

方法误差或称理论误差,这是由于所采用的测量方法不完善(理论根据有某些缺陷或者采用了某些近似计算公式)所引起的误差。例如用电压表、电流表测量电阻时,测量电阻如图 4-1 所示,若按 $R_x=U/I_a$ 计算 R_x 值,显然其中有方法误差。按图 4-1(b)的线路所测量得的电压 U 中包含了电流表的内阻压降 I;而在图 4-1(a)中电流表的读数 I_a 中包含电压表中的电流 I_v,所以必须结合不同的测量线路对上述计算公式作一定的修正,以消除其中的方法误差。此外,如测量装置及线路中的热电势、引线及接触电阻压降等因素的影响,在计算测量结果的表达式中,一般均未能得到反映,这也会引起一些方法误差。

(四)人员误差

这是由于测量者感觉器官的生理变化、最小分辨能力、反应速度快慢、个人固有的习惯等原因所引起的误差。这类误差往往因人而异。例如,测取某一随机间

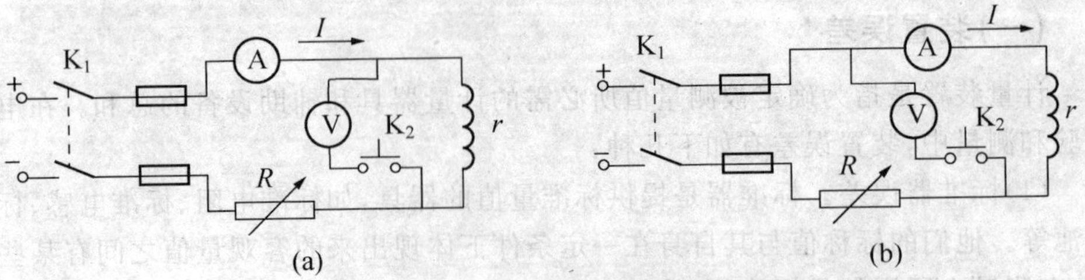

图 4-1　测量电阻的两种线路

(a)高阻接法;(b)低阻接法

变化的信号时,测量者有超前或滞后的趋向,这种误差常变现为观测误差、视差、估读误差和读数误差等。

应该指出,以上各种误差的来源,有时是单独起作用,有时是联合起来作用。在进行误差分析时,若几个误差来源联合起来作用,可当作一个独立误差因素考虑,这就能使误差合成比较简化。

三、误差的分类

根据误差的不同特性,人们将测量误差分为系统误差、随机误差和粗大误差三类。

(一)系统误差

在偏离规定的测量条件或由于测量仪器、方法等问题多次测量同一量值时,绝对值和符号保持恒定或按某一确定规律变化的误差称为系统误差。

所谓按某一确定规律变化的含义是指:这种误差为某一个或几个因素的函数,这种函数可用公式、曲线或数表来表达。根据变化规律的不同,系统误差可分为恒定系统误差和可变系统误差。前者包括恒"正"系统误差和恒"负"系统误差;后者又分为显性系统误差、周期性系统误差和复杂规律系统误差等。

从对系统误差掌握的程度又可分为如下两类:误差的绝对值和符号已确定的称为已定系统误差;误差的绝对值和符号未确定的称为未定系统误差。对于已定系统误差,可以进行修正,其余的系统误差不能修正,但可通过适当的测量方法来削弱或消除之。

在实际测量工作中,我们应尽可能预见并掌握各种系统误差的来源,并设法尽量削弱或消除它对测量结果的影响;或者设法确定或估算出未能被消除的系统误差值,以便进行必要的修正。

(二)随机误差

在实际测量条件下，多次测量同一量值时，误差的绝对值和符号以不可预知的方式变化着的误差称为随即误差，也叫偶然误差。随机误差是由于多种无一定变化规律的因素，如大地微震、空气的扰动、电磁场的微变、气压或温度的变化、电源的微小波动等，以及其他目前人们尚未完全认识的很多互补相关的独立因素对测量值的综合影响造成的误差。随机误差的产生并不能完全归之于偶然的原因，只不过由于变化的因素太多，各种因素的影响很微小、相互关系很复杂，到目前为止，人们尚未能完全认识和掌握其具体的变化规律。少数几次的测量误差是没有规律的，但是用统计学的方法分析多次测量结果的随机误差，还是具有一定的统计规律的。出现几次测量结果相同的情况，并不能说明不存在的随机误差，而往往是因为用的测量工具或仪表的灵敏度不够，测量不够精密，未能反映出随机误差。

(三)粗大误差

超出在规定条件下预期的误差，称为粗大误差。这种误差是由于测量人员的粗心大意、错误读取示值、使用了有缺陷的测量器具、不正确的操作或实验条件的短时突变等因素所引起的。它明显地歪曲了测量结果，但只要认真细致地操作，多方面加以注意，一般是可能避免的。含有粗大误差的测量结果称为坏值或者异常值。正确的测量结果中，不应该包含粗大误差，在进行实验数据的整理时，要通过适当的方法将“坏”值识别出来，并予以舍弃。

还应指出：系统误差与随机误差之间的关系并不是一成不变的，在一定条件下，它们是可以相互转化的。随着人们对各种误差来源以及其变化规律的认识不断加深和发展，有可能把过去对其没有认识而归之为随机误差的某种误差明确为系统误差；反之，由于认识不足及实验条件的限制等，也会把某种系统误差视为随机误差。另外，有的误差在某种条件下为随机误差，而换到另一种情况下，则为系统误差。例如指针式电表的表盘分度误差，对电表制造厂来说，有随机性质，属于随机误差；而对于电表使用者来说，由于某个分度的不准确而造成的测量误差则应为系统误差。人们也常常利用这一点来减少测量结果的误差。而对某些系统误差尚未完全掌握时，有时可用不断改变实验条件做多次测量的方法使误差变为随机误差，从而获得正、负误差相互抵消的测量结果。

四、不确定度及其分类

由于测量误差的存在而对被测量值不能肯定的程度称为不确定度。它是指测量结果不能肯定的误差范围，被测量的真值就在此范围中。不确定度是对测量结果而言，因为在测量中总存在着误差，对已定系统误差做了修正之后，还存在随机误差和未定系统误差，故每个测量结果中总存在着不确定度。例如，某电压的测量结果为(220±1.5)V，说明实际的电压值在221.1～218.9 V，而±1.5 V为不确定度。

按照误差性质的不同，不确定度可分为系统不确定度和随机不确定度，前者是由于未定系统误差引起的，后者是由于随机误差所造成的。

误差的表示方式

按不同的表示方式误差可分为绝对误差和相对误差。后者则包括相对误差、引用误差及分贝误差三种，分别介绍如下：

(一)绝对误差

绝对误差也称为绝对真误差或真误差。它等于测量结果与被测量真值之差，用符号 Δx 表示，即

$$\Delta x = x - x_0 \tag{4-1}$$

式中，x 为测量值，x_0 为真值，它是指在规定的时间及空间内被测量值的真实大小。

严格地说，在一般情况下，真值是无法求得的。因为，从理论上说，某量的真值应该是在无系统误差的条件下作无限多次重复测量，取其结果的平均值，实际上这是不能实现的。但是在有些情况下真值又是可知的或在相对意义上来说是可知的。例如：

(1)一周的圆周角为360°为理论真值。

(2)计量学约定真值，国际计量大会决议所规定的长度、质量、时间、电流、温度等量的国际标准单位。如1 kg等于用铂铱合金制成的国际千克基准的质量。

(3)在实际测量中，常用被测量的实际值或已修正过的算术平均值来代替真值使用。通常在检定工作中，把高一等级的计量标准所测得的量值称为实际值，代替真值使用。如用0.2级电表的读数作为1.0级电表的相对真值。

例如，在检定某一1.0级的电压表时，当其读数为99.0 V时，同时用一块0.2级的标准表测得同一电压之值为99.8 V，此值即为相对真值。则此电压表在刻度为100 V挡的绝对误差为

$$\Delta U = U - U_0 = 99.0 - 99.8 = -0.8\text{V}$$

必须注意绝对误差与误差的绝对值区别。在上例中，误差的绝对值为：$|-0.8| = 0.8$ V。

在实际工作中，有时还用到修正值(又称更正量或改正量)的概念。其定义是

与绝对误差的符号相反,绝对值相同。以符号 ξ_X 表示,即

$$\xi_X = -\Delta x = x_0 - x \tag{4-2}$$

有些准确度较高的电表常附有各个主要分度的修正值或修正曲线,使用时可根据下式求出其相对真值。

$$x_0 = x + \xi_X \tag{4-3}$$

(二)相对误差

相对误差也称相对真误差。其定义是测量的绝对误差与被测量的真值之比,通常用百分数表示,故其只有绝对值和符号,而没有量纲。

$$\gamma = \frac{\Delta x}{x_0} \times 100\% \tag{4-4}$$

一般情况下真值是不可测得的,当 $\Delta x \ll x$ 时,在式(4-4)中可以用 x 代替 x_0,则有

$$\gamma = \frac{\Delta x}{x_0} \times 100\% \approx \frac{\Delta x}{x} \times 100\% \tag{4-5}$$

在上面所举检定电压表的实例中,相对误差为

$$\gamma_u = \frac{\Delta U}{U_0} \times 100\% \approx \frac{\Delta U}{U} \times 100\% = \frac{-0.8}{100} \times 100\% = -0.8\%$$

与绝对误差相比,相对误差能更准确地反映测量结果的准确程度,其值越小,表明测量结果的准确度越高。例如,测量两个电阻,其中 $R_1 = 100\ \Omega$,绝对误差 $\Delta R_1 = 0.1\ \Omega$;$R_2 = 5\ 000\ \Omega$,$\Delta R_2 = 0.5\ \Omega$,它们的相对误差计算如下:

$$\gamma_{R_1} = \frac{0.1}{100} \times 100\% = 0.1\%, \gamma_{R_2} = \frac{0.5}{5\ 000} \times 100\% = 0.01\%$$

可见 R_2 的绝对误差虽然比 R_1 大,当其相对误差却比 R_1 小得多,说明其测量的准确度较高。

(三)引用误差

为了便于计算及划分电工仪表的准确度等级,通常用仪表的测量范围上限值作为计算相对误差的分母,而有所谓引用误差的概念。其定义是绝对误差与测量范围上限值或量程之比值,以百分数表示。则

$$\gamma_n = \frac{\Delta x}{x_n} \times 100\% \tag{4-6}$$

式中,γ_n 为引用误差,x_n 为仪表的测量范围上限。

电工仪表的准确度等级通常分为 0.1、0.2、0.5、1.5、2.5 和 5.0 等共七级。若

仪表的准确度等级为 a 级，即说明其各个分度点的引用误差绝对值上限不大于 $a\%$，即

$$|\gamma_{nm}| = \frac{|\Delta x_m|}{x_n} \times 100\% \leqslant a\% \tag{4-7}$$

式中，γ_{nm} 为引用误差的最大值，Δx_m 为绝对误差的最大值，x_n 为仪表的测量范围上限值。

由式(4-7)可见仪表各个分度点上示值的相对误差并不都具有 $a\%$ 的准确度。设某电表的测量范围上限为 x_n，测得值为 x，则电表在该点示值的误差应为

绝对误差 $$\Delta x \leqslant x_n \times (\pm a)\% \tag{4-8}$$

相对误差 $$\gamma \leqslant \frac{x_n}{x} \times (\pm a)\% \tag{4-9}$$

由上式可知，测量结果准确度的高低不仅仅取决于所用仪表的准确度等级，而且也与所选用仪表的量程是否合适有关。

一般情况下，指针式电表的准确度等级是已知的，按式(4-8)及式(4-9)，可以估计测量结果的误差限。

(四)分贝误差

在声学及电子学测量中，常用分贝误差作为相对误差的另一种表示方式。

设某放大电路的输入电压和输出电压的策动值分别为 U_1 及 U_2。其比值称为增益 a，即

$$a = \frac{U_2}{U_1} \tag{4-10}$$

当用对数形式来表示时，则

$$A = 20\lg\frac{U_2}{U_1} = 20\lg a \quad (\text{dB}) \tag{4-11}$$

A 的单位为分贝，以 dB 表示。在式(4-11)中，若电压比值 a 中存在一个误差 Δa，则对应的 A 中也有一个误差 ΔA，即有

$$A + \Delta A = 20\lg(a + \Delta a) \quad (\text{dB}) \tag{4-12}$$

式(4-12)减去式(4-11)，得分贝误差

$$\Delta A = 20\lg\left(1 + \frac{\Delta a}{a}\right) \quad (\text{dB}) \tag{4-13}$$

功率比的分贝定义为

$$A_P = 10\lg a_P = 10\lg\frac{P_2}{P_1} \quad (\text{dB}) \tag{4-14}$$

五、测量的准确度及其提高途径

(一)精密度、正确度和准确度

按照误差概念,表示测量误差大小的主要名词有:

1. 精密度(Precision)

代表随机误差大小的程度,简称精度。表征多次测量结果彼此之间符合的程度(即分散性),也称符合度或弥散度。精密度高不一定表明测量结果与真值很接近,如在一个恒定系统误差时的测量。

2. 正确度(Correctness)

代表系统误差大小的程度。测量结果的正确度高,需要有一定的精密度来保证,但是,测量的精密度高,正确度不一定也高。

3. 准确度(Accuracy)

或称精确度。综合反映测量中系统误差和随机误差大小、测量结果与真值之间相一致的程度。如某一测量中,随机误差和系统误差都很小,既精密度与正确度都高,测量结果与真值十分接近,则称为准确度高。

在科学实验中,欲得到准确度高的测量结果,需要进一步分析和了解系统误差、随机误差和粗大误差三者之间的关系以及它们对测量结果的影响。

(二)提高测量准确度的途径

为了分析随机误差、系统误差和粗大误差之间的关系,并用数轴来表示,让我们先对随机误差和系统误差给以数学的定义。设对某量进行 n 次等精密度、独立测量,测得值为 $x_0, x_1, \cdots, x_n$,则其算术平均值为

$$\overline{x} = \frac{1}{n}(x_1 + x_2 + \cdots + x_n) = \frac{1}{n}\sum_{i=1}^{n} x_i \tag{4-15}$$

当测量次数 n 趋于∞时,则算术平均值的极限值称为测得值的数学期望,以 a_x 表示,即

$$a_x = \lim_{n\to\infty}\frac{1}{n}\sum_{i=1}^{n} x_i \tag{4-16}$$

a_x 又称为测得值的总体平均值。数学期望与其真值之差为系统误差,以 ε 表示,即

$$\varepsilon = a_x - x_0 \tag{4-17}$$

各次测得值 x_i 与其数学期望之差为随机误差,以 δ_i 表示

$$\delta_i = x_i - a_x \tag{4-18}$$

将式(4-17)和式(4-18)相加，得

$$\varepsilon + \delta_i = (a_x - x_0) + (x_i - a_x) = x_i - x_0 = \Delta x_i \tag{4-19}$$

式中，Δx_i 为各次测得值的绝对真误差，由上式可见，绝对误差等于系统误差与随机误差的代数和。

总之，欲提高测量的准确度，应采取以下三个方面措施：

(1)测量时力求不产生粗大误差或对测量结果进行坏值的剔除；

(2)采取各种措施，尽可能削弱或消除系统误差；

(3)条件允许时，应进行多次重复测量以减小随机误差的影响。

第二节　常见物理量测量

电机中的常见物理量，可主要分类为：电压、电流、电功率、电阻等电类物理量，以及转速、转矩、机械功率、温度、磁通等非电类物理量。整体而言，用于电类物理量的测量，不仅从装备到手段，都相对比较完整，而且测量精度也相对较高，是公认的基本测量方法；而对于非电类物理量，通常的思路，是尽量将其转换为相应的电量，进而采用较为成熟和准确的电量测量的方法来获得。本节将就电机中常见的此二类物理量的测量，作简要介绍。

一、电量测量

(一)直流电阻的测量

测量直流电阻常用以下两种方法：

1. 电桥法

采用电桥测量电阻时，选用单臂电桥还是双臂电桥，取决于被测电阻的大小和精度要求。被测电阻小于1欧姆，须采用双臂电桥。因为单臂电桥量得的数值中，包括了连接回路的接触电阻，会给低电阻的测量带来较大的误差。

用电桥测量电阻时，应先将电桥粗调至大致平衡的位置，然后按下电池按钮接通电源，待电桥中的电流达到稳定后再按下检流计按钮接入检流计。测量完毕后应先断开检流计按钮再断开电源按钮，以免检流计受到冲击而损坏。

电桥法测定直流电阻有准确度、灵敏度高及直接读数等优点。

2. 电压和电流表法

用电压和电流表法测量电阻时，应选用一个电压稳定的直流电源作为测量电源，并按图 4-1 所示接线。其中被测电阻 r 与可变电阻及电流表串联，为保护电压表，可将电压表串联一按钮开关 K_2，然后并接在被测电阻的两端。

测量中应首先闭合电源开关 K_1，当电源稳定后才按下按钮 K_2 接通电压表，测量电阻两端电压，测量完成后先松开按钮 K_2 使电压表先行断开，否则当断开电源时绕组所产生的自感电势可能会损伤电压表。

测量时为保证足够的灵敏度，回路电流要有一定数值，但又不要超过电阻额定电流的 20%左右，选不同电流值测量三次，取三次测量的平均值，而且电流表与电压表应尽快同时读数，以免因被测电阻发热而影响测量的准确度。

测量小电阻时，应按图 4-1(a)接线，此时考虑电压表内阻 r_V 的分路电流，被测的直流电阻为：$r=\dfrac{U}{I-\dfrac{U}{r_V}}$。若不考虑电压表的分路电流，则 $r=\dfrac{U}{I}$，此值比实际电阻偏小。被测电阻越小，分路电流越小，则误差越小，故此种接线适于测量小电阻。

测量大电阻时，应按图 4-1(b)接线，此时考虑电流表内阻 r_A 上的电压降，被测的直流电阻为：$r=\dfrac{U-Ir_A}{I}$。若不考虑电流表内阻的压降，则 $r=\dfrac{U}{I}$，此值比实际电阻偏大。被测电阻越大，电流表内阻越小，则误差越小，故此种接线适于测量大电阻。

常规电阻的大小是随温度变化的，因此还要同时测量环境温度，以便将该电阻值换算至基准工作温度或所需工作温度下的数值。

测得的冷态直流电阻按下式换算到基准工作温度时电阻：

$$r_j=\frac{K+\theta_j}{K+\theta}r \tag{4-20}$$

式中，θ_j 为基准工作温度，A、B、E 级绝缘为 75℃，F、H 级绝缘为 115℃；θ 为测量时的环境温度，℃；r 为冷态电阻，Ω；K 为常数，铜 K 取 235，铝 K 取 225。

(二)电功率的测量

以常用电动式功率表为例，它既可以测交流电功率，也可以测直流电功率，并能达到较高的准确度。电动式功率表内部有一个电压线圈和一个电流线圈，其同名端标有“＊”或“±”符号。电压线圈通过内部串联附加电阻可改换不同的电压量程，电流线圈则利用其串、并联可改换两种电流量程。另外，功率表上还装有一个改变指针偏转方向的极性开关。

1. 功率表的正确选择与读数

选择功率表时，应根据被测线路的电压高低和电流大小来选择电压量程和电流量程。若被测线路的电压（或电流）超过功率表的最大量程，应配用适当变比的互感器，使线路的电压和电流均在功率表的量程范围之内。同时还要考虑被测电路功率因数 $\cos\varphi$ 的高低，对应选用普通功率因数功率表（$\cos\varphi=1.0$）或低功率因数功率表（功率因数 $\cos\varphi=0.1$ 或 0.2）。功率表的功率常数（或倍率）C_W 与 $\cos\varphi$ 有关，实际测得的功率应为指针偏转格数乘以每格瓦数。

2. 功率表的接线规则

功率表的电流线圈应与被测负载串联，功率表的电压线圈应并接在负载两端，同名端钮接线，如图 4-2。

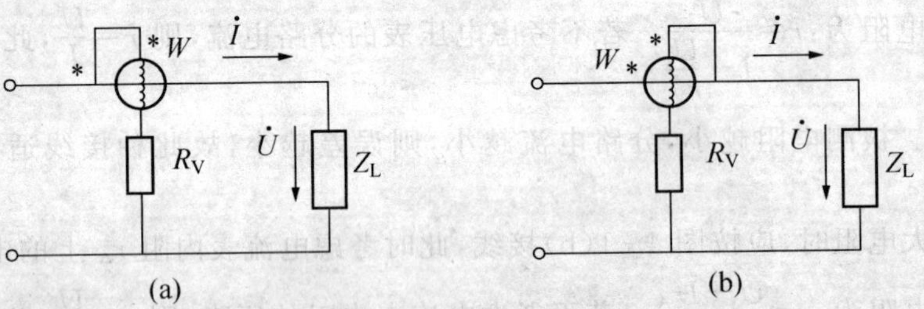

图 4-2　单相功率表的测量接线原理图

图 4-2(a)中所示的联结方法为功率表电压线圈接于电流线圈之前，适用于高电压小电流负载的功率测量，功率表的读数中除负载功率外，还包括消耗在电流线圈内阻上的功率，当负载电压较高，电流较小时，此项消耗很小，可以忽略不计；图(b)所示的联结方法为功率表电压线圈接于电流线圈之后，适用于低电压大电流负载的功率测量，功率表的读数中除负载功率外，还包括消耗在电压线圈及内部串联电阻 R_V 中的功率，当负载电压较低，电流较大时，此项消耗很小，可以忽略不计。

3. 三相有功功率的测量

在三相不对称线路中，三相四线制线路，可采用三块单相功率表同时或一块单相功率表分别测取各相功率，其接线规则同图 4-2，它们读数的和就是负载总功率。三线制线路，一般可使用两块单相功率表法测量三相功率，三相总功率等于两功率表读数的代数和。用两功率表法测量三相功率的接线方法如图 4-3 所示，其规则为：

(1)两块单相功率表的电流线圈分别串入三相线路中的任意两相，其同名端都接于电源侧，每块单相功率表中通过的均为线电流。

(2)每块单相功率表的电压线圈的同名端接至各自电流线圈所在线，而另一端均接在未接功率表电流线圈的线上。

若三相线路是对称的，可以用一块单相功率表，按图 4-2 接线，测量任意一相的功率，然后将结果乘以 3 既得三相负载的总功率。也可以用两功率表，按图 4-3 接线，测取的三相总功率为

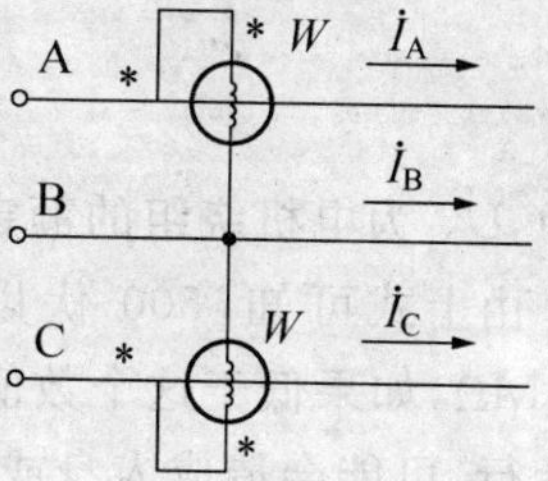

图 4-3　两功率表法测三相功率

$$\begin{aligned} P &= P_{\mathrm{I}} + P_{\mathrm{II}} \\ &= UI[\cos(30^\circ + \varphi) + \cos(30^\circ - \varphi)] \\ &= \sqrt{3}UI\cos\varphi \end{aligned} \tag{4-21}$$

由上式知，如果负载功率因数低于 0.5，这时将有一个功率表的读数为负值，功率表的指针将向相反方向偏转，为了读得数据，应该转动功率表的极性开关或互换功率表电流线圈端钮，而计算三相总功率时，应取两表读数的差。

实验室中，也可以利用功率表测量三相对称线路中的无功功率，详见有关资料。需要说明的是，一般三相实际线路上的无功功率是用无功功率表测量的。

(三)绝缘电阻的测量

绝缘电阻的测量是检验电机电器绝缘状况的重要检验项目之一。通过绝缘电阻的测定可以检查电机的绝缘是否受潮，或有无局部缺陷或损坏等。

表 4-1　兆欧表的规格选用

电机额定电压	兆欧表规格
500 V 以下	500 V
500～2 000 V	1 000 V
3 000 V 以上	2 500 V

绝缘电阻一般用兆欧表测定。所用兆欧表的规格应根据被测电机的额定电压按表 4-1 选用。电机各相绕组分别有出线端引出时，应分别测量各绕组对机壳(或铁心)及各绕组之间的绝缘电阻。若各绕组已在电机内部连接起来，允许仅测量所有相连绕组对机壳的绝缘电阻。

目前常用的手摇兆欧表，表内有一手摇驱动的发电机，测量时应以兆欧表规定的转速均匀地摇动兆欧表手柄，待指针稳定后方可读数。

国家标准规定，电机绕组的绝缘电阻在热态时，应不低于下式确定的数值(MΩ)：

$$R=\frac{U_N}{1\,000+\frac{P_N}{100}} \tag{4-22}$$

式中，U_N 为电机绕组的额定电压，V；P_N 为电机的额定功率，kW。

由上式可知，500 伏以下的低压电机电器，热态时其绝缘电阻应不低于 0.5 MΩ，如果低于这个数值，应分析原因，采取相应措施，提高绝缘电阻。强行投入运行，可能会造成人身或设备损坏事故。

二、非电量测量

（一）电机转速的测量

转速是各类旋转电机运行中的一个重要物理量，目前，转速测量方法不断得到改进，测量精度也不断提高。下面介绍几种常用的测量方法。

1. 离心式转速表测量转速

离心式转速表是利用离心原理，由若干精细齿轮制成的机械接触式测速仪表，使用时将转速表的端头插入电机转轴的中心孔内，当指针稳定后即能直接读出转速。其缺点是测量精度较低且容易损坏，使用此种转速表时，应注意：

(1)选择适当的量程，应使量程的最大读数稍大于电机的最高转速；

(2)在测量过程中决不允许改变转速表的量程，以免损伤齿轮；

(3)测转速时，应保持转速表轴与电机转轴同心，否则不仅易损坏转速表轴，而且影响读数的准确性；

(4)转速表不可长时间持续工作，以减少齿轮磨损与发热；

(5)转速表不适合测量小型及微型电机，因为转速表本身将会成为电机不能忽视的附加负载。

2. 日光灯法判断同步速和测定转差率

日光灯是一种闪光灯，当其接于 50 赫兹交流电源时，灯光实际上是每秒钟闪烁 100 次，故闪烁一次所需的时间为 0.01 s，而人的视觉暂留时间约为 1/16 s，因此用肉眼观察日光灯感觉是一直发亮的。

利用日光灯来判断同步速的测量方法是：在电机的轴端或连轴器上画出与电机极对数相关的标记图案，在电机轴端画出的标记图案如图 4-4 所示。当电机极数 2p=2 时，若转子以同步转速 n_1=3 000 r/min 旋转，即旋转一周需 0.02 秒；图 4-4(a)所画出两个黑色扇形，也同轴以同步转速 n_1 旋转，其光学的黑白变化周期也是 0.02 秒，因此，观察者肉眼看到的黑色图案好像静止不动。

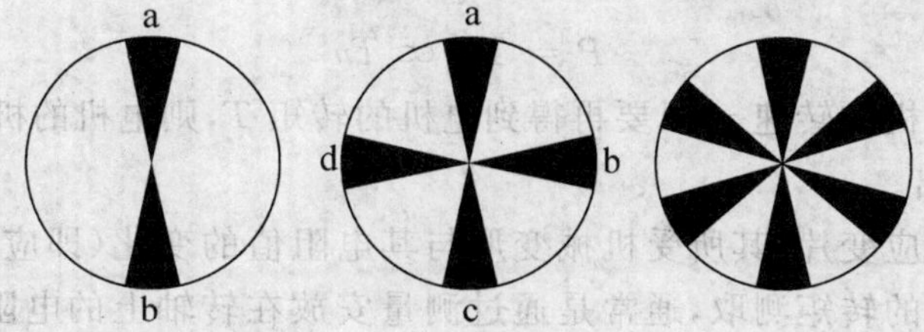

(a)
2p=2

(b)
2p=4

(c)
2p=6

图 4-4　电机轴端的标记图案

同理，也易验证电机极数 2p＝4 和 2p＝6 时的情形。此种方法用于测定同步转速最为合适，只要选择与电机极数相应的图案贴于轴端，在日光灯参照频率的照射下，当将转速调到图案相对不动时，此转速即为同步转速。

日光灯法还能测量较小的转差率，其原理与上述方法基本相似，详细可参见有关电机实验参考书。

3. 闪光测速仪测量转速

闪光测速仪测量转速的原理和日光灯法相同。闪光测速仪可发出频率可调的闪烁灯光，当闪光的频率与电机转速相吻合时，在电机轴端标出的一个标记看起来就静止不动，此时从刻度盘或数码显示器上即可直接读出此时电机的转速。

使用闪光测速仪测量转速时应注意，当电机的转速比闪光频率 f 正好大（或小）整数 k 倍时，用肉眼观察到的标记亦静止不动，但这是一种虚假现象，使用时，应注意调节闪光频率，结合说明材料及专业知识，找到真实转速。

4. 测速发电机测量转速

用测速发电机测量电机转速，被测电机的轴端，需装有一台测速发电机，其感应电势与转速成正比。可将测速发电机输出电压接入直流电压表，电压表刻度换算成转速单位后，即可直接读出转数；或采用模－数转换电路，将测速发电机输出的模拟电压量转换成数字量，直接显示转数。

5. 数字测速仪测量转速

这种仪器通过适当的传感器，将转速信号转变为电信号，并经模－数转换以测量转速。此种仪器采用的方法有两种：测频法（测出转速信号的频率再转换成转速）和测周法（测出转速信号的周期再转换成转速）。

（二）机械转矩和功率的测量

旋转电机的机械功率可表达为其转矩与角速度的乘积，也正比于转矩与转速的乘积：

$$P = T\Omega \propto Tn \tag{4-23}$$

如果已获得了电机的转速 n，只要再得到电机的转矩 T，则电机的机械功率 P，即可据式(4-23)算出。

理想的电阻应变片，其所受机械变形与其电阻值的变化(即应变效应)呈线性关系。旋转电机的转矩测取，通常是通过测量安放在转轴上的电阻应变片上因机械应力变化，而引起的微小电阻变化而间接获得。也有通过下面二种实验室中常用的两种测量电机输出转矩的设备和方法。

1. 涡流测功机

涡流测功机是利用涡流产生的制动转矩测量电机的输出转矩，因其调节方便，读数稳定且具有较高的准确度，故在实验室中应用较为普遍。

(1)工作原理。被测电机的转子与一实心圆形钢盘同轴相连，圆形钢盘周围均匀分布一定数量的磁极，磁极与平衡锤及指针固定在一轴上，该轴可在静止支架的轴承中转动，磁极极身上套有励磁线圈，当励磁线圈通入直流电流后，由励磁电流产生的磁通从磁极经圆形钢盘回到相邻磁极构成闭合磁路；当电机转动时带动圆形钢盘切割磁力线，在圆形钢盘中感生涡流，载有涡流的圆形钢盘与极靴中的磁场相互作用而产生电磁力及制动转矩，圆形钢盘对磁极的作用力使磁极连同平衡锤及指针顺电机转向转过一定角度，当该作用力矩与平衡锤的重力矩相平衡时，刻度盘上指针可直接指示制动转矩的数值。当改变励磁电流的大小即可改变制动转矩的大小，被测电机的负载转矩也随之改变。

(2)电机输出功率的计算。根据测得的转矩与转速，可按下式计算出电机的输出功率。

$$P_2 = 0.104\,7T_2 n \tag{4-24}$$

式中，P_2 为电机的输出功率，W；T_2 为电机的输出转矩，N·m；n 为电机的转速，r/min。

(3)使用注意事项。由于涡流测功机圆形钢盘上的涡流损耗全部转变换为热能，故圆盘将严重发热。圆形钢盘中绝大部分热量散发于周围空气之中，而其中一部分热量将传导到电机轴上，有可能导致电机轴承温度过高。因此一般在圆盘上装有风叶，或用外部风扇进行通风，以加快热量的扩散。

2. 直流测功机

(1)结构。直流测功机实质上是一台直流发电机，唯一与普通旋转电机不同的是：在直流测功机的机壳两侧各配有支架和轴承，使机壳可以转动，另外，机壳底部的重锤与机壳上部的标尺组成了转矩测量系统。

(2)工作原理。直流测功机的机壳安装在支架上可以正、反向旋转，当被测电机转子旋转时，通过弹性联轴器拖动测功机转子旋转，电机内部电磁力相互作用使外壳发生偏转，由于外壳底部装有校正过的重锤，重锤产生的阻尼力矩与电磁转矩相平衡后，刻度尺即指示出转矩的读数。根据测得的转矩与转速，可按式(4-24)计算出被测电机的输出功率。

(3)使用方法。直流测功机的接线同普通直流发电机的接线相同，其励磁绕组通入励磁电流，电枢绕组接一定的电负荷，当改变励磁电流或负荷大小，即可改变负载转矩的大小。

(4)使用注意事项。使用直流测功机前，务必首先确认冷却环境。

(三)温度测量

电机中，对温度的测量，有许多种方法，如温度计法、电阻法以及红外遥测等，下面仅举二例，说明由非电量转换成电量测量的问题。

(1)热电耦。两种不同导体(或半导体)的两端连接在一起组成回路。当 2 个连接点所处的温度不同时，回路中将因温度差而形成电势差，并形成电流。这种热电效应，可通过检测电势差的大小，来体现待测温度与另一已知温度的差异，也是典型的将非电类物理量转换为电量进行测量的例子。

(2)热敏电阻。一些特制的合金材料，其电阻随温度变化的特性，可以用来测量温度变化。纯金属有正温度系数，每升高 1℃，电阻增加 0.4%～0.6%；半导体材料制作的热敏电阻有很高的负温度系数，温度每变化 1℃，电阻变化 2%～6%，适用于(－100～300)℃的测量；临界温度系数型热敏电阻有一突变温度，此特点可用于自动控温或报警电路中。

(四)磁通测量

1. *直流磁通*

像测量电流，使用电流表一样，测量流磁通，可使用高斯计，其所依据的原理，是霍尔效应(Hall effect)。

霍尔效应是指磁场作用于载流金属导体、半导体中的载流子时，产生横向电位差的物理现象。金属的霍尔效应是 1879 年被美国物理学家霍尔发现的。当电流 I 通过金属箔片时，若在垂直于电流的方向施加磁场 B，则金属箔片两侧面会出现横向电位差 U_H，如图 4-5 所示。半导体中的霍尔效应比金属箔片中更为明显。利用霍尔效应制成的固态电子器件，称为霍尔器件(元件)。

霍尔电位差 U_H 的基本关系为：

$$U_H = R_H BI/d \tag{4-25}$$

式中，R_H 为霍尔系数；I 为通过器件的电流；B 为垂直于 I 的磁感应强度；d 为器件的厚度尺寸。

利用霍尔效应可以设计制成多种传感器。如图 4-5 所示，当给一个确定的霍尔器件（R_H 已知）通入已知电流 I，由式（4-25）知，电位差 U_H 与磁感应强度 B 成正比，即准确测出了 U_H，也就测出了 B，此即测量磁通的原理。同理，还可以设计制成霍尔电流传感器。

如果把霍尔元件安装在电机永磁转子附近，转子转动时，通过元件的 B 呈现与转速同频率的变化，可以通过测量脉冲信号 U_H 在单位时间内的脉冲数，即可以确定其运动速度。

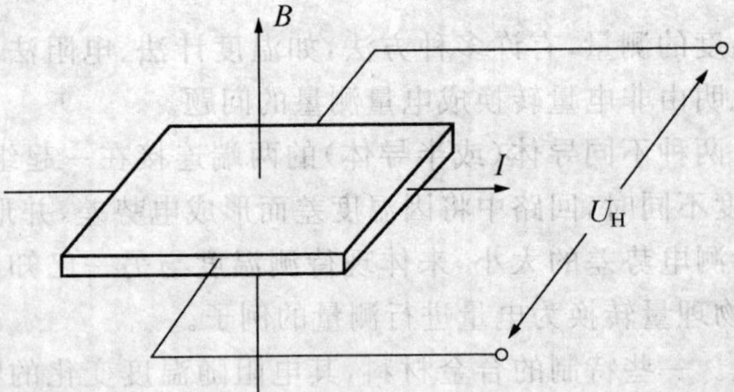

图 4-5　霍尔效应原理图

2. 交变磁通

由本书第一章式（1-4）可知 $U \approx E = 4.44fN\Phi$，欲测量一个未知交变磁通 Φ，可设置一个检测绕组在其中，当磁通的频率 f 和绕组匝数 N 均已知，若忽略漏阻抗压降，则绕组二端呈现的开路交流电压 U，由式（1-4）可体现该磁通的大小

$$\Phi \approx \frac{U}{4.44fN} \tag{4-26}$$

有传感器的无刷直流电动机中的传感器，可以使用霍尔器件，也可以运用此种方法，检测转子的位置。

第三节　常规电机实验

实验室中进行的常规电机实验，既要求有电工实验的基本功底，又要结合电机学科自身的特点。例如，电机类实验，不仅是在强电条件下进行，而且还要在旋转、噪声，甚至振动的情况下，冷静、协作、尽快地完成实验；再者，实验前的方案设计至关重要，涉及到目的、手段、仪器仪表选择、测量方式等一系列问题，如果不能预先设计，包括对实验过程中可能出现问题的处置、实验结果的预估等，实验很难顺利、高效地进行。本节以四个电机常规实验为例，说明电机实验的基本操作过程。

电机实验的目的在于培养实验者掌握基本的实验方法与操作技能。培养实验者学会根据实验目的、实验内容及实验设备拟定实验线路，选择所需仪表，确定实验步骤，测取所需数据，进行分析研究，得出必要结论，完成实验报告。

电机实验的方法，不仅对于电机学科本身的学习、研究与提高十分重要，而且对于其他相关学科也很重要，其典型意义远超出实验操作本身。本节就几个典型电机实验及实验前的准备和注意事项等，作简要介绍。

一、实验安全操作规程

为了按时完成电机实验，确保实验时人身安全与设备安全，要严格遵守如下规定的安全操作规程：

(1)实验时，人体不可接触带电线路；

(2)接线或拆线都必须在切断电源的情况下进行；

(3)在通知组内其他人员注意的情况下，后方可接通电源。实验中如发生事故，应立即切断电源，经查清问题和妥善处理故障后，才能继续进行实验；

(4)电机如直接启动则应先检查功率表及电流表的电流量程是否符合要求，有无短路回路存在，以免损坏仪表、设备或电源。

二、实验基本过程

(一)实验前的准备

实验前应参考有关技术资料，做好实验预案，包括：按照实验目的、项目，确定实验方法、步骤及所需仪器设备，明确实验过程中应注意的问题，实验的基本预期，并按照实验项目准备记录抄表等。

实验前应制定好实验预习案，认真作好实验前的准备工作，实验不能个人单独进行，至少应有 2 人。

(二)实验的进行

(1)实验小组成员应有明确的分工，分别负责实验中的接线、调节负载、记录数据等工作，以保证实验操作协调，记录数据准确可靠；

(2)实验前，应熟悉实验所选择的组件和仪表记录电机铭牌和选择仪表量程，应对电机的试验方法及所测数据心中有数，便于测取数据；

(3)按照选定的实验方案接线，线路力求简单明了，按接线原则是先接串联主回路，再接并联支路；

(4)按一定规范启动电机，观察所有仪表是否正常(如指针正、反向是否超满量程等)。如果出现异常，应立即切断电源，并在排除故障后，方可继续实验；

(5)根据实验步骤逐次测取数据。

(三)实验报告

实验报告是根据实测数据和在实验中观察和发现的问题，经过自己分析研究或分析讨论后写出的总结性报告。报告应力求简明扼要、字迹清楚、图表整洁、结论明确。

实验报告包括以下内容：

(1)实验名称、实验日期、室温℃；

(2)列出实验中所用组件的名称及编号，电机铭牌数据(P_N、U_N、I_N、n_N)等；

(3)列出实验项目并绘出实验时所用的线路图，并注明所用设备型号等主要信息；

(4)数据的整理和计算；

(5)实验结论。

三、典型电机实验

(一)直流发电机

1. 实验目的

(1)掌握用实验方法测定直流发电机的各种运行特性，并根据所测得的运行特性评定该被试电机的有关性能。

(2)通过实验观察并励发电机的自励过程和自励条件。

2. 实验项目

(1)他励发电机实验。

①测空载特性。保持 $n=n_N$，使 $I_L=0$，测取 $U_0=f(I_f)$。

②测外特性。保持 $n=n_N$，使 $I_f=I_{fN}$，测取 $U=f(I_L)$。

③测调节特性。保持 $n=n_N$，使 $U=U_N$，测取 $I_f=f(I_L)$。

(2)并励发电机实验。

①观察自励过程。

②测外特性。保持 $n=n_N$,使 R_{f2}=常数,测取 $U=f(I_L)$。

3. 实验内容

(1)他励直流发电机。按图 4-6 接线,图中 TG 为同轴测速发电机,下同。

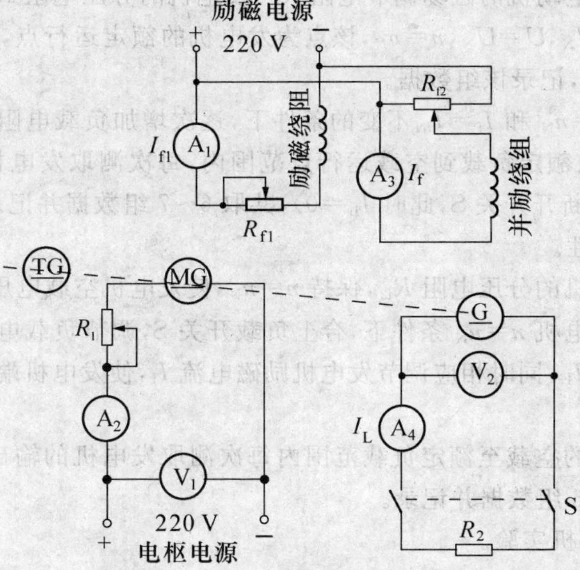

图 4-6 直流他励发电机接线图

①测空载特性。

■ 把发电机 G 的负载开关 S 打开,接通励磁电源,将 R_{f2} 调至使 G 励磁电压最小的位置。

■ 使 MG 电枢串联启动电阻 R_1 阻值最大,R_{f1} 阻值最小。仍先接通励磁电源,在观察到 MG 的励磁电流为最大的条件下,再接通电枢电源开关,启动直流电动机 MG,其旋转方向应符合正向旋转的要求。

■ 电动机 MG 启动正常运转后,将 MG 电枢串联电阻 R_1 调至最小值,将 MG 的电枢电源电压调为 220V,调节电动机磁场调节电阻 R_{f1},使发电机转速达额定值,并在以后整个实验过程中始终保持此额定转速不变。

■ 调节发电机励磁分压电阻 R_{f2},使发电机空载电压达 $U_0=1.2U_N$ 为止。

■ 在保持 $n=n_N$ 条件下,从 $U_0=1.2U_N$ 开始,单方向调节分压器电阻 R_{f2} 使发电机励磁电流逐次减小,每次测取发电机的空载电压 U_0 和励磁电流 I_f,直至 $I_f=0$

(此时测得的电压即为电机的剩磁电压)。

■ 测取数据时,$U_0=U_N$ 和 $I_f=0$ 两点必测,并在 $U_0=U_N$ 附近测点应较密。

■ 共测取 7～8 组数据并记录。

②测外特性。

■ 把发电机负载电阻 R_2 调到最大值,合上负载开关 S。

■ 同时调节电动机的磁场调节电阻 R_{f1},发电机的分压电阻 R_{f2} 和负载电阻 R_2 使发电机的 $I_L=I_N$,$U=U_N$,$n=n_N$,该点为发电机的额定运行点,其励磁电流称为额定励磁电流 I_{fN},记录该组数据。

■ 在保持 $n=n_N$ 和 $I_f=I_{fN}$ 不变的条件下,逐次增加负载电阻 R_2,即减小发电机负载电流 I_L,从额定负载到空载运行点范围内,每次测取发电机的电压 U 和电流 I_L,直到空载(断开开关 S,此时 $I_L=0$),共取 6～7 组数据并记录。

③测调整特性。

■ 调节发电机的分压电阻 R_{f2},保持 $n=n_N$,使发电机空载电压达额定。

■ 在保持发电机 $n=n_N$ 条件下,合上负载开关 S,调节负载电阻 R_2,逐次增加发电机输出电流 I_L,同时相应调节发电机励磁电流 I_f,使发电机端电压保持额定值 $U=U_N$。

■ 从发电机的空载至额定负载范围内每次测取发电机的输出电流 I_L 和励磁电流 I_f,共取 5～6 组数据并记录。

(2)并励发电机实验。

①观察自励过程。

■ 按如下过程使电机 MG 停机:先切断电枢电源,然后断开励磁电源。同时必须将电枢串联的启动电阻 R_1 调回到最大值,励磁回路串联的电阻 R_{f1} 调回到最小值。给下次启动做好准备。在断电的条件下将发电机 G 的励磁方式从他励改为并励,接线如图 4-7 所示。

■ 按如下过程启动电动机:将励磁回路串联的电阻 R_{f1} 调至最小,先接通励磁电源,使励磁电流最大,同时必须将电枢串联启动电阻 R_1 调至最大,然后方可接通电枢电源,使电动机正常启动。启动后,将启动电阻 R_1 调至零,使电机正常工作。调节电动机的转速,使发电机的转速 $n=n_N$,用直流电压表测量发电机是否有剩磁电压,若无剩磁电压,可将并励绕组改接成他励方式进行充磁。

■ 合上开关 S 逐渐减小 R_{f2},观察发电机电枢两端的电压,若电压逐渐上升,说明满足自励条件。如果不能自励建压,将励磁回路的两个端头对调连接即可。

■ 对应着一定的励磁电阻,逐步降低发电机转速,使发电机电压随之下降,直至电压不能建立,此时的转速即为临界转速。

②测外特性。

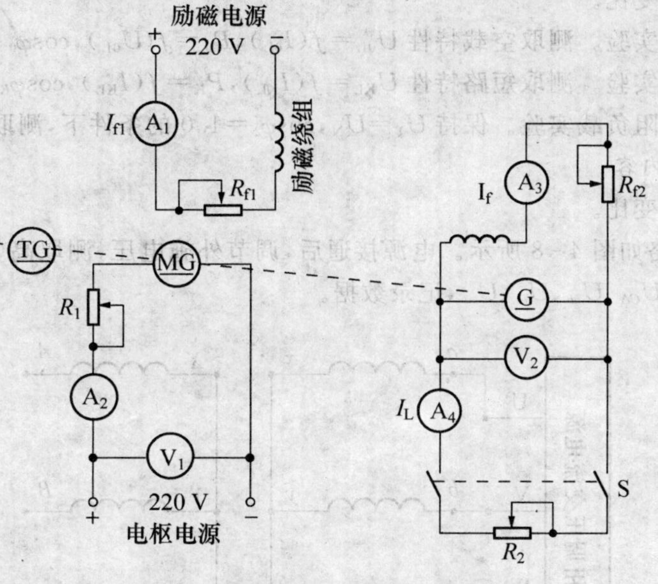

图 4-7 直流并励发电机接线图

■ 按图 4-7 接线。调节负载电阻 R_2 到最大，合上负载开关 S。

■ 调节电动机的磁场调节电阻 R_{f1}、发电机的磁场调节电阻 R_{f2} 和负载电阻 R_2，使发电机的转速、输出电压和电流三者均达额定值，即 $n=n_N$，$U=U_N$，$I_L=I_N$。

■ 保持此时 R_{f2} 的值和 $n=n_N$ 不变，逐次减小负载，直至 $I_L=0$，从额定到空载运行范围内每次测取发电机的电压 U 和电流 I_L。

■ 共取 6～7 组数据并记录。

4. 注意事项

(1)直流电动机 MG 启动时，要注意须将 R_1 调到最大，R_{f1} 调到最小，先接通励磁电源，观察到励磁电流 I_{f1} 为最大后，接通电枢电源，MG 启动运转。启动完毕，应将 R_1 调到最小。

(2)做外特性时，注意 R_2 中串联的电阻调节，以免电流过大引起变阻器损坏。

(二)三相变压器

1. 实验目的

(1)通过空载和短路实验，测定三相变压器的变比和参数。

(2)通过负载实验，测取三相变压器的运行特性。

2. 实验项目

(1)测定变比。

(2)空载实验。测取空载特性 $U_{0L}=f(I_{0L})$,$P_0=f(U_{0L})$,$\cos\varphi_0=f(U_{0L})$。

(3)短路实验。测取短路特性 $U_{KL}=f(I_{KL})$,$P_K=f(I_{KL})$,$\cos\varphi_K=f(U_{KL})$。

(4)纯电阻负载实验。保持 $U_1=U_N$,$\cos\varphi_2=1.0$ 的条件下,测取 $U_2=f(I_2)$。

3. 实验内容

(1)测定变比。

实验线路如图 4-8 所示。电源接通后,调节外施电压,测取高、低线圈的线电压 U_{AB}、U_{BC}、U_{CA}、U_{ab}、U_{bc}、U_{ca},记录数据。

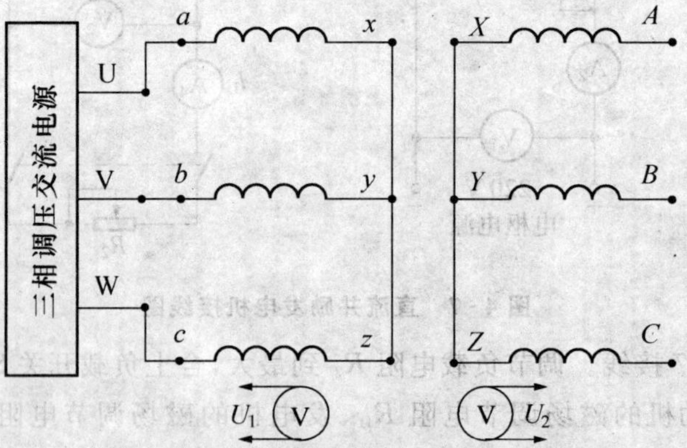

图 4-8 三相变压器变比实验接线图

计算变比 K:

$$K_{AB}=\frac{U_{AB}}{U_{ab}}\quad K_{BC}=\frac{U_{BC}}{U_{bc}}\quad K_{CA}=\frac{U_{CA}}{U_{ca}}$$

平均变比:

$$K=\frac{1}{3}(K_{AB}+K_{BC}+K_{CA})$$

(2)空载实验。

①在断电的条件下,按图 4-9 接线。

②调节电压,使变压器的空载电压 $U_{0L}=1.2U_N$。

③逐次降低电源电压,在$(1.2\sim0.2)U_N$ 范围内,测取变压器三相线电压、线电流和功率。

④测取数据时,其中 $U_0=U_N$ 的点必测,且在其附近多测几组。共取数据 8~9 组并记录。

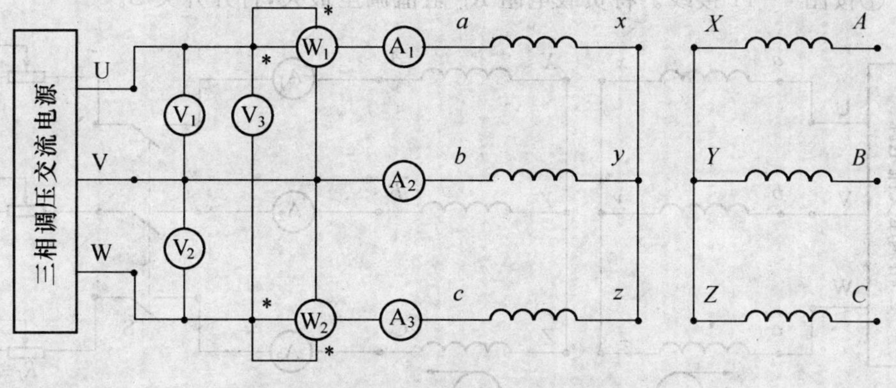

图 4-9 三相变压器空载实验接线图

(3)短路实验。

①在断电的条件下,按图 4-10 接线。变压器高压线圈接电源,低压线圈直接短路。

②接通三相交流电源,缓慢增大电源电压,使变压器的短路电流 $I_{KL}=1.1I_N$。

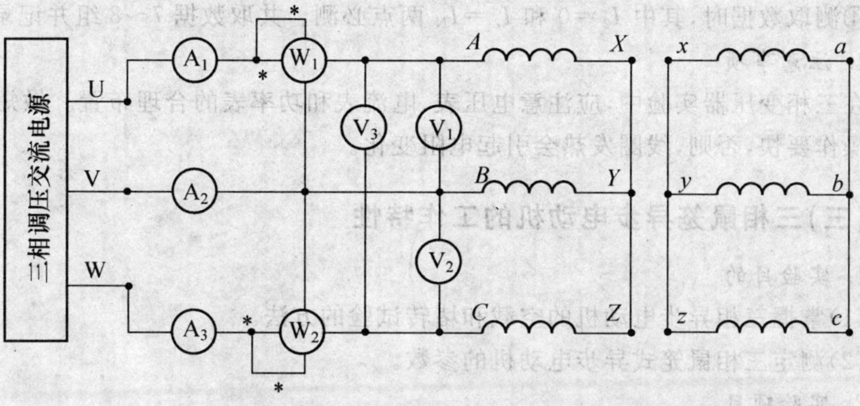

图 4-10 三相变压器短路实验接线图

③逐次降低电源电压,在(1.1～0.2)I_N 的范围内,测取变压器的三相输入电压、电流及功率。

④测取数据时,其中 $I_{KL}=I_N$ 点必测,共取数据 5～6 组并记录。实验时记下周围环境温度(℃)。

(4)电阻负载实验。

①按图 4-11 接线。将负载电阻 R_L 阻值调至最大，打开开关 S。

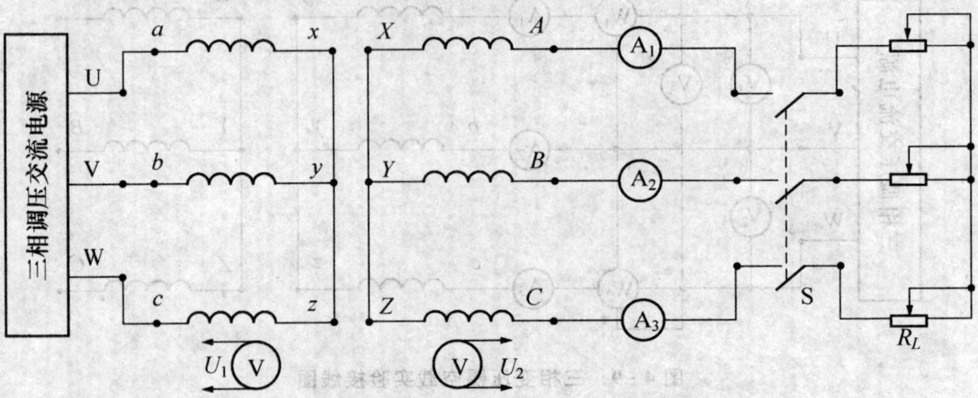

图 4-11 三相变压器负载实验接线图

②调节交流电压，使变压器的输入电压 $U_1=U_N$。

③在保持 $U_1=U_{1N}$ 的条件下，合上开关 S，逐次增加负载电流，从空载到额定负载范围内，测取三相变压器输出线电压和相电流。

④测取数据时，其中 $I_2=0$ 和 $I_2=I_N$ 两点必测。共取数据 7～8 组并记录。

4. 注意事项

在三相变压器实验中，应注意电压表、电流表和功率表的合理布置。做短路实验时操作要快，否则，线圈发热会引起电阻变化。

(三)三相鼠笼异步电动机的工作特性

1. 实验目的

(1)掌握三相异步电动机的空载和堵转试验的方法。

(2)测定三相鼠笼式异步电动机的参数。

2. 实验项目

(1)空载实验。

(2)短路实验。

3. 实验内容

(1)空载实验。

①按图 4-12 接线。

②把交流调压器调至电压最小位置，接通电源，逐渐升高电压，使电机启动旋转，观察电机旋转方向。并使电机旋转方向符合要求(如转向不符合要求需调整相

序时，必须切断电源)。

③保持电动机在额定电压下空载运行数分钟，使机械损耗达到稳定后再进行试验。

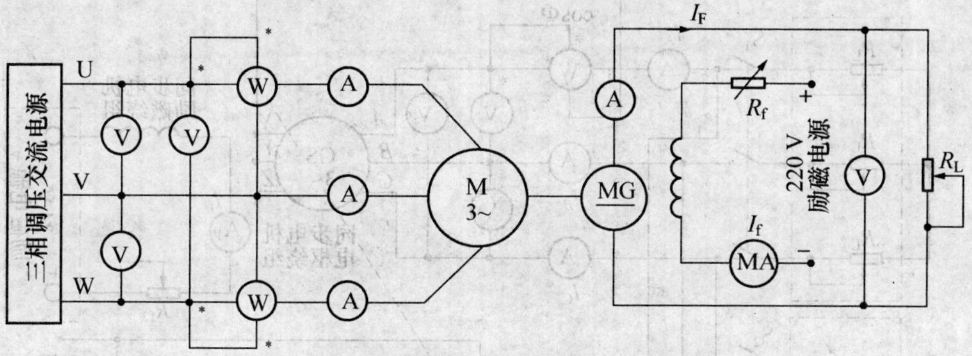

图 4-12　三相鼠笼式异步电动机试验接线图

④调节电压由 1.2 倍额定电压开始逐渐降低电压，直至电流或功率显著增大为止。在这范围内读取空载电压、空载电流、空载功率。

⑤在测取空载实验数据时，在额定电压附近多测几点，共取数据 7～9 组并记录。

(2)短路实验。

①测量接线，同图 4-12。用制动工具把三相电机堵住。

②合上交流电源，调节调压器输出电压由零逐渐升压至短路电流到 1.2 倍额定电流，再逐渐降压至 0.3 倍额定电流为止。

③在这范围内读取短路电压、短路电流、短路功率。

④共取数据 5～6 组并记录。

(四)三相同步发电机的参数测定

1. 实验目的

用实验方法测取同步发电机在对称运行时的稳态参数。

2. 实验项目

(1)测定电枢绕组实际冷态直流电阻。

(2)空载实验：在 $n=n_N$、$I=0$ 的条件下，测取空载特性曲线 $U_0=f(I_f)$。

(3)三相短路实验：在 $n=n_N$、$U=0$ 的条件下，测取三相短路特性曲线 $I_K=f(I_f)$。

3. 实验内容

(1)测定电枢绕组实际冷态直流电阻记录室温，测量数据并记录。

(2)空载实验，按图 4-13 接线。

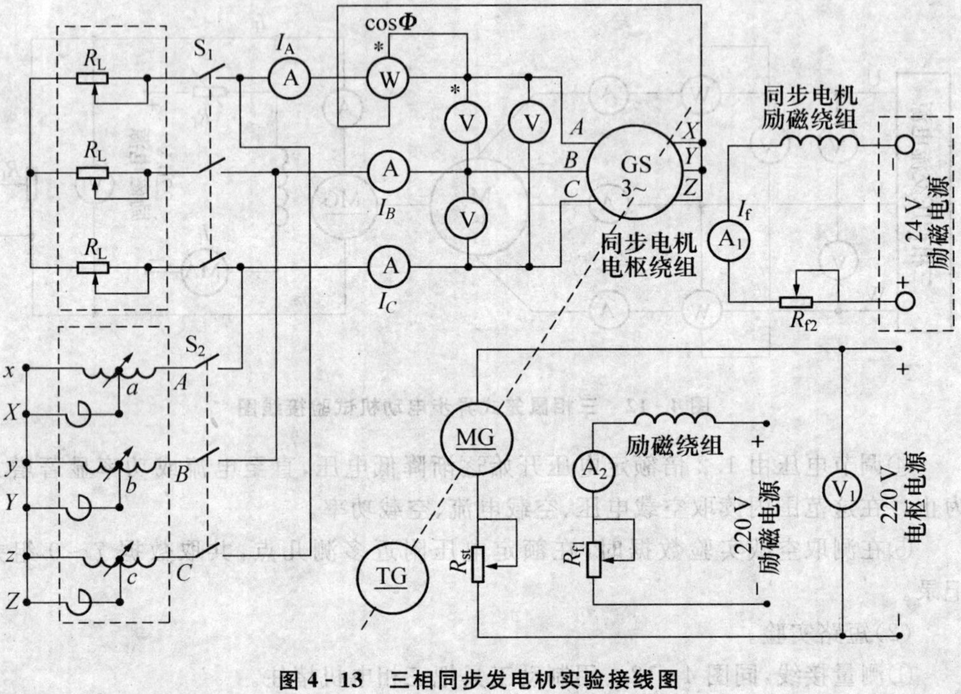

图 4-13 三相同步发电机实验接线图

①调节励磁电源串接的 R_{f2} 至最大位置。调节 MG 的电枢串联电阻 R_{st} 至最大值，MG 的励磁调节电阻 R_{f1} 至最小值。开关 S_1、S_2 均断开。将调压器旋钮向逆时针方向旋转退到零位，检查电源总开关、电枢电源开关及励磁电源开关都须在“关”断的位置，做好实验开机准备。

②接通电源总开关，接通励磁电源开关，看到电流表 A_2 有励磁电流指示后，再接通电枢电源开关，启动 MG。MG 启动运行正常后，把 R_{st} 调至最小，调节 R_{f1} 使 MG 转速达到同步发电机的额定转速并保持恒定。

③接通 GS 励磁电源，调节 GS 励磁电流（必须单方向调节），使 I_f 单方向递增至 GS 输出电压 $U_0 \approx 1.3U_N$ 为止。

④单方向减小 GS 励磁电流，使 I_f 单方向减至零值为止，读取励磁电流 I_f 和相应的空载电压 U_0。

⑤共取数据 7～9 组并记录。

注意事项：在用实验方法测定同步发电机的空载特性时，由于转子磁路中剩磁情况的不同，当单方向改变励磁电流 I_f 从零到某一最大值，再反过来由此最大值减小到零时将得到上升和下降的两条不同曲线，如图 4-14。两条曲线的出现，反映铁磁材料中的磁滞现象。测定参数时使用下降曲线，其最高点取 $U_0 \approx 1.3U_N$，如剩磁电压较高，可延伸曲线的直线部分使与横轴相交，则交点的横坐标绝对值 Δi_{f0} 应作为校正量，在所有试验测得的励磁电流数据上加上此值，即得通过原点之校正曲线，如图 4-15 所示。

实验中，转速要保持恒定，在额定电压附近读数相应多些。

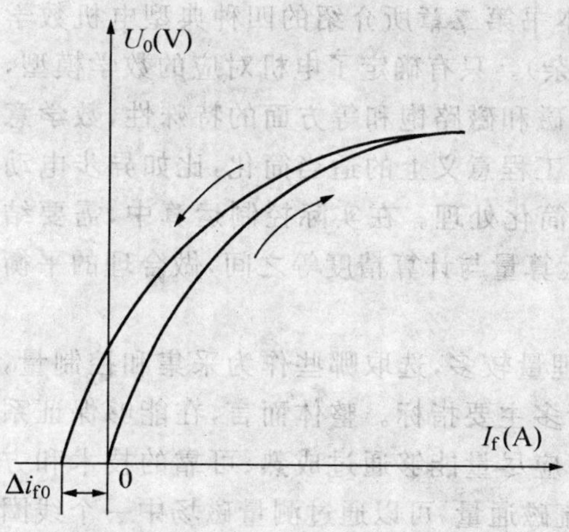

图 4-14　上升和下降两条空载曲线

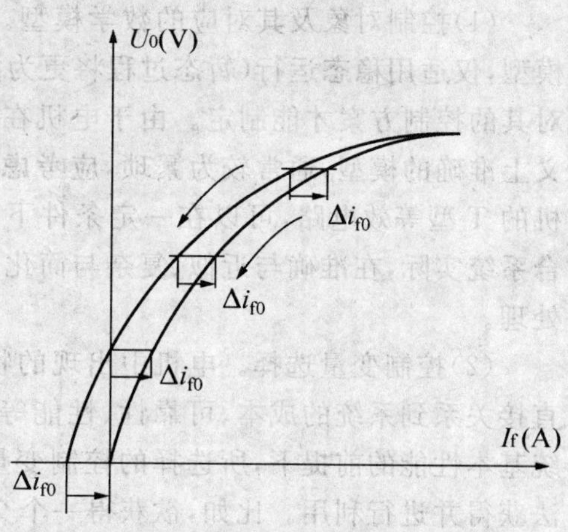

图 4-15　校正过的下降空载特性

(3)三相短路试验。

①调节 GS 的励磁电源串接的 R_{f2} 至最大值。注意始终维持调节电机转速为同步值。

②接通 GS 的励磁电源，调节 R_{f2} 使 GS 输出的三相线电压(即三只电压表 V 的读数)最小，然后把 GS 输出三端点短接。

③调节 GS 的励磁电流 I_f 使其定子电流 $I_K = 1.2I_N$，读取 GS 的励磁电流值 I_f 和相应的定子电流值 I_K。

④减小 GS 的励磁电流使定子电流减小，直至励磁电流为零，读取励磁电流 I_f 和相应的定子电流 I_K。

⑤共取数据 5～6 组并记录。

第四节　典型控制

随着科技的不断进步，一个包含电机的实际系统，其内部的环节通常不会特别简单，如在上一章介绍的交流变频异步电动机、无刷直流电动机、开关磁阻电机和步进电机等。一般意义上说，要设计并实现一个包含电机的系统，以达到控制和运行的目的，需要考虑以下四个方面的问题：

(1)控制对象及其对应的数学模型。本书第二章所介绍的四种典型电机数学模型，仅适用稳态运行(暂态过程将更为复杂)。只有确定了电机对应的数学模型，对其的控制方案才能制定。由于电机在电磁和磁路饱和等方面的特殊性，数学意义上准确的模型，通常较为繁琐，应考虑做工程意义上的适当简化，比如异步电动机的T型等效电路，可以在一定条件下作简化处理。在实际控制运算中，需要结合系统实际，在准确与近似、复杂与简化、运算量与计算精度等之间，做合理的平衡处理。

(2)控制变量选择。电机中出现的物理量较多，选取哪些作为采集和控制量，直接关系到系统的成本、可靠性、性能等诸多主要指标。整体而言，在能够保证系统基本性能的前提下，所选择的控制变量，应尽量能够通过成熟、可靠的技术和方法获得并进行利用。比如，欲获得一个交流磁通量，可以通过测量磁场中一个线圈两端的开路电压来间接得到。事实上，将电机中各种物理量尽量转换为电信号进行采集，是很好的办法。

(3)系统构建。在确定系统的基本组成部分的基础上，应仔细分析系统预期运行目标，来确定是否需要采用诸如闭环之类的复杂控制，因为闭环意味着需要实时、在线控制，将对包括从变量采集、存储、分析计算、输出等一系列过程，必须与系统运行同步，例如开关磁阻电机和无刷直流电机。如果有可能，应尽量采用开环控制，这对降低成本、提高可靠性等方面都是有益的。

(4)其他。诸如算法、控制方式、数据转换、传输、存储、计算、输出等，还有许多较为重要的环节，也都需要重点关注。限于篇幅，本书仅在此作上述简要的提示。

由电机参与构成的系统多种多样，本节将仅就一个由笼型异步风力发电机作为主体的小型离网风力发电系统为例，说明含有电机的系统控制的思路与方法。

一、小型离网风力发电系统

风能具有变化性和随机性这两个特点。风力发电机的作用是把风轮的机械能转化为电能。它的性能优劣直接影响整个风力发电系统的性能。边远地区的小型风力发电机的研究和推广也得到了长足的发展。在现代小型风力发电系统中，永磁同步电机占绝大部分比例。但是，在一些小型或微型水电站中，在偏远地区的独立移动电站和风力发电站中，异步发电机也得到了应用。

永磁同步发电机具有无励磁损耗、额定风速附近效率高等优点，同时也有一些不足，主要表现在以下三个方面：

(1)励磁不可调节，因此其输出的电压幅值与风速同趋势变化，即大风高电压、小风低电压；

(2)发电机输出电压过高或过低时，都会给系统中的充电及逆变环节造成很大压力，甚至导致损坏；

(3)在高温、震动或过载等情况下，稀土材料制成的永磁体的磁性能会变坏，导致发电机性能变坏。

笼型异步发电机相比于永磁同步发电机有着其独特的优点，如结构简单、成本低廉、结实耐用等，但需解决异步发电时的励磁问题。

二、小型离网笼型异步发电系统的动态励磁控制

(一)独立运行的笼型异步发电机运行原理

笼型异步发电机的转子为自闭合的固定结构，不能接入任何电源，依据电机学原理，发电机的励磁电流可来自于定子或转子边，其励磁的物理意义是相同的，故也可以在其定子一方解决励磁问题，具体励磁原理是：首先要求定子铁心中要有剩磁，剩磁在定子绕组里产生电动势，经过并接在定子绕组两端的电容器产生容性电流，使气隙里的磁通得到加强，从而又增大了电动势，最后在磁路饱和段建立稳定的电压。

根据异步电动机的工作原理，当风轮机拖动异步电动机的转速高于旋转磁场的同步转速时，电动机进入发电运行状态，此时，如果能够有无功功率满足电机的励磁需求，则此异步电动机转而作为发电机运行，可对外电路输出一定电压的电功率。

为了保证定子电压的建立，必须在定子侧接入三相对称电容，接线见图 4 - 16。在满足上述自励条件的情况下，发电机端相电压 U_1 最终稳定在电容线与空载特性

曲线的交点 a 点，如图 4-17 所示（I_0 为发电机的励磁电流），a 点即是额定工作点，最终稳定输出电压的大小取决于电容值以及原动机的转速。

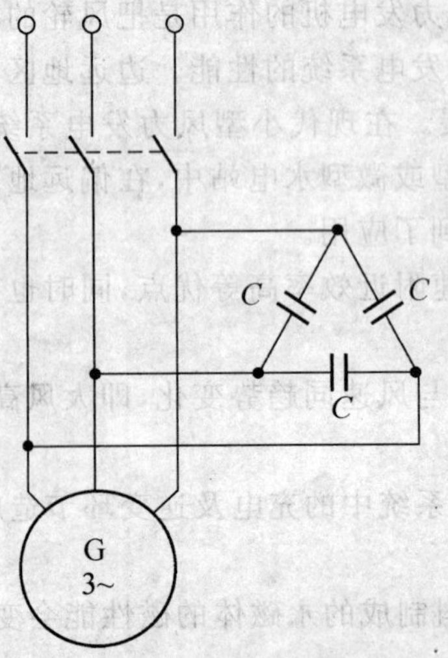

图 4-16　异步电机接线图

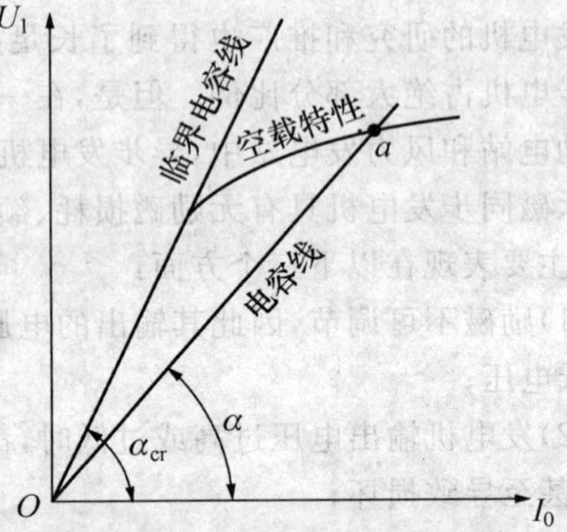

图 4-17　异步发电机的自励

异步发电机要可靠地建立电压，必须具有足够容量的电容，就是需使电容线与空载特性曲线有明确唯一的交点。图中的临界电容线与空载特性曲线的气隙线重合。其与横坐标的夹角为 α_{cr}，则有：

$$\tan\alpha_{cr}=\frac{U_1}{I_0}=\frac{1}{\omega C_{cr}} \tag{4-27}$$

式中，C_{cr} 为临界电容值。

在空载时，要建立正常的电压，必须有

$$\alpha<\alpha_{cr}$$

即应使

$$C>C_{cr}=\frac{I_0}{\omega U_1}=\frac{1}{2\pi f}\frac{I_0}{U_1} \tag{4-28}$$

从图 4-17 中可以看出，增加电容量 C 可以使 α 减小，U_1 升高，C 的最小值应使 α 角不大于临界角 α_{cr}。

中、大型并网风力发电系统由于有大电网依托，其电压的稳定问题相对简单，而独立运行的风力发电机必须首先自行解决电压的稳定问题，然后才能谈供电等问题。对独立运行的风力发电系统进行稳压控制有多种方法，其中对发电机的稳压控制是源头，而对其励磁进行动态控制是最为高效的一种。

（二）动态励磁控制思路

小型永磁同步风力发电机励磁不可调节的弱点，给业内人士一个重要的启示：如果能够实现发电机的励磁按一定的控制方案与风速反趋势调节，即实现“大风速小励磁，小风速大励磁”的励磁控制思路，则此发电机可以在更大的风速变化范围内发出可以有效利用的电能。事实上，并网运行的大型风力异步发电机绕线式转子上连接着的变频器，主要就是起到这样的动态励磁作用。

笼型异步发电机的工作原理说明，其定子端接入的电容器，与永磁同步发电机内的永磁材料一样，可以起到励磁作用，但单个固定电容器，仍不能避免出现在永磁同步发电机上的“输出电压幅值与风速同趋势变化”这样的问题。封装在成品永磁电机内部的永磁材料的确无法作变动，但外接在笼型异步发电机定子端的电容器却很容易调整，这给笼型异步发电机采用动态励磁控制思路，创造了实施条件。如此，异步发电机可以利用范围更广的风速，虽然在额定转速附近的效率上，异步发电机低一些，但能利用到更大风速范围的风能，其整体发电效益也应该不错。

三、小型离网笼型异步发电系统的构成

为在实验室环境下能够方便地测试笼型异步发电机的性能表现，构建一个小型离网笼型异步发电系统，如图 4-18 所示。系统中采用变频异步电动机作为动力源，模拟风力机驱动发电机作变速运行；传感器用于测量发电机的输入转矩与转速；电容器组与智能稳压控制器一起形成一个闭环，按照设定的控制方案，实现多组电容器的实时投切控制，以达到稳定发电机输出电压幅值在允许的变化区间之内；负载可以是电阻，也可以是电动机。

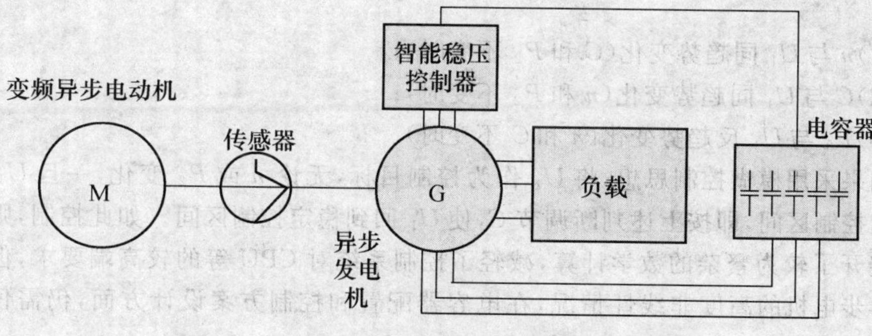

图 4-18　小型离网笼型异步发电试验系统原理图

借助于变频异步电动机较宽幅的调速性能以及其自带的编程环境，可以程序

的形式，预置风轮机模拟速度变化情况，驱动发电机运转。当预置的程序比较接近风轮机实际运行情况时，就可以在实验室环境下，模拟风力发电机的实际运行，进而进行相关测试了。

四、控制方案

物理上看，对笼型异步风力发电系统输出电压有影响的外在特征变量有：风速 n、并联电容器的容值 C、负荷 P_2 的大小及其性质等因素。

数学上看(以稳态为例)，如果已知发电机的参数，依据"T"型等效电路，是可以建立方程求解。但若考虑到，尤其是发电机在高风速时磁路的饱和、过饱和，以及在低风速时磁路的微饱和甚至线性的情况，会引起电机的励磁电抗 x_m 的较大幅度变化，同时，励磁电阻 r_m 会因 U_1 变化而变化，重载时，短路电抗 x_k 还会变化。因此，在已知发电机的六个参数，并考虑其中的变化，再结合电机的转速以及并联电容值，可以建立起数学模型，求出输出电压值等待求量。但可以预见，公式将较为复杂，考虑到异步电机的非线性特点，将会导致计算的迭代次数较多，甚至发散。

小型离网风力发电系统运行时，一般条件相对恶劣，技术维护力量薄弱，装机容量微小，因此更要求系统简单、可靠、维修方便，显然，采用建立复杂数学模型的方法计算量大，控制系统对 CPU 等的要求也较高，因此不太适用；再看风速 n、并联电容器的容值 C 和负荷 P_2 的大小及其性质，这三种因素的变化都会影响 U_1 的大小，但它们与 U_1 的关系却都不容易数学表达，比如 C 与 U_1 的关系，由图 4－17 可以清楚地看出是与电机的磁化曲线相关，而且与风速 n 也密切相关，问题到此，似乎仍然不好解决，但专业知识能告诉我们，这三种因素各自与 U_1 的变化趋势关系：

(1)n 与 U_1 同趋势变化(C 和 P_2 不变时)；

(2)C 与 U_1 同趋势变化(n 和 P_2 不变时)；

(3)P_2 与 U_1 反趋势变化(n 和 C 不变时)。

如果采用模糊控制思想，将 U_1 作为控制目标，无论 n 或 P_2 变化，一旦 U_1 偏离稳定控制区间，即按上述判断调节 C，使 U_1 回到稳定控制区间。如此控制，则成功地避开了较为繁杂的数学计算，减轻了控制系统对 CPU 等的较高端要求，但考虑地异步电机的高度非线性情况，在电容器配置和控制方案设计方面，仍需仔细研发。

要想研究各变量的影响，应尽量在单一变量下讨论。如当电压、负载恒定时讨论励磁功率(即并联电容器容值大小)和转速(风速)的关系，为了维持输出电压的稳定，励磁无功功率随输入转速的增加而大幅度减小；在额定转速处，无功功率占额定功率的$\frac{1}{4}\sim\frac{1}{3}$。当励磁功率恒定时，电压与转速之间也存在正相关的关系。一定范围内，转速越快，机端电压越高。电压恒定时，转速(风速)和并联电容容值反相关，转速越小，需要的电容的容值越大。

五、系统运行试验

(一)单电容稳压实验

物理实验采用一台 3 kW 鼠笼异步发电机，如图 4 - 18 接线，在 3×30 μF 电容下做稳压实验。在空载建立额定 220 V 稳定电压后，投入 3×60 W 电阻负载后，机端电压变为 199 V，再投入一组 3×60 W 后，电压变为 165 V。可见，单电容励磁的异步发电机稳压能力很弱。

(二)多电容智能稳压实验

仍使用上述 3 kW 鼠笼异步发电机，如图 4 - 18 接线。电机的初始建压电容是 3×30 μF，用变频电机控制系统转速，将发电机机端的线电压调至 220 V，分组投入电阻负载，稳压实验曲线如图 4 - 19。

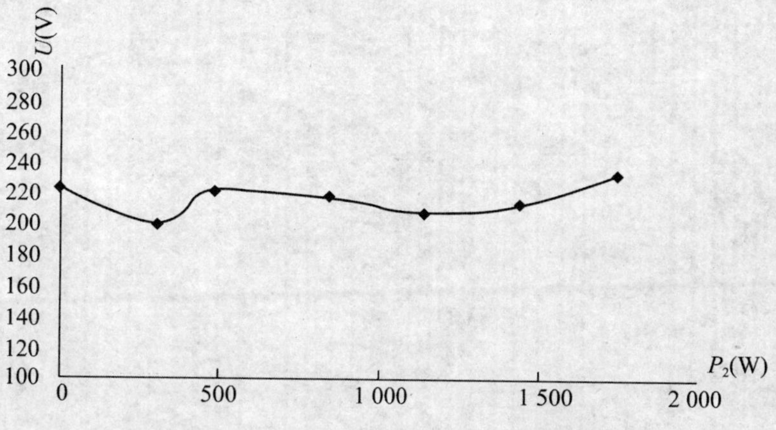

图 4 - 19 3 kW 笼型异步发电机并联电容器组稳压曲线

可见，面对变化的负荷引起的机端电压变化，按照控制方案投入相应的电容器后，发电机的输出电压幅值可以在设定的波动区间内保持基本稳定。

实验中使用了六组电容器组，3 kW 笼型异步发电机可以支持2 580 W 的纯电阻负载，且电压可稳定在 203.4 V。

以上实验采用的是纯电阻负载，对无功功率需求较少。如果采用感性负载，其感性无功需求将增加，则需要提供更多的电容器组去抵消感性负载产生的感性电流。并联电容器组运行，不仅可以适应不同负荷、不同转速下对笼型异步发电机进行稳压控制，而且可以提供因接入感性负载时所需的额外无功功率。

第五章 电机的现状与发展

改革开放以来，我国的电机行业发展迅猛，一些机种已经处在世界较好水平。了解现在是把握未来的基础，本章将从几种典型电机的现状了解出发，进而展望电机技术美好的未来。

第一节 常规电机的现状

所谓常规电机，通常是业界泛指生产和使用量都较大，成系列、有标准的各类电机的总称，若按功率大小划分，可分为大型电机，中、小型电机，小功率电机，微特电机等四大类，其中前三类功率或动力特征十分明显，功率从几百万千瓦到几百瓦之间，交流电机占统治性地位；而微特电机则种类繁多、功率不大、特性及用途各不相同。近些年来，由于永磁材料性价比的快速提升，使与之相关联的各种永磁电机也得到了较大的发展。本节将按以上划分的几个方面，分别简要介绍它们各自的现状。

一、大型电机

身形庞大的电机和变压器，几乎全部出现在发电厂或变电站，用以发出或传送巨大的电能，为提高效率、节省占地，其单机容量都很大，一般在几百兆瓦（伏安）以上。

目前，国产 600 MW 汽轮发电机组生产制造技术已成熟，也已具有生产制造 1 GW汽轮发电机组的能力；我国三峡电站安装的水轮发电机组，单机容量达 700 MW，共将安装 26 台；同样运行在三峡工程的国产变压器单机容量达 840 MVA (500 kV)；国产异步电动机最大单机容量可达 12 MW。

以火力发电为例，从 2003 年开始，我国电力行业进入高速发展期，年装机容量从过去十多年里每年1 000多万千瓦急速攀升到 5 000 万 kW、6 000 万 kW，2006 年和 2007 年两年达到 1 亿 kW 左右。到 2007 年底，国产 60 万 kW 超临界机组的订货量达到 90 多台，100 万 kW 的订货数也有将近 50 台。预计到 2010 年，我国投产的百万千瓦超临界机组将占全世界的一半以上。

二、中、小型电机

在电网的末端，大部分的电能，被大量的中、小型电动机转化成机械能，以驱动各类生产和生活设备，其中，三相异步电动机，因其出色的性价比，而在装机容量上占有绝对优势，是驱动电机中的主力群体，在单机容量上，则远小于大型同步发电机，通常功率不超过 315 kW，中心高不超过 315 mm。

继 J02 系列之后，我国目前大部分电机厂仍然主要生产 20 世纪 70 年代末开发的 Y 系列异步电动机（平均效率 84%，平均功率因数 0.84）；1996 年开始小部分电机厂试制 Y2 系列异步电动机，功率范围为 0.12～315 kW，平均效率为 84.195%，平均功率因数为 0.846，平均省材为 13.65%。按照目前电机效率分类及国际 IEC 电机标准，高效电机的效率一般定义为 91%～96%，低效电机的效率一般为 75%～89%。目前，我国实际运行中的电动机主要集中在 0.55～100 kW 功率等级，为总运行台数的 95%以上，其中 70%为 Y 系列异步电机，10%的为 Y2 系列异步电机，20%其他各种电动机，平均效率为 89.3%。

我国陆续设计开发的中、小型电机系列有：

1. Y 系列电动机

安装尺寸和功率等级符合 IEC 标准。采用 B 级绝缘。额定电压为 380 V，额定频率为 50 Hz，3 kW 及以下为“Y”接法，其他功率均为“△”接法。功率范围为 0.55～160 kW，共 22 个功率等级，防护等级有 IP23 和 IP44 两种，中心高为 80～315 mm。

与J02系列相比，其效率加权平均值比高出0.413%，堵转转矩平均值高33%，启动转矩达到JQ02系列高启动转矩电动机的水平，其噪声低5～10 dB。全系列体积平均缩小15%，重量平均减轻12%。

2. YX系列三相异步电动机

YX系列高效率三相异步电动机是Y系列(IP44)基础上的产品；由于采用了铁耗较低的硅钢片，并且冲片经过退火处理，改进了定转子的槽配合，改进了风扇设计，并增加了有效材料用量。与Y系列(IP44)比较，全系列平均效率提高3%左右，且在(50～100)%负荷范围内具有较平坦的效率特性。

YX系列的防护组别为IP44，电机的安装尺寸与Y系列(IP44)相应规格相同，外形尺寸大体相同；YX系列部分规格的电机总长，比Y系列略长20～30 mm；中心高为100～280 mm；功率范围为1.5～90 kW，极数为2、4、6。

3. Y2～E系列异步电动机

Y2～E系列电动机是在Y2系列电机基础上派生设计的高效节能电动机。整个系列的电机效率高于普通Y2系列电机效率（Y2系列电机效率基本达到欧洲CEMP-EU协议中的EFF2指标）。绝缘等级为F级；防护等级为IP54；功率范围为0.55～90 kW；极数为2、4、6；中心高为80～280 mm。

4. YX3系列异步发电机(2005年)

YX3系列电机参数如下：额定电压为380 V；额定功率为50 Hz；中心高为80～355 mm；功率范围为0.55～315 kW；极数为2、4、6；防护等级为IP55；F级绝缘。

近几年来，我国的电机行业也涌现了一批产量规模大，产品水平、质量好，技术装备先进的企业。但是，还没有一家的产品份额能在国内市场上占到统治地位。中、小电机至今还没有形成具有国际影响力的品牌。据调查，我国电机企业产品的废品、次品、返修品等不良损失，平均在10%左右，而国外工业发达国家的电机企业产品不合格水平一般为0.3%。

三、小功率电机

依据“GB 2900.27～1995电工名词术语小功率电动机”标准定义，小功率电机是指折算到1 500 r/min时，最大连续定额不超过1.1 kW的电动机，即1.1 kW及以下电机统称为“小功率电机”，它包含了人们通常所说的“分马力电机”和“微电机”。由于它与国民生活密切相关，已被列入国家强制性认证目录。小功率电机种类繁多，大致可分为三相异步电动机、三相电泵、洗衣机用电动机、空调器风扇用电动机等27类，包括异步电动机、同步电动机、串励电动机、直流电动机、无刷直流电动机、罩极电动机等专业领域。

从小功率电机的分类可以看出，小功率电机是电气设备不可或缺的驱动部件，其应用范围之广几乎遍布所有行业，特别是与人们的日常生活关系紧密更是它的显著特点，如风扇、空调、冰箱、洗衣机、排油烟机、小家电、健身器具、工业缝纫机、水泵、汽车电器等家庭、办公电气化用具中都是由小功率电动机来驱动。同时电机还是这些产品的关键部件，其技术性能、可靠性等直接决定了家电产品的技术水平和产品质量。

小功率电机产业在我国的发展分两个阶段。第一阶段，顺应我国家电业发展的需要，应用于风扇、空调器、冰箱、洗衣机、排油烟机、小家电、保健器具等产品的小功率电机，国内企业通过技术引进、设备引进吸收，已缩小了同发达国家的差距，部分产品的技术水平已达到国际先进水平，企业具有了很强的自主研发能力、自主知识产权，也形成了一些具有广泛市场知名度的产品品牌。电机产品在自身大量出口欧美等国际市场的同时也随着风扇、空调器等家电主机产品畅销国际市场，成为我国机电出口业务的重要部分。第二阶段，随着汽车工业的快速发展，车用小功率电机的需求也迅速增长，带动了以永磁直流和无刷直流电机为主体的车用功能型小功率电机的兴起。

四、微特电机

微特电机，全称微型特种电机，是指直径小于 160 mm 或额定功率小于 750 W 或具有特殊性能、特殊用途的电机。常用于控制系统中，实现机电信号或能量的检测、解算、放大、执行或转换等功能，或用于传动机械负载，也可用作小型设备的交、直流电源。

国际上，微特电机是从 20 世纪 30 年代，应工业技术和军事装备的发展需要而迅速发展起来的一种电机种群，一直随着现代科技的进步而发展。

我国微特电机产业，始于 20 世纪 50 年代，现今，我国的微特电机在技术水平、产品性能、规格品种、生产规模等方面，都取得了长足的进步，但是，与国外先进水平相比，仍存在着一定的差距，主要表现在：品种少、比功率（W/kg）小、重量大、寿命短和精度低等方面。

微特电机门类繁多，大体可分为直流电动机、交流电动机、自整角电机、步进电动机、旋转变压器、轴角编码器、交直流两用电动机、测速发电机、感应同步器、直线电机、压电电动机、电机机组、其他特种电机等 13 大类。

微特电机制造工序多，涉及精密机械、精细化工、微细加工、磁材料处理、绕组制造、绝缘处理等工艺技术，需要的工艺装备数量大、精度高，为了保证产品的质量，还需一系列精密的测试仪器。

对驱动用微特电机的要求及其型号命名方法，均与一般动力用电机的要求类似，如 A027114TH，这里不再赘述。

控制用微特电机的型号，是按照国家标准 GB/T 10405—2001 的规定，由机座号、产品名称代号、性能参数代号和派生代号四部分组成。

五、永磁电机

电机是以磁场为媒介进行机械能和电能相互转换的电磁装置，由永磁体来建立磁场，既可简化电机结构，又可节约能量，这就是永磁电机的优势所在。

铁氧体永磁电机，特别是微型永磁直流电动机，由于结构工艺简单、质量减轻，总成本一般比电励磁电机低，因而得到了极为广泛的应用。由于稀土永磁目前价格还比较贵，稀土永磁电机的成本一般比电励磁电机高，这需要用它的高性能和运行费用的节省以及今后性价比的进一步提高来补偿。

稀土永磁电机的研究和开发大致可以分成三个阶段。

第一阶段：20 世纪 60 年代后期和 70 年代，由于稀土钴永磁价格昂贵，研究开发重点是在航空、航天用电机等要求高性能而价格不是主要因素的高科技领域。

第二阶段：20 世纪 80 年代，特别是 1983 年出现价格相对较低的钕铁硼永磁后，国内外的研究开发重点转移到工业和民用电机上。稀土永磁的优异磁性能，加上电力电子器件和微机技术的迅猛发展，不仅使许多传统的电励磁电机纷纷用稀土永磁电机来替代，而且可以实现传统的电励磁电机所难以达到的高性能。

第三阶段：进入 20 世纪 90 年代，随着永磁材料性能的不断提高和完善，特别是钕铁硼永磁的热稳定性和耐腐蚀性的改善和价格的逐步降低以及电力电子器件的进一步发展，加上永磁电机研究开发经验的逐步成熟，永磁电机在国防、工农业生产和日常生活等各个方面获得越来越广泛的应用的同时，正向大功率化（高转速、高转矩）、高功能化和微型化方向发展。

目前，稀土永磁电机的单台容量已超过 1 000 kW，最高转速已超过 300 000 r/min，最低转速低于 0.01 r/min，最小电机外径只有 0.8 mm，长 1.2 mm。另外，促使永磁电机的设计理论、计算方法、结构工艺和控制技术等方面的研究工作出现崭新的局面，有关的学术论文和科研成果大量涌现，形成了以电磁场数值计算和等效磁路解析求解相结合的一整套分析研究方法和计算机辅助设计软件。

与传统的电励磁电机相比，永磁电机，特别是稀土永磁电机具有结构简单、运行可靠、体积小、质量轻、损耗小、效率高、电机的形状和尺寸可以灵活多样等显著优点。因而应用范围极为广泛，几乎遍及航空航天、国防、工农业生产和日常生活的各个领域。五种典型的永磁电机介绍如下。

1. 稀土永磁发电机

目前，独立电源用的内燃机驱动小型发电机、车用发电机、直驱型永磁风力发电机等，正在得到日益广泛的应用。永磁发电机也用作大型汽轮发电机的副励磁机，20 世纪 80 年代，我国已研制成功当时世界容量最大的 40～160 kVA 稀土永磁副励磁机，配备 200～600 MW 汽轮发电机后大大提高电站运行的可靠性。

2. 高效永磁同步电动机

永磁同步电动机与感应电动机相比，不需要无功励磁电流，可以显著提高功率因数，减少了定子电流和定子电阻损耗，而且在稳定运行时没有转子铜耗，效率比同规格感应电动机可提高 2～8 个百分点。而且，永磁同步电动机在 25%～120% 额定负载范围内均可保持较高的效率和功率因数，使轻载运行时节能效果更为显著。

大型电站、矿山、石油、化工等行业所用几百千瓦和兆瓦级风机、泵类用电机是耗能大户，而目前所用电的效率和功率因数较低，改用钕铁硼永磁后不仅可以提高效率和功率因数，节约能源，且无刷结构，可进一步提高运行的可靠性。目前国内已研制出 1.12 MW 的稀土永磁同步电动机。

3. 交流伺服永磁电动机

变频器供电的永磁同步电动机加上转子位置闭环控制系统构成自同步永磁电动机，既具有高效、小振动、低噪声、高转矩密度、大调速比等特点，以及电励磁直流电机的优异调速性能，又实现了无刷化。主要应用于高控制精度和高可靠性的场合，如航空、航天、数控机床、加工中心、机器人、电动汽车、计算机外围设备等。

4. 永磁直流电动机

直流电动机采用永磁励磁后，既保留了电励磁直流电动机良好的调速特性和机械特性，还因省去了励磁绕组和励磁损耗而具有结构工艺简单、体积小、用铜量少、效率高等特点。因而从家用电器、便携式电子设备、电动工具到要求有良好动态性能的精密速度和位置传动系统都大量应用永磁直流电动机。500 W 以下的微型直流电动机中，永磁电机占 92%，而 10 W 以下的永磁电机占 99%以上。汽车工业是永磁电机的最大用户，电机是汽车的关键部件，一辆超豪华轿车中，各种不同用途的电机超过 100 台，其中绝大部分是低压永磁直流微电机。

5. 永磁特种电机

控制电机和特种电机的种类很多，其共同的发展趋势之一是永磁化，以高性能的永磁体励磁逐步取代电励磁。

由于稀土永磁具有高剩磁密度、高矫顽力和高磁能积的特点，可以容许所制成的电机具有较大的气隙长度和气隙密度，不用或少用硅钢片，甚至横向磁通励磁，因而在永磁体安放和磁路结构设计上有很大灵活性，可以根据使用场合，特别是汽车、计算机和航天工程的需要，制成与传统电机不同的结构形状和尺寸，如盘式电机、无槽电机等。这既可以进一步减少电机的质量和转动惯量，提高电机的反应灵敏度；又可以减少电机转矩的脉动，增加运行的平稳性；还可以简化电机的结构和工艺。此外，在步进电动机、开关磁阻电动、低速同步电动机等特种电机中增加钕铁硼永磁励磁后，其技术经济性能、动态响应特性都有明显提高与改进。

与常规电励磁电机相比，目前永磁电机在发展中所遇到的问题主要有：

(1)稀土永磁材料成本居高不下，直接制约电机原材料成本。

(2)制造工艺复杂，工序繁多，使电机的制造成本大幅上升，而且产品合格率以及性能的一致性等方面，受到极大的考验。

(3)品种和系列产品较少，尤其是大功率常规产品，在市场占有率方面，无法与常规电机匹敌。

虽然在小、微型电动机用户，尤其是低压直流电动机用户中，永磁电机已经占有优势，但上述问题，仍然困扰着中、大型永磁电机的快速发展。

第二节 学科交融屡现成效

电能自从发现和应用以来，曾让电机十分“辉煌”，但受材料及学科本身的传统“禁锢”，电机也曾一度难有作为。材料的进步、学科的交融，使电机在理论和性能上焕发出青春，并再次充满了发展的活力，本节将列举几例如下。

一、电力电子技术应用

自 1973 年 William E. Newell 提出电力电子是由电力、电子和控制三门学科交叉结合形成的新的电工学领域以来，随着控制理论的完善和发展、材料特性研究的深入、生产工艺水平的提高、信息技术的革命以及电路拓扑的不断更新，电力电子学作为一个完整的学科，以全新的姿态改善着人类的生活，当然也极大地促进了电机的学科与行业进步。

(一)电力电子器件的技术特点

技术上看，电力电子器件的单向导电特性、关断的可控性以及越来越大的功率容量，为其应用于电机驱动、控制、节能以及提高性能，提供了技术跨越的基础条件。

(二)电机行业的应用体现

1. 整流

使用电力电子器件的整流技术运用，如今随处可见，它不仅减少了功耗、减小了电源体积和成本，还使常规中小型直流发电机完全退出历史舞台。

2. 逆变

逆变结合整流技术，可以将工频电功率转换成其他频率段的交流电功率，采用整流、滤波和逆变技术形成的变频器，使常规交流异步电动机摆脱了其长期以来，无法避免的弱点：转速变化范围小、启动电流大且力矩小，采用变频器控制的异步电动机，不仅可以突破工频电网同步转速上限，而且还可以下探至极低的转速下限，启动性能得到很大的改善。结合相关的控制技术，异步电动机的运行和调速性能也有了质的提高，宏观上起到了很好的节能效果。与常规变压器截然不同的平面变压器，可直接制作在电路板上，体积仅为常规变压器的 20%，效率可达 97%～99%。

3. 换向

曾经困扰直流电机的最大问题莫过于换向，但是，电力电子器件的开关特性在技术上完全化解了这一问题，可以说，没有电力电子技术，就没有无刷直流、开关磁阻、步进等电机的迅速发展。

4. 开关

电力电子器件通断的可控性，为其在电路系统中起到受控且无触点的“软开关”作用，提供了技术支撑，如何降低开关损耗，是当前的热点问题。相关的技术如：零电流软开关(ZCS)、零电压软开关(ZVS)等，已有产品应用，随着器件功率容量的逐渐增加，“软开关”的通断容量也会提高。

5. DC-DC 变换

在电机学理论中，电能在电压等级之间的变换，只能在交流条件下进行，要进行直流电压变换是匪夷所思。但运用电力电子 DC-DC 变换技术，却可以实现不同直流电压等级之间的功率变换，并且已经得到了越来越广泛的应用，比如分布式供电、新能源开发等领域中的直流电源变换。

(三)电机行业的应用成效

1. 节能

2007 年我国电动机总装机容量 4 亿 kW 以上，其年用电量约为 15 000 亿 kW·h，占当年全国总发电量21 870亿 kW·h 的 65%～70%。我国电机系统的能源利用率约比国际先进水平低20%，节电潜力更加巨大。近年来，交流电机变频调速技术在传动系统中普遍应用，风机泵类采用调速技术，可节电30%～50%；大型传动系统如轧钢、牵引、油气输送、船舶推进等采用交流电机变频调速，大大提高设备和工艺的效能，例如轧钢传动采用交流调速电耗可减少30%以上，船舶推进采用交流电机变频调速可提高效率超过20%。

2. 启动与调速

电动机采用变频调速供电，可以优化传动比，传动比增大一倍，电动机采用变频调速和软启动，能将电动机的启动电流倍数减小2～3倍；变频器输出频率的可调节性，使其所驱动的电动机的调速比，相对常规异步电动机有大幅的拓宽。目前，商业化的IGBT逆变器已经做到1 MW以上。

3. 减轻对电力系统的负荷压力

近些年，以变频调速、软启动等为代表的电力电子技术在电机拖动方面的应用开始普及，系统中的容量比重的增大，其对供电系统的影响业已开始显现，在选择主变压器的容量时，自启动的电动机群启动时母线电压不低于规定值。直接启动的电动机的启动电流一般是额定电流的5～7倍，因而在以电动机为主要负荷的工厂供电系统中，主变压器容量的大小主要由电动机的启动电流决定。大容量的变频调速器采用了多相整流和功率因数校正技术，功率因数比较高，有的接近1.0。

4. 技术突破

融入电力电子技术的电机行业，屡屡突破曾经的理论以及技术对电机约束，如异步电动机的变频控制、直流电动机的无刷化等，我们仍然有理由相信，电力电子技术还会继续源源不断地给电机行业带来更多的技术突破。

二、风力发电

以往的常规电机，大多可以比较从容地面对其转速的变化。例如，对电力系统中的常规大功率发电机的转速控制，可以通过调节气门或水门的开度来相对主动地实现；常规交流电动机的转速也是可以通过电源(或变频器)进行主动、开环的实现控制。它们共同的特点是，转速的变化是基本预知和相对可控的，而且波动的区间也不会太大。

风力发电机所面临的情况却截然不同，其转速几乎不可预知和控制的特点，使得发电机及其系统只能随着风速的波动，做被动、跟随性的控制，但所发出电能。在接入电路系统时又必须达到标准规定的供电要求。这其中对控制技术提出的多方面要求，远不是从前常规电机控制技术所能解决的。

所幸的是，现代科技的应用成果可以全方位地支持风力发电机，使发电系统输出的电能达到供电标准规定的指标要求。粗略列出涉及的学科有：流体力学、机械、电力电子、计算机、电子技术、自动化、电机与电器、电力系统、材料科学、电工新技术等，涉及的关键技术包括叶片制造技术、发电机制造技术、齿轮箱制造技术、逆变控制技术、系统控制及功率调节技术等。

在此，我们可以非常清晰地看出，风力发电的主体虽然是发电机，但是如果不融入诸多相关学科的技术和成果，清洁环保的风能是无法变成合格的电能，大规模、持续地造福千家万户的。

三、无刷直流电机

本书在第三章第三节已经介绍了无刷直流电机，这里再回顾一下有传感器无刷直流电机在运行及控制中涉及的技术。

1. 可换向电源

电子换向电路主要由驱动电路和对应的控制电路组成。

(1)控制电路。无刷直流电动机通过控制驱动电路中的功率开关器件，来控制电机的转速、转向、转矩以及保护电机，包括过流、过压、过热等保护。控制电路最初采用模拟电路，控制比较简单。目前，控制电路一般有专用集成电路、微处理器和数字信号处理器等三种组成形式。对电机控制要求不高的场合，由专业集成电路组成控制电路是简单实用的方法；由于数字信号处理器运算快，外围电路少，系统组成简单、可靠，使得直流无刷电动机的组成大为简化，性能大大改进，有利于电机的小型化和智能化。

(2)驱动电路。驱动电路由大功率开关器件组成，为电动机提供驱动功率，并受控于控制电路。随着全控型的功率开关器件诸如：可关断晶体管(GTO)、电力场效应晶体管(MOSFET)、金属栅双极性晶体管 IGBT 模块、集成门极换流晶闸管(IGCT)及电子注入增强栅晶体管(IEGT)等器件性能的不断提高，相应的无刷电动机的驱动电路也获得了飞速发展。目前，全控型开关器件正在逐渐取代线路复杂、体积庞大、功能指标低的普通晶闸管，驱动电路已从线性放大状态转换为脉宽调制的开关状态，相应的电路组成也由功率管分立电路转成模块化集成电路，为驱动电路实现智能化、高频化和小型化创造了条件。

2. 传感技术

永磁无刷电动机是一个闭环的机电一体化系统，它是通过转子磁极位置信号作为电子开关线路的换向信号。因此，准确判断转子位置并根据转子位置及时对功率器件进行切换，是无刷直流电动机正常运行的关键，而转子位置的准确判断方式，主要包括有位置传感器和无位置传感器两种。

用位置传感器作为转子的位置检测装置是最直接有效的方法。一般将位置传感器安装于转子的轴上，实现转子位置的实时检测。最早的位置传感器是磁电式的，既笨重又复杂，已被淘汰；目前磁敏式的霍尔位置传感器广泛应用于无刷直流电动机中，另外还有光电式的位置传感器。

3. 控制

对永磁无刷电动机的控制，其中，仅闭环、CPU、检测、通讯、实时控制等术语，就已经体现多学科的综合运用。具体包括：

(1)转速控制。由于是永磁电机，因此调速主要通过调节施加到电机绕组端的电压 U 来实现，而电子换向电路的主回路，通常是 PWM 的调压方式，因此，其电压调节的手段十分方便，而转速控制的区域，以向下调节为主。

(2)转向控制。改变直流电机的转向，原理上是相同的，但由于永磁无刷直流电动机采用的是单向导电的电力电子功率器件，且显然，主磁场的方向也不能改变，因此只能采用改变定子绕组通电相序的办法，即借鉴三相交流电动机改变转向的方法，这在 PWM 实际控制中，也是非常容易实现的，只要改变主回路三相功率器件导通的顺序即可。

(3)电流控制及相关保护。电子换向电路中，承担主功率传送的是其中成组出现的电力电子功率器件，当电机因为种种(重载、堵转、短路等)原因，以及主回路自身异常等情况，而出现过电流现象时，都可能导致流过功率器件的电流值超过其允许的峰值，进而引起损坏，因此电流控制十分重要。另外，对过电压、控制信号抗干扰等也都是必需的。

四、超声波电机

正如本书第三章第七节所述，超声波电机在原理上突破了传统电磁型电机的电磁效应驱动原理，利用压电陶瓷的逆压电效应激发超声振动，然后通过定、转子之间的接触和摩擦力，将交变的振动转化成旋转或直线运动，实现从电能向机械能的能量转换，这种能量传递也可以通过气体或者液体媒质耦合来实现。

超声波电机是一个涉及振动学、摩擦学、材料学、电力电子技术、自动控制技术等学科的复杂机电耦合系统。超声波电机的出现，展示出了一种在许多场合，用它可以替代普通电磁式电机，从而可以达到简化系统结构、提高系统稳定性、降低噪声等目的，即一种区别于电磁驱动理论的、无电磁干扰的独特驱动方式。

诸如超导技术、永磁材料等，还可以举出许多例证，但本书想说明的问题只有一个：电机自身绝不是一个“绝缘体”，它总是在与其他学科的融合与交流中发展，科学的发展无止境，电机的进步也不会停止。

第三节　新材料望眼欲穿

一直以来，人们对电机有着高效率、高性能、低成本、小体积的期望，实际上，用我们熟悉的二个公式：$e=BLv$ 以及 $F=BLI$，也可以简单解释如下：当一台电机的几何尺寸(L)和转速(v)确定后，决定该电机性能的只有二个因素，一是磁(B)，二是电(I)。常规电机中的磁场由电流通过绕组来形成，这其中，有电损耗，有电工材料消耗，因此人们自然对永磁材料寄予厚望；常规电机中的电流，受导线电阻的困扰很大，既引起损耗，又限制电流流通，因此人们自然对超导材料向往已久。有朝一日，这两种材料真的可以大量用于电机之中，人们的期望也就成为现实了。

一、永磁材料

由式(1-9)可知，对 B(或 Φ)的高性能期待，可分为两方面，一是减少主磁路的磁阻，如采用高导磁性能的电工钢或铁氧体铁心等；二是增大主磁路的磁势，如增大励磁电流或采用无需电励磁的材料建立磁场，显然后者就是永磁材料。

永磁电机的发展同永磁材料的发展密切相关。我国是世界上最早发现永磁材料的磁特性并把它应用于实践的国家，2 000 多年前，我国利用永磁材料的磁特性制成了指南针，在航海、军事等领域发挥了巨大的作用，被归为我国古代四大发明之一。

19 世纪 20 年代出现的世界上第一台电机就是由永磁体产生励磁磁场的永磁电机。但当时所用的永磁材料是天然磁铁矿石(Fe_3O_4)，磁能密度很低，用它制成的电机体积庞大，不久被电励磁电机所取代。

随着各种电机迅速发展的需要和电流充磁器的发明，人们对永磁材料的机理、构成和制造技术进行了深入研究，相继发现了碳钢、钨钢(最大磁能积约 2.7 kJ/m^3)、钴钢(最大磁能积约 7.2 kJ/m^3)等多种永磁材料。特别是 20 世纪 30 年代出现的铝镍钴永磁(最大磁能积可达 85 kJ/m^3)和 50 年代出现的铁氧体永磁(最大磁能积现可达 40 kJ/m^3)，磁性能有了很大提高，各种微型和小型电机又纷纷使用永磁体励磁。永磁电机的功率小至数毫瓦，大至几十千瓦，在军事、工农业生产和日常生活中得到广泛应用，产量急剧增加。相应地，这段时期在永磁电机的设计理论、计算方法、充磁和制造技术等方面也都取得了突破性进展，形成了以永磁体工作图图解法为代表的一套分析研究方法。但是，铝镍钴永磁的矫顽力偏低(36～160 kA/m)，铁氧体永磁的剩磁密度不高(0.2～0.44 T)，限制了它们在电机中的应用范围。一直到20世纪60年代和80年代，稀土钴永磁和钕铁硼永磁(二者统称稀土永磁)相继问世，它们的高剩磁密度、高矫顽力、高磁能积和线性退磁曲线的优异磁性能特别适合于制造电机，从而使永磁电机的发展进入一个新的历史时期。

稀土永磁材料的发展大致分为三个阶段。1967年美国K. J. Strnat教授发现的钐钴永磁为第一代稀土永磁，其化学式可表示成RCo_5，简称1∶5型稀土永磁，产品的最大磁能积超过199 kJ/m^3(25MG·Oe)。1973年又出现了磁性能更好的第二代稀土永磁，其化学式为R_2Co_{17}，简称2∶17型稀土永磁，产品的最大磁能积达到258.6 kJ/m^3(32.5MG·Oe)。1983年日本住友特种金属公司和美国通用汽车公司各自研制成功钕铁硼(NdFeB)永磁，称为第三代稀土永磁。由于钕铁硼永磁的磁性能高于其他永磁材料，价格又低于稀土钴永磁材料，在稀土矿中钕的含量是钐的十几倍，而且不含战略物质——钴，因而引起了国内外磁学界和电机界的极大关注，纷纷投入大量人力物力进行研究开发。目前正在研究新的更高性能的永磁材料，如钐铁氮永磁、纳米复合稀土永磁等，希望能有新的更大的突破。

目前，常用的永磁材料有铝镍钴(Alnico)、钡铁氧体(Ba-Ferrite)和锶铁氧体(Sr-Ferrite)、钐钴(SmCo 2∶17型和SmCo 1∶5型)和钕铁硼(NdFeB)。常用永磁材料特性的具体含义如下：

(1)矫顽力。永磁体经有效充磁后显示出磁性，在反向磁场作用下，永磁体会顽强地保持该磁性，直到在某一大小的反向磁场下该磁性减到零，此磁场的数值就是该永磁体的矫顽力数值，以H_c表示。如图1-5中，曲线与横轴的交点处所示，单位是A/m或kA/m。

(2)剩磁。以B_r表示。其物理意义如图1-5中，曲线与纵轴的交点所示，是该永磁材料被有效充磁后，所剩余的磁感应强度，单位是T。

(3)磁能积。在如图1-5中的$B \sim H$曲线(退磁曲线)上，每一点都对应一组数值(B,H)及其乘积BH，其中必定有一点的BH乘积达到最大，记为$(BH)_{max}$，称为最大磁能积。永磁材料的最大磁能积代表储存在其中的磁能密度，其单位是千焦耳/立方米。

(4)居里温度。每种永磁材料都有自己的居里温度(TC)。居里温度以下，材料具有强磁性；在该温度以上，强磁性消失。磁中性的永磁体经过充磁，强磁性才会显现。经有效充磁的永磁体，只有经过热退磁后，才能回到磁中性状态。

永磁材料其他详细特性及参数，可参阅有关资料。

永磁材料通常以粉末冶金的方法制成。以例如“烧结铝镍钴”，其原料是Co粉、Fe粉、Ni粉和AlFeCu中间合金粉，Ti粉以TiFe合金粉或TiH_2粉的形式加入。将此混合粉在模具中加压成型为坯件，坯件经过烧结就成为致密的永磁体。

在适当的烧结制度下，能够使烧结体中的晶粒长得比较大而完整，从而获得较高的磁性能。接着还要进行固溶热处理和时效热处理。

目前，钴永磁材料和钕铁硼永磁材料的制造工艺过程主要包括：原材料清洁整理并防潮防氧化、熔炼金属间化合物、破碎和制粉、磁场定向成型、烧结、固溶和时效等。

在钐钴和钕铁硼的成型过程中有许多因素对最终产品质量有不良影响，简要列举如下：

(1)温度。微米级的稀土永磁粉末，其表面是很活泼的，容易氧化而变质。经验表明，成型车间的温度，最好在25℃以下。

(2)湿度。水与稀土金属相遇会形成稀土氧化物和稀土氢化物。水分对于钐钴和钕铁硼磁粉的危害性比氧还大。

(3)密度。生坯密度低会导致永磁产品性能的一致性差，破损率高。

(4)磁定向度。不良的磁场定向成型系统有时会发生问题。定向磁场施的大小和时机都会影响质量，甚至成为废品。

(5)裂纹。坯件成型的模具及压力机的质量，直接影响坯件中裂纹的多少，否则还需二次静压来提高密度。

(6)油、汗水、灰尘会污染坯件，使最终产品的磁性能受到不良影响。坯件越小，影响越大。

(7)储存。压好待烧的坯件不应暴露在空气中，应该真空中储存。

成品永磁材料的稳定性，还会受到一些因素的影响，例如，对于钡锶铁氧体而言：

(1)这类永磁材料是氧化物，所以化学稳定性很好。在弱酸、弱碱的环境中是稳定的；在沸水中是稳定的。

(2)正温直到它的居里温度(465℃)，永磁体的表观磁性不老化；负温有老化，在−40℃老化开始严重。

(3)在强烈的冲击(50～100 g)和振动(5～10 g)过程中不退磁，在三级路面跑车过程中不退磁。

(4)能经受强烈的核辐射(核爆炸现场、核反应堆)，不退磁。

(5)经受铁器接触、摩擦时不退磁。

(6)在家用和办公用的一般条件下，其使用寿命可达10～20年。

(7)若经受冷冻而退磁，则重新充磁可完全恢复其表磁和磁通量。

(8)永磁体应用时，若是先装入器件再充磁的，则拆卸后，永磁体再装入，其磁通量会有所降低(形状退磁)，必须重新充磁才能恢复如初。若是先充磁再逐一装入器件的，则拆卸后，永磁体再装入，其磁通量仍与原来的一样。

对于钕铁硼永磁体而言：

(1)普通钕铁硼永磁体的剩磁温度系数为−(0.10%～0.13%)/℃。内禀矫顽力温度系数为−(0.50%～0.60%)/℃。最高使用温度与内禀矫顽力相关，通常在60～180℃。

(2)在常温下也要变质老化，水分子和酸碱都会腐蚀钕铁硼永磁体，故必须有表面涂层加以保护。

(3)能承受10 g的振动、100 g的冲击而不退磁，能经受核爆炸核辐射的作用而不退磁。

(4)铁器接触和摩擦不会退磁。

(5)老化的钕铁硼永磁体，经重新充磁，其损失的表磁和磁通量大部分不能恢复。

永磁电机的研究，有力推动了电机学科的发展，在永磁电机设计、制造和应用过程中，一些方面与常规电机有所不同，需要注意对以下几个问题的研究分析：

(1)磁路结构和设计计算。为了充分发挥各种永磁材料的磁性能，特别是稀土永磁的优异磁性能，制造出性价比高的永磁电机，就不能简单套用传统电励磁电机的结构和设计计算方法，需要建立新的设计概念，重新分析和改进磁路结构。

(2)控制问题。永磁电机制成后不需外界能量即可维持其磁场，但也造成从外部调节、控制其磁场极为困难；永磁发电机难以从外部调节其输出电压和功率因数，永磁直流电动机也不能再用改变励磁的办法来调节其转速；这些使永磁电机的应用范围受到了限制。

(3)不可逆退磁问题。永磁电机在过高(如钕铁硼永磁)或过低(如铁氧体永磁)温度时，在冲击电流产生的电枢反应作用下，或在剧烈的机械震动时，都有可能产生不可逆退磁，使电机性能降低，甚至无法使用。因而，既要研究开发适于电机制造厂使用的检查永磁材料热稳定性的方法和装置，又要分析各种不同结构形式的抗去磁能力，以便在设计和制造时，采取相应措施保证永磁电机不失磁。

二、超导材料

由欧姆定律易知，对大电流 I 的高效期待，也可分为两方面，一是增大回路的电势，在现有线路电阻的基础上，增大电流；二是减少电路的电阻，使一个无需很大的电势，就可以产生很大的电流，显然当导体电阻为零时，就是超导材料(Superconducting Material)。

(一)超导材料的基本特征

1911 年,荷兰物理学家昂尼斯(1853—1926 年)发现,水银的电阻率并不像预料的那样随温度降低逐渐减小,而是当温度降到 4.15 K 附近时,水银的电阻突然降到零。某些金属、合金和化合物,在温度降到绝对零度附近某一特定温度时,它们的电阻率突然减小到无法测量的现象叫做超导现象,能够发生超导现象的物质叫做超导体,它能够无损耗地传输电能。如果用磁场在超导环中引发感生电流,这一电流可以毫不衰减地维持下去,此即“零电阻”特性;超导材料处于超导态时,只要外加磁场不超过一定值,磁力线不能透入,超导材料内的磁场恒为零,此即完全抗磁特性。

现已发现大多数金属元素以及数以千计的合金、化合物都在不同条件下显示出超导性。如钨的转变温度为 0.012 K,锌为 0.75 K,铝为 1.196 K,铅为 7.193 K。

超导材料基本临界参量主要有:

(1)临界温度。外磁场为零时超导材料由正常态转变为超导态(或相反)的温度,以 Tc 表示。Tc 值因材料不同而异。已测得超导材料的最低 Tc 是钨,为 0.012 K。

(2)临界磁场。使超导材料的超导态破坏而转变到正常态所需的磁场强度,以 Hc 表示。Hc 与温度 T 的关系为 $Hc=H_0[1-(T/Tc)^2]$,式中 H_0 为 0 K 时的临界磁场。

(3)临界电流和临界电流密度。通过超导材料的电流达到一定数值时也会使超导态破态而转变为正常态,以 Ic 表示。Ic 一般随温度和外磁场的增加而减少。单位截面积所承载的 Ic 称为临界电流密度,以 Jc 表示。

超导材料的这些参量,限定了应用材料的条件,因而寻找高参量的新型超导材料成了人们研究的重要课题。以 Tc 为例,从 1911 年荷兰物理学家 H. 开默林-昂内斯发现超导电性(Hg,$Tc=4.2$ K)起,直到 1986 年以前,人们发现的最高 Tc 才达到 23.2 K(Nb3Ge,1973)。1986 年瑞士物理学家 K. A. 米勒和联邦德国物理学家 J. G. 贝德诺尔茨发现了氧化物陶瓷材料的超导电性,从而将 Tc 提高到 35 K。之后仅一年时间,新材料的 Tc 已提高到 100 K 左右。这种突破为超导材料的应用开辟了广阔的前景,米勒和贝德诺尔茨也因此荣获 1987 年诺贝尔物理学奖金。

(二)超导材料的开发与应用

超导体得天独厚的特性,使它可能在各种领域得到广泛的应用。但由于早期的超导体存在于液氦极低温度条件下，极大地限制了超导材料的应用。高温超导体的巨大突破，使液态氮可以代替液态氦作超导制冷剂获得超导体，使超导技术走向大规模开发应用。氮是空气的主要成分，液氮制冷机的效率比液氦至少高10倍，且液氮制冷设备简单，所以液氮的价格实际仅相当于液氦的约1/100。

在常压下有28种元素具超导电性，其中铌(Nb)的 Tc 最高，为9.26 K。电工中实际应用的主要是铌和铅(Pb，$Tc=7.201$ K)，已用于制造超导交流电力电缆、高Q值谐振腔等。

合金材料超导元素加入某些其他元素作合金成分，可以使超导材料的全部性能提高。目前铌钛合金是用于7～8 T磁场下的主要超导磁体材料。铌钛合金再加入钽的三元合金，性能进一步提高，Nb-60Ti-4Ta 的性能是，$Tc=9.9$ K，$Hc=12.4$ T(4.2 K)；Nb-70Ti-5Ta 的性能是，$Tc=9.8$ K，$Hc=12.8$ T。超导元素与其他元素化合常有很好的超导性能。如已大量使用的 Nb3Sn，其 $Tc=18.1$ K，$Hc=24.5$ T。科学家们还发现，超导陶瓷也是极有发展前景的超导材料。

利用材料的超导电性可制作磁体，应用于电机、高能粒子加速器、磁悬浮运输、受控热核反应、储能等；可制作电力电缆，用于大容量输电(功率可达10 000 MVA)。目前国内外重点研究开发的超导电力设备主要包括：

(1)高温超导电缆，载流能力大、损耗低且体积小，传输容量将比常规电缆高3～5倍。而电缆本体的焦耳热损耗非常小。虽然在交流运行状态下，它也存在一定的损耗，但超导电缆只要超过一定长度后，即使考虑到低温冷却和终端所需的电能消耗，其输电损耗也将比常规电缆降低50%～70%。

(2)超导故障限流器，主要利用了超导体的超导态—正常态转变的物理特性，实现对故障短路电流的限制，其反应速度快、正常运行时损耗很低、能自动复位，是十分理想的限流装置，可显著提高系统的稳定性和可靠性。

(3)超导磁储能(SMES)，是利用超导线圈作储能线圈，在线圈中产生磁场而储存能量，可以长久储存而几乎不衰减，需要时，可经逆变器将所储存的能量送回电网或提供给其他负载用。与其他储能系统相比，超导磁储能具有很高的转换效率(可达95%)和可达几毫秒级的反应速度。

(4)高温超导变压器与常规变压器相比，有体积小、重量轻等优点，同时它采用液氮作为冷却剂，没有污染环境或火灾的隐患，并有很强的过载能力(在短时间过载条件下运行只导致冷却功率增加)，其超导线圈还有限流的作用。

(5)超导电动机与常规电动机相比，单机容量可达百万千伏安以上，效率可提高0.5%～0.8%，整机重量可减少1/3～1/2，且长时过载能量强，一般可达到额定容量的两倍，而同步电抗可减少到常规电机的1/4～1/3，所以其电气稳定性也将大大提高。

超导材料应用，主要面临三个方面的问题，一是超导材料的临界温度还有待提高；二是超导材料的价格还比较高，有的比常规材料高几十倍、上百倍；三是超导技术所应用的低温制冷系统的制备还比较复杂，且制冷机的免维护寿命较短。其他还有超导电力装备的低温高电压绝缘技术、实时检测技术、集成技术、与常规系统的匹配协调运行等也是需要研究的问题。

三、铁心用软磁材料

铁心是电机、变压器的重要部件，物理上构成主磁通路径。电机、变压器铁心对材料的基本要求是，在一定频率及磁通密度下具有低的铁心损耗，和在一定磁场强度下具有高的磁通密度。

在电机、变压器的发展过程中，曾经和尝试采用的铁心材料有：

1. 纯铁、软钢及无硅钢

最早的电机铁心是直棒形或马蹄形的纯铁棒。最早的变压器铁心（感应线圈铁心）是用铁棒做成的，后来改用铁丝制作铁心。由于软铁或软钢具有导磁性高，矫顽力低、价格低廉、工艺性好等优点，因此，在1900年硅钢片发明前及20世纪初一段时间里，电机、变压器铁心多是采用热轧低碳软钢片或电磁纯铁片冲制而成的。但是，软铁及软钢存在电阻率低、涡流损耗大，特别是“铁心老化”严重等先天不足。

2. 硅钢片

早期硅钢片是热轧硅钢片，含硅量较低，一般Si含量为1%～2%，多用于电动机中。由于冷轧硅钢片具有损耗低、质量可靠、厚度均匀、表面平整等优点，所以它一出现就得到了广泛的应用，在许多场合取代了热轧硅钢片。1968年以后，高导磁取向硅钢片进入市场，进一步降低了铁心损耗。硅钢类铁心具有最高的饱和磁感应强度值为20 000 Gs。

3. 铁镍合金

铁镍合金又称坡莫合金（Permalloy）。它是一种在弱磁场具有高磁导率和低矫顽力的低频软磁材料。铁镍合金具有导磁率很大、矫顽力很低、电阻率不高的特点，加之价格昂贵、工艺性能较差等特点。因此，在电机变压器领域，仅用作小型变压器、控制用微电机、控制用变压器、高灵敏度变压器和高精度变压器等的铁心中。

4. 铁铝合金

铁铝合金具有较高的导磁率和较高的电阻率，加之价格较铁镍合金便宜，并具有良好的耐热、耐蚀性能，所以在小型变压器、控制变压器、互感器和微特电机中得到了应用。

5. 非晶态电工钢

非晶态电工钢是把一些液态合金（如 Fe-Si-B 合金）以每秒百万度摄氏的冷却速度直接冷却到固态，获得合金中的非晶结构的一种软磁材料，其主要优点是磁感应高、铁耗低（约为取向硅钢片的 1/2～1/3）。非晶合金钢片已用于冲制变压器铁心、三相电机定子铁心等，其铁心损耗比无取向硅钢片铁心低得多。非晶合金具有许多独特的性能，如优异的磁性、耐蚀性、耐磨性、高的强度、硬度和韧性，高的电阻率和机电耦合性能等。由于它的性能优异、工艺简单，从 20 世纪 80 年代开始成为国内外材料科学界的研究开发重点。目前美、日、德国已具有完善的生产规模，并且大量的非晶合金产品逐渐取代硅钢和坡莫合金及铁氧体涌向市场。

6. 微晶合金

微晶合金材料是随近 20 年来金属快速凝固技术进步而发展起来的新型导磁材料。微晶合金钢片的饱和磁感应强度和磁导率很高，铁耗非常低，目前微晶合金软磁材料已制成各种各样的磁性器件以替代传统硅钢、铁氧体和坡莫合金等磁性材料，可用于要求较高的电机、电器中。

7. 软磁铁氧体

软磁铁氧体不使用镍等稀缺材料也能得到高磁导率，粉末冶金方法又适宜于大批量生产，因此成本低，又因为是烧结物硬度大、对应力不敏感，在应用上很方便。而且磁导率随频率的变化特性稳定，在 150 kHz 以下基本保持不变。国内外铁氧体的生产厂家很多，功率铁氧体具有高的饱和磁感应强度，可达4 000～5 000 Gs。另外具有低损耗/频率关系和低损耗/温度关系。也就是说，随频率增大、损耗上升不大；随温度提高、损耗变化不大。广泛应用于功率扼流圈、并列式滤波器、开关电源变压器、开关电源电感、功率因素校正电路，目前也有在电力变压器方面的尝试。

第四节　制造工艺决定成败

电机制造工业为电力工业提供发电设备，也为其他行业提供动力和控制装备。因此，电机制造工业的发展程度已成为一个国家工业技术发展水平的重要标志之一。

一个良好的电机产品，应该是优良设计与良好制造的综合体现，二者缺一不可。在电机的制造过程中，生产工艺贯穿着制造过程始终。实践证明，即便采用相同的产品设计和材料，由于不同生产厂家，由于所运用的制造工艺方法不同，使各厂家所制造的产品的质量有所差异，我国的一些电机产品质量不高，其中的一个主要原因就在工艺方面。

工艺(Craft)的一般定义，是指劳动者利用生产工具，依据一定的设计，对各种原材料、半成品进行增值加工或处理，最终使之成为制成品的方法与过程。

制定工艺的原则是：技术上的先进和经济上的合理。由于不同的工厂的设备生产能力、精度以及工人熟练程度等因素都大不相同，所以对于同一种产品而言，不同的工厂制定的工艺可能是不同的；甚至同一个工厂在不同的时期做的工艺也可能不同。可见，就某一产品而言，工艺并不是唯一的，这把双刃剑，既给制造提供了多种可能，也为生产出优质产品设置了难度。

由设计决定的电机结构，与制造工艺之间有着极其密切的关系。电机结构是制造工艺进行的依据，而制造工艺则是电机结构实现的条件。电机结构对生产成本影响很大。

电机制造过程基本可分为：①各种零件的加工；②将若干零件装配成部件；③将各零部件装配成电机。

以下将以中小型鼠笼异步电动机的制造工艺为例，简要介绍电机的主要生产制造工艺过程。

一、零部件的机械加工工艺

(一)一般问题

从成品外观看上去没有多少细致可言的电机，其加工制造过程，却有着许多精细之处，而且有一些共性问题值得注意。

(1)互换性。具有互换性的零部件，可由专门的车间进行专业化生产，可以大大提高劳动生产率和降低成本，同时，能缩短装配工时，提高装配质量。

(2)公差、配合与表面粗糙度。电机中，间隙、过渡和过盈配合都有采用，如小型异步电动机中，轴承与端盖间为间隙配合，端盖与机座止口间为过渡配合，转子铁心与转轴间为过盈配合。常见的形、位公差以及表面粗糙度应由工艺师适度掌握，力求经济地达到设计要求。

(3)工艺尺寸链。一个零件或装配体，在加工过程中，都有由若干彼此连接的尺寸组成的一个封闭尺寸组，称为工艺尺寸链。封闭环中的基本尺寸、极限尺寸和公差，在设计和生产中，都十分重要。

(4)主要特点。

①气隙对电机性能的影响很大，相关工艺应力保气隙的设计尺寸和均匀度。

②机座和端盖多为薄壁结构，刚性较差，装卡和加工时，易产生变形和振动，影响加工精度。

③对绝缘材料以及带有绝缘材料的部件进行加工时，不能采用切削液，应注意与金属材料的机加工区别。

④对硅钢片材料部件的机加工，切削应力不应太大，以免降低导磁性能及增大铁耗。

(二)同轴度

高质量旋转电机在结构上的核心是气隙的小尺寸和均匀程度，因此在生产制造中，同轴度就成为最重要的关键词。围绕电机旋转轴线展开的每一项工艺、每一道工序、每一次装卡甚至每一次进刀，都会对一台电机的性能和质量产生影响。具体来说，轴与轴承、轴承与轴承盖、轴承盖与止口以及端盖与机座的止口之间的配合，最为关键。

(三)机座加工

机座是电机的最主要结构部件，对电机的互换性和气隙的均匀度影响很大。一般中小型交流电机的机座都是薄壁铸件，其机械加工比较复杂，加工过程随机座结构、加工方案和生产条件不同而异，但基本应按“先粗后精”“先面后孔”和“先基准后一般”的原则，安排加工，而且以解决主要表面加工为主。良好的机座结构设计，也应充分考虑制造的工艺要求，在满足通风、散热、导磁、强度和刚度等技术性能要求的前提下，还应使制造方便、质量优良及成本适度。

(四)端盖加工

中小型电机的端盖，一般为铸造件，与轴承室合为一体，起着支撑转动部分、确定定、转子相对位置、保护电机内部及导风的作用。端盖的结构特点是薄壁、易变形，加工装卡比较困难，加工的技术要点是轴承室与止口的同轴度，以及与之对应的形位公差要求。

(五)轴的加工

电机的轴，结构上支撑着转子，并确定转子与定子的相对位置，运行时传递着机械转矩，因此电机的轴在保证加工精度的同时，必须具有足够的强度和刚度，以尽量确保成品电机的旋转轴线与设计轴线重合。

对轴的加工技术要求主要包括：尺寸精度，形状精度，位置精度，表面粗糙度。

这些因素，会单独或重叠影响轴的装配、回转精度和同轴度。

(六)转子精加工

转子精加工是指对转子组件外圆进行精车(磨)加工，是转子加工的最后一道工序，也是保证电机气隙准确性和电机性能的关键工序。

转子铁心套装到转轴上后，其表面，从尺寸精度、表面粗糙度和位置精度等方面看，都还达不到设计对气隙的要求，因此需要精加工。但构成转子铁心的矽钢片，片间彼此的绝缘状态，又不能因机加工而遭到破坏，因此在精加工时，必须十分注意控制进刀量，防止出现冲片倒齿等情况。

二、机械加工与电机质量的关系

由本节以上内容不难发现，机械加工对电机质量的影响很大，对电机性能的影响也比较复杂，一种工艺波动可能会影响电机的几项性能指标，而电机的一项性能指标又常常与几项工艺因素有关，以下简要说明机械加工对异步电动机性能的影响。

(一)铁耗增加

对电机定子铁心内圆或转子外表面加工过粗，导致冲片倒片时，破坏了矽钢片片间的绝缘状态，运行时会导致磁滞和涡流损耗增加，致使电机铁耗增加。

(二)空载电流增加，功率因数降低

对电机定子铁心内圆尤其是转子外表面加工量过大，使电机气隙增加，会使电机主磁路磁阻增大，导致电机运行时，空载电流增加，功率因数降低。

(三)振动与噪声

当定子铁心内圆、机座止口、端盖轴承室与止口、转子外圆圆柱度、同轴度和端面跳动偏差过大时，会造成气隙不均匀，使电机产生单边磁拉力，引起振动和噪声。另外，轴承室自身的尺寸精度或圆柱度超差，也会引起振动和噪声。

(四)运转不灵活，装配困难

电机轴向尺寸超差、径向(气隙、轴承室)尺寸过小及转子外圆同轴度等因素，都可能会导致电机运转不灵活；任何一对配合尺寸出现过盈情况，都会导致装配困难；电机的底角平面与轴线的平行度和底角孔加工超差，轴键槽加工不当，会导致

装配困难。

三、铁心的制造工艺

电机中，为尽量提高导磁性能，多采用冷轧硅钢片，常用的带料宽度不超过2 m，通常的厚度为0.35～0.5 mm，表面双侧覆有绝缘层。

电机的定转子铁心叠片，是用冷冲压工艺制成的。生产设备主要是冲床和模具，工件的精度主要决定于模具，模具的制造周期较长，成本较高，适合于大批量生产。模具应保证冲片的冲裁断面上的毛刺不大于0.05 mm。

冷轧硅钢片带料经过：剪料、冲制、去毛刺、(绝缘处理)叠片和压装等工艺过程，形成定转子铁心组件。

四、笼型转子的制造工艺

笼型异步电动机是各行各业应用最为广泛的电动机，其独特的笼型转子结构，也有对应专门的制造工艺，直接决定电机的质量。

(一)笼型转子的结构类型与材料

笼型转子分为铸铝与焊接笼型两种，前者由铝或铝合金作为转子导条，以铸造方式完成转子绕组的一次成型制造，制造简单，生产效率很高，广泛用于小型电机和转子直径在600 mm以下的中型电机。后者由铜、黄铜或青铜条等，以焊接方式，形成笼型绕组，成本较高，常用于大型电机和性能要求较高的中小型电机。

通用系列电机所用铝材料，为含有少量铁与硅元素的工业纯铝，主要为保证铸铝转子质量，同时有较小的电阻率；铜及其合金用作转子导条时，机械强度好，电阻率低，几乎无断条。

(二)笼型转子的技术要求

针对笼型转子结构及铸铝加工的特点，为保证其电气和机械性能，对铸铝笼型转子的制造工艺有以下技术要求：

(1)无断条、裂纹和明显的缩孔、气孔等缺陷；

(2)铁心片间无明显的渗铝现象；

(3)端环内外圆的径向偏摆小；

(4)对有径向通风沟的转子，沟内无漏铝，铁心无严重的波浪度；

(5)铁心的长度与斜槽角度应符合设计规定。

(三)铸铝工艺对电机性能的影响

将熔化的铝液,通过离心或压力的方法,注入转子铁心槽内,要保证铝液凝固后形成的导条无或少缺陷,需要一系列工艺措施保障。当铸铝工艺不当或操作失误时,产出的转子中,可能会有诸如转子断条、细条、气孔、缩孔和裂纹等缺陷,对电机的性能影响很大,主要有以下几点:

(1)与焊接笼型转子相比,杂散损耗成倍增加,甚至可达 6 倍;

(2)转子电阻增大,导致效率降低,温升增高,转速降低;

(3)转子断条严重时,会使电动机无法启动。

五、绕组的制造工艺

绕组是电机承担电负荷的载体,电机的寿命和运行可靠性,很大程度上取决于绕组的制造质量,而绝缘材料与结构的选择、线圈绝缘性能的质量是影响绕组制造质量的关键因素。

(一)电机绕组的类型

电枢绕组可分为散嵌绕组和成型绕组两大类。

1. 散嵌绕组

此类绕组由绝缘圆导线绕制,常用于工作电压不超过 500 V 的半闭口槽小型电机。单层绕组宜用于 10 kW 以下的电机,10 kW 以上的电机宜采用双层绕组,单双层混合绕组主要用于变极或三相正弦绕组电机。直流电机常用叠绕组和波绕组。

2. 成型绕组

成型绕组由绝缘扁线或导条制造的成型线圈组成,用于高电压、大电流的中、大型电机。由于导线截面积较大,绕制需在特制的模具或设备上弯制而成,多股时,还须换位编织,绕组连接须经焊接。

磁极绕组集中安装在磁极铁心上,可分为绝缘圆导线和带状导线绕制两种。

(二)常用材料

1. 电磁线

电磁线材料主要是高纯度铜,按其绝缘层的特点和用途,可分为漆包线、绕包线和特种线等。漆包线通常为圆铜线,其性能主要取决于其表层的漆膜性能,有单层与复合漆膜线之分;绕包线分为纤维、薄膜和纸包线三种。纤维材料常用的有玻璃丝和合成纤维，薄膜材料主要为高绝缘性能的聚酯材料，所谓纸包线，其材料为云母或绝缘电工纸；特种电磁线常指具有某种特殊性能或适应特殊环境的绝缘结构的绝缘导线，详细性能，可查阅相关技术资料。

2. 绝缘材料

绝缘材料一般指电阻率在 10 GΩ·cm 以上的材料，主要是隔离带电或不同电位的导体，同时还往往起着散热、冷却、支撑、填充、固定、防护等作用。

电机中使用的绝缘材料，在热因子的作用下，其性能会逐渐劣化而导致的热老化，也直接决定了材料的寿命。绝缘材料的使用寿命可按 10℃规则估算，即工作温度每超过其允许的温度上限 10℃，该绝缘材料的寿命将减少一半。电机绝缘结构包括匝间、槽、层间、相间及引接线绝缘等。

(三)绝缘结构与材料的选用原则

常规的电机绝缘，应与电机各部位的实际温度相匹配，视各部位的实际运行温度或可能出现的短时最高温度而定，以物尽其用，节约成本；电机绝缘结构的整体工艺性以及相互的相容性都应合理。

一般电机绝缘结构，是按环境温度不超过 40℃、海拔高度不超过1 000 m、无特殊化学腐蚀侵袭的正常条件确定的。当电机运行遇到包括：过高以及过低的温度、湿度、气压，及日照、霉菌、风沙雨雪等天然环境因素；或遇到包括：腐蚀性、爆炸性、粉尘、辐射、振动、冲击等工业环境因素时，其绝缘的可靠性及寿命将会不同程度地受到影响。

(四)绕组的焊接

电磁线经过绕制、成型、嵌装等工序后，进入绕组焊接阶段。电机绕组的接头多、尺寸小、形状多样，多数接头邻近绝缘，且所处空间狭小，不易焊接。按设计要求，焊接工艺应具有良好的导电、力学、抗腐蚀、抗老化、抗冷热交变等性能，特别是接头的电阻不能过大。

绕组焊接的方法主要有：钎焊、熔化焊和压力焊三种。

(五)绝缘处理

绕组绝缘中可能存有的微孔和薄层间隙，容易存留空气，而导致绝缘电阻下降、绝缘氧化和腐蚀，甚至损伤绝缘。绝缘处理是用漆或胶填满绝缘中的所有空隙并覆盖表面，以有效提高绕组的电气、耐潮湿、导热、耐热、力学以及化学稳定性等性能。

绝缘处理可分为浸漆处理、浇注绝缘和特殊绝缘处理等。

六、电机的装配工艺

按照技术要求，将零部件组成电机产品的过程，称为电机装配。电机产品的生产质量，一方面取决于零部件的加工质量，另一方面也取决于装配质量，因此需要有一套完整、准确、高效、易行的工艺保障。

在一套完整的装配工艺规程的指导下，在完成了电机装配尺寸链以及必要的转子平衡校验后，可以进入装配过程，以下以中小型电机的装配过程，简要说明。

电机的装配主要包括：定子部件、转子部件装配，定转子合装，附件装配以及装配后试验等。

（一）定子部件装配

主要工作是将定子铁心套入机座。工艺要求：定子铁心与机座配合面常为过盈配合；压入时，铁心与机座止口中心线应同轴；铁心与机座轴向定位应准确。

（二）转子部件装配

此前，铁心已与转轴组装完毕并经过了精加工，因而此处的工作主要是至关重要的轴承装配。

滚动轴承安装前，需确认表面清洁及其防护形式；将滚动轴承向轴上安装的方法有敲入法、冷压法和热套法三种。工艺要求：转轴与轴承配合面常为过盈配合；压装时，转轴与轴承内环必须同轴；轴承内外环严禁同时承受压装力；转轴与轴承轴向定位应准确；压装完毕后，轴承内外环间的空隙，应填充适量润滑脂。

（三）总装配

主要工序包括：转子套入定子、安装其他部件如端盖、接线盒、风扇等。

1. 转子套入定子

此道工序操作不当时，极易造成绕组损伤，有时会导致转轴变形，因此是关键工序之一。35 kg 以下的转子可手工穿入，较大的转子则需要吊装工具。

2. 端盖安装

一般先装非轴伸端的端盖。工艺要求：装配前，装配止口面应涂少许机油，以防生锈；第二个端盖安装基本到位，紧固前转子应能转动自如，否则，应检查止口、轴承室、轴向窜动等情况。

(四)电机试验

总装后的电机必须进行成品试验,以综合检验经过多道工序后,电机的主体性能是否达到设计要求。成品试验分为检查试验和型式试验两大类。

检查试验也称出厂试验,是每台电机都需进行的试验,包括:空转试验,绕组的整流电阻和绝缘电阻测定,空载和短路特性试验,匝间绝缘和绝缘介电强度试验等。

型式试验是对电机的性能和质量进行全面的检验,以确定其是否符合技术条件和设计要求,并为今后改进产品提供依据。型式试验除包括检查试验项目外,还有负载及温升试验、效率、振动和噪声等试验。此外,还有针对某类产品的特殊试验,如异步电机的最大与最小转矩测定,特种电机的防爆、防盐雾试验等。

(五)装配工艺对电机质量的影响

电机装配的好坏,对电机质量影响极大,装配不良或不当,不仅严重影响电机的运行性能,而且可能导致故障,一些典型的因异步电机装配工艺原因导致的现象有:

定转子铁心压装质量差、轴向偏移等,将引起空载电流和铁耗增加,功率因数降低;轴承装配不良,将导致轴承磨损、过热、异响、振动和噪声,严重时可能引起电机整机过热;定子绕组绝缘损伤,将导致电机绝缘电阻降低,甚至整机报废;转子轴向间隙过小、止口、轴承室损伤等,都可能导致电机空载损耗增加,转速降低,效率下降。

以上仅就中小型鼠笼异步电动机的工艺要求,做了简要介绍,当涉及大型电机、潜水电机、驱动微电机及控制微电机等机型时,由于它们的特点不尽相同,因此对应的工艺也一定有所区别,需要逐一研究确定。上面所罗列的电机在实际应用中多数已成系列,有着较大的产量和市场需求。过去在一个企业,一套完整的工艺文件甚至可以使用十几年。

当今,科技的发展,市场的需求,新材料的不断涌现,使得许多特型电机应运而生,随之而来的对工艺要求,相比常规电机制造业而言,是越来越高、严、难,而且个性十足,产品的数量又远不及常规电机,比如三相绕线式异步风力发电机,高功率密度特种电机等;再比如永磁电机越来越多的运用,由于永磁材料自身在退磁、加工、温度、振动与冲击等方面的特殊特点,使得针对永磁电机生产的工艺不仅十分必须,而且是常规电机制造工艺中无法照搬的。当面对一个设计优良、形状特殊、结构复杂的永磁电机制造,能设计出适用、可行的工艺文件,本身就是一件复杂且技术含量不低的工作。

有一句话，叫做“细节决定成败”。如果在电机生产制造过程中，把工艺比作细节，那么，一个优良的设计，只有在生产的每一处简单平凡的工艺中，都被准确地执行，才能有一个优良的电机产品产出，否则，一个优秀的设计，恐怕也只能以一个平庸的产品形式，面对市场和用户。

第五节　电机技术与时俱进

从 1821 年英国人法拉第做了最早的电动机实验模型尝试算起，在 190 年的时间里，电机技术能够发展到如今的水平，给整个人类带来的巨大文明进步，是前人所始料不及的。以下简要回顾电机发展的历程，重点关注重要的历史节点、发展阶段以及主要推进因素，为的是更好的展望电机的未来。

一、电机发展历程

1831 年，英国人法拉第(Faraday)创立了电磁感应定律，并创制了世界上第一部感应发电机模型——法拉第盘。

1832 年，法国人皮克西(Pixii)发明了手摇式直流发电机，采用换向器部件产生直流感应电动势。

1833 年，楞次(Lenz)总结法拉第实验并提出了楞次定律，从理论上确立了电机的可逆原理。

1866 年，德国的西门子(Siemens)发明了自励式直流发电机，标志着大容量发电机技术的突破。

1873 年，在维也纳的工业展览会上的一个工人误操作，物理证明了电机的可逆原理，在此之前，电动机与发电机是各自独立发展的。

1882 年，英国的高登制造出了大型两相交流发电机。

1882 年，法国的高兰德和英国人约翰-吉布斯研制出了第一台具有实用价值的变压器。

1886 年，美国的特斯拉(Tesla)独立研制出了两相交流电动机。

1888 年，俄国工程师多勃罗沃利斯基(Dobrovoliskii)研制成功第一台实用的三相交流单鼠笼异步电动机。

至 20 世纪五六十年代，电机技术依托经典电磁理论和常规电工材料，已日渐完善，多数电机已系列化，从设计到制造，已基本有固定的程式，业内的发展速度曾经减缓。

自20世纪70年代以来，计算技术的飞跃发展为发展高性能驱动带来了机会，随着设计、评价、测量、控制、功率半导体、轴承、磁性材料、绝缘材料、制造加工技术的不断进步，尤其是以电力电子功率器件和永磁材料为典型代表的新器件、新材料的开发与应用，伴随着相应的理论与生产应用技术的快速涌现，电机技术也进入了新一轮发展阶段，电动机本体经历了轻量化、小型化、高效化、高力矩输出、低噪声振动、高可靠、低成本等一系列变革，相应的驱动和控制装置也更加智能化和程序化。正如本书前面简要介绍的内容所体现的一样：异步电动机调速范围大幅拓宽、启动性能大大改善，直流电机可以无刷，直流电动机的优良特性可以移植到交流电机上，直流发电机已近退出历史舞台，电机励磁回路简化、功耗降低，凡此种种，不一而足，形形色色的新型电机产品，在各个领域发挥着比常规电机更加优异甚至无法达到的作用。

二、电机与电力系统

（一）直流系统

1875年，巴黎北火车站建成世界第一个火电厂，用直流发电供附近照明。

1878年出现了铁心开槽法，即把绕组的嵌入槽内，以加强绕组的稳固相减少导线内部的涡流损耗。那时出现的有槽铁心和鼓形绕组的结构一直沿用至今。

1879年，旧金山建成世界第一座商用发电厂，两台发电机供22盏电弧灯。

1880年爱迪生提出了薄片叠层铁心法，马克西提出铁心径向通风道原理解决了铁心的散热问题。

1881年第一座小型水电站建于英国。

1882年双层电枢绕组被提出。

1882年9月，爱迪生在美国纽约珍珠街建成世界上第一座正规的发电厂，装有6台蒸汽直流发电机，共662 kW，通过110 V地下电缆供电，最大送电距离1英里，装设了熔丝、开关、断路器和电表等，建成了一个简单的电力系统。

1883年发明了叠片磁极，1884年发明了补偿绕组和换向极，1885年发明炭粉末制造电刷。1886年确立了磁路计算方法，1891年建立了直流电枢绕组的理论。

到19世纪90年代，直流电机已具有了现代直流电机的一切主要结构特点。

(二)交流系统

尽管直流电机已被广泛使用,并在应用中产生了可观的经济效益,但其自身的缺点却制约了它的进一步发展。这就是它不能解决远距离输电,也不能解决电压高低的变换问题,于是交流电机获得了迅速发展。在此期间两相电动机和三相电动机相继问世。

1880年前后,英国的费朗蒂改进了交流发电机,并提出交流高压输电的概念。

1882年,英国的高登制造出了大型二相交流发电机。

1882年法国人高兰德和英国人约翰·吉布斯研制成功了第一台具有实用价值的变压器。

1884年英国人埃德瓦德、霍普金生发明了具有封闭磁路的变压器。

1885年意大利物理学家加利莱奥·费拉里斯提出了旋转磁场原理。

1885年制成的交流发电机和变压器,于1886年3月用以在马萨诸塞州的大巴林顿建立了第一个单相交流送电系统,电源侧升压至3 000 V,经1.2 km到受端,降压至500 V,显示了交流输电的优越性。

1888年俄国籍电气工程师多利沃-多勃罗沃利斯基,制成一台三相交流单鼠笼异步电动机。

1891年布洛在瑞士制造出高压油浸变压器。同年,德国在劳芬电厂安装了第一台三相100 kW交流发电机,通过第一条三相输电线路送电至法兰克福。

1907年美国工程师爱德华和哈罗德发明了悬式绝缘子,为提高输电电压开辟了道路。

二战期间,德国试验四分裂导线,并制成440 kV汞弧整流器,建成从易伯至柏林的100 km地下直流电缆。

1954年苏联制成功第一台5 000 kW核电机组,并在奥布宁斯克建成第一座核电站。

1964年,美国建成500 kV交流输电线路。

可以看出,电机应用始终与电机技术发展交替前行。随着发电、供电技术的发展,大功率电机的设计和制造也日趋完善。

在电力系统中,人们从来没有停止过对电机、变压器等装备的高效率、低损耗追求和努力。时至今日,国产1 GW汽轮发电机组、9×10^5 kVA变压器等大型电机设备,已经可以支撑国家电力系统稳定、可靠地运行。

三、材料与技术进步对电机革命性的推动

(一)软磁材料

在电机、变压器的发展过程中,构成主磁通路径的软磁材料,起着默默无闻却至关重要的作用。从铁棒、铁丝到软铁铁心,从热轧、冷轧到取向硅钢片,电机的体积被不断减小,力能指标却被不断提升,软磁材料为提高电机效率和性能做出了基础性的重大贡献。鉴于硅钢类铁心最高饱和磁感应强度的限制,人们期待着更高性能软磁材料的出现。

(二)工艺及制造技术

人们对电机制造工艺技术的日趋重视,电机自身内在不可或缺的重要性,以及市场需求,都客观上促进了电机制造水平和质量的提高。主要表现如下:

1. 大型电机

在主要电工材料,目前仍然没有质的突破之前,大型电机的发展,比如,大型汽轮发电机在转子外径很难增大的情况下,发电机单机容量的持续增大;大型低水头水利发电机组,由于只能现场组装、调试运行,因此对在厂期间,定子的"分块"制造技术要求;超大型电力变压器绕组的换位及绝缘技术;等等,很大程度上都依赖于制造和材料技术的支撑。能够持续有所增长,制造技术的不断完善和提高,是一个重要原因。

2. 中小型电机

在我国现有产品规格中,虽已有 YX3 等新一代的产品问世,但 Y 系列和 Y2 系列仍占据多数的市场份额。尽快开发出,以冷轧硅钢片为导磁材料的满足 IE3 效率等级的超高效异步电动机系列,是目前国内电机节能领域中的一个面很广且量巨大的课题。该系列电机主要参数为:功率等级为 0.75~370 kW;极数为 2、4、6 极;效率指标达到 IEC 60034—30 标准的 IE3 等级;其他性能指标达到国际同类产品先进水平。

超高效率电机的制造除了增加硅钢片和铜线的用量以及缩小风扇尺寸等措施外,还必须在新材料的应用、电机制造工艺及优化设计等方面采取措施,以降低制造费用急剧增加的压力以及满足电机结构空间尺寸的限制。日本东芝公司为美国高效率电机和超高效率电机的主要供货商之一。该公司声称由于制造工艺的改进和采用新材料,使高效率电机的成本下降了 30%。所采取的措施包括:应用特殊的下线工具,提高定子槽满率,增加铜线的截面积,提高制造精度,缩短气隙长度,

从而减小励磁电流及其所引起的铜耗；采用转子槽绝缘工艺，从而降低杂散损耗；采用激光铁心叠压工具，从而使铁耗下降。

3. 高密度动力电机

电机的功率密度是指单位质量（或体积）电机所能提供的功率。体积小、轻量化、效率高、磁场控制能力强以及节约能源，一直是社会以及业内对电机的一致期待，尤其是在一些诸如电动汽车、风力发电、航天航空、野外、军用等特殊场合。但由于所采用的材料、适应的安装空间、运行环境、力能指标、产量、可靠性等方面，都与常规动力电机有所区，因此，仅在制造环节，就需要特殊的、有针对性的、仅适合于小批量的制造工艺和装备，其制造难度及对工艺的要求可以想见。

4. 超微电动机

超微电动机是指那些形状非常小（1 mm 以下），重量很轻，并且在同一块基板上（硅或其他材料），采用微电子技术和微加工技术制造出的机电一体化传动装置。

20 世纪 70 年代末至 80 年代初发展起来的微电子机械系统技术（MEMS），是一种新型高技术领域，其特点是基于半导体材料硅的微加工技术，用来制造尺寸从毫米到微米范围内的具有能量转换及传输功能的器件。MEMS 技术的出现，是传统的机械制造技术产生一次革命性的飞跃。

随着超微电动机技术、电力电子技术的高速发展及集成电路制造技术的日趋成熟，集成电路制造技术可用于加工微型可动构件并将其应用于微系统中，逐步形成微机电系统。

(三)电力电子功率器件

电力电子功率器件结合计算机以及控制技术，形成的电力电子技术，在国内外，均已被归为电气工程学科中最为活跃的一个分支，其所变换的“电能”，大可到数百 MW 甚至 GW，小可到数 W、mW。早在半个多世纪以前，传统的变电压、串级、变压变频等交流调速方法的原理就都已经研究清楚了，只是由于要用电路元件和旋转变流机组来实现，而控制性能又比不上直流调速，所以长期得不到推广应用。20 世纪 70 年代以后，有了电力电子变流装置以后，逐步解决了调速装置要减少设备、缩小体积、降低成本、提高效率、消除噪声等一系列问题，才使交流调速获得了飞跃的发展。电力电子技术给其他各种电机带来的重大变革，本书之前已有多处介绍，这里不再赘述。

(四)永磁材料

高性能永磁材料的发展,给电机的发展注入了清新的活力和强劲的动力。

永磁电机由于大大简化了电机的励磁环节,因而结构简单,可靠性好,效率高,节省能量,在成本、性能、投资、维修和可靠性等几方面看,均优于普通电励磁电机。但在永磁材料的磁能积还较小的时期,一直没有得到大功率的应用。近些年,随着稀土永磁材料和电力电子技术的高速发展,使永磁电机有了长足进展。采用钕铁硼等永磁材料的电动机、发电机已经得到广泛应用,从风力发电机、电动汽车、舰船推进、汽轮发电机的励磁机,到人工心脏血泵等,几乎随处可见。

我国稀土资源丰富,稀土矿的储藏量居世界首位,稀土永磁材料和稀土永磁电机的科研也都达到了国际较好水平,因此,充分发挥我国稀土资源丰富的优势,大力研究和推广应用以稀土永磁电机为代表的各种永磁电机,前景一片光明。

(五)超导技术

超导材料具有的优异特性使它从被发现之日起,就向人类展示了十分诱人的应用前景。目前已知的高温超导线材可承载比相同尺寸和重量的铜导线高 2 个数量级的电流,更大的电流意味着更大的磁通密度和更强大的磁场,也就意味着单位电机质量能提供更大的功率。

虽然目前已经有了一些具体应用案例,但要实际应用超导材料又受到一系列因素的制约:首先是它的临界参量,其次还有材料制作的工艺等问题(如脆性的超导陶瓷如何制成柔细的线材就有一系列工艺问题)。

四、与时俱进、精彩纷呈的电机技术

以电机技术为引导,电机今后的发展空间,仍然巨大,并将呈现以下六个方面的特点。

(一)高效率

电机本体节能技术,将在:提高材料特性,提高制造工艺水平,改进电机结构,提高功率密度,提高功率因数,改进散热与冷却,系列化等方面继续发展。

电机控制节能,将在:控制理论、技术、方法与手段等方面,以及电源、一体化、系统设计等装备方面,有所突破。

我国电动机的效率低于国外平均水平 2～3 个百分点,实际运行过程中电动机系统效率低于国外水平 10～30 个百分点。根据国内外调查，工业领域电机年平均运行时间在 3 000 h 左右，但在石油、化工、造纸、冶金、电力等行业，电机年运行时间往往超过 6 000 h。对于这些运行时间长的场合，如采用超高效率电机将会对能源节约带来更显著的效果。我国发电量的 50%通过电机传递，而三相异步电机占 90%，其中一般用途的 Y 系列电机又占 70%，因此 Y 系列电机将传递 31.5%的总电能。若这些电机全部换成高效率电机，也即效率提高 2.75 个百分点、损耗平均下降 20%左右。

(二)超大型化

作为电力系统能量源泉的发电机和变压器，仍将呈现单机容量继续增长的态势。就电机本体而言，大容量意味着高效率，就土地利用率，水利和燃料(包括：一次能源，风力资源、核燃料)等资源的相对集中程度而言，也支持发电机的大型化发展；就输电效率而言，高电压意味着低损耗，因此变压器在单机容量增长的同时，也面临着电压等级提高的问题。

(三)永磁化

高性能的永磁材料不断涌现，为电机从设计到应用提供了极大的想象空间。目前性能较好的是稀土永磁材料，人们对稀土永磁电机的期待，指向了几乎所有种类的电机，需求也是全方位的，诸如系列化、大功率、高转速、大转矩、高性能、高可靠和微型化等。不断扩展的新型永磁电机品种和应用领域，切实体现了其良好的应用前景。

当然，要达到人们对永磁电机的广泛期待，还需要在以下三个方面加大努力：

(1)不断开发更高性能的永磁材料，努力提高性价比。

(2)不断改进并努力创新稀土永磁电机的设计和制造工艺，继续完善电磁及结构设计，提高设计水平。

(3)切实推进超高效永磁电机的系列化进程，尤其是中小型动力电动机。

(四)多样化

永磁同步电机、开关磁阻电机、磁悬浮直线电机等新型调速电机应运而生，在机车牵引、电动汽车、大型舰船驱动以及磁悬浮交通等领域中得到应用。它们的共同特点是：突破了原来圆形旋转磁场的概念，电机本体与控制集成一体，高效，高可靠性，多个电磁力矩混合作用，高功率密度。电机系统应用遍及工业、国防和家用电器等国民经济各领域。主要为：高精度、高性能的交流调速应用于钢铁、煤炭、造纸、起重等工业机械调速，提高工艺设备能为高性能、高效率、高集成的交流调速应用于电动汽车、电力机车牵引、磁浮交通、船舶电驱动等，取代传统交通运输的燃机直接驱动，实现便捷、安全、节能；风机、泵类机械变速节能系统；机电一体化、智能电机等家用电器节能传动。

若论品种与型号，微特电机范畴内可谓最多，今后还会更多，并将继续呈现多样化发展的趋势。因为“发电一种，用电万千”，意思是说，在电能的产生环节，形式并不多，几乎只有一种，即三相交流；而到了用电环节，则随着永磁材料、电力电子、计算机、半导体以及控制等技术的快速更新与发展，对电机多种功能的需求，会被越来越多地实现。如微特电机，虽然其原理与传统电动机一样，但其结构和制造工艺，在吸收和融合了现代工业制造技术成果的基础上，在绕组形式、磁路结构、系统集成等方面出现了一些新的发展特点，体现在：

(1)无刷化。可提高电机的可靠性，降低损耗，减小体积，无疑是微小型电机明确的发展方向，电机的性能也会逐渐提高。

(2)小型化、片状化。此类电机几乎都是无刷电机，小型化，不仅指它的质量和体积，还指它的功耗；片状化，不仅指它的外形，还指它的控制单元芯片化、自体智能化。

(3)机电一体化。将变速器、传感器、控制器及电机等部件集成一体，也可称电子电动机或微执行器。

随着科学技术的进步、原材料性能的提高和制造工艺的改进，电机正以数以万计的品种规格、大小悬殊的功率等级（从百万分之几瓦到1 000 MW 以上）、极为宽广的转速范围（从数天一转到每分钟几十万转）、非常灵活的环境适应性（如平地、高原、空中、水下、油中，寒带、温带、湿热带、干热带，室内、室外，车上、船上，各种不同媒质中等），满足着国民经济各部门和人类生活的需要。

(五)超微型化

随着科技的发展，微电机行业也将随着新技术、新材料的采用，向着生物领域和芯片领域进军。微创外科手术器械上所用的微型电动机，没有先进的微/超微电机制造技术，也是生产不出来的。

2007 年，美国佛罗里达州一家微电机电子公司开发了系列的微型电动机。无铁心的直流电动机直径为 6 mm，长 15 mm，重量仅 2 g，并分别备有 1.5 V、3 V 和 4 V 的电源电压，电机空载转速高达19 000 r/min，堵转转矩为 0.23 mNm，输出功率是 0.12 W。

美国六家科学实验室联合开发成功的电动机，其直径仅 7 μm，它的齿轮仅如一个红细胞那么大。其工艺技术与材料同制作集成电路者相似,用多晶硅夹在两层氧化硅之中。电动机以接触电热方式为其动力。

被称为鞭毛电动机的生物旋转机构,结构和功能与人工制造的电动机相似,是生物界中少见的旋转电动机,其鞭毛纤维的螺旋桨以 200～300 r/s 的转速进行驱动,可产生数十纳米的推进力,旋转速率达到12 000～18 000 r/min,直径仅 30 nm 左右。该"电"动机是将每个原子作为零件而设计的,且结构上可实现方向的变换。鞭毛电动机的能量是由细胞外面到内部的离子流供给的。

美国加利福尼亚大学伯克莱分校已于 2003 年 7 月研制出转子长度不足 300 nm的电动机。这种纳米电动机可改变光学器件的光路或迅速地来回转动以形成一个微波振荡器,从而有望研制出纳米级的光学振荡器。

(六)新型电机

运用科技最新成果,电机在许多方面突破了传统的电磁理论束缚,可通过静电力、压电力、热膨胀力、磁致伸缩、电液驱动、超声波以及形状记忆合金膜片等形成驱动。如超声波电动机是利用压电陶瓷的逆压电效应而获得机械力,超微静电电动机是利用静电原理工作的,还有电介质电动机、仿生电机等。1988 年加利福尼亚大学巴库勒依学院开发出一个仅有头发丝直径大小的静电超微电动机,立即引起了国内外对超微电动机的广泛关注。几个典型的例子如下:

1. 压电电动机

20 世纪 60 年代,前苏联科学家最早提出压电电动机的原始构想,指出可以通过弹性介质表面质点的行波运动来实现机械摩擦驱动引。压电电动机由于输出转矩大、无电磁干扰、响应速度快、微小位移输出稳定等优点,可用于精密仪器、照相机、机器人及航空领域。

2003 年清华大学研制出采用复合激励方式的多自由度压电陶瓷棒状电动机,该电机尺寸微小,结构简单,直径小于 10 mm。2000 年美国学者研制硅基压电直线步进电动机转速可达 12 mm/s,将其用于微机电系统中。日本 canon 公司将圆环式行波超声波电动机用于镜头的驱动。驻波单向驱动压电电动机已经应用于手表振动报警和日历盘的驱动。

2. 形状记忆合金电动机

形状记忆合金是一种具有形状恢复特性的金属,这种金属在某一温度下塑性形变,当它们升到较高温度时,将完全恢复原先的形状,在恢复形状时,这种金属所产生的位移或力或两者的结合将是温度的函数,利用这种特性以及微加工技术可以制作对环境温度敏感的形状记忆合金电动机。设计与制作主要根据其变形后形状可恢复特性及恢复过程中伴随产生的力及位移。该电机最大的优点是对人体无毒害作用，非常适合在医疗方面的应用。

3. 磁致伸缩型电动机

某些铁磁材料置于磁场中，其几何尺寸会发生变化，这一现象称为磁致伸缩效应，这些铁磁材料则称为磁致伸缩金属。磁致伸缩型电动机是利用磁致伸缩效应，在磁场激励源下，通过磁致伸缩型驱动器实现能量转换。此种电动机因抗压强度大、反应速度快等优点，被用于传感器中。如精密定位装置、微型电动机，此外，在医疗器械中也有应用。

翻开人类现代文明史，对比电能发明与电机发展历程，我们不难发现，电能的应用与人类文明的快速发展密切相关，而电机是人类持续、可控利用电能的最主要利器，因此可以说，电机与人类现代文明共进。

下篇　新能源发电技术

第六章
新能源基本知识

第一节　新能源和可再生能源

一、能源及其分类

自然资源中以拥有某种形式存在的能量，在一定条件下，能够转换成人们可以利用的某种形式的能量，这些自然资源称为能源，如煤炭、石油、天然气、太阳能、风能、水力、地热、核能等。在生活和生产中，由于工作需要或是便于输送和使用等原因，把上述能源经过一定的加工，使其成为符合使用条件的能源，如煤气、电力、沼气和氢能等也称为能源。因此，能源是可以直接或经转换后向人类提供所需的光、热、动力等任何形式的能量的载能体、资源。

能源的分类方法很多，基本上是根据能源的特点和实践要求对能源进行分类的。主要有以下几种方法：

(一)按能量的原始来源进行划分

第一类是来自地球以外天体的能量,其中最主要是来自太阳的辐射能,此外,还有其他恒星或天体发射到地球上的各种宇宙射线的能量。现在,除了直接利用太阳的辐射能之外,还大量间接地使用太阳能源。例如,水能、风能、波浪能等是太阳热效应产生的;煤炭、石油、天然气等化石燃料,也间接来自太阳能;生物质能是植物通过光合作用吸收太阳能。

第二类是地球本身蕴藏的能量,如地球内部的热能以及海洋和地壳中储存的原子核能等。

第三类是太阳、月球等天体对地球的引力而形成的,如潮汐能。

(二)按能源存在的状态进行划分

能源从存在的状态看,可以分为一次能源和二次能源。

一次能源是指在以原始状态存在于自然界中不需要加工和转换而直接可以利用的能源,如原煤、原油、天然气、水能、风能、太阳能、地热能、潮汐能等。

二次能源是指由一次能源经过加工转换成其他形式和种类的能源产品,也称为人工能源。如蒸汽、煤气、电力、焦炭及各种燃料油等。一次能源无论经过多少次加工转换而得到的另一种能源都叫做二次能源。

(三)按能源的性质划分

按能源的性质划分可以分为可再生能源和不可再生能源。

可再生能源是指在自然界的生态循环中能够重复产生的自然资源,它能够循环使用,并具有天然的自我再生功能,可以源源不断地从自然界中得到补充。如太阳能、水能、风能、生物质能等。其优点是绝大多数对环境没有污染,但开发利用的技术难度较大。

不可再生能源是指经过亿万年漫长地质年代形成的,不能在短期内重复再生的能源,它会随着人类的不断开发利用而日益减少,直至枯竭。如煤炭、原油、天然气、核燃料等矿物能源。其缺点是使用中对环境的污染很大。

(四)按人类社会开发利用能源的进程和技术状况划分

按人类社会开发利用能源的进程和技术状况,能源可以划分为常规能源和新能源。

常规能源也称为传统能源,它是指在目前科学技术条件成熟,经济比较合理的基础上，已被人类大规模生产和广泛使用的能源，如煤炭、石油、天然气、水力、电力等。

新能源是指一些虽属古老的能源，但只有在采用当前先进的方法时才能加以利用，或采用最新的科学技术才能开发利用的能源，以及有些仅仅是最近才被人们所重视而研究开发出的能源。如太阳能、地热能、风能、潮汐能等。

（五）其他分类

从能源的使用性质可以分为燃料型能源和非燃料型能源。按在使用过程中对环境的污染程度，又可以分为清洁能源和非清洁能源。按能源的储存和输送性质进行划分，可分为含能体能源和过程能源。从消费角度，还可分为商品能源和非商品能源。

二、新能源和可再生能源

按1978年12月20日联合国第33届大会第148号决议，新能源和可再生能源共包括14种能源：太阳能、地热能、风能、潮汐能、海水温差能、波浪能、木柴、木炭、泥炭、生物质转化、蓄力、油页岩、焦油砂及水能。1981年8月10～21日联合国新能源和可再生能源会议上，通过了《促进新能源和可再生能源发展与利用的内罗毕行动纲领》，在技术上明确了新能源和可再生能源的含义，即以新技术和新材料为基础，使传统的可再生能源得到现代化的开发与利用，用取之不尽、清洁的可再生能源来不断取代资源有限、对环境有污染的化石能源。此后各国对这类能源共同的认识是，除常规的化石能源和核能之外，其他能源都可称为新能源和可再生能源，主要为太阳能、地热能、风能、海洋能、生物质能、氢能和水能。

(1)生物质能是蕴藏在生物质中的能量，是绿色植物通过叶绿素将太阳能转化为化学能而贮存在生物质内部的能量。通常包括木材及森林废弃物、农业废弃物、水生植物、油料植物、城市和工业有机废弃物以及动物粪便等。生物质能的利用技术大体上分为直接燃烧技术、物化转换技术、生化转换技术和植物油技术四大类。

(2)太阳能是太阳内部连续不断的核聚变反应过程产生的能量。狭义的太阳能仅指太阳的辐射能及其光热、光电和光化学的直接转换。太阳能的发展方向是利用太阳能发电，太阳能发电可分为光热发电和太阳能光伏发电。其中太阳能光伏发电被认为是目前世界上最有发展前途的一种可再生能源技术。

(3)风能指太阳辐射造成地球各部分受热不均匀，引起各地温差和气压不同，导致空气运动而产生的能量。目前风能利用的主要形式是风能发电和风能提水，其主要设备是风力机和风力发电系统。

(4)地热能来自地球深处的可再生热能,它起源于地球的熔融岩浆和放射性物质的衰变。地质学常把地热资源分为蒸汽型、热水型、干热岩型、地压型和岩浆型五大类。地热能的利用可分为地热发电和直接利用两大类,主要应用于采暖、发电、育种、温室栽培和洗浴等方面。

(5)海洋能指蕴藏在海洋中的可再生能源,它包括潮汐能、波浪能、海流能、潮流能、海水温差能和海水盐差能等不同的能量形态。海洋能的利用方式主要是发电。

(6)小水电是小水电站及与其相配套的小电网的统称。1980 年联合国第二次国际小水电会议上,确定了 3 种小水电站容量范围:小型水电站(Small)1 001～12 000 kW;小小型水电站(Mini)101～1 000 kW;微型水电站(Micro)100 kW 以下。小水电的开发方式,按照集中水头的办法可分为引水式、堤坝式和混合式三类。

第二节 新能源发电技术

电力的应用是继蒸汽机的应用之后的第二次技术革命,它已成为现在应用最多也最广泛的二次能源。传统发电厂按其所用一次能源的不同,可分为三类:火力发电厂、水力发电厂和核能发电厂。其中火力发电厂在全世界发电厂总装机容量中占 70%以上。但是当今世界仅依靠煤、石油、天然气和核能发电已面临资源枯竭和环境污染的双重压力,已不能适应世界人口和经济持续的需要。人们迫切地需要新能源,希望用清洁的、可再生的太阳能、风能、生物质能、地热能、海洋能等发电来取代煤-电、油-电和气-电等发电方式。

一、太阳能发电技术

通过水或其他工质将太阳辐射能转换为电能的发电方式,称为太阳能发电。太阳能发电主要有太阳能热发电和太阳能光伏发电。

(一)太阳能热发电技术

太阳能热发电是将太阳辐射能转换为热能,再通过各种发电装置将太阳能转换为电能的发电技术。太阳能热发电技术可分为两大类型。一类是利用太阳热能直接发电,如利用半导体材料或金属材料的温差发电,真空器件中的热电子和热离子发电,碱金属的热电转换以及磁流体发电等。其特点是发电装置本体无活动部件。这类太阳能热发电技术目前的功率都很小，有的仍处于原理性试验阶段，均尚未进入商业化应用，因此这里不作介绍。另一类是太阳能热动力发电，即利用太阳集热器将太阳能收集起来，加热水或其他工质，使之产生蒸汽，驱动动力发电机，再带动发电机发电，也就是说，先把热能转换成机械能，然后再把机械能转换为电能。这种类型的太阳能热发电技术已达到实际应用的水平，下面介绍的即为这种类型的太阳能热发电系统。

太阳能热发电与常规的化石能源热力发电方式的热力学工作原理相同，都是通过朗肯循环（Rankine）、布朗循环（Brayton）或斯特林循环（Stirling）将热能转换为电能，区别仅在于两者的热源不同。所谓太阳能热发电，就是利用聚光集热器把太阳能聚集起来，将某种工质加热到数百摄氏度的高温，然后经过热交换器产生高温高压的过热蒸汽，驱动汽轮机并带动发电机发电。从汽轮机出来的蒸汽压力和温度均已大为降低，经过冷凝器冷凝为液体后，被重新泵回热交换器，又开始新的循环。由于整个发电系统的热源均来自于太阳能，因而称之为太阳能热发电系统。太阳能热发电系统一般由聚光集热子系统、蓄热子系统、汽轮发电子系统和辅助能源子系统组成。

聚光集热子系统是太阳能热发电技术的核心。由于太阳能供应不稳定、不连续，为保障其稳定运行，通常在系统中配置蓄热子系统，将收集到的太阳能热能存储起来，以保证在夜间或太阳辐照不足时的发电；或将太阳能与其他能源组成综合互补的发电系统，在太阳能供应不足的情况下，由其他形式的能源供电。

太阳能热发电系统的基本类型主要包括以下几种：塔式太阳能热发电系统、槽式太阳能热发电系统、碟式太阳能热发电系统等。目前，槽式太阳能热发电系统已处于商业化阶段，其他两种热发电系统正处于试验示范阶段。

（二）太阳能光伏发电技术

太阳能光伏发电是将太阳光能直接转换为电能的一种发电形式。太阳能的光电转换是指太阳的辐射能光子通过半导体物质转变为电能的过程，在物理学上叫“光生伏打效应”。太阳能电池就是根据这种效应制成，所以也称光伏电池，是太阳能光电转换的最核心的器件。它与平常的干电池、蓄电池完全不同，它不是化学过程产生的电流，而是一种物理过程产生的电流。光量子将能量传给电子，这些多余能量足以将电子从晶体网格中撞出。因此，太阳电池没有物质的消耗，仅是能量的转换，它把光能转变为电能。若不受外力的机械破坏，太阳电池的使用寿命很长，只要有光的照射，就能输出电来，既没有化学腐蚀性，也没有机械转动声，更不会排放烟尘污染，是清洁而又静悄悄的发电。

太阳能光伏发电系统根据应用不同而有所不同，典型的太阳能光伏发电系统是由光伏阵列、蓄电池组、控制器、电力电子变换器、负载等组成的。控制器用于光伏电池的充放电控制，它能防止对蓄电池组的过充、过放电。为了避免在阴雨天和晚上光伏电池不发电时或出现短路故障时，蓄电池组向光伏电池组放电，还需要防反冲二极管，它串联在光伏阵列电路中，起到光伏电池－蓄电池单向导通作用。蓄电池组是用来储存光伏电池组件接受光照时发出的电能并向负载供电。逆变器是把光伏电池发出的直流电转换成交流电的一种设备。

太阳能光伏发电系统的运行方式主要可分为离网运行和联网运行两大类。未与公共电网相连接的太阳能光伏发电系统称为离网太阳能光伏发电系统，又称为独立太阳能光伏发电系统，主要应用于远离公共电网的无电地区和一些特殊处所。与公共电网相连接的太阳能光伏发电系统称为并网太阳能光伏发电系统，又称为联网太阳能光伏发电系统，它是太阳能光伏发电进入大规模商业化发电阶段，成为电力工业组成部分的必然趋势，是当今世界太阳能光伏发电技术发展的主流趋势。

二、风能发电技术

风能即地球表面大量空气流动所产生的动能。由于地面各处受太阳辐照后气温变化不同和空气这水蒸气的含量不同，因而引起各地气压的差异，在水平方向高压空气向低压地区流动，即形成风。风能属于可再生能源，不会随着本身的转化和人类的利用而日趋减少。与天然气、石油相比，风能不受价格的影响，也不存在枯竭的威胁，而且是清洁能源，没有污染。按照不同的需要，风能可以被转换成其他不同形式的能量，如机械能、电能、热能等，以实现泵水灌溉、发电、供热、风帆助航等能量需求。

风力发电是当今风能利用的主要形式，其原理是通过叶轮将空气流动的动能转化成机械能，在通过发电机将叶轮机械能转化为动能。风力发电机组（简称风电机组）是将风能转化为电能的机械。

在理论上，最好的风轮只能将约60％的风能转换为机械能。现代风电机组风轮的效率可达到40％。在风电机组输出达到额定功率之前，其功率与风速的立方成正比，即风速增加1倍，输出功率增加8倍，可见风力发电的效率与当地的风速关系极大。

风力发电的运行方式主要有两类。一类是独立运行供电系统，即在电网未通达的偏远地区，用小型风电机组为蓄电池充电，再通过逆变器转换成交流电向终端电器供电，单机容量一般为100 W～10 kW；或者采用中型风电机组与柴油发电机或光伏电池组成混合供电系统，系统的容量为10～200 kW，可解决小的社区用电问题。另一类是作为常规电网的电源，与电网并联运行，联网风力发电是大规模利用风能的最经济方式。机组单机容量范围在 200～2 500 kW，既可以单独并网，也可以由多台，甚至成百上千台组成风力发电场，简称风电场。

风电的突出优点是环境效益好，不排放任何有害气体和废弃物。但是风能又是一种过程能源，不能直接存储起来，只有转化成其他形式的可以存储的能量才能储存。风能的供应具有随机性，因此，利用风能必须考虑储能或与其他能源相互配合才能获得稳定的能源供应，这就增加了技术的复杂性。另外，风能的能量密度低，使得风能利用装置体积大，耗用的材料多，投资高，这也是风能利用必须克服的制约因素。

三、生物质能发电技术

生物质能发电技术是利用生物质及其加工转化成的固体、液体、气体为燃料的热力发电技术，其原动机可以根据燃料的不同、温度的高低、功率的大小分别采用煤气发动机、斯特林发动机、燃气轮机和汽轮机等。基于生物质的自然特性，生物质能发电与常规能源大型发电厂相比，除了对环境友好，生物质能发电设备的装机容量一般较小，多为独立运行方式，利用当地生物质能资源就地发电、就地利用，不需外运燃料和远距离输电。目前，生物质能发电主要有以下几种形式。

(一)直接燃烧发电技术

生物质直接燃烧发电是一种最简单也最直接的方法，但是由于生物质燃料密度较低，其燃烧效率和发热量都不如化石燃料，因此通常应用于大量工、农、林业生物废弃物需要处理的场所，并且大多与化石燃料混合或互补燃烧。显然，为了提高热效率，也可以采取各种回热、再热措施和各种联合循环方式。

生物质燃烧发电技术根据不同的技术路线可分为汽轮机、蒸汽机和斯特林发动机等。各种生物质燃烧发电技术对比如表 6-1 所示。

表 6-1　生物质燃烧发电技术对比

工作介质	发电技术	装机容量	发展状况
水蒸气	汽轮机	5～500 MW	成熟技术
水蒸气	蒸汽机	0.1～1 MW	成熟技术
气体(无相变)	斯特林发动机	20～100 kW	发展和示范阶段

(二)生物质气化发电技术

生物质气化发电技术的基本原理是把生物质转化为可燃气，再利用可燃气燃烧发电。它主要由气化炉、冷却过滤装置、煤气发动机、发电机构成。其工作流程为:首先将气化后的生物燃气冷却过滤送入煤气发动机,将燃气的热能转化为机械能,再带动发电机发电。生物质气化发电技术的核心是气化炉及热裂解技术。

(三)沼气发电技术

沼气是由有机物质(粪便、杂草、作物、秸秆、污泥、废水、垃圾等)在适宜的温度、湿度、酸碱度和厌氧的情况下,经过微生物发酵分解作用产生的一种可燃性气体。沼气发电技术分为纯沼气电站和沼气-柴油混烧发电站,按规模分为50 kW以下的小型沼气电站、50～500 kW的中型沼气电站和500 kW以上的大型沼气电站。沼气发电系统主要由消化池、气水分离器、脱硫化氰及二氧化碳塔(脱硫塔)、储气柜、发电机组(即沼气发动机和沼气发动机)、废热回收装置、控制输配电系统等部分组成。

(四)垃圾发电

城市垃圾发电技术是处理垃圾的一个新方向。垃圾发电是把各种垃圾收集后,进行分类处理:一是对燃烧价值较高的进行高温焚烧(也彻底消灭了病原性生物和腐蚀性有机要物),在高温焚烧(产生的烟雾经过处理)中产生的热能转化为高温蒸汽,推动涡轮机转动,使发电机产生电能;二是对不能燃烧的有机物进行发酵、厌氧处理,最后干燥脱硫,产生一种气体叫甲烷(也叫沼气),再经燃烧,把热能转化为蒸汽,推动涡轮机转动,带动发电机产生电能。

(五)甲醇发电技术

甲醇作为发电站燃料,是当前研究开发利用生物能源的重要课题之一。日本专家采用甲醇气化—水蒸气反应产生氢气的工艺流程,开发了以氢气作为燃料驱动燃气轮机带动发电机组发电的技术。甲醇发电的优点除了低污染外,其成本低于石油发电和天然气发电,因此很具吸引力。但是燃烧甲醇时会产生大量的甲醛(比石油燃烧多5倍)。一般认为甲醛是致癌物质,且有毒,刺激眼睛,目前对甲醛的开发利用存在分歧,因此应对其危害性进一步研究观察。

四、燃料电池发电技术

(一)燃料电池的概念

燃料电池是一种能量转换装置,它将存储在燃料中的化学能通过电化学反应直接转换成电能。它与普通电池工作原理类似,但工作方式不同。燃料电池本身并不存储能量,只是提供电化学反应发生的场所。燃料和氧化剂输送到燃料电池中,经电化学反应转换为电能,并不断排出产物。只要能够连续地供应燃料和氧化剂,燃料电池就能连续发电,并且电极并不消耗。

这种工作方式与汽油和柴油发电机比较接近,即不断地从外部获得燃料,不断输出电能,并不断排放反应产物。但是,燃料电池和汽油、柴油发电机的发电过程是完全不同的。传统的热机发电要经过化学能—热能—机械能—电能几个步骤的转化:首先,必须通过燃烧将燃料的化学能转变成热能;然后,利用热机(内燃机或蒸汽机)将热能转化成机械能;最后,再通过发电机将机械能转换为电能。在这一系列的转化步骤中,燃烧过程产生污染,热机转换过程产生噪声,每一步转换都会造成能量损失,尤其热能转化为机械能时,由于热机效率受卡诺循环的限制,导致发电效率的极大损失。相比之下,燃料电池则是通过其阴、阳两电极上发生的电化学反应,直接将化学能转换为电能。转换过程中没有燃烧,不使用热机。图6-1是两种发电方式的能量转换过程比较。

因此,燃料电池具有以下优点:不受卡诺循环限制,直接把燃料的化学能转变成电能,能量转换效率高,燃料电池的能力转换效率理论上可达100%,实际效率已达60%~80%,综合利用效率可达40%,为内燃机的2~3倍;污染性极低,燃料电池的燃料是氢和氧,燃料电池的反应生成物是清洁的水,几乎不排出 CO_2 和 SO_2;寿命长,燃料电池本身工作没有噪声,没有运动件,没有振动;模块结构,积木性强,比值功率高,既可以集中供电,也适合于分散供电。

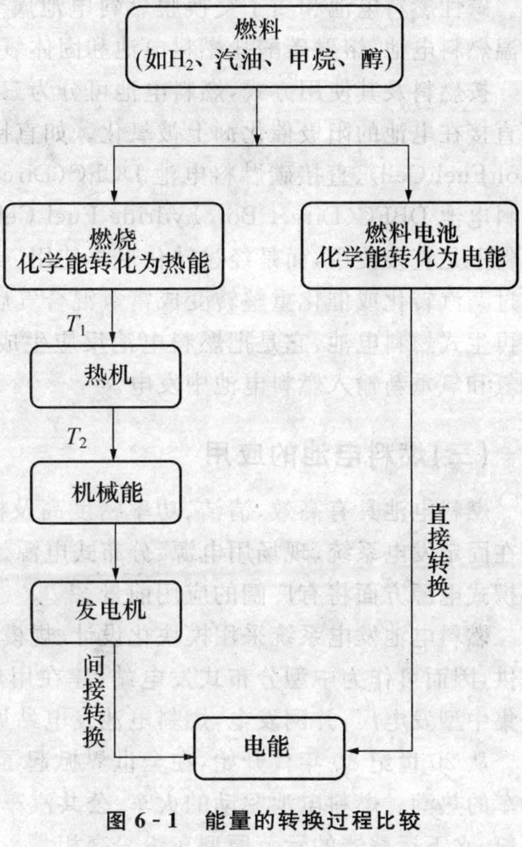

图6-1 能量的转换过程比较

(二)燃料电池的分类

燃料电池的分类方式很多,可依据所用电解质性质、电池工作温度、燃料种类及使用方式等进行分类。

目前广为采纳的分类方法是依据燃料电池中所用的电解质类型来进行分类,即分为五类燃料电池:碱性燃料电池 AFC(Alkaline Fuel Cell),质子交换膜燃料电池 PEMFC(Proton Exchange Membrane Fuel Cell,也叫聚合物电解质膜燃料电池,即 Polymer Electrolyte Membrane Fuel Cell),磷酸燃料电池 PAFC(Phosphoric Acid Fuel Cell),熔融碳酸盐燃料电池 MCFC(Molten Carbonate Fuel Cell)和固体氧化物燃料电池 SOFC(Solid Oxide Fuel Cell)。

依据工作温度,燃料电池可以分为低温燃料电池、中温燃料电池和高温燃料电池。碱性燃料电池和质子交换膜燃料电池属于低温燃料电池,磷酸燃料电池则为中温燃料电池,熔融碳酸盐燃料电池和固体氧化物燃料电池为高温燃料电池。

按燃料及其使用方式,燃料电池可分为三类。第一类是直接式燃料电池,即燃料直接在电池的阳极催化剂上被氧化。如直接甲醇燃料电池 DMFC(Direct Methanol Fuel Cell)、直接碳燃料电池 DCFC(Direct Carbon Fuel Cell)、直接硼氧化物燃料电池 DBFC(Direct Borohydride Fuel Cell)等。第二类是间接式燃料电池,其燃料不是直接使用,而是经过转化后再使用。比如把甲烷、甲醇或其他烃类化合物通过蒸汽转化或催化重整转变成富氢混合气后再供应给燃料电池来发电。第三类是再生式燃料电池,它是把燃料电池反应生成的水,经某种方法分解成氢和氧,再将氢和氧重新输入燃料电池中发电。

(三)燃料电池的应用

燃料电池具有高效、清洁、功率密度高及模块化结构等突出的特点,这决定了它在固定发电系统、现场用电源、分布式电源、空间飞行器电源及交通工具用电源、便携式电源方面将有广阔的应用前景。

燃料电池发电系统采用模块化设计、规模调节方便、效率高、噪声低、并可热电联供,因而可作为中型分布式发电站,建在用户附近直接供电和供热,也可作为大型集中型发电厂,并网发电,燃料电池发电站见图 6-2。

从 20 世纪 80 年代开始,在全世界掀起了一股发展清洁而高效的燃料电池电动车的热潮。燃料电池驱动的火车、公共汽车、家用轿车、摩托车、自行车、叉车、潜水艇、水下运载器的示范原型车纷纷亮相。

手机、数码相机、笔记本电脑、电动玩具等几乎成为人们生活必备品,它们都依

图 6-2 燃料电池发电站

赖便携式电源工作(图 6-3)。目前作为便携式电源的主要是一次和二次锂离子电池。燃料电池的能量密度可数倍于锂离子电池,且可采用加注燃料的方式对电池"充电"。如果能够克服技术及成本上的问题,将成为新一代移动电源。

图 6-3 燃料电池的应用

目前燃料电池可以从一瓦级做到兆瓦级,如此宽的功率范围使得燃料电池的应用范围十分广泛。燃料电池按照发电量分为 7 级,各自有不同的应用领域,如表 6-2 所示。

五、地热能发电技术

地热发电是利用地下热水和蒸汽为动力源的一种新型发电技术,它与火力发电的基本原理是一样的,都是利用蒸汽的热能在汽轮机中转变为机械能,然后带动发电机发电;不同的是,地热发电不像火力发电那样要备有庞大的锅炉,也不需要消耗燃料,它所用的能源就是地热能。地热发电的示意图如图 6-4 所示。

表 6-2 不同级别燃料电池的应用领域

发电容量级别	应用领域
1 W级	小型便携式电源，如数码相机、笔记本电脑、手机等
10 W级	便携式电源，如应急作业灯、警用装备、军用野外作战装备等
100 W级	电动自行车、摩托车的动力源、小型服务器、UPS等
1 kW级	各种移动式动力源，如家庭电源、野外作业动力源等
10 kW级	电动车动力源，中型通信站后备电源
100 kW级	舰艇、潜艇、公共汽车等交通工具的动力源，小型移动电站
1 MW以上级	局域分布式电站，集中式并网电站，大型舰船潜艇动力电源

要利用地下热能，首先需要有载热体把地下的热能带到地面上来。目前能够被地热站利用的在热体，主要是地下的天然蒸汽和热水。按照载热体类型、温度、压力和其他特性的不同，可把地热发电的方式划分为地热蒸汽发电和地下热水发电两大类。此外，还有正在研究试验的高温干热岩体和岩浆发电技术。

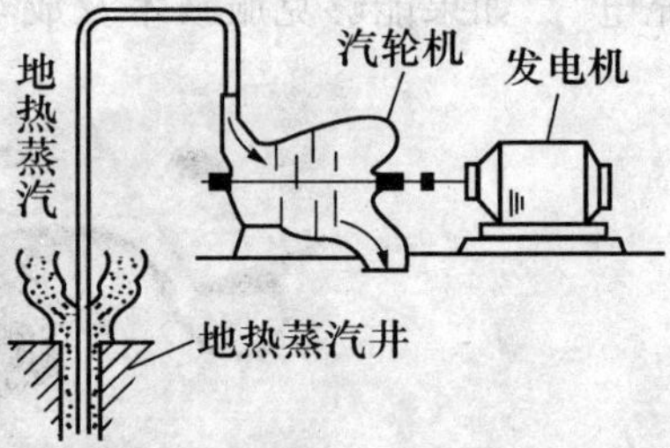

图 6-4 地热发电示意图

(一)地热蒸汽发电

地热蒸汽发电是把蒸汽田中的干蒸汽直接引入汽轮发电机组发电，但在引入发电机组前应把蒸汽中所含的岩屑和水滴分离出去。这种发电方式最为简单，但干蒸汽地热资源十分有限，且多于较深的地层，开采难度大，故发展受到限制。主要有背压式和凝汽式两种发电系统。

(二)地下热水发电

地下热水发电是地热发电的主要方式。利用地下热水发电不像利用地热蒸汽那样方便，因为地热蒸汽发电时，蒸汽既是载热体，又是工作流体。而地下热水中的水，按照常规的发电方法，是不能送入汽轮机中做功的。地下热水发电有两种方式：一种是直接利用地下热水所产生的蒸汽进入汽轮机工作，叫做闪蒸地热发电系统；另一种是利用地下热水来加热某种低沸点工质，使其产生蒸汽进入汽轮机工作，叫做双循环地热发电系统。

(三)高温干热岩体发电

高温岩体发电的方法是打两口深井至地壳深处的干热岩层，一口为注水井，另一口为生产井。首先用水压破碎法在井底形成渗透性很好的裂隙带，然后通过注水井将水从地面注入高温岩体中，使其加热后再从生产井抽出地表进行发电。发电后的废水再通过注水井回灌至地下形成循环。

(四)岩浆发电

岩浆发电就是把井钻到岩浆，直接获取岩浆中所蕴含的热量。这一方式在技术上是否可行，是否能把井钻至高温岩浆，人们一直在探讨之中。到目前为止，从岩浆中提取热量，只进行了理论研究。

六、潮汐能发电技术

潮汐发电就是利用海水涨落及其所造成的水位差来推动水轮机，将潮汐的动能和位能通过水轮机变成机械能，再由水轮机带动发电机来发电，将机械能转变为电能。其发电原理与一般的水力发电差别不大。不过，一般的水力发电的水流方向是单向的，而潮汐发电则不同。涨潮和落潮时可从不同的方向冲击水轮机旋转，从而带动发电机发电。

潮汐发电按能量形式的不同可分为两种：一种是利用潮汐的动能发电，就是利用涨落潮水的流速直接冲击水轮机发电；另一种是利用潮汐的势能发电，就是在海湾或河口修筑拦潮大坝，利用坝内外涨、落潮时的水位差来发电。与普通水力发电比较，潮汐发电没有明显的季节性，但却有固定的周期性。

第三节　我国新能源的现状与发展

一、可再生能源发展总体情况

2006 年《中华人民共和国可再生能源法》施行以来，我国可再生能源的发展进入了一个新的历史阶段，各类可再生能源产业发展迅速。到 2008 年年底，水电累计装机总容量达到 1.72×10^{8} kW，年发电量达到5 600多亿 kW 时，占到全部发电量的 16%。2008 年新增风电装机容量约 650×10^{4} kW，累计风电总装机容量达到了1 215$\times10^{4}$ kW。光伏电池产品的生产能力显著提高，已达到年产 400×10^{4} kW

光伏电池的能力，实际产量260×10^4 kW，已成为世界第一大光伏电池生产国。太阳能热水器年产能力已达到$4\,000\times10^4$ m^2，累计太阳能热水器使用量超过1.25×10^8 m^2，占世界太阳能热水器总使用量的60%以上。生物质能开发利用也有较大发展，其中户用沼气池达到2 800多万口，大中型沼气设施达到8 000多处，沼气年利用量达到约120×10^8 m^2。

二、各种可再生能源开发利用的基本情况

(一)水能

根据2003年全国水能资源复查成果，全国水能资源技术可开发装机容量为5.42×10^8 kW，年发电量2.47×10^{12} kW·h；经济可开发装机容量为4×10^8 kW，年发电量为1.75×10^{12} kW·h，按经济可开发年发电量重复使用100年计算，水能资源占我国常规能源剩余可采储量的40%左右，仅次于煤炭。到2008年年底，全国水电总装机容量达到1.72×10^8 kW，占全国总发电装机容量的21.7%，年发电量为$5\,633\times10^8$ kW·h，占全国总发电量的16.3%。其中小水电约$5\,700\times10^4$ kW，年发电量约为$1\,900\times10^8$ kW·h，担负着全国近1/2国土面积、1/3县、1/4人口的供电任务。我国水电勘测、设计、施工、安装和设备制造均达到国际水平，已形成完备的产业体系。今后水电发展的主要问题是流域生态破坏及其相关社会影响。

(二)生物质能

生物质能包括农作物秸秆、林业剩余物、油料植物、能源作物、生活垃圾和其他有机废弃物。目前，每年可作为能源使用的农作物秸秆资源量约为1.5×10^8 tce，林业剩余物资源量约为2×10^8 tce，小桐籽(麻风树)、油菜籽、蓖麻、漆树、黄连木和甜高粱等油料作物和能源作物潜在种植面积，理论上可满足年产$5\,000\times10^8$ t生物液体燃料的原料需求。工业有机废水和禽畜养殖场废水资源量，理论上可以生产沼气近800×10^8 m^3。

到2008年年底，全国生物质发电装机容量315×10^4 kW，其中蔗渣发电170×10^4 kW，碾米厂稻壳发电5×10^4 kW，城市垃圾焚烧发电40×10^4 kW，秸秆、林木废弃物发电60×10^4 kW，此外还有一些规模不大的生物质气化发电的示范工程项目。

到2008年年底，全国已经建设农村户用沼气池2 800多万口，畜禽养殖场和工业废水沼气工程达到8 000多处，年产沼气约120×10^8 m^3。

(三)风力发电

我国幅员辽阔,海岸线长,风能资源比较丰富。风能资源总量约为 32×10^8 kW,初步估算可开发利用的风能资源约 10×10^8 kW。风能资源丰富的地区主要分布在东南沿海及附近岛屿,内蒙古、新疆和甘肃河西走廊,东北、西北、华北和青藏高原的部分地区。我国的并网风电从 20 世纪 80 年代开始发展,“十五”期间,风电发展非常迅速,总装机容量从 2000 年的 35×10^4 kW 增长到 2008 年的 $1\,215\times10^4$ kW,年均增长率达到 55%。风电装机容量在 2004 年位居世界第 10,到 2008 年年底上升为世界第 4 位。当前风电发展面临从上网电价、电网建设到国内风电设备制造等一系列问题。

(四)光伏风电

我国太阳能较丰富的区域占国土面积 2/3 以上,年辐射量超过 60×10^8 J/ m²,每年地表吸收的太阳能大约相当于 1.7×10^{12} tce 的能量,具有良好的太阳能利用条件,特别是西北、西藏和云南等地区,太阳能资源尤为丰富。2008 年年底,年产光伏电池 260×10^4 kW,国内装机 4×10^4 kW,形成累计太阳能光伏发电容量为 15×10^4 kW,其中 55% 为独立太阳能光伏发电系统,用于解决电网覆盖不到的偏远地区居民用电问题,此外,通信等工业领域和光伏消费品的市场份额也在增长。

(五)太阳能热利用

目前最广泛应用的技术是太阳能热水器,主要用于提供生活洗浴热水,为提高中小城市居民的生活质量发挥了重要作用。到 2008 年,我国太阳能热水器累计安装集热面积达到 $1\,250\times10^6$ m²,2008 年产量 31×10^6 m²,使用量和年产量均占世界总量的一半以上。近年来,随着与建筑结合技术水平的不断提高,我国建设完成了一批太阳能热水器与建筑结合项目,太阳能热水器与房地产项目同步设计、同步施工、同步验收的理念逐步被建筑行业所接受。除了太阳能热水器外,我国正在开发和扩大太阳能热利用的领域,包括太阳能供暖、制冷空调、海水淡化、工业加热等诸多领域,已经开始前期的研究和示范系统建设工作。

(六)地热能利用

地热能利用可分为发电利用和直接利用两个方面。我国高温地热资源地区分布有限,主要集中在西藏、云南的横断山脉一线,已经进行了资源勘探和开发的地区,主要集中在西藏的羊八井和云南的腾冲。目前全国地热直接利用正以强劲势头向规模化、产业化方向健康地发展。据统计，至 2004 年我国直接利用地热热能 12 604.4 GW·h，设备容量3 687 MW，分别居世界第 1 和第 3 位。2006 年我国开采地热水 4.60×10^8 m^3，相当于3 239 MW_t，利用能量达11 426 GW·h；如果加上地源热泵的利用，总利用量达16 187 GW·h，等于 58.3×10^{15} J，相当于 253×10^4 tce。全年就减排 CO_2 603×10^4 t；减排 SO_2 15.18×10^4 t。

(七)海洋能利用

海洋能主要包括潮汐能、波浪能、海流能等。我国已经建设了 8 座潮汐电站，近期正在探讨新的潮汐发电方式，进行技术研究和示范。此外，近年来我国波浪能开发利用技术发展较快。自“七五”开始，我国在波浪能转换效率、波浪能稳定输出和波浪能装置建造技术上都有了显著的提高。2004 年，我国研制的波浪能独立发电系统，在实验室成功地将平均功率 8 kW、波动值为 8 kW 的不稳定液压能转换为稳定的电能。截至 2008 年年底，我国已拥有 100 kW、20 kW 岸式振荡水柱波能装置各一座、700 余个 1 kW 以下装置。

三、中国新能源与可再生能源的发展前景

新能源与可再生能源是中国能源优先发展的领域。新能源与可再生能源的开发利用，对增加能源供应、改善能源结构、促进环境保护具有重要作用，是解决能源供需矛盾和实现可持续发展的战略选择。

中国已经颁布《可再生能源法》，制定了可再生能源发电优先上网、全额收购、价格优惠及社会公摊的政策。建立了可再生能源发展专项资金，支持资源调查、技术研发、试点示范工程建设和农村可再生能源开发利用。国务院 2007 年审议通过了《可再生能源中长期发展规划》，提出到 2020 年我国可再生能源在能源结构中比例争取达到 16%，具体来讲，水电总装机容量将达到 2.9 亿 kW，开发程度达到 70%左右，生物质发电达到 2 000 万 kW，风力发电达到 3 000 万 kW，太阳能发电达到 200 万 kW，力争使可再生能源发电装机占总电力装机容量的比例达到 30%以上。中国将推进水电流域梯级综合开发，加快大型水电建设，因地制宜开发中小型水电，适当建设抽水蓄能电站。推广太阳能热利用、沼气等成熟技术，提高市场占有率。积极推进风力发电、生物质能和太阳能发电等利用技术，将建设若干个百万千瓦级风电基地，以规模化带动产业化。积极落实可再生能源发展的扶持和配套政策，培育持续稳定增长的可再生能源市场，逐步建立和完善可再生能源产业体系和市场及服务体系，促进可再生能源技术进步和产业发展。中国新能源与可再生能源的发展前景美好，到 21 世纪中叶将有可能逐步发展成为重要的替代能源。

能源是国民经济的命脉，随着常规能源资源的日益枯竭以及大量利用化石能源带来的一系列环境问题，人类必须寻找可持续的能源道路，开发利用新能源无疑是出路之一。新能源的理论研究、技术开发、能源材料的探索、新能源经济的研究等已成为当前众多研究热点中的亮点，新能源学科系统正逐步形成。

新能源的发展在我国处于刚刚起步阶段，面临诸多的科学攻关和成果转化等问题。目前该领域并无明确的一级学科，而所涉及的内容，却牵扯到电气工程、生物、化学、物理、能源动力、材料科学、环境等多个学科。可再生能源领域的学科发展融合性大、学科交叉和互补性很强，发展新能源开发，开展可再生能源科学研究，需要整合多学科的力量。如果各自为战，新能源研究很难取得突破；而学科交叉，才能催生出新的研究领域和成果。

第七章

新能源发电基本理论和方法

18～19世纪，伏打、安培、麦克斯韦、爱因斯坦等一大批科学家的发现、发明，奠定了电力世界的基础。如今，电力已成为现代生产不可或缺的动力，已与现代生活密不可分。电能是电流或带电物质的能量，它是和电子流动与积累有关的一种能量。大多数电能的生产过程的共同点是由原动机将各种形式的一次能源转换为机械能，再驱动发电机发电。但太阳能光伏发电，燃料电池则是直接将一次能源转换为电能。本章主要介绍新能源发电的基本原理，包括电磁感应、光生伏打效应和化学反应发电原理；并重点介绍了风力发电、太阳能光伏发电、燃料电池的基本理论与方法。

第一节　发电原理

一、电磁感应定律

目前，除了燃料电池和光伏发电外，其他主要发电形式的发电原理都是根据电磁感应定律来发电的，如蒸汽、燃气、水或空气流经涡轮叶片产生旋转转矩来发电。

发电机的功能就是把涡轮的旋转转化为电力，发电机的基本原理基于 1831 年法拉第提出的电磁感应定律。

定律表明：当穿过导电回路所限定的面积中的磁通发生变化时，在该导电回路中就产生感应电势及感应电流，如图 7-1 所示。感应电势的大小正比于磁通对时间的变化率，其真实方向可由楞次定律确定。楞次定律指出：感应电势及其所产生的电流总是企图阻止与回路相交链的磁通的变化。

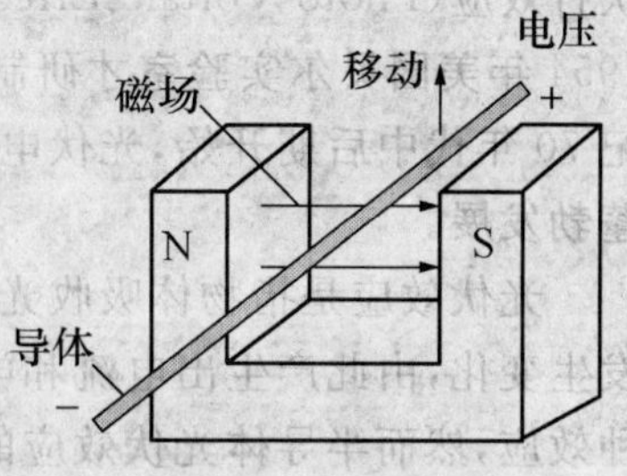

图 7-1　电磁感应定律示意图

实际上，回路中磁通的变动可以分三种情况：其一，导电回路或部分导电回路和恒定磁场有相对运动（这可用构成回路的导线切割磁力线来形象地说明）。其二，导电回路虽不运动但与该回路相交链的磁通却随时间而变，由此引起的电势在工程上称为变压器电势。其三，是上述两种情况复合，这时回路中的感应电势应表示成两部分的总和。

虽然电磁感应现象是在导电回路的情况下发现的，但感应电势的大小和构成导电回路的材料的电导率无关；其后，麦克斯韦将电磁感应定律的使用范围推广到非导电回路甚至任何假想回路的情况。回路可在介质中，也可在真空中，只要穿过由它所限定面积中的磁通发生变化，沿着该回路将产生感应电势。

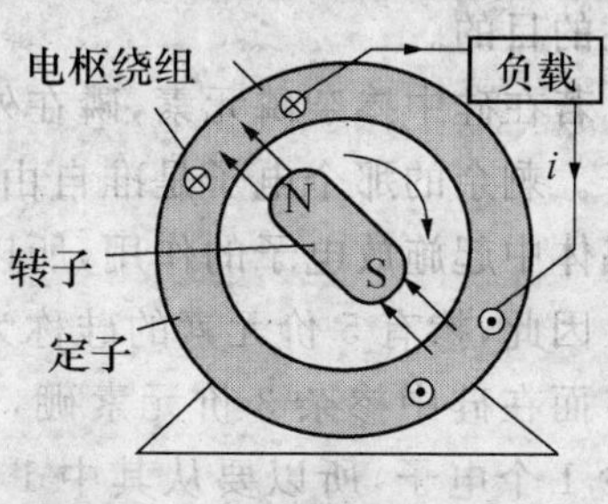

图 7-2　发电机原理示意图

图中电枢绕组上“×”表示电流流向纸内，“·”表示电流从纸面流出

简单地讲，发电机实际上就是设计各组件，使得磁场和导体之间产生相对位移，从而感应出电动势。感应出电流的导体，称为电枢。大多数发电机的电枢绕组安装在发电机的定子部分，而所需的相对位移是由旋转磁场产生的，如图 7-2 所示。

二、光生伏打效应

（一）光生伏打效应的概念

光伏发电是基于半导体的光生伏打效应，将太阳光辐射直接转换为电能的一种发电形式。太阳能光伏发电的能量转换器就是太阳能电池，也叫光伏电池。早在1839年，法国科学家贝克勒尔(A. E. Becqurel)发现，用两片金属浸入溶液构成的伏打电池，受到阳光照射时会产生额外的伏打电动势，他把这种现象称为“光生伏打效应(Photo Voltaic Effect)”，简称“光伏效应”。然而，直到一个多世纪后的1954年美国贝尔实验室才研制成功了第一个单晶硅光伏电池(Solar Cell)。20世纪70年代中后期开始，光伏电池技术不断完善，成本不断降低，带动了光伏产业的蓬勃发展。

光伏效应是指物体吸收光能后，其内部能传导电流的载流子分布状态和浓度发生变化，由此产生出电流和电动势的效应。在气体、液体和固体中均可产生出这种效应，然而半导体光伏效应的效率最高。

(二)半导体基础

太阳能电池是以半导体为基础的一种具有能量转换功能的半导体器件。至今为止，与集成电路一样，占绝对主导市场的太阳能电池也是以硅材料为主的。下面就以硅材料为例介绍太阳能光伏发电的原理。

纯硅是半导体，即是与具有良好导电性的金属(银、铜、铝等)相比导电率很低的材料。硅原子在外电子层具有4个电子，即本质上决定物理性能和化学性能的价电子。通过用杂质原子，如加入磷或者硼有控制的掺杂，就可以达到改变纯硅导电性的目的。

若在硅中掺杂磷元素，磷在外电子层有5个价电子，与硅晶体键合仅需要4个电子。剩余的那个电子是准自由的，在晶体中能够移动而形成电流。由于磷原子在晶体中起施放电子的作用，所以把磷等5价元素称为施主型杂质，也叫做n型杂质。因此，掺有5价元素的硅称为n型硅。

而在硅中掺杂3价元素硼，其外电子层有3个价电子，当硼和硅键合时，还缺少1个电子，所以要从其中1个硅原子的价键中获取1个电子来填补。这样，就在硅中产生了1个空位，称为“空穴”。一个空穴的行为与n型导电硅中的多余电子完全类似：它在晶体中移动并形成电流。严格地讲，并不是空穴移动，而是一个电子从相邻键合处跳到空穴处，而在它原来的位子形成一个空穴，这个空穴的运动方向与电子相反。而硼原子由于接受了1个电子而称为带负电的硼离子，硼原子在晶体中起接受电子而产生空穴的作用，所以叫做受主型杂质，也叫做p型杂质。类似地人们称这样掺杂的硅为p型硅。图7-3是n型硅和p型硅晶体结构示意图。

当p型硅和n型硅相接，将在晶体中p型和n型硅之间形成界面，即p-n结。p-n结附近的电子和空穴将发生扩散运动：n型区域中的电子向p型区域扩散，相对于 p 型区域的空穴向 n 型区域扩散。p－n 结是半导体器件，也是太阳能电池的核心。

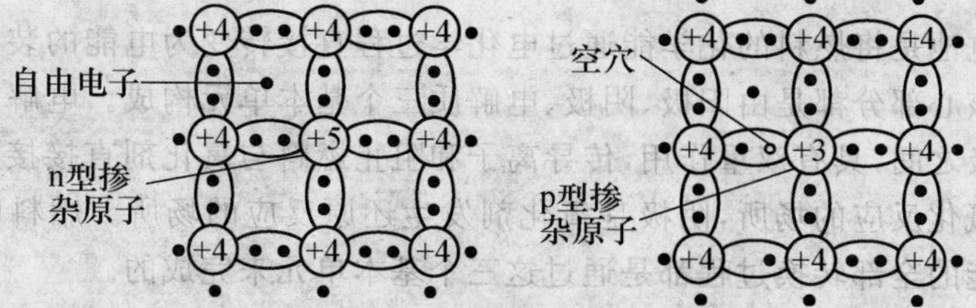

图 7－3　n 型硅和 p 型硅晶体结构示意图

（三）太阳能光伏发电原理

太阳能电池的基本结构就是一个大面积屏幕 p－n 结。由于在结区附近电子和空穴互相扩散，从而在结区形成一个由 n 区指向 p 区的内建电场。

如果光线照射在太阳能电池上并且光在界面层被吸收，被吸收的光能激发被束缚的高能级状态下的电子，产生电子－空穴对，在 p－n 结的内建电场作用下，电子、空穴相互运动（图 7－4），n 区的空穴向 p 区运动，p 区的电子向 n 区运动，使太阳能电池的受光面由大量负电荷（电子）积累，而在电池的被光面有大量正电荷（空穴）积累。这个过程也就是上面所说的光生伏打效应。若在电池两端接上负载，只要太阳光照不断，负载上就一直有电流通过，如此就实现了光电转换。在这种发电过程中，太阳能电池本身既不发生任何化学变化，也没有机械磨耗；在使用过程中，无噪声，无气无味，对环境无污染。

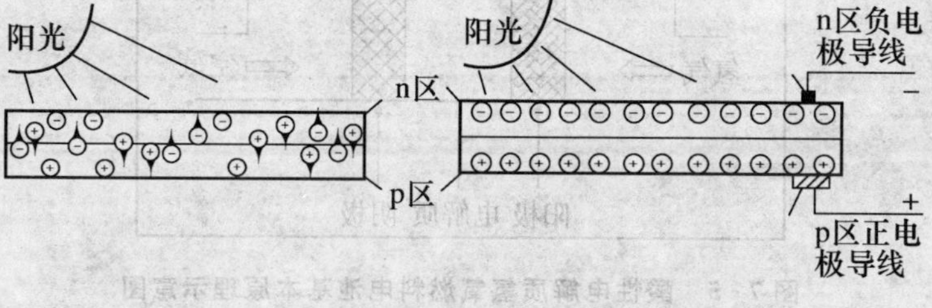

图 7－4　太阳能光伏发电的工作原理示意图

在光照条件下，只有具有足够能量的光子进入 p-n 结区附近才能产生电子－空穴对。对于晶体硅太阳能电池来说，太阳光谱中波长小于 1.1 μm 的光线都可以产生光伏效应。不同材料的太阳能电池，尽管光谱相应的范围是不同的，但光电转换的原理是一致的。

三、化学反应

燃料电池是将燃料的化学能通过电化学过程直接转变为电能的装置。所有燃料电池的核心部分都是由阳极、阴极、电解质三个基本单元构成。电解质通常介于阳极和阴极之间，具有双重作用，传导离子和阻止燃料与氧化剂直接接触。阳极是燃料发生氧化反应的场所，阴极是氧化剂发生还原反应的场所。燃料电池中从化学能到电能的全部转换过程都是通过这三个基本单元来完成的。

燃料电池一般以电解质的材料命名，不同电解质的燃料电池，产生的电化学反应不尽相同，但基本工作原理是类似的。以酸性电解质的氢氧燃料为例来说明燃料电池的工作原理。如图 7-5 所示，氢气作为燃料被连续地输送到燃料电池的阳极，在阳极的催化剂的作用下，发生电化学氧化反应(阳极反应)，其式为：

$$H_2 \rightarrow 2H^+ + 2e^- \ (E^0 = 0\ V) \tag{7-1}$$

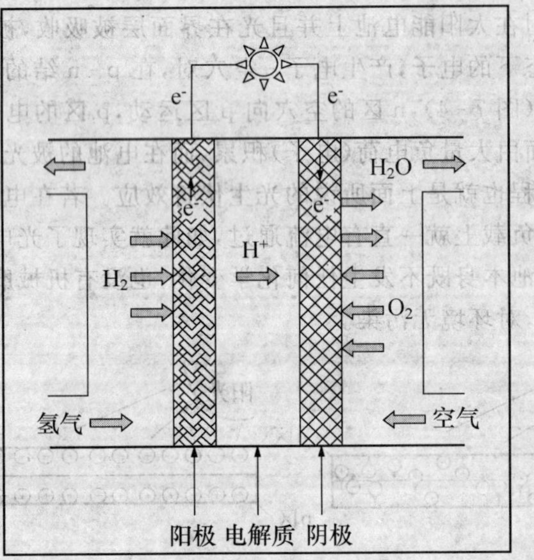

图 7-5　酸性电解质氢氧燃料电池基本原理示意图

生成质子，同时释放出两个自由电子。质子通过酸性电解质从阳极传递到阴极，自由电子则通过电子导体从阳极流经负载后运动到阴极。在阴极上，氧气在催化剂的作用下，发生电化学还原反应(阴极反应)，其式为

$$O_2 + 2H^+ + 2e^- \rightarrow H_2O \quad (E^0 = 1.23\ V) \tag{7-2}$$

即与从电解质传递过来的质子和从外电路传递过来的电子结合生成水分子。总的电池反应为：

$$H_2 + O_2 \rightarrow H_2O \quad (E^0 = 1.23\ V) \tag{7-3}$$

这一过程显然与氢气和氧气的燃烧反应是一样的。但是发生燃烧反应时，氢气与氧气直接接触，释放出的是热能。而在燃料电池中，氢气和氧气并无直接接触，它们的氧化和还原在各自的电极上进行，由于两个电极反应的电势不同，从而在两个电极间产生电势差，其推动电子从电势低的阳极向电势高的阴极流动，并释放出电能。这一过程就和水从高处流往低处时势能转化为动能是一个道理。从燃料电池的工作原理可以看出，燃料电池是一个能量转化装置，只要外界源源不断地提供燃料和氧化剂，燃料电池就能持续发电。

从燃料电池的工作原理不难发现，可以作为燃料电池的燃料和氧化剂的物质有很多种。但目前常用的燃料是氢气，氧化剂是来自空气中的氧气。原因主要是氢气电化学氧化反应快，空气无成本且可直接取自电池周围的环境中；电池的唯一排放物为水，从而实现零污染排放，符合当今对洁净能源转换技术的要求。但是自然界中并不存在氢气，氢以化合物的形式存在于水、石油、天然气等之中。如何能够从这些物质中经济环保的提取氢气，对燃料电池技术的大规模应用是非常重要的。

第二节　风能发电的基本理论

一、风能的计算

(一)风能公式

风能利用是将流动的空气拥有的动能转换为其他形式的能量，因此计算风能的大小也就是计算流动空气所具有的动能。由流体力学可知，气流的动能为

$$E = \frac{1}{2}mv^2 \tag{7-4}$$

式中，m 为气体的质量，kg；v 为气体的速度，m/s。

设单位时间内气流流过截面积为 A，气体的体积为 V，则

$$V = Av \tag{7-5}$$

如果以 ρ 为空气密度，该体积的空气质量为

$$m = \rho V = \rho A v \tag{7-6}$$

这时气流所具有的动能为

$$E = \frac{1}{2}\rho A v^3 \tag{7-7}$$

式(7－7)为风能的表达式。在国际单位制中，ρ 的单位是 kg/m^3；V 的单位是 m^3；v 的单位是 m/s；E 的单位是 W。

从风能公式可以看出，风能的大小与气流密度和通过的面积成正比，与气流速度的立方成正比。其中 ρ 和 v 随地理位置、海拔、地形等因素而变化。

流动的空气所具有的动能在通过风力机转化为其他形式的能量时，还有一个转化率的问题，最理想的转化率 C_P(它为风力机的功率系数)与风能的乘积即为理论可用风能。最理想条件下 C_P 仅仅为 0.593。

(二)风能密度

为了评价一个地区风能的大小，风能密度是最有价值和最为方便的量。风能密度是流动空气在单位时间内垂直流过单位截面积的风能。即

$$w = \frac{1}{2}\rho v^3 \tag{7-8}$$

式中，w 为风能密度，单位为 $N \cdot m/(s \cdot m^2)$，即 W/m^2。

由于风速是一个随机性很大的量，必须通过一定长度的观测来了解它的平均状况。因此在一段时间长度内的平均风能密度，可以将式(7－8)对时间积分后平均，即计算出平均风能密度 $\overline{w}$。

$$\overline{w} = \frac{1}{T}\int_0^T \frac{1}{2}\rho v^3 \tag{7-9}$$

(三)有效可用风能

由于风力机需要根据一个确定的风速来确定风力机的额定功率，这个风速称为额定风速。风力工程中，把风力机开始运行做功时的这个风速称为启动风速或切入风速。大到某一极限风速时，风力机就有损坏的危险，必须停止运行，这一风速称为停机风速或切出风速。因此，在统计风速自励计算风能潜力时，必须考虑这两种因素。通常将切入风速到切出风速之间的风能称为有效风能。

如图 7－6(a)所示，当风速由微速增加到"启动风速"v_m 时，风力机才开始做功。并且，在这一风速下，风轮轴上的功率等于整机空载时自身消耗的功率，风力机还不能对用户输出功率。之后，风速继续增加，风力机开始对外界输出功率，达到"额定风速"v_N 时，风力机输出额定功率。高于这个风速，由于调节系统控制，风

力机的功率一般将保持不变。如果风速继续增加，达到“停机风速”v_M，为了保证机组的安全，超过这个风速必须停机，风力机不再输出功率。

考虑到这些因素的制约，最终使用有效可用风能如图 7-6(b)阴影部分面积所示。实用中将阴影部分面积值(单位为 $kW \cdot h/m^2$)乘以风力机的效率 η，就得到真正可用的风能。

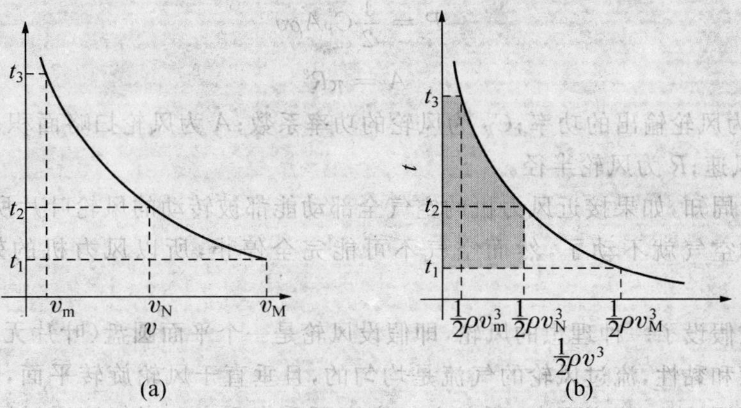

图 7-6　风速与风能密度的分布

(四)年平均有效风能密度

年平均有效风能密度 $\overline{w}_e$ 是指一年中有效风速 $v_m \sim v_N$ 范围内的风能平均密度，它的计算式为

$$\overline{w}_e = \int_{v_m}^{v_N} \frac{1}{2}\rho v^3 p'(v) \mathrm{d}v \tag{7-10}$$

式中，$p'(v)$为有效风速范围内风能密度的条件概率分布函数，即在 $v_m \leqslant v \leqslant v_N$ 风速范围条件下，发生的风能密度的概率。依条件概率的定义，存在以下关系：

$$p'(v) = \frac{p(v)}{p(v_m \leqslant v \leqslant v_N)} = \frac{p(v)}{p(v \leqslant v_N) - p(v \leqslant v_m)} \tag{7-11}$$

二、风力机的功率

风的动能与风速的平方成正比。当一个物体使流动的空气速度变慢时，流动的空气中的动能部分转变成物体上的压力能，整个物体上的压力就是作用在这个物体上的力。

功率是力和速度的乘积，这也可以用于风轮的功率计算。因为风力与速度的平方成正比，所以风的功率与速度的三次方成正比。如果风速增加 1 倍，风的功率便增加 8 倍。这在风力机设计中是一个很重要的概念。

风力机的风轮是从空气中吸收能量的，而不是像飞机螺旋桨那样，把能量投入空气中去。所以当风速加倍时，风轮从气流中吸收的能量增加 8 倍。在确定风力机的安装位置和选择风力机型号时，都必须考虑这个因素。

风轮从风中吸收的功率可以用式 7 - 12 表示，即

$$P = \frac{1}{2}C_P A\rho v^3 \tag{7-12}$$

$$A = \pi R^2 \tag{7-13}$$

式中，P 为风轮输出的功率；C_P 为风轮的功率系数；A 为风轮扫略面积；ρ 为空气密度；v 为风速；R 为风轮半径。

众所周知，如果接近风力机的空气全部动能都被转动的风轮叶片所吸收，那么风轮后的空气就不动了，然而空气不可能完全停止，所以风力机的效率总是小于 1。

贝兹假设了一种理想的风轮，即假设风轮是一个平面圆盘(叶片无穷多)，空气没有摩擦和黏性，流过风轮的气流是均匀的，且垂直于风轮旋转平面，气流可以看做是不可压缩的，速度不大，所以空气密度可看作不变。当气流通过圆盘时，因为速度下降，流线必须扩散。利用动量理论，圆盘上游和下游的压力是不同的，但在整个盘上是个常量。实际上假设现代风力机一般具有 2～3 个叶片的风轮，用一个无限多的薄叶片的风轮所替代。

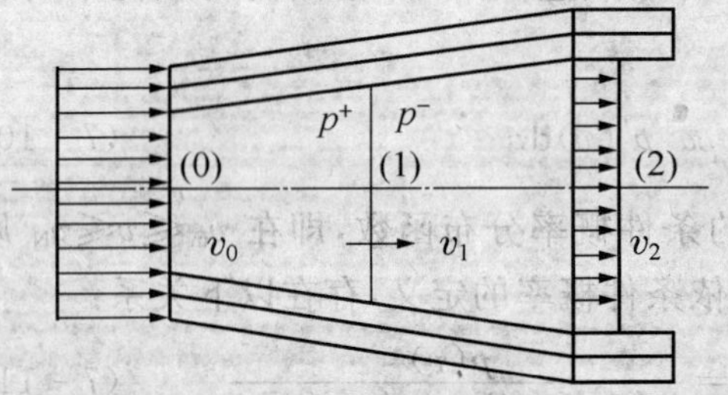

图 7 - 7　理想风轮的气流模型

在图 7 - 7 所示的流管中，远前方(0)、风轮(1)和远后方(2)的流量是相同的，所以

$$M = \rho A_0 v_0 = \rho A_1 v_1 = \rho A_2 v_2 \tag{7-14}$$

作用在圆盘上的力 F 可由动量变化来确定，即

$$F = M(v_0 - v_2) \tag{7-15}$$

风轮所吸收的功 W 可用动量变化的速率来确定，即

$$W = \frac{1}{2}M({v_0}^2 - {v_2}^2) \tag{7-16}$$

在圆盘上，F 力以 v_1 速度做功，所以

$$W = Fv_1 \tag{7-17}$$

由式(7 - 15)、式(7 - 16)、式(7 - 17)得

$$v_1 = \frac{1}{2}(v_0 + v_2) \tag{7-18}$$

现在引进下游速度因子 b，其计算公式为

$$b = \frac{v_2}{v_0} \tag{7-19}$$

利用式(7 - 17)、式(7 - 16)和式(7 - 14)，可得

$$\frac{F}{A_1} = \frac{1}{2}\rho v_0{}^2(1-b^2) \tag{7-20}$$

然后利用式(7 - 17)和式(7 - 18)，得

$$\frac{W}{A_1} = \frac{1}{2}\rho v_0{}^3 \times \frac{1}{2}(1-b^2)(1+b) \tag{7-21}$$

功率系数定义为风轮吸收的能量和总能量之比，即

$$C_P = \frac{W}{W_1} \tag{7-22}$$

因为

$$W_1 = \frac{1}{2}\rho A_1 v_0{}^3 \tag{7-23}$$

所以

$$C_P = \frac{1}{2}(1-b^2)(1+b) \tag{7-24}$$

把 C_P 对 b 微分，当 $b=\frac{1}{3}$ 时，C_P 最大，$C_P=\frac{16}{27}\approx 59\%$，这就是贝兹极限。它表示风轮可达的最大效率。

实验数据表明：二叶片的风轮旋转速度越快，风轮效率越高，尖速比为 5 或 6 时，效率可达 0.47。同样，达里厄式风轮在尖速比为 6 时，最大效率为 0.35。其他一些风轮的效率如图 7 - 8 所示。

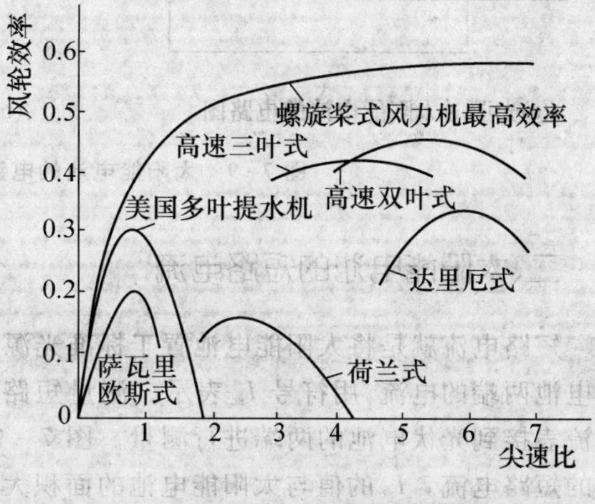

图 7 - 8　几种典型风轮的效率

第三节　太阳能发电的基本理论

一、太阳能电池等效电路

太阳能电池的电路及等效电路如图 7－9 所示。其中，R_L 为电池的外负载电阻；R_s 为串联电阻，它主要由电池的体电阻、表面电阻、电极导体电阻、电极与硅表面间接触电阻组成；R_{sh} 为旁漏电阻，它主要由电池表面污浊和半导体晶体缺陷引起的漏电流所对应的 p－n 结漏泄电阻和电池边缘的漏泄电阻组成。一个理想的太阳能电池，串联的 R_s 很小、并联的 R_{sh} 很大。由于 R_s 和 R_{sh} 分别串联和并联在电路中，所以在进行理想的电路计算时，它们可以忽略不计。

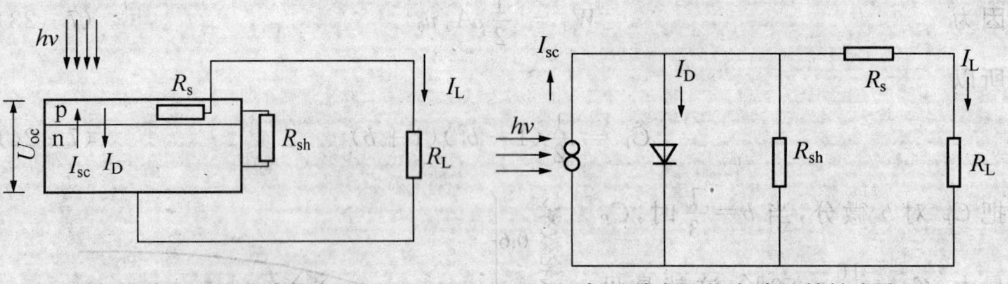

(a)光照时太阳能电池的电路图　　(b)光照时太阳能电池的等效电路图

图 7－9　太阳能电池的电路及等效电路

二、太阳能电池的短路电流

短路电流就是将太阳能电池置于标准光源照射下，在输出端短路时，流过太阳能电池两端的电流，用符号 I_{sc} 表示。测量短路电流的方法是，用内阻小于 1 Ω 的电流表接到光伏电池的两端进行测量。图 7－9 中，当 $R_L=0$ 时，所测的电流为电池的短路电流。I_{sc} 的值与太阳能电池的面积大小有关，面积越大，I_{sc} 值越大。一般来说，1 cm^2 硅太阳能电池的 I_{sc} 值均为 16～30 mA。同一块太阳能电池，其 I_{sc} 与入射光的辐照度成正比；当环境温度升高时，I_{sc} 值也会略有上升，一般来讲温度每升高 1℃，I_{sc} 值上升 78 μA。

三、太阳能电池的开路电压

开路电压是把光伏电池置于 100 mW/cm² 的光源照射下，在两端开路时，太阳能电池的输出电压值，用符号 U_{oc}表示。可用高内阻的直流毫伏计测量电池的开路电压。图 7 - 9 中，当 $R_L \to \infty$时，所测得的电压为电池的开路电压。太阳能电池的开路电压，与光谱辐照度有关，与电池面积的大小无关。在 100 mW/cm² 的光源照射下，硅太阳能电池的开路电压为 450～600 mV，最高可达 690 mV。当入射光谱辐照度变化时，太阳能电池的开路电压与入射光谱辐照度的对数成正比，当环境温度升高时，太阳能电池的开路电压值将下降，一般温度每上升 1℃，U_{oc}值下降 2～3 mV。

四、太阳能电池的伏 - 安特性

I_D(二极管电流)为通过 p - n 结的总扩散电流，其方向与 I_{sc}相反。在进行理想的电路计算时，R_s 和 R_{sh}可以忽略不计。此时，流过负载的电流为 I_L

$$I_L = I_{sc} - I_D \tag{7-25}$$

理想的 p - n 结特性曲线方程为

$$I_L = I_{sc} - I_D(e^{\frac{qU}{AKT}} - 1) \tag{7-26}$$

式中，I_D 为太阳能电池在无光照时的饱和电流，A；q 为电子电荷，C；K 为玻尔兹曼常数；T 为热力学温度，K；A 为常数因子(正偏电压大时 A 值为 1，正偏电压小时 A 值为 2)；e 为自然对数的底。

当 $I_L=0$ 时，电压 U 即为 U_{oc}，可用下式表示

$$U_{oc} = \frac{AKT}{q}\ln\left(\frac{I_{sc}}{I_D} + 1\right) \tag{7-27}$$

根据以上两式作图，可得到太阳能电池的电流 - 电压关系曲线，如图 7 - 10 所示。这个曲线，可简称为 I-U 曲线，或伏 - 安曲线。

图 7 - 10 中，曲线 1 是二极管的暗伏 - 安关系曲线，即无光照时太阳能电池的 I-U 曲线；曲线 2 是电池接受光照后的 I-U 曲线，它可由无光照时 I-U 曲线向第四象限位移 I_{sc}量得到。经过坐标交换，最后得到常用的光照太阳能电池的电流 - 电压特性曲线，如图 7 - 11 所示。

太阳能电池的电流 - 电压特性曲线显示了通过太阳能电池(组件)传送的电流 I_m 与电压 U_m 在特定的太阳辐照度下的关系。

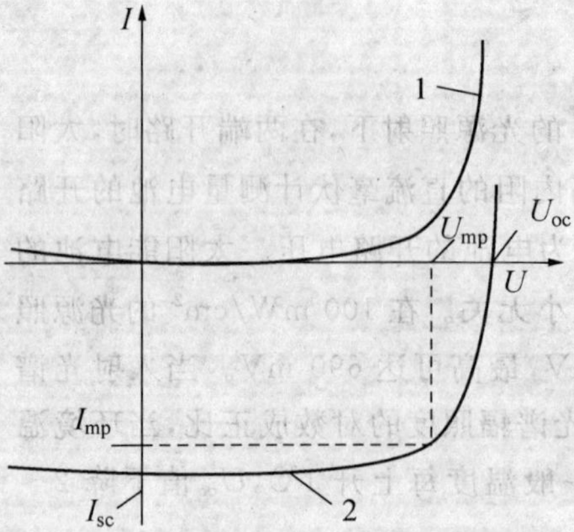

图 7-10 太阳能电池的电流-电压关系曲线

1. 未受光照；2. 受光照

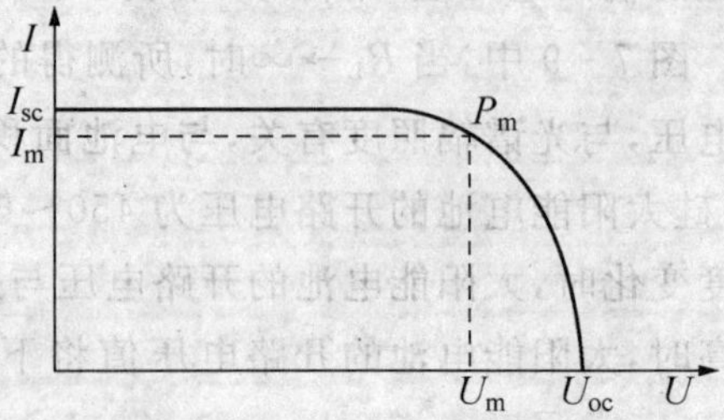

图 7-11 常用太阳能电池电流-电压特性曲线

I，电流；I_{sc}，短路电流；I_m，最大工作电流；

U，电压；U_{oc}，开路电压；U_m，最大工作电压；P_m，最大功率

如果太阳能电池（组件）电流短路，即 $U=0$，此时电流为短路电流 I_{sc}；如果电流开路，即 $I=0$，此时的电压为开路电压 U_{oc}。太阳能电池（组件）的输出功率等于流经该电池（组件）的电流与电压的乘积，即 $P=UI$。

当太阳能电池（组件）的电压上升时，如通过增加负载的电阻值或电池（组件）的电压从 0（短路条件下）开始增加时，电池（组件）的输出功率亦从 0 开始增加；当电压达到一定值时，功率可达到最大，这时当阻值继续增加时，功率将跃过最大点，并逐渐减少至 0，即电压达到开路电压 U_{oc}。电池（组件）输出功率达到最大的点，称为最大功率点；该点所对应的电压，称为最大功率点电压 U_m，又称最大工作电压；该点所对应的电流，称为最大功率点电流 I_m，又称为最大工作电流；该点的功率，则称为最大功率 P_m。

太阳能电池（组件）的输出功率取决于太阳辐照度、太阳光谱分布和太阳能电池（组件）的工作温度，因此太阳能电池（组件）的测量需在标准条件（STC）下进行，测量标准被欧洲委员会定义为 101 号标准，其条件是：光谱辐照度，1 000 W/m^2；光谱，AM1.5；电池温度，25℃。在该条件下，太阳能电池（组件）所输出的最大功率被称为峰值功率，在以瓦为计量单位时称为峰瓦，用符号 W_p 表示。

五、太阳能电池的填充因子

太阳能电池的填充因子指太阳能电池最大功率与开路电压和短路电流乘积的比值，用符号 FF 表示，即

$$FF = \frac{U_m I_m}{U_{oc} I_{sc}} = \frac{P_m}{U_{oc} I_{sc}} \tag{7-28}$$

填充因子是评价太阳能电池输出特性好坏的一个重要参数，它的值越高，表明太阳能电池输出特性越趋近于矩形，电池的光电转换效率越高。

六、太阳能电池的光谱响应

太阳光谱中，不同波长的光具有的能量是不同的，所含的光子的数目也是不同的。因此，太阳能电池接受光照射所产生的光子数目也就不同。为反映太阳能电池的这一特性，引入了光谱响应这一参量。

太阳能电池在入射光中每一种波长的光的作用下，所收集到的光电流与相对于入射到电池表面的该波长光子数之比，称为太阳能电池的光谱响应，又称为光谱灵敏度。光谱响应有绝对光谱响应和相对光谱响应之分。

分析光伏电池的光谱响应，通常是讨论它的相对光谱响应，其定义是，当各种波长以一定等量的辐射光子束入射到光伏电池上，所产生的短路电流与其中最大短路电流相比较，按波长的分布求其比值变化曲线即为相对光谱响应。而绝对光谱响应指的是，当各种波长的单位辐射光能或对应的光子入射到光伏电池上，将产生不同的短路电流，按波长的分布求出对应短路电流变化曲线。

从图 7-12 所示的某一硅型光伏电池的相应光谱响应曲线可以看出，对于不同波长的入射太阳光之不同波长光分量，硅型光伏电池有不同的灵敏度，能够产生光生伏特效应的太阳辐射波长范围一般在 0.4～1.2 μm，不论是波长小于 0.4 μm 的太阳光分量辐射，还是波长大于 1.2 μm 的太阳光分量辐射，都不能使硅型光伏电池产生光生电流；而硅型光伏电池光谱响应最大灵敏度在 0.8～0.95 μm。

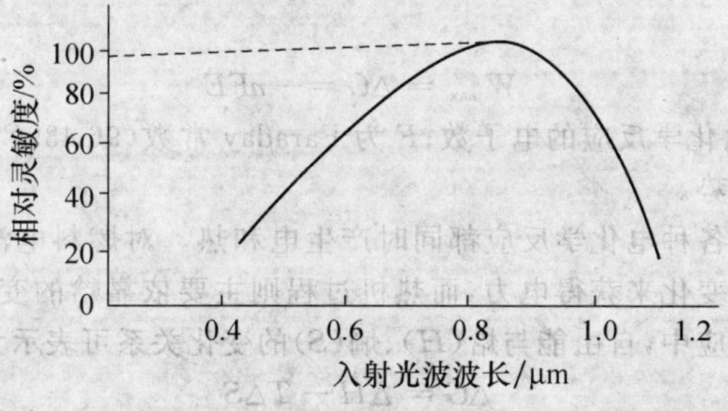

图 7-12 硅型光伏电池的相对光谱响应曲线

七、光电转换效率(输出效率)

太阳能电池的光电转换效率是指电池受光照时的最大输出功率与照射到电池上的入射光电功率 P_{in} 的比值,用符号 η 表示,即

$$\eta = \frac{U_m I_m}{P_{in}} = \frac{P_m}{P_{in}} \tag{7-29}$$

太阳能电池的光电转换效率是衡量电池质量和技术水平的重要参数,它与电池的结构、结特性、材料性质、工作温度、放射性粒子辐射损伤和环境变化等有关。目前硅太阳能电池的理论光电转换效率的上限值为33%左右,商品硅太阳能电池的光电转换效率一般为12%~15%,高效硅太阳能电池的光电转换效率可达18%~20%。

第四节 燃料电池发电的基本理论

燃料电池发电是一个电化学过程,它的发电效率取决于化学反应的吉布斯(Gibbs)自由能变换和反应热,不受卡诺循环的限制,可直接把燃料的化学能转化为电能,同时释放一些可利用的热量。

一、可逆热电动力过程

可逆热电动力过程,当体系处于可逆条件下时,即电极及电池的反应都是可逆的,本质上也就是无净电流通过时。在恒定的温度和压力下,电化学反应的吉布斯自由能变化量(ΔG)是燃料电池能获得的最大电功率(W_{max}),可以用式(7-30)表示:

$$W_{max} = \Delta G = -nFE \tag{7-30}$$

式中,n 为参与电化学反应的电子数;F 为 Faraday 常数(96 439C/mol 电子);E 为电池的可逆电动势。

燃料电池的各种电化学反应都同时产生电和热。对燃料电池来说,可以从化学反应的自由能变化来获得电力,而热机过程则主要依靠焓的变化来达到能量的转换。在化学反应中,自由能与焓(H)、熵(S)的变化关系可表示为

$$\Delta G = \Delta H - T\Delta S \tag{7-31}$$

电化学反应的理论发电效率可表示为

$$\eta = \frac{\Delta G}{\Delta H} \tag{7-32}$$

假定化学反应为

$$aA + bB \rightarrow cC + dD \tag{7-33}$$

实际运行状态下的反应自由能可表示为

$$\Delta G = \Delta G^0 + RT\ln\frac{[C]^c[D]^d}{[A]^a[B]^b} \tag{7-34}$$

实际运行状态下的电动势可表示为

$$E = E^0 + \frac{RT}{nF}\ln\frac{[C]^c[D]^d}{[A]^a[B]^b} \tag{7-35}$$

式中，R 为通用气体常数；[·]表示化学反应物与生成物的活性；G^0、E^0 分别为标准状态(25℃，1 个大气压)的吉布斯自由能和电池的可逆电动势。

因此，燃料电池的电动势取决于反应物和生成物的活性，反应物活性越强，生成物的活性越弱，产生的电动势就越大。反应温度的变化对燃料电池的电动势有很大的影响。图 7-13 表示燃料电池中三种主要反应的可逆电动势随温度的变化关系，可以看出，H_2 和 CO 的氧化反应产生的电动势随着温度的升高明显减小，而 CH_4 的氧化反应产生的电动势几乎不随温度变化。因此，高温燃料电池的开路电压比低温燃料电池低。在实际的燃料电池中，若燃料相同，则质子交换膜燃料电池(PEMFC)的开路电压较高，磷酸燃料电池(PAFC)的开路电压比熔融碳酸盐燃料电池(MCFC)高 0.15 V，MCFC 的开路电压比固体氧化物燃料电池(SOFC)

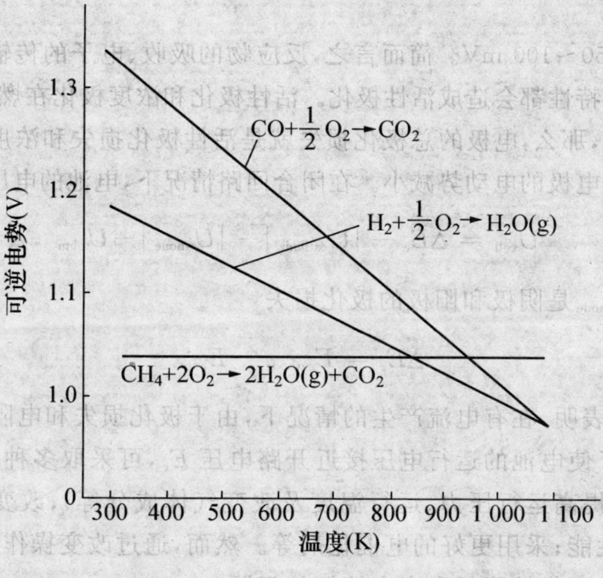

图 7-13　温度对燃料电池可逆标准电动势的影响

高 0.1V。

二、不可逆的热电动力过程

只有当燃料电池与负荷组成闭合回路，化学反应产生的电能才能转化为有用功。但是在闭合回路中，由于存在许多不可逆的损失，达到平衡时的燃料电池的电动势比开路时的电动势要小。这种不可逆的损失主要有欧姆极化损失（U_{ohm}）、浓度极化损失（U_{con}）、活性极化损失（U_{act}）。

(1)欧姆极化损失主要是指离子在电解质中移动的阻力和电子在电极中移动的阻力造成的电压损失。可通过增强电解质的导电性和减小电极的接触电阻来控制欧姆极化损失。

(2)浓度极化损失是指反应物在电化学反应中迅速消耗时，会在电池内建立一定的浓度梯度，形成浓度极化损失。浓度极化损失主要由以下过程形成：在电极的微孔中气相的缓慢扩散；进入和离开电解质的反应物或生成物的溶解和解析；通过电解质进入或离开电化学反应区域的反应物或生成物的扩散。在实际过程中，反应物或生成物进入或离开电化学反应区域，缓慢地传输是浓度极化的主要原因。

(3)活性极化损失是指电极表面的电化学反应活性减弱，活性极化直接影响着电化学反应的速率，电化学反应的活性极化同一般化学反应一样，必须通过加入催化剂予以克服。

一般 $U_{act} \geqslant 50 \sim 100$ mV。简而言之，反应物的吸收、电子的传输、生成物的解析以及电极表面的特性都会造成活性极化。活性极化和浓度极化在燃料电池的阴极和阳极会同时存在，那么，电极的总极化损失就是活性极化损失和浓度极化损失之和。极化的结果使得电极的电动势减小。在闭合回路情况下，电池的电压可表示为

$$U_{cell} = \Delta E_e - |U_{cathode}| - |U_{anode}| - U_{ohm} \quad (7-36)$$

式中，$U_{cathode}$、U_{anode}是阴极和阳极的极化损失

$$\Delta E_e = E_{cathode} - E_{anode} \quad (7-37)$$

式(7－37)表明，在有电流产生的情况下，由于极化损失和电阻的存在，电池的电压减小。为了使电池的运行电压接近开路电压 E_e，可采取多种措施，主要是：调整运行参数(如提高运行压力、运行温度及改变气体成分等)；改变电极的结构、提高电解质导电性能；采用更好的电催化剂等。然而，通过改变操作参数来提高性能会带来电池设备可靠性降低和寿命缩短的问题。

除上述几种损失外，还存在接触损失和内部电流交换损失。接触损失是指电

极和连接件之间的电阻，可以被归结到欧姆损失中。电流交换损失是指电子在电解质中的移动造成的电阻，即使在开路情况下，电池内部由于有电动势差，也有电子迁移到阴极。以 SOFC 为例，一旦有 O_2^- 形成，那么 O_2 通过电解质迁移到阳极，并释放电子，电子再返回阴极，形成了内部电流。这种损失随着外部电流的增加而减小，是唯一的一种因外部电流增加而减小的损失。

三、燃料电池的效率

根据上面的分析，燃料电池的理论极限效率为

$$\eta_{\max} = \frac{\Delta G}{\Delta H} \tag{7-38}$$

表 7-1 给出了 H_2、CO、CH_4 这三种燃料电池主要燃料电化学反应的理论发电效率随温度的变化关系，这与前文中温度对这三种燃料化学反应电动势的影响规律相同。其中，以 CH_4 为燃料时，发电效率不随温度变化；H_2 和 CO 为燃料时，发电效率随温度的升高而降低，即温度升高，焓变化中热量的份额增加，电能的份额减小。由于电极极化损失、内阻和燃料利用率不高等因素，实际的燃料电池发电效率可表示为

$$\eta = \eta_{\max} \frac{U_{\mathrm{cell}}}{\Delta E_{\mathrm{e}}} u_{\mathrm{f}} \tag{7-39}$$

式中，U_{cell} 为电池的工作电压；ΔE_{e} 为电池开路电压；u_f 为燃料利用率。

表 7-1　燃料电化学反应焓变化(ΔH)和自由能变化(ΔG)

燃料	化学反应	ΔH /(kJ/mol)	ΔG /(kJ/mol)	理论电动势/V	理论发电效率/%
H_2	$H_2 + \frac{1}{2}O_2 \rightarrow H_2O$	−286	−237	1.23	83
CH_4	$CH_4 + 2O_2 \rightarrow CO_2 + 2H_2O$	−890	−817	1.06	92
CO	$CO + \frac{1}{2}O_2 \rightarrow CO_2$	−283	−257	1.33	91
C	$C + O_2 \rightarrow CO_2$	−394	−394	1.02	100
甲醇	$CH_3OH + \frac{3}{2}O_2 \rightarrow CO_2 + 2H_2O$	−727	−703	1.21	97
联胺	$N_2H_4 + O_2 \rightarrow N_2 + 2H_2O$	−622	−623	1.61	100
氨	$NH_3 + \frac{3}{4}O_2 \rightarrow \frac{3}{2}H_2O + \frac{1}{2}O_2$	−383	−339	1.17	89
锌	$Zn + \frac{1}{2}O_2 \rightarrow ZnO$	−348	−318	1.65	91

第八章 新能源发电系统

利用发电动力装置将化石燃料的热能、水能、核能以及太阳能、风能等转换为电能的过程叫发电。目前世界上绝大多数电能由火力、水力、核能发电提供的。随着常规能源的日益枯竭以及大量利用化石能源带来的一系列环境问题，开发新能源和可再生能源电力也成为有效解决能源危机和改善环境质量的主要途径。本章将重点介绍太阳能光伏发电系统、太阳能热发电系统、风力发电系统、水力发电系统、生物质发电系统、燃料电池发电系统、地热发电系统的发电过程、系统组成及各组成部分的功能。

第一节 太阳能发电系统

一、太阳能光伏发电系统

光伏发电是指利用光伏电池板将太阳光辐射转换为电能的直接发电形式，光伏发电系统由光伏电池板、控制器、储能等环节组成，将太阳能转换为可利用的电能。

(一)光伏发电系统结构

典型的光伏发电系统是由光伏阵列、蓄电池组、控制器、电力电子变换器、负载等组成，如图 8-1 所示。

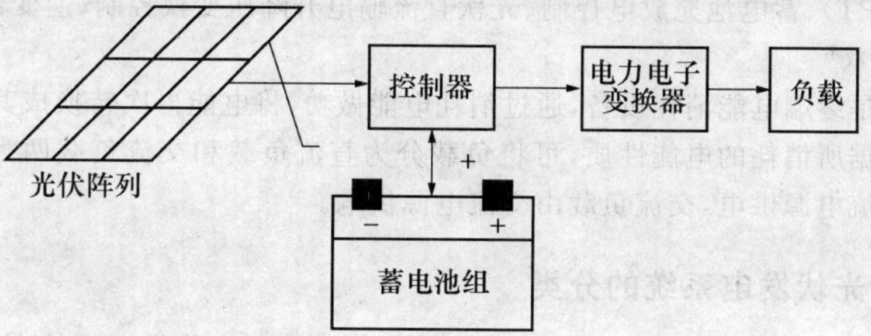

图 8-1　光伏发电系统组成

1. 光伏阵列

光伏阵列是太阳能光伏发电系统中的核心部分，其作用是将太阳能直接转换成电能，供负载使用或存贮于蓄电池内备用。太阳能电池板的转化率，即将太阳能转换成电能的比率，是很重要的参数。太阳能电池板的质量和成本将直接决定整个系统的质量和成本。实际的光伏发电系统根据用户需求，将若干个光伏电池组并联排列组成光伏阵列，满足光伏发电系统输出电压和电流的需要。光伏电池组件的串联，要求所串联组件具有相同的电流容量；光伏电池的并联，要求所并联组件具有相同的电压等级。常用的光伏电池组件或模块内部标准串联数量是 36 或 40 个，1 个光伏电池额定输出电压大约为 0.45 V，组件额定电压为 16～18 V。有些大容量的光伏电池组件内部标准串联数量更多，其额定输出可达 20 V 以上。光伏电池组件受光伏电池板耐压和绝缘限制，对光伏电池串联的最大数目有限制。

2. 蓄电池(组)

由于日照的变动，太阳能发电的输出变化很大，有时日照不好的情况可能持续数日，特别是独立系统，为了使负荷能够连续运转必须配备蓄电池(组)。另外，在负荷与太阳能发电峰值不匹配的场合，蓄电池(组)可作为备用电源来提供电力，从而提高系统的效率。一般情况下，太阳能发电系统普遍应用的是铅蓄电池，对于较高要求的系统，通常采用深放电阀控式密封铅酸蓄电池、深放电吸液式铅酸蓄电池等。

3. 电力电子变换器

电力电子变换器实现 DC-AC 或 DC-DC 电能变换，是光伏发电系统的关键部分。变换器分直流变换器和交流变换器两种。直流变换器类似开关电源，将直流电源变换为不同电压等级的直流电源；交流变换器将直流电源逆变成交流电源。

4. 控制器

光伏发电系统中的控制器实现系统的总体控制，功能包括太阳能最大功率点控制(MPPT)、蓄电池充放电控制、光伏直流输电升降压变换控制、逆变器控制等。

5. 负载

负载是终端电能消耗设备，通过消耗电能做功，将电能再次转换成其他形式的能量。根据所消耗的电能性质，可将负载分为直流负载和交流负载两大类。直流负载由直流电源供电，交流负载由交流电源供电。

(二)光伏发电系统的分类

光伏发电系统按电力系统终端供电模式分为独立光伏发电系统、并网光伏发电系统和混合光伏发电系统。

1. 独立光伏发电系统

独立光伏发电系统是指仅仅依靠太阳能电池供电的光伏发电系统或主要依靠太阳能电池供电的光伏发电系统。户用光伏发电系统的容量一般在几十到几百W，主要用于照明、小型家电等负载。独立光伏发电站一般建立在电网投资成本大、负荷需求量相对较小的无电村镇、海岛和在几千米范围内用户相对集中的无电区域，目前独立电站的容量规模在几十到几百kW。

根据负载的特点，独立光伏发电系统可分为直流系统、交流系统和交直流混合系统。它们主要区别是系统中是否带有逆变器。独立光伏发电系统框图如图8-2所示。

独立光伏发电系统主要由太阳能电池方阵、防反充二极管、控制器、蓄电池组、直流/交流逆变器以及支架和输配电设备等组成。其工作原理是：太阳能光伏阵列吸收太阳光并将其转化成电能后，在防反充二极管的控制下为蓄电池充电。直流或交流负载通过开关与控制器连接。控制器负责保护蓄电池，防止出现过充电或过放电状态，即在蓄电池达到一定的放电深度时，控制器将自动切断负载；当蓄电池达到过充电状态时，控制器将自动切断充电电路。在交流光伏发电系统中直流/交流逆变器将蓄电池组提供的直流电变成能满足交流负载需要的交流电。

2. 并网光伏发电系统

相对独立系统而言，与公共电网连接(并网)的系统称为并网系统。太阳能电池所发的电是直流电，必须通过逆变装置变换成交流电，再同电网并网供电给负载。根据太阳能发电与公共电网的供给形式，并网型系统可分为两种：双向电流并

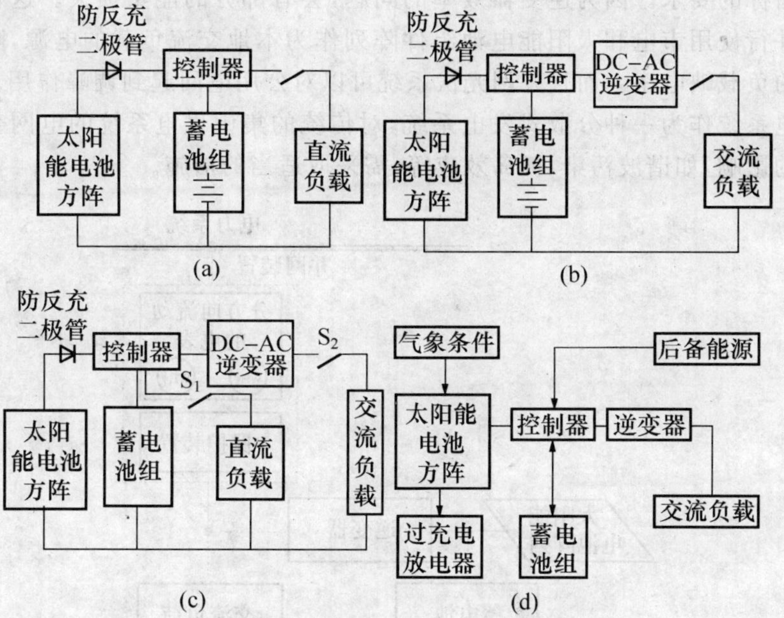

图 8-2　独立光伏发电系统框图

(a)直流光伏系统；(b)交流光伏系统；

(c)混合光伏系统；(d)有后备能源和放电器的光伏系统

网和单向电流并网，也称有倒流系统和无倒流系统。

(1)双向电流并网系统是太阳能发电与公共电网始终连接在一起。系统中光伏方阵所产生的电力除了供给交流负载外，多余的电力反馈给电网，这时向电网提供反方向电力，因此称为有倒流系统。在阴雨或夜晚，太阳电池组件没有产生电能或者产生的电能不能满足负载需求时就由电网供电。

(2)单向电流并网系统是光伏发电和公共电网的回路在通常状态下分离，只有在负荷消费电力不足的情况下，太阳能发电的负荷连接切换到公共电网，从系统分离出来的太阳能发电经常用来为蓄电池充电。这种系统由于不会向电网输电，只从电网获取电能，因此称为单向电流并网系统或无倒流系统。

两类系统基本构成是相同的，如图 8-3 所示，双向流系统加上限制功能就可以变成单向流系统。在双向流系统中，产生剩余电能时向电网供电；电能不足时，从电网中获取电能，通常不需配置蓄电池，省掉了蓄电池的储能和释放过程，可以充分利用光伏方阵所发的电力，从而减小了能量的损耗，并降低了系统的成本。但是系统中需要专用的并网逆变器，以保证输出的电力满足电网电力对电压、频率等电性能指标的要求。因为逆变器效率的问题，会有部分的能量损失。这种系统通常能够并行使用市电和太阳能电池组件阵列作为本地交流负载的电源，降低了整个系统的负载缺电率。而且并网光伏系统可以对公用电网起到调峰作用。但并网光伏供电系统作为一种分散式发电系统，对传统的集中供电系统的电网会产生一些不良的影响，如谐波污染、孤岛效应等，需采取适当的措施。

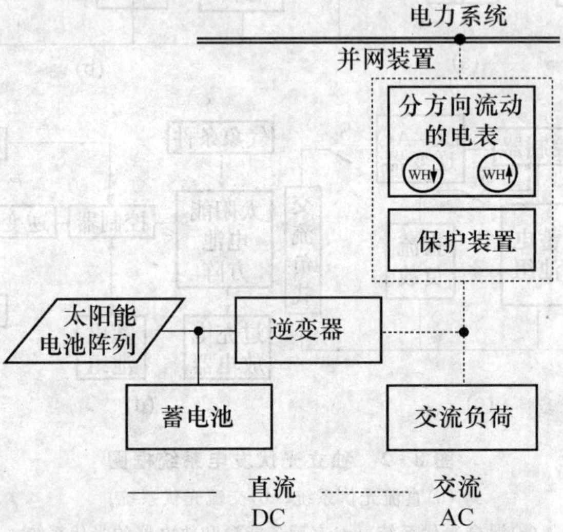

图 8-3　并网光伏发电系统组成框图

3. 混合光伏发电系统

混合型光伏发电系统，它区别于以上两个系统之处是增加了一台备用发电机组，当光伏阵列发电不足或蓄电池储量不足时，可以启动备用发电机组，它既可以直接给交流负载供电，又可以经整流器后给蓄电池充电，所以称为混合型光伏发电系统。混合光伏发电系统，与太阳能发电组合的能源包括风力发电、潮汐发电、柴油发电、小水力发电等。混合型光伏发电系统结构如图 8-4 所示。

二、太阳能热发电系统

太阳能热发电是把太阳辐射能转换成电能的发电技术。它包括两大类型：一类是利用太阳热直接发电，如半导体或金属材料的温差发电、真空器件中的热电子和热离子发电、碱金属的热电转换以及磁流体发电等。其特点是发电装置本体无活动部件，但目前此类型的发电量小，有的仍处于原理性试验阶段，尚未进入商业化，因此这里不做介绍。另一类是太阳能热动力发电，利用太阳集热器将太阳能收

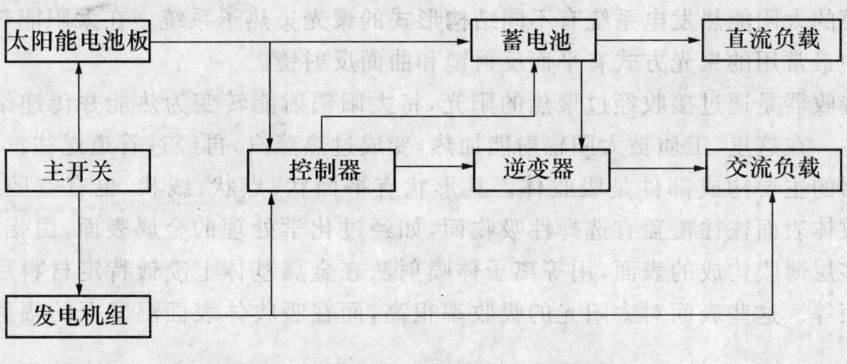

图 8-4　混合型光伏发电系统结构框图

集起来，加热水或其他工质，使之产生蒸汽，驱动热力发动机，再带动发电机发电。也就是说，此类型先把热能转换成机械能，然后再把机械能转换成电能。其基本组成与常规发电设备类似，只不过其热能是从太阳能转换而来。这种类型的太阳能热发电技术已达到实际应用的水平，下面介绍这种类型的太阳能热发电系统。

(一)太阳能热发电系统的基本构成

太阳能热发电系统与常规火力发电系统的工作原理基本相同，其根本区别在于热源不同，前者以太阳能为热源，后者则以煤炭、石油和天然气等化石热力为热源。此外，常规火力发电系统根据发电量对燃烧进行调整，以稳定发电输出；而太阳热发电受晴天或阴天等气象条件的影响，从而获得的能量是变化的，因此需要设计蓄热子系统和辅助能源子系统来控制发电量。典型的太阳能热发电系统主要包括：聚光集热子系统、蓄热子系统、汽轮发电子系统和辅助能源子系统，典型太阳能热发电系统如图 8-5 所示。

1. 聚光集热子系统

聚光集热子系统是吸收太阳辐射能并将其转换为热能的装置。该系统主要包括聚光器、接收器和跟踪装置等部件。

聚光器用于收集阳光并将其聚集到一个有限尺寸的平面上，以提高单位面积上的太阳辐照度，从而提高被加热工质的温度。不同功率

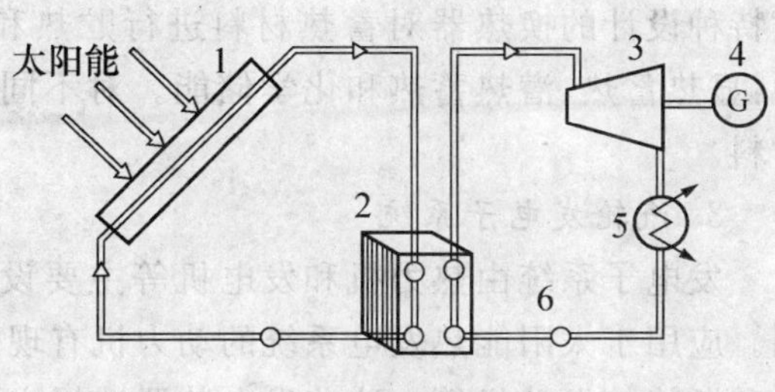

图 8-5　太阳能热发电系统示意图

1. 聚光集热子系统；2. 蓄热子系统；3. 汽轮机
4. 发电机；5. 冷凝器；6. 泵

和规模的太阳能热发电系统有不同结构形式的聚光集热子系统。在太阳能热发电系统中最常用的聚光方式有平面反射镜和曲面反射镜。

接收器是通过接收经过聚焦的阳光，将太阳辐射能转变为热能并传递给工质的部件。在这里，工质被太阳辐射能加热，变成过热蒸汽，再经过管道送往汽轮机。接收器的主要构成部件是吸收体。其形状有平面状、点状、线状，也有空腔结构。在吸收体表面往往覆盖有选择性吸收面，如经过化学处理的金属表面，由铝-钼-铝等多层薄膜构成的表面，用等离子体喷射法在金属基体上喷镀特定材料后构成的表面等。这些表面对太阳光的吸收率很高，而在吸收体表面温度下的辐射率却很低。

跟踪装置是为了使一天中所有时刻的太阳辐射都能通过反射镜面反射到固定不动的接收器上。根据反射镜面绕一根轴还是两根轴转动，太阳能聚光器的跟踪方式可分为单轴跟踪和双轴跟踪。实现跟踪的方法有程序控制方法和传感控制方法两种。程序控制是指预先用计算机计算并存储设置地点的太阳运行规律，然后控制光学系统以预设的速度转动，以跟踪太阳，其缺点是存在累积误差。传感器控制是指用传感器测出太阳入射光的方向，通过步进电机等驱动机构调整反射镜的方向，其缺点是在多云的条件下很难找到反射镜面正确定位的方向。现多采用二者相结合方式进行控制，以程序控制为主，采用传感器瞬时测量作反馈，对程序进行累积误差修正。这样，能在任何气候条件下使用反射镜得到稳定而可靠的跟踪控制。

2. 蓄热子系统

由于地面上的太阳能受季节、昼夜和云雾、雨雪等气象条件的影响，具有间歇性和随机性，因此为保证太阳能热发电系统稳定地发电，需要设置蓄热装置。蓄热器就是采用真空或隔热材料作良好保温的贮热容器。蓄热器中贮放蓄热材料，通过特种设计的换热器对蓄热材料进行贮热和取热。目前，可采用的蓄热方式有3种：显热蓄热、潜热蓄热和化学储能。对不同的蓄热方式，应选用相应不同的蓄热材料。

3. 汽轮发电子系统

发电子系统由热力机和发电机等主要设备组成，与常规火力发电系统基本相同。应用于太阳能热发电系统的动力机有现代汽轮机、燃气轮机、低沸点工质汽轮机和斯特林发动机等。这些发电装置选择主要根据太阳集热系统可能提供的工质参数而定。现代汽轮机和燃气轮机的工作参数很高，适合用于大型塔式或槽式太阳能热发电系统。斯特林发动机的单机容量小，通常在几十千瓦以下，适合用于碟式抛物面反射镜发电系统。低沸点工质汽轮机则适合于太阳池太阳能热发电系统。

4. 辅助能源子系统

太阳能热发电系统除要配置蓄热子系统外，还需配置辅助能源子系统，以维持电站能够一直持续运行。太阳能热发电系统中的辅助能源子系统，就是在系统中增设常规燃料锅炉，用于阴雨天和夜间启动。这时，由常规能源维持电站的连续运行。设计中选用哪种常规燃料做辅助能源，视太阳能热电站当地的能源资源情况而定，可以是天然气、石油或煤。随着技术的发展，现代太阳能热发电站的最新设计概念是建造太阳能和天然气双能源发电站。

(二)太阳能热发电系统的基本类型

一般来说，太阳能热发电系统有塔式、槽式、碟式三种形式。

1. 塔式太阳能发电系统

塔式系统又称集中式系统。它是在很大面积的场地上装有许多台大型太阳能反射镜，通常称为定日镜，每台都各自配有跟踪机构准确地将太阳光反射集中到一个高塔顶部的接收器上。接收器上的聚光倍率可超过1 000倍。在这里把吸收的太阳光能转化成热能，再将热能传给工质，经过蓄热环节，再输入热动力机，膨胀做工，带动发电机，最后以电能的形式输出。主要由聚光子系统、集热子系统、蓄热子系统、发电子系统等部分组成，如图 8-6 所示。

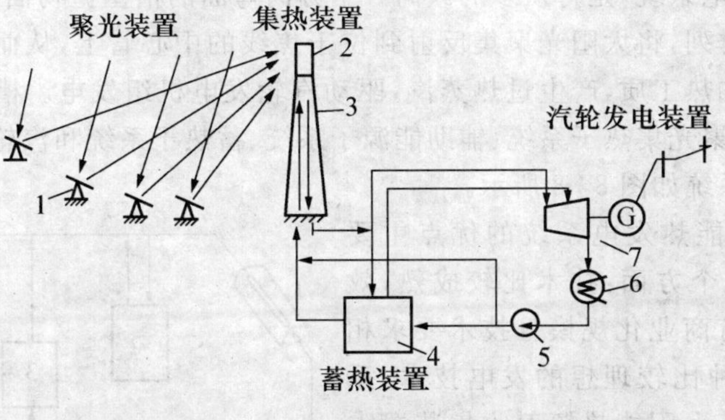

图 8-6　塔式太阳能热发电站概念设计原理系统图

1. 定日镜；2. 接收器；3. 塔；4. 蓄热器；5. 泵；6. 凝汽器；7. 汽轮发电机组

塔式太阳能热发电系统的优点主要表现在如下几个方面：采用高温熔融盐来蓄热储能，聚光倍数高，容易达到较高的工作温度，阵列中的定日经数目越多，其聚光比越大，接收器集热温度也就越高；能量集中过程是靠反射光线一次完成的，方法简捷有效；接收器散热面积相对较小，因而可以得到较高的光热转换效率；塔式太阳能热电站的运行参数可与高温、高压火电站一致，因而不仅具有较高的热机效率，而且容易获得配套设备。塔式太阳能热发电系统的主要缺点是电站的建设费用十分昂贵，特别是定日镜场的投资，由于其跟踪系统复杂，占了整个投资的一半以上。图 8-7 为一典型塔式太阳能热发电站。

图 8-7　塔式太阳能热发电站

2. 槽式太阳能热发电系统

槽式抛物面反射镜太阳能热发电系统简称槽式太阳能热发电系统，也称分散型太阳能热发电系统，是将众多的只向一个方向弯曲的槽型抛物面聚光集热器，经过串、并联的排列，将太阳光聚集反射到位于焦线的中心管上，从而可以收集较高温度的热能，加热工质，产生过热蒸汽，驱动汽轮发电机组发电。槽式太阳能热发电系统主要由聚光集热子系统、辅助能源子系统、蓄热子系统和汽轮发电子系统等部分组成，其系统如图 8-8 所示。

槽式太阳能热发电系统的优点主要表现在如下几个方面：技术比较成熟，效率较高，已具有商业化规模且技术要求相对较低，是一种比较理想的发电技术；系统结构紧凑，其太阳能热辐射收集装置占地面积比塔式系统小 30%～50%；集热器等装置都布置于地面上，安装和维护比较方便，特别是各聚光集热器可同步跟踪，从而使控制成本大为降低。槽式太阳能热发电系统主要缺点是能量集中过程依

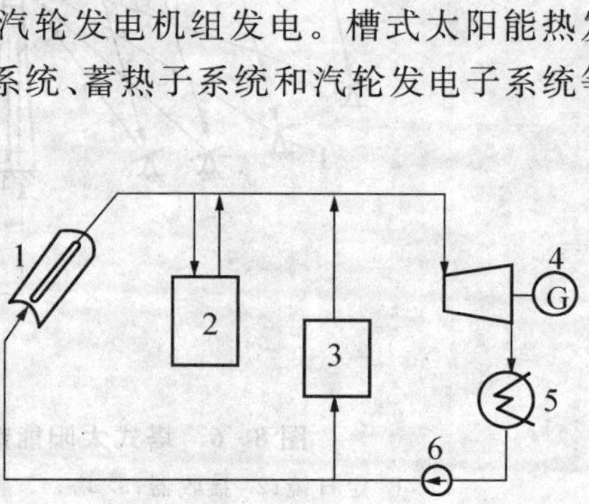

图 8-8　槽式太阳能热发电站原理系统图

1. 槽型抛物面聚光集热器阵列；2. 蓄热器；3. 辅助能源锅炉；4. 汽轮发电机组；5. 凝汽器；6. 泵

赖于管道和泵，使得输热管路比塔式系统复杂，输热损失和阻力损失也较大，降低了系统的净输出功率和效率。图 8-9 为某槽式太阳能热发电站。

图 8-9　槽式太阳能热发电站

3. 碟式太阳能热发电系统

碟式太阳能热发电系统是利用旋转抛物面反射镜，将入射阳光聚集在焦点上，放置在焦点处的太阳能接收器收集较高温度的热能，加热工质，驱动发电机组发电，或者在焦点处直接放置太阳能斯特林发电装置发电。由于碟式太阳能热发电系统聚光比可达到3 000以上，这样使接收器的吸热面积可以很小，从而达到较小的能量损失，同时可使接收器的接收温度达 800℃以上，因此碟式太阳能热发电的效率非常高，目前该系统太阳能转化电能效率达到了 30%，一般旋转抛物面反射镜直径为 5～15 m，系统功率为 5～50 kW。碟式太阳能热发电系统包括旋转抛物面聚光器、接收器、跟踪装置和热机系统等。碟式太阳能发电系统如图 8-10 所示。

相对于槽式和塔式太阳能热发电技术，碟式太阳能热发电技术起步较晚，但发展较快。它具有寿命长、效率高、灵活性强等特点；因其体积小、效率高、投资少、安

图 8-10　碟式太阳能发电系统

装方便，可以单台供电，也可以多套并联使用；具有比较大的发展潜力，主要适合分布式应用。特别是碟式斯特林系统，由于较高的工作温度可以获得较高的转化效率，所以发展潜力很大，备受关注。

第二节　风力发电系统

一、典型风力发电系统及其装置

风力发电系统是将风能转换为电能的机械、电气及其控制设备的组合，通常包括风轮、发电机、变速器及有关控制器和储能装置。风力发电机组的单机容量范围为几十 W 至几 MW。典型的风力发电系统通常由风能资源、风力发电机组、控制装置、蓄能装置、备用电源及电能用户组成，如图 8-11 所示。

风力发电机组是实现由风能到电能转换的关键设备。由于风能是随机性的，风力的大小时刻变化，必须根据风力大小及电能需要量的变化及时通过控制装置来实现对风力发电机组的启动、调节（转速、电压、频率）、停机、故障保护（超速、振动、过负荷等）以及对电能用户所接负荷的接通、调整及断开等操作。在小容量的

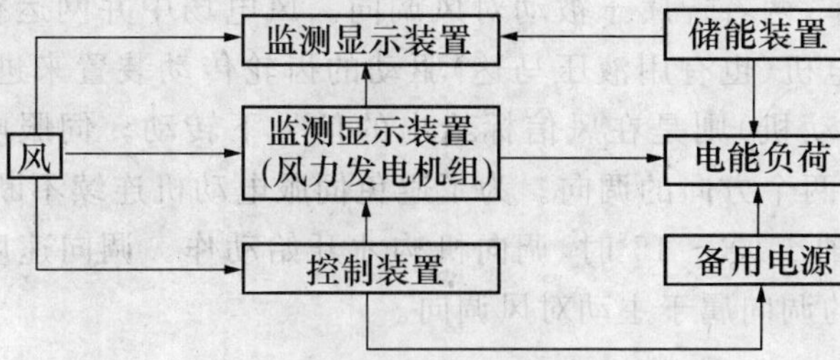

图 8-11 典型风力发电系统

风力发电系统中，一般采用由继电器、接触器及传感元件组成的控制装置。在容量较大的风力发电系统中，现在普遍采用微机控制。储能装置是为了保证电能用户在无风期间内可以不间断地获得电能而配备的设备。另一方面，在有风期间，当风能急剧增加时，储能装置可以吸收多余的风能。为了实现不间断地供电，有的风力发电系统配备了备用电源，如柴油发电机组。下面就系统中各部件作简要描述。

(一)风轮

风轮是吸收风能并将其转换为机械能的部件。多年来，风轮大都采用叶片与轮毂刚性连接的结构，即所谓的定桨距风轮。近年来，随着风力发电机组设计水平的提高，大型风力发电机组开始普遍采用变桨距风轮，叶片与轮毂通过可转动的推力轴承或专门为变距机构设计的联轴器连接。这种风轮可根据风速的变化调整气流对叶片的功角，当风速超过额定风速后，输出功率可稳定地保持在额定功率上，特别是在大风情况下，风力机处于顺桨状态，使叶片和整机的受力情况大为改善。

风轮是风力发电装置的核心部件之一，其叶片的设计和采用的材料决定了风力发电装置的性能和功率，也决定了风力发电的成本。风轮转子叶片用的材料根据叶片长度不同而选用不同的复合材料，目前最普遍采用的有玻璃纤维增强聚酯树脂、玻璃纤维增强环氧树脂和碳纤维增强环氧树脂。从性能来讲，碳纤维增强环氧树脂最好，玻璃纤维增强环氧树脂次之。从长远来看，碳纤维增强环氧树脂复合材料是未来转子叶片材料的发展方向。

(二)调向机构

水平轴风力机的调向机构是用来调整风力机的风轮叶片旋转平面与空气流动方向相对位置的机构。因为当风轮叶片旋转平面与气流方向垂直时，也即是迎着风向时，风力机从流动的空气中获取的能量最大，因而风力机的输出功率最大，所以调向机构又称为迎风机构(国外通称偏航系统)。小型水平轴风力机常用的调向机构有尾舵和尾车，两者皆属于被动对风调向。风电场中并网运行的中大型风力机则采用由伺服电机（也有用液压马达）驱动的齿轮传动装置来进行调向，伺服电动机（亦称偏航电动机）则是在风信标给出的信号下转动。伺服电动机可以正反转，因此可以实现两个方向的调向。为了避免伺服电动机连续不断地工作，规定当风向偏离风轮主轴±10°～15°时，调向机构才开始动作。调向速度一般为每秒1°左右。这种方式的调向属于主动对风调向。

（三）发电机

微型及容量在10 kW以下的小型风力发电机组，采用永磁式或自励式交流发电机，经整流后向负载供电及向蓄电池充电；容量在100 kW以上的并网运行的风力发电机组，则应用同步发电机或异步发电机。

同步发电机所需励磁功率小，仅约为额定功率的1%；通过调节励磁可以调节电压及无功功率，可以向电网提供无功功率，从而改善电网的功率因数。但同步发电机在阵风时因输入功率有强烈的起伏，瞬态稳定性是个严重问题，通常需要采用变桨距风力机，以使得瞬态扭矩能被限制在同步发电机的牵出扭矩之内；同步发电机还需要严格的调速及同步并网装置。

在具有大容量同步发电机装机容量和低感抗的网络中，采用配有异步发电机的风力发电机组与电网并联运行有较大的优点。异步发电机由于结构简单、价格便宜、且不需要严格的并网装置，可以较容易地与电网连接，因此允许其转速在一定限度内变化，可吸收瞬态阵风能量。但异步发电机需借助电网获得励磁，加重了对电网的无功功率的需求。

在综合比较同步及异步发电机的基础上，现代中型及大型风电场中的风力发电机组绝大多数选用异步发电机，并针对异步发电机自身的特点与风力为随机性的特点，在技术上作了改进与发展。主要措施是：采用双速异步发电机（定子绕组数一般为4/6极的，其同步转速分别为1 500 r/min及1 000 r/min）。在风力较强（高风速段）时，发电机绕组接成四极运行；在风力较弱（低风速段）时，发电机绕组换接成6极运行。这样可以更好地利用风能，增加发电量。为克服异步发电机接入电网时产生冲击电流，采用“晶闸管软并网”方式，即将异步发电机通过双向晶闸管与电网连接，由微处理机发出信号控制晶闸管的导通角，使其导通角逐渐加大，异步发电机就可以经过晶闸管平稳接入电网，而不产生冲击电流；同时，晶闸管也起到了无触点开关的作用，从而避免了接入线路中的普通继电器、接触器等有触点电器易发生的触点磨损、黏位或弹跳等现象带来的不安全因素，使并网更为安全可靠。“晶闸管软并网”方法的实现与晶闸管触发电路的可靠性及准确性有重要关系。根据晶闸管的通断状况，触发电路分为移相触发及过零触发两种。移相触发的缺点是发电机负载电流为非正弦波形，包含有奇次谐波，会对电网产生谐波干扰；过零触发则没有这种谐波干扰。此外，移相触发时要求三相电路内各相晶闸管导通角能实现同步增大，否则会造成三相电流不平衡，对发电机不利。当异步发电机安全并网后，则通过与双向晶闸管并联的旁路开关断开双向晶闸管，同时投入电容器，以补偿异步发电机对电网无功功率的需求。

(四)升速齿轮箱

风力机属于低速旋转机械，所采用的变速齿轮箱是升速的。其作用是将风力机轴上的低速旋转输入转变为高速旋转输出，以便与发电机运转所需要的转速相匹配。升速传动装置的升速比对风力发电机组的性能及造价有重要影响，选择高升速比有利于降低发电机造价，但升速齿轮箱体积增大，造价增高；选择低升速比有利于降低齿轮箱造价及减小所占的空间，但发电机造价增高。合适的升速比应通过系统的方案优化比较来选定。现在大中型风电场中单机容量在 600 kW 至 1 MW的风力发电机组中齿轮箱的速比在 1∶50～1∶70；而齿轮箱的组合形式一般为 3 级齿轮传动。有时 3 级全采用螺旋斜齿轮传动，有时则采用 1 级行星齿轮及 2 级螺旋斜齿轮传动；也有采用 1 级行星齿轮及 2 级正齿轮传动的。

(五)塔架

塔架在风力发电机组中主要起支撑作用，同时吸收机组振动。广泛使用的有两种类型塔架，即由钢板制成的锥形筒状塔架和由角钢制成的桁架式塔架。锥形桶状塔架塔筒直径沿高度向上方逐渐减小，一般沿高度由 2～3 段组成，在塔架内装有梯子和安全索，以便于工作人员沿梯子进入塔架顶端的机舱，塔筒表面经过喷砂处理和喷刷白色油漆用于防腐。桁架式塔架也装有梯子和安全索，便于工作人员攀登，为防止腐蚀，桁架经过热浸锌处理。锥形桶状塔架外形美观，对于寒冷地区或在大风时工作人员沿塔筒内梯子进入机舱比较安全方便，控制系统的控制柜(包括主开关、微处理机、晶闸管软启动装置、补偿电容等)皆可置于塔筒内的地面上，但塔筒较重、运输较复杂、造价较高。桁架式塔架由于重量较轻，可拆卸为小部件运到场地再组装，因此造价较低。桁架式塔架由螺栓连接，没有焊接点，因此没有焊缝疲劳问题，同时它还可承受由于风力发电机组调向系统动作施加于整个结构上的轻微扭转力矩；但桁架式塔架需在旁边地面处另建小屋，以安放控制柜。

(六)控制系统

100 kW 以上的中型风力发电机组及 1 MW 以上的大型风力发电机组皆配有由微机或可编程控制器(PLC)组成的控制系统来实现控制、自检和显示功能。其主要功能是:①按预先设定的风速值(一般为 3～4 m/s)自动启动风力发电机组,并通过软启动装置将异步发电机并入电网。②借助各种传感器自动检测风力发电机组的运行参数及状态,包括风速、风向、风力机风轮转速、发电机转速、发电机温升、发电机输出功率、功率因数、电压、电流等以及齿轮箱轴承的油温、液压系统的油压等。③当风速大于最大运行速度(一般设定为 25 m/s)时实现自动停机。失速调节风力机是通过液压控制使叶片尖端部分沿叶片枢轴转动 90°、从而实现气动刹车。桨距调节风力机则是借助液压控制使整个叶片顺桨而达到停机,也是属于气动刹车。当风力机接近或停止转动时,再通过由液压系统控制的装于低速轴或高速轴上的制动盘以及闸瓦片刹紧转轴,使之静止不动。④故障保护。当出现恶劣气象(如强风、台风、低温等)情况、电网故障(如缺相、电压不平衡、断电等)、发电机温升过高、发电机转子超速、齿轮及轴承油温过高、液压系统压力降低以及机舱振动剧烈等情况时,机组也将自动停机,并且只有在准确检查出故障原因并排除后,风力发电机组才能再次自动启动。⑤通过调制解调器与电话线连接。现代大型风电场还可实现多台机组的远程监控,从远离风电场的地点读取风电场中风力发电机组的运行数据及故障记录等,也可远程启动及停止机组的运行。

除去上述风力机、齿轮箱、发电机、塔架、控制系统等主要部件外,风力发电机组上还装有联轴器、防雷装置、机舱盖及机舱基础底板等。水平轴中大型(600 kW)风力发电机组结构如图 8 - 12 所示(图中因叶片太长未画出,叶片装于轮毂上)。

二、风力发电系统运行方式

风力发电系统通常有独立运行和并网运行两种运行方式。

(一)独立运行的风力发电系统

独立运行的风力发电机组又称离网式风力发电机,5 kW 以下的风力发电机组多采用这种运行方式。在地处偏僻,居民分散的山区、牧区、海岛等电网延伸不到的地方,发展风力发电是解决照明灯、生活用电和部分生产用电的一条可行的途径。

根据发电机类型不同,独立运行的风力发电系统可以分为直流系统和交流系统两种。

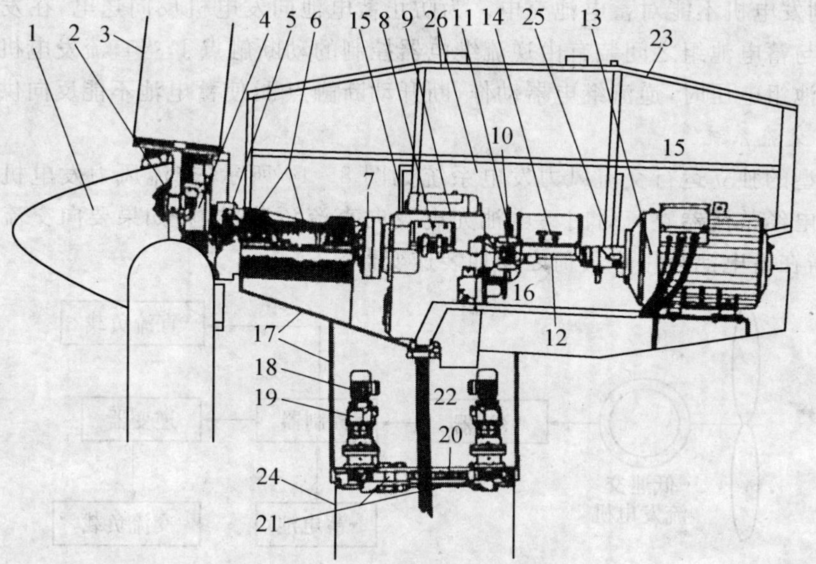

图 8-12 风力机组结构图

1. 导流罩;2. 轮毂;3. 叶片;4. 叶尖刹车控制系统;5. 集电环;6. 主轴;7. 收缩盘;8. 锁紧装置;9. 齿轮箱;10. 刹车片;11. 刹车片厚度检测器;12. 万向联轴器;13. 发电机;14. 安全控制箱;15. 舱盖开启阀;16. 刹车气缸;17. 机舱;18. 偏航电机;19. 偏航齿轮;20. 偏航圆盘;21. 偏航锁定;22. 主电缆;23. 风向风速仪;24. 塔架;25. 振动传感器;26. 舱盖

1. 直流系统

直流系统如图 8-13 所示,该系统由风力机驱动小型直流发电机经蓄电池蓄能装置向电阻性负载供电,图中 L 代表电阻性负载(如照明灯等),J 为逆流继电器控制的动断触点。当风力减小,风力机转速降低,致使直流发电机电压低于蓄电池

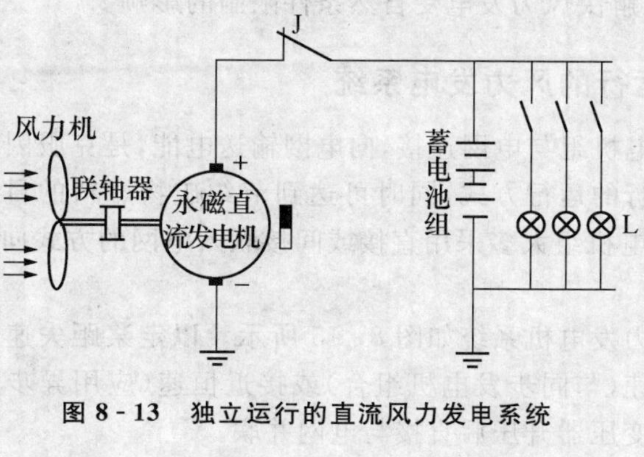

图 8-13 独立运行的直流风力发电系统

电压，则发电机不能对蓄电池充电。为防止蓄电池向发电机反向送电，在发电机电枢电路与蓄电池组之间装有由逆流继电器控制的动断触点J，当直流发电机电压低于蓄电池组电压时，逆流继电器动作，断开动断触点J，使蓄电池不能反向供电。

2. 交流系统

典型的独立运行交流风力发电系统如图8-14所示，交流风力发电机组产生的交流电经整流器整流后向蓄电池充电及向直流负载供电，如果要向交流负载供电，则需在蓄电池与用户负荷之间加装逆变器。

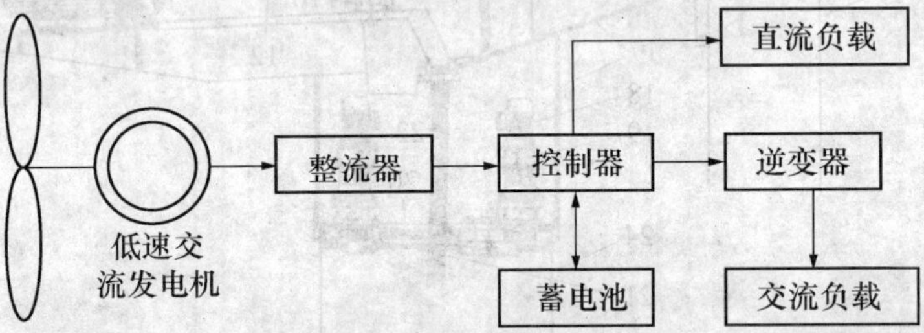

图8-14 独立运行的交流风力发电系统

逆变器可以是单相逆变器也可以是三相逆变器，视负载为单相或三相而定。照明及家用电器只需单相交流电源，选单相逆变器；对于动力负载（如电动机），必须采用三相逆变器，逆变器输出的交流电的波形按负载的要求可以是正弦波形或方波。

由于风具有不确定性，因此独立运行的风力发电系统一般要配备储能系统或与其他发电系统联合运行。当前，风力发电系统中的蓄能方式主要由蓄电池蓄能、抽水蓄能、压缩空气蓄能、飞轮蓄能、电解水制氢蓄能等。此外，独立运行风力发电系统还可以与柴油机或太阳能等发电系统联合运行，组成风力-柴油互补或风-光互补发电系统，以解决风力发电受自然条件限制的影响。

(二)并网运行的风力发电系统

采用风力发电机组与电网连接，向电网输送电能，是克服因风的随机性带来的蓄能问题的最易行的运行方式，同时可达到节约矿物燃料的目的。10 kV以上至MW级的风力发电机组大多采用直接或间接联入电网的方式向外界输出电能。

1. 直接并网

直接并网风力发电机系统如图8-15所示。以定桨距失速或变桨距调节使风力机的风轮以恒速（与同步发电机组合）或接近恒速（应用异步发电机）运行，发电机发出的电压经变压器升压后直接与电网并联。

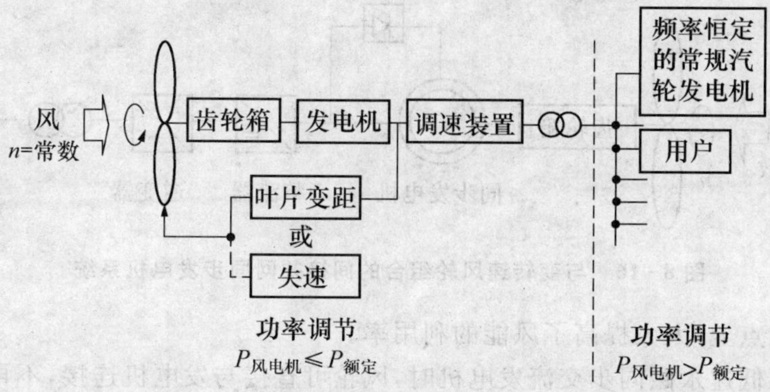

图 8-15　直接并入大电网的风力发电机系统

采用同步发电机直接并网，发电机既能输出有功功率，又能提供无功功率，且交流频率稳定，电能质量高。但面对风速时大时小随机变化的现实，发电机对风力机的调速性能要求极为严格。否则，并网时风力机转速稳定性难以达到同步发电机所要求的精度。并且联网后若转速控制超标，就会发生无功震荡和失去同步等问题。

异步发电机投入运行时，转子以高于定子旋转磁场的转速(同步速率)旋转，由于存在转差率，因此对机组的调速精度要求不高，不需要同步设备和整步操作，只要转速接近同步速率(即达到 100%～102%同步转速)时，即可并网，使风力发电机组的运行控制变得简单，并网容易。而且并网后在不超过临界转差率的范围内不会产生振荡和失步，运行非常稳定。然而，异步发电机并网也存在一些特殊问题，如在并网瞬间存在三相短路现象，外部电网将受到 4～5 倍发电机额定电流的冲击，所以，这种并网方式只有在与大电网(电网容量约为发电机容量的 25 倍以上)并网时，其冲击电流的影响才可以不予考虑。

2. 间接并网

当电网容量与风力发电机额定功率的比值不符合足够大的条件时，为避免发电机并网带给电网的冲击，需采用间接并网方式。

(1)同步发电机间接并网。系统构成如图 8-16 所示。同步交流发电机通过整流器-逆变器之后并网，电压经历了交流-直流-交流的变化，同步发电机的工作频率与电网频率彼此独立，风轮及发电机的转速可以变化，不存在同步发电机直接并网时可能出现的失步问题。

此外，该并网方式由于采用频率变换装置进行输出控制，所以并网时没有电流冲击，并且通过对变频器电流的控制使发电机内部转矩得以控制进而调节风轮的转速，以功率跟踪反馈来调节叶片桨距，使风力机在不同风速下总是运行在最佳功

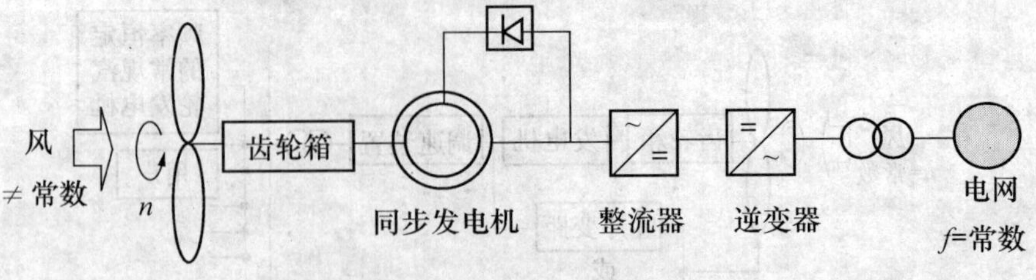

图 8-16　与变转速风轮组合的间接并网同步发电机系统

率系数工况点上，大大提高了风能的利用率。

当利用低速永磁同步交流发电机时，风轮可直接与发电机连接，不再采用齿轮箱，可减轻机组的重量、减少发生故障的概率，并去除了齿轮箱传动损失。

(2)异步发电机间接并网。

①降压并网方式。这种并网方式就是在异步发电机与电网之间串接电抗器或电阻，以减少合闸瞬间冲击电流的幅值与电网电压下降的幅度。由于电抗器、电阻等串联组件要消耗功率，并网后进入稳定运行时，将电抗器、电阻短路，使其退出运行。对于大型机组，因所需大功率电阻或电抗器组件的投资过大，所以这种并网方式仅适用于小容量风力发电机组。

②软并网方式。异步发电机与电网间的软并网系统见图 8-17，与电网相连的每一相双向晶闸管的两端与自动并网常开触点相并联。当风力机将异步发电机带到同步转速附近时，每一相双向晶闸管的控制角在 180°～0°逐渐同步打开；各相双向晶闸管的导通角也同时在 0°～180°间逐渐同步增大。通过电流反馈对上相晶闸管导通角的控制，将并网时的冲击电流限制在较低范围内，使发电机得到一个较平滑的并网过程。并且，在异步发电机的转子速度小于定子磁场转速时(此时双向晶闸管已开始导通)，异步发电机作为电动机运行；随着转速升高，当转差率为零时，双向晶闸管已全部导通，此后，转为发电机运行；这时自动并网常开触点闭合，已全

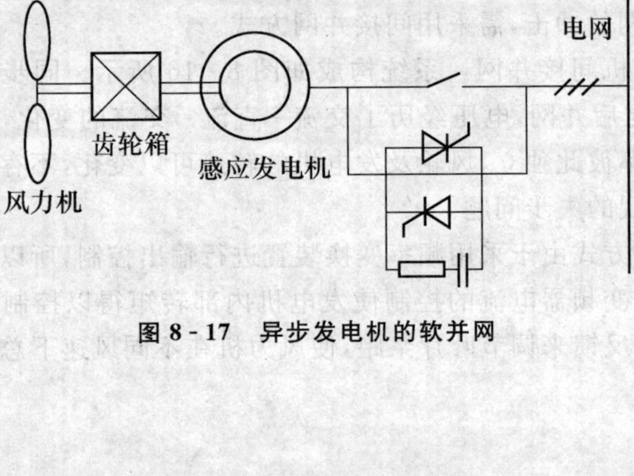

图 8-17　异步发电机的软并网

部开通的双向晶闸管短接；同时，双向晶闸管的触发脉冲自动关闭，发电机输出电流则通过已闭合的自动开关触点流向电网。

(3)双馈异步发电机的并网。如图8-18所示的双馈异步发电机系统中，发电机的定子三相绕组直接与电网相联，二转子绕组经交流励磁变频器后联入电网。风力发电机的转速可随风速及负载的变化及时作出相应的调整，使风力机总是运行在最佳叶尖速比工况下，以产生尽可能多的电能输出。

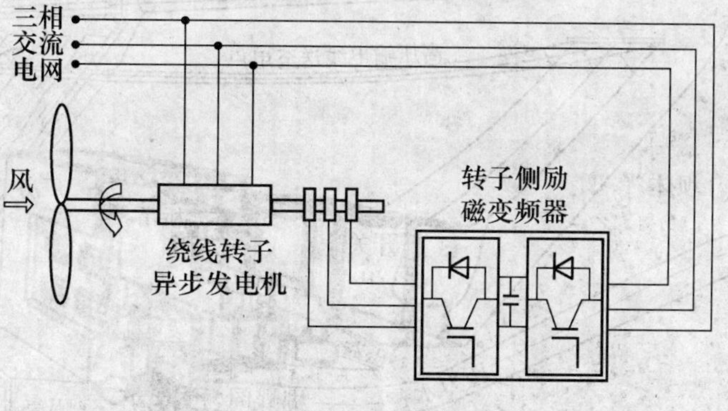

图8-18 双馈异步发电机系统

双馈异步发电机的变速运行建立在交流励磁变速恒频发电技术上。它是在异步发电机的转子中以三相低频交流电实现励磁，励磁电流的可调量为其幅值、频率和相位。调节励磁电流的频率，可保证发电机转速变化时发出电力的频率保持恒定；通过改变转子励磁电流的幅值和相位，可达到输出有功功率和无功功率独立调节的目的。当转子电流相位改变时，由转子电流产生的转子磁场在电机气隙空间的位置有一个位移，从而改变了发电机定子电动势与电网电压向量的相对位置，也即改变了发电机的功率因数；而调节发电机的有功功率，就可调节风力机转速，以实现风速变化时风力机风能利用率最高的追踪控制。

第三节 水力发电系统

自然流淌的江河水流都具有一定的能量，未被开发利用的水流因克服流动阻力、冲蚀河床、夹带泥沙等，将其所蕴含的能量分散地消耗掉了。水力发电站的任务就是要集中利用这种被无益消耗掉的水能，以产生工农业生产和人民日常生活中广泛利用的电能。图8-19所示是水电厂示意图，筑坝使水电厂上游水库中的水具有较高的势能，当水由压力水管流过安装在厂房内的水轮机排至下游时，水流带动水轮机旋转，水能转换成水轮机旋转的机械能，水轮机驱动发电机，将机械能转换成电能，这就是水力发电的基本过程。为实现上述连续的能量转换而修建的水工建筑物和水轮机发电设备的总体，叫做水力发电厂。

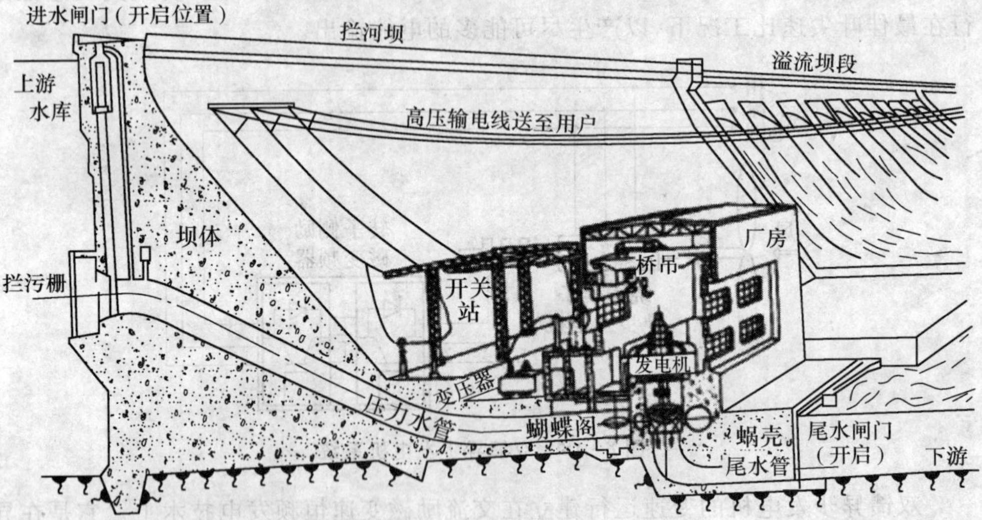

图 8-19　水电厂示意图

一、水力发电站的分类

水电站的分类方式有很多种，主要有以下几种方法：①按照水源的性质，分为常规水电站和抽水蓄能电站；②按水电站集中水头的手段，可分为堤坝式、引水式和混合式水电站 3 种基本类型；③按水电站利用水头的大小，可分为高水头（70 m 以上）、中水头（15～70 m）和低水头（低于 15 m）3 种水电站；④按水电站装机容量的大小，可分为大型水电站（装机容量在 30 万 kW 或以上）、中型水电站（5 万～30 万 kW）和小型水电站（5 万 kW 以下）；⑤按照水库的调节性能，可分为具有调节水量的调节水库水电站和无水库调节能力的径流式水电站。

二、水力发电站的组成

（一）典型水电站的组成

水力发电一般是通过集中水头，用人工的方式引导水流以高速度冲击水轮机，带动发电机发电，因此典型的水电站由以下几部分组成：

(1)水工建筑物：包括大坝、引水建筑物和泄水建筑物等。

(2)水轮发电机组：水轮机、发电机、主轴及控制系统等组成。

(3)厂房：生产发电、输电和生活的建筑。

(4)变电所：主要包括变压器、各种开关控制设备等。

(5)输电线：输送电到变电站和终端用户的线路。

图 8-20、图 8-21 分别为水电站的大坝和水电站发电机房。

图 8-20 水电站的大坝

图 8-21 水电站的发电机房

(二)常规水电站的组成

常规水电站利用天然河流、湖泊等水源发电。通常利用河流的流速确保有足够的水驱动发电机。常规水电站中的有些小型水电站建立堰口而不需建造大坝，但储水设备必须确保水面始终在一定的高度，同时确保管道内始终充满了水。大中型水电站均需建立大坝。常规水电站一般由水库、水坝、引水隧道、发电设备、开关场和输电设备等组成。图 8-22 为常规水力发电系统，在常规水电站中，水库中的水经引水隧道去冲击水轮发电机带动发电机发电，发电机发出的低压电能通过变压器升为高压电送至开关场，再由输电线路送给用户，做完功的水则通过尾水管道排向下游河流。

(三)抽水蓄能电站的组成

图 8-23 为抽水蓄能水力发电系统。抽水蓄能电站由上池和上池坝、下池和下池坝、引水隧道、尾水路、发电设备、变压器、开关场及输电设备等组成。

在工业社会中，一天的用电量有很大的变化，深夜的用电量一般只有白天的 6

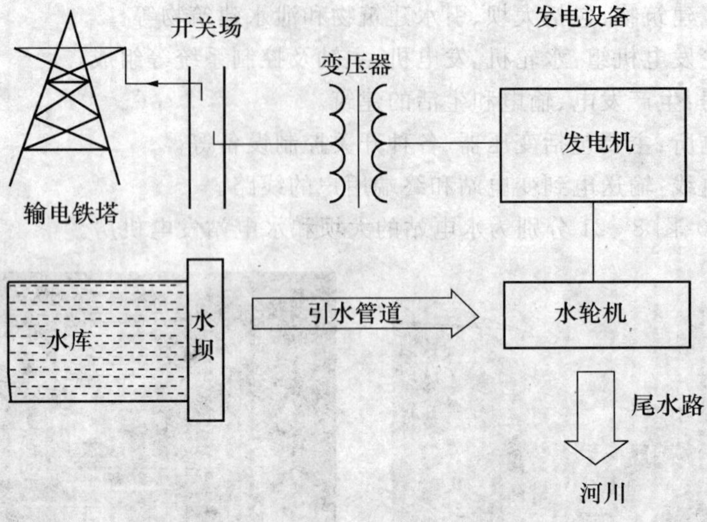

图 8-22　常规水力发电系统

成左右。抽水蓄能电站正是利用电网负荷低谷时多余的电力，将位于低处下池的水抽到高处上池中储存，待电网负载高峰时放水发电，也就是将深夜多余的电能转变为水的位能储存起来，供第二天使用，而尾水收集在下水池中。具体将在第九章详细介绍。

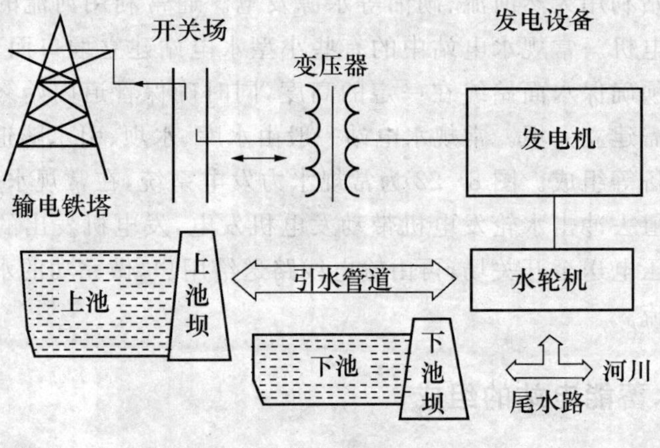

图 8-23　抽水蓄能发电系统

第四节　生物质能发电系统

一、生物质直接燃烧发电系统

生物质直接燃烧发电是由生物质锅炉利用生物质直接燃烧后的热能产生蒸汽，再利用蒸汽推动汽轮机发电系统进行发电，在原理上与燃煤锅炉火力发电十分相似。燃烧发电系统的构成包括生物质原料收集系统、预处理系统、储存系统、给料系统、燃烧系统、热利用系统和烟气处理系统。

生物质燃烧电厂的流程如图 8－24 所示，将生物质原料从附近各个收集点运送至电厂，经预处理(破碎、分选)后存放到原料存储仓库，仓库容积要保证可以存放 5 天的发电原料；然后由原料输送车将预处理后的生物质送入锅炉燃烧，通过锅炉换热将生物质燃烧后的热能转化为蒸汽，为汽轮机发电机组提供汽源进行发电。生物质燃烧后的灰渣落入除灰装置，由输灰机送到灰坑，进行灰渣处置。烟气经过烟气处理系统后由烟囱排放入大气中。

由于生物质中含有大量的水分(有时高达 60%～70%)，在燃烧过程中大量的热量以汽化潜热的形式被烟气带走排入大气，燃烧效率低，浪费了大量的能量。采用生物质与煤混合燃烧技术，既可以达到经济上的合理性，又可以降低锅炉排放物的浓度。混合燃烧对燃烧稳定性、给料及制粉系统产生的影响可以通过调整燃烧器和给料系统来解决。利用大型电站混燃发电，无需或只需对设备进行很小的改造，能够利用大型电站的规模，经济效率高。

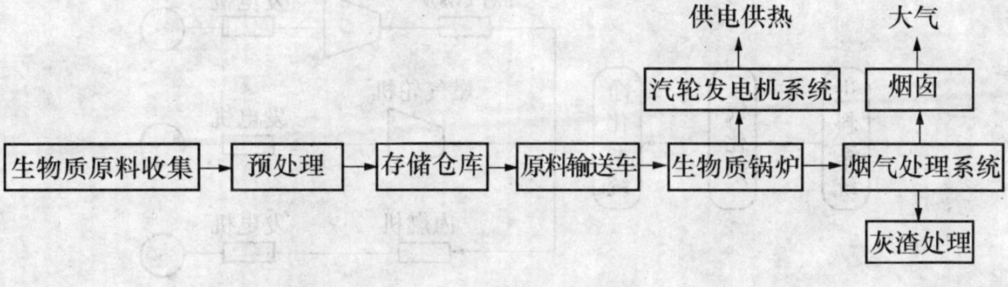

图 8－24　生物质燃烧电厂发电流程

二、生物质气化发电系统

生物质气来自生物质气化、裂解或生物厌氧发酵过程，它包括 H_2、CH_4、CO、

CO_2 和其他多元混合气体。生物质气化发电包括两种：沼气发电；将生物质在气化炉内转换成可燃气体，再将可燃气体供给内燃机或燃气轮机发电。通常所说的生物质气化发电主要指后者。

生物质气化发电系统如图 8-25 所示，生物质气化发电需要三个过程：

(1)固气转化。生物质气化是把固体生物质转化为气体燃料。气化过程和常见的燃烧过程的区别是：①燃烧过程中供给充足的氧气，使原料充分燃烧，目的是直接获取热量，燃烧后的产物是二氧化碳和水蒸气等不可再燃烧的烟气；②气化过程则只供给热化学反应所需的那部分氧气，而尽可能将能量保留在反应后得到的可燃气体中，气化后的产物是含氢、一氧化碳和低分子烃类的可燃气体。

从气化形式上，生物质气化过程可以分为固定床气化和流化床气化两大类。固定床气化包括上吸式气化、下吸式气化和开心层下式气化三种，这三种形式的气化发电系统都有代表性的产品。流化床气化包括鼓泡床气化、循环流化床气化及双流化床气化三种。国际上为了实现更大规模的气化发电方式、提高气化发电效率，正积极开发高压流化床气化发电工艺。

(2)除杂。气体净化、气化出来的燃气都含有一定的杂质(包括灰分、炭和焦油等)，需经过净化系统把杂质除去，以保燃气发电设备的正常运行。

(3)燃气发电。利用汽轮机或燃气内燃机进行发电。有的工艺为了提高发电效率，发电过程可以增加余热锅炉和蒸汽轮机。

生物质气化发电可通过三种途径实现：①生物质气化产生的燃气作为燃料直接进入燃气锅炉生产蒸汽，再驱动蒸汽轮机发电；②将净化后的燃气送给燃气轮机燃烧发电；③将净化后的燃气送入内燃机直接发电。

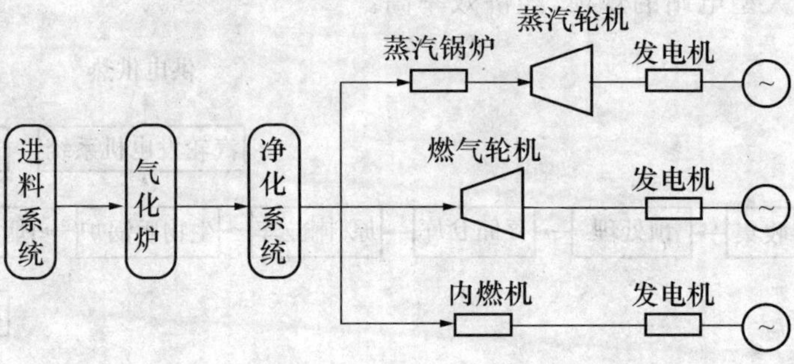

图 8-25 生物质气化发电系统

三、沼气发电系统

沼气发电系统主要由消化池、气水分离器、脱硫化氰及二氧化碳塔(脱硫塔)、储气柜、稳压箱、发电机组（即沼气发动机和沼气发电机）、废热回收装置、控制输配电系统等部分组成。

沼气发电系统的工艺流程如图 8 - 26 所示。其工艺流程为：消化池产生的沼气经汽水分离器、脱硫化氰及二氧化碳塔（脱硫塔）净化后，进入储气柜，经稳压箱进入沼气发动机驱动沼气发动机发电。发电机所排出的废水和冷却水所携带的废热经热交换器回收，作为消化池料液加热热源或其他热源再加以利用。发电机所产出电流经控制输配电系统送往用户。

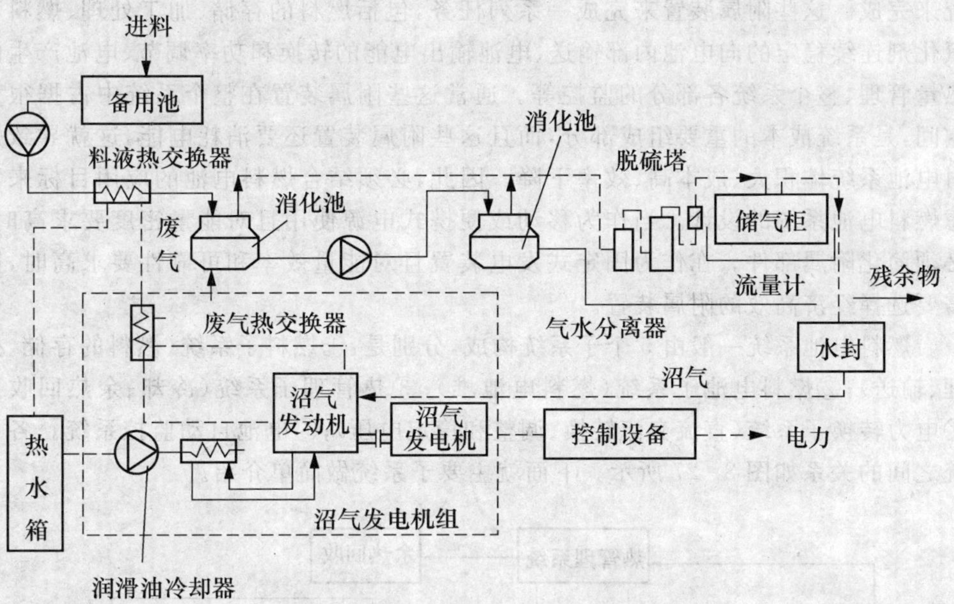

图 8 - 26　沼气发电系统的工艺流程图

沼气电站适于建设在远离大电网、少煤缺水的山区农村地区。中国是农业大国，商品能源比较缺乏，一些乡村地区距离电网较远，因此在农村开发利用沼气有着特殊意义。无论从环境保护还是发展农村经济的角度考虑，沼气在促进生物质良性循环、发展经济、建立生态农业、维护生态平衡、建立大农业系统都将发挥重要作用。

第五节　燃料电池系统

燃料电池的作用是将燃料的化学能转化成电能，并最终能为负载提供所需的电力。要达到这一目的，仅仅只有一个燃料电池是不够的，通常需要将若干个单燃料电池组合成燃料电池堆，再与一整套附属装置一起，构成一个复杂的燃料电池系统来完成。这些附属装置来完成一系列任务，包括燃料的存储、加工处理、燃料和氧化剂连续稳定的向电池内部输送、电池输出电能的转换和功率调节、电池产生的热量管理、整个系统各部分的监控等。通常这些附属装置在整个系统中占据很大空间，是系统成本的重要组成部分，而且这些附属装置还要消耗电能，这就导致燃料电池系统体积大、成本高、效率下降。因此，必须结合燃料电池的应用目标来考虑燃料电池系统的设计。当作为移动或便携式电源使用且对能量密度要求高时，必须简化附属部件。在作为固定式发电装置且对能量效率和可靠性要求高时，则需要选择经济高效的附属装置。

燃料电池系统一般由 5 个子系统构成，分别是：①燃料子系统（燃料的存储、处理、输送）；②燃料电池子系统（燃料电池堆）；③热管理子系统（冷却、余热回收）；④电力转换子系统（直流交流转换、调整和稳定电压）；⑤电池自动监控系统。各系统之间的关系如图 8 - 27 所示。下面就主要子系统做简单介绍。

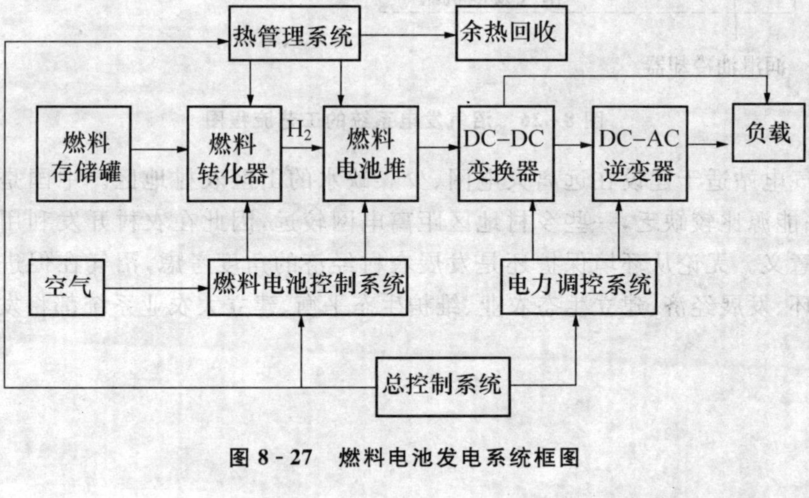

图 8 - 27　燃料电池发电系统框图

一、燃料电池堆

以氢氧燃料电池为例，其单电池的工作电压通常在 0.6～0.7 V，这是一个最佳的电压范围，在此范围内，燃料电池的输出功率接近它的最大值，而且电池效率基本合适（约 45%）。但是，在实际应用中所需要的电压往往高于单电池的工作电压，通常是几伏特到几百伏特。因此，为了满足实际需要的高电压，通常将多个单电池串联起来，构成一个电池堆。电池堆的电压为各个单电池电压的总和。图 8-28为燃料电池堆及其组合示意图。

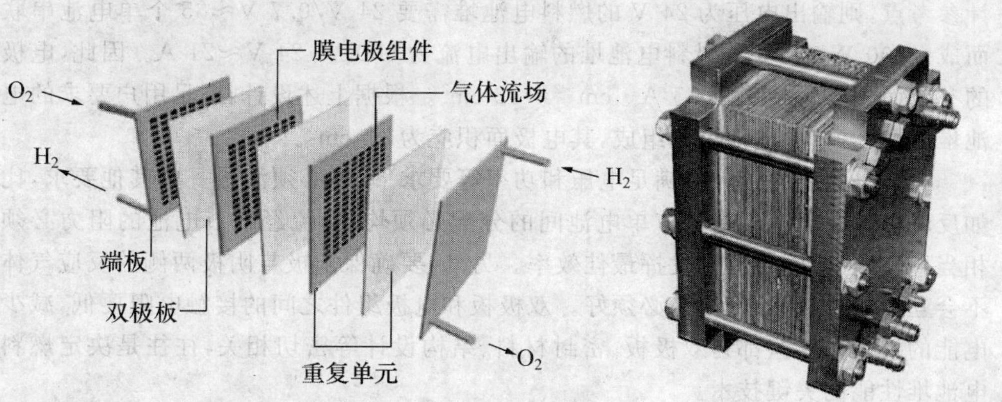

图 8-28　燃料电池堆及其组合示意图

燃料电池的串联是通过“双极板”来实现的，双极板的一侧是某一单电池的阳极，另一侧是相邻单电池的阴极（一板两极，故称双极板）。利用若干个双极板把每一个单电池的“阳极－电解质－阴极”的三明治结构（膜电极组件）堆叠起来，两端各加一个端板分别作为阳极和阴极板，就形成了一个电池堆。双极板是燃料电池堆中非常重要的部件，同时担负多项任务：①双极板具有输送反应气体的功能，两侧加工有不同形式的气体通道（流场），以确保反映气体均匀分布在整个电极中，因此，必须具有较好的加工性能；②双极板具有收集电流的功能，因此，必须是良好的电子导体；③双极板具有隔离燃料与氧化剂的作用，因此不能透气；④双极板具有支撑作用，强度必须足够高。此外，双极板必须质量轻，尽可能薄，以减小电池堆的质量和体积；双极板必须是热的良好导体，以利于反应热的散放和保证电池堆的温度均匀；双极板必须在电池的工作环境（酸或碱）下稳定耐腐蚀。双极板的材料依据燃料电池的种类（电解质和工作温度）不同而不同。碱性燃料电池可以采用镍板或高密度无孔石墨板；质子交换膜燃料电池采用无孔石墨板或复合碳板，复合碳板是将高分子树脂和石墨粉混合压铸而成的；磷酸燃料电池采用复合碳板或不锈钢板；熔融碳酸盐燃料电池使用不锈钢板或镍合金板；固体氧化物燃料电池则采用镍铬合金或 $La_xCa_{1-x}CrO_3$。

燃料电池堆的大小取决于用户需要，可根据用户的使用要求（电压和电流）及电池性能来确定单电池的电极面积和串联数目。电极面积决定燃料电池堆工作电流的大小，串联数目决定了燃料电池堆的工作电压的高低。以 PEMFC 为例，某一用户需要一个输出功率为 500 W、工作电压为 24 V 的电池堆。按目前 PEMFC 的性能水平，选取典型工作电流密度 500 $mA \cdot cm^{-2}$ 和单电池工作电压 0.7 V 为设计参考点，则输出电压为 24 V 的燃料电池堆需要 24 V/0.7 V≈35 个单电池串联而成。500 W、24 V 的燃料电池堆的输出电流为 500 W/24 V≈21 A。因此，电极的有效面积应为 21 A/0.5 $A \cdot cm^{-2}$≈42 cm^2。根据上述设计，满足用户要求的电池堆应由 35 节单电池串联组成，其电极面积应为 42 cm^2。

燃料电池堆的设计在满足电压和功率等要求下，还必须满足一些其他要求，比如反应气体在电池堆中各节单电池间的分配必须均匀，流经各节电池的阻力必须相当，确保各节电池均匀发挥最佳效率。另外，要确保阳极与阴极两侧的反应气体不会互串和外泄，即密封性必须好。双极板和电极组件之间的接触电阻要低，减少电能的损失。这些都与双极板、密封材料、结构设计等密切相关，往往是决定燃料电池堆性能的关键技术。

二、热管理系统

燃料电池的效率不可能达到100%，目前只有40%～60%。没有转化为电能的能量以热量的形式释放出来。如果这些热量不能及时合理地从电池堆中取出，则可能导致整个燃料电池堆出现过热现象，或者是电池堆内不同部位出现较大的温度差。这些对燃料电池堆的平稳运行是不利的。另外，从提高能量的综合利用率考虑，释放出的热量可加以回收利用。因此，热管理子系统在燃料电池系统中有重要作用。燃料电池堆的取热冷却方式取决于燃料电池的类型及规模尺寸。小型低温燃料电池（如 PEMFC）通常采用“被动”冷却方式，即通过自然对流来冷却，热量往往不进行回收利用。中高温燃料电池（如 PAFC、MCFC 和 SOFC）和大型低温燃料电池（如 PEMFC）采用“主动”冷却方式，回收利用余热。

低功率小型便携式 PEMFC 系统（如＜100 W）通常不需专门的冷却设备，只是通过对电池堆的结构进行精心的热量传递设计，利用周围环境空气的自然对流，来达到电池堆内外的热量平衡，实现既能维持电池堆的反应温度又不至于过热的目的。较大低温型 PEMFC 系统和中温 PAFC 系统通常需要强制空气对流（风冷）或利用冷却管道。这些辅助设备将消耗一部分燃料电池所产生的电能。车用燃料电池系统由于空间的限制，通常采用主动液体循环冷却，因为液体的热容量远远大于气体的热容量，从而可以减小系统的体积，但往往会增加系统的复杂性。高温燃料电池，如 MCFC 和 SOFC，由于工作温度高，对过热不是很敏感，冷却问题不是很重要。但是，高温燃料电池产生的热量利用价值高，可以用它来对燃料和氧化剂进行预热，为燃料的预处理（碳氢化合物的水汽转换或重整制氢等）提供热量。剩余的热量还可用来推动蒸汽机发电，从而提高燃料电池系统的电效率。

三、电力调节和转换系统

燃料电池的电力调节和转换系统的任务通常有两个方面：一是对电力进行调节，即保证燃料电池系统输出一个稳定的电压；二是对电力进行转换，即将燃料电池输出的直流电转化为交流电。几乎所有的燃料电池都要进行电力调节；对燃料电池电站和车用燃料电池系统，电力转换也是必要的。因为集中燃料电池电站输出的电力需要并入交流电网，分散式燃料电池电站需要给工厂、医院、办公楼、居民生活区中的交流设备提供电力，汽车上经常使用的是比直流电机效率更高的交流电机。对于用作小型便携式电子设备（笔记本、摄像机等）电源的燃料电池系统，可以直接使用直流电，无须转换。电力调节和转换系统是必要的，也是有代价的。它会使燃料电池系统的效率降低 5%～20%，使燃料电池系统的造价增加 10%～15%。

1. 电力调节

实际应用中，大多数情况下都要求供电系统能够在长时间内提供稳定的电压。然而，燃料电池的输出电压往往是不稳定的，很大程度上取决于电池温度、反应气体压力和流速等工作条件。最主要的是当负载变化加剧时，电压会大幅度改变。另外，即使燃料电池堆在设计时考虑到了用户对电压的要求，但设计电压也往往达不到用户特定应用的准确要求。为了解决这些问题，使得燃料电池系统能够输出固定的、稳定的直流电压，需要在电池堆和用户负载之间使用 DC - DC 变换调节器（DC - DC converter），它可以将一定范围内变化的输入电压（燃料电池堆电压）转化成某一固定且稳定的输出电压。这种转换需要消耗一部分功率。通常将 DC - DC 变换器的输出功率与输入功率的比值定义为其变换效率。一般 DC - DC 变换器的效率能够高于 85%。利用 DC - DC 变换器可以提高电压也可以降低电压，通常用来提高电压。输出电压的提高是以输出电流的降低为代价。比如一个效率为 90%的 DC - DC 变换器，当将 10 V 输入电压（电流 20 A）升高到 20 V 时，输出电流下降到 9 A。

2. 电力转化

燃料电池输出的是直流电。如果燃料电池系统的用户是交流电用户或者要将燃料电池产生的电力并入交流电网(如燃料电池发电站),则需要将燃料电池堆的直流电转化成交流电。这一转换过程通常由DC-AC变换器来完成,因此,需要在电池堆和交流用户或电网之间装配DC-AC变换器。目前,DC-AC变换器的效率通常能够达到85%以上。

四、控制系统

燃料电池系统的负载经常发生变化,特别是车辆用的燃料电池,要频繁启动、停止、变速,导致负载变化非常大。因此,必须对燃料电池系统的各个部分进行实时监控,并根据负载变化情况不断进行跟踪调整,这就是控制子系统。控制子系统对燃料电池系统的其他子系统中的关键控制参数进行检测、调整和控制,以确保燃料电池系统稳定可靠的运行。同时这一系统还包括燃料电池系统的启动程序、停车程序、故障监测程序等。控制系统由多种传感元件(如温度、压力传感器)、执行元件(如电磁阀、空压阀)和执行控制的计算机程序等构成。控制系统最终可以实现燃料电池系统的全自动运行。图8-29为燃料电池控制流程及主要控制项目示意图。

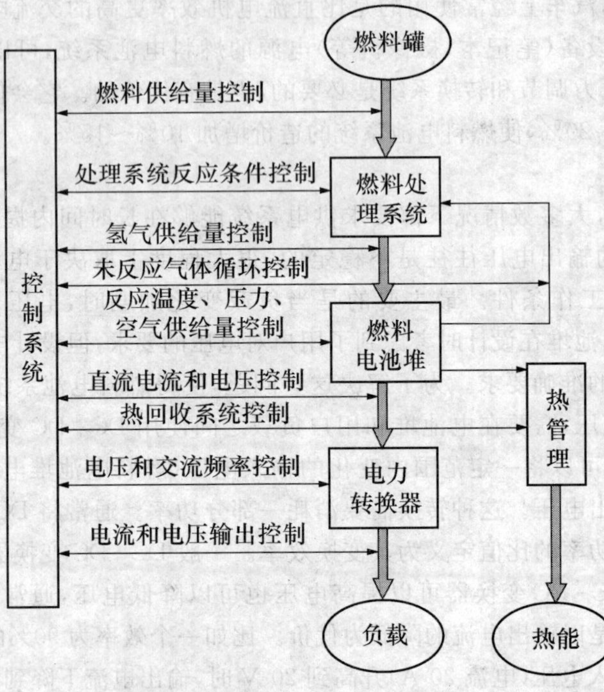

图8-29 燃料电池系统控制流程及主要控制项目示意图

第六节　地热发电系统

地热发电系统主要有以下四种系统。

一、地热蒸汽发电系统

地热蒸汽发电系统利用地热蒸汽推动汽轮机运转，产生电能。该系统技术成熟、运行安全可靠，是目前世界地热发电中采用较多的方式，如图 8-30 所示。

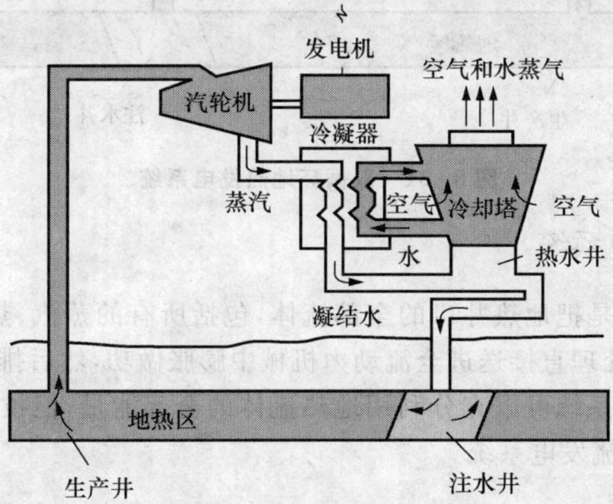

图 8-30　地热蒸汽发电系统

二、双循环地热发电系统

双循环地热发电系统也称有机工质朗肯循环系统，也称双流地热发电系统。它以低沸点有机物为工质，使工质在流动系统中通过热交换器从地热流体获得热量，并产生有机质蒸汽，进而推动有机质汽轮机旋转，带动发电机发电。做完功的气体在冷凝器中还原为液态有机物，完成一个液相、气相的循环。因此，在这种发电系统中，采用两种流体：一种是采用地热流体做热源，另一种是采用低沸点工质流体作为一种工作介质来将地下热水的热能转变为机械能。所谓双循环，就是地热流体的封闭循环和有机工质的密闭循环，这两个循环构成整个发电系统，如图 8-31所示。

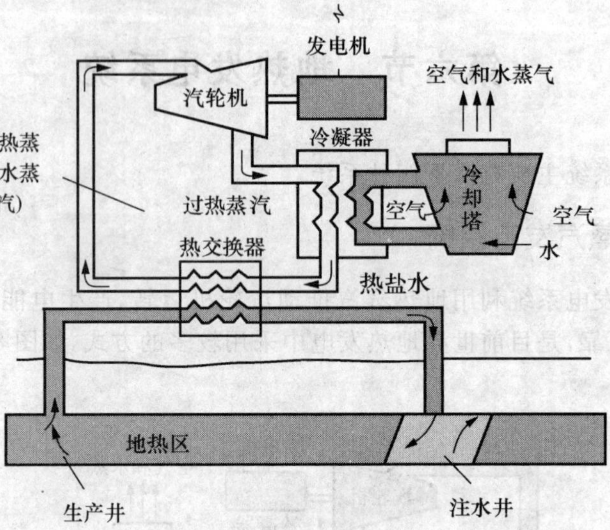

图 8-31　双循环地热发电系统

三、全流发电系统

全流发电系统是把地热井口的全部流体，包括所有的蒸汽、热水、水凝气体及化学物质等，不经处理直接送进全流动力机械中膨胀做功，然后排放或收集到冷凝器中。全流法发电系统可以充分利用地热流体的全部能量，但技术上有一定的难度。图 8-32 为全流发电系统。

四、干热岩发电系统

现在世界各国开发的地热主要是地表以下3 500 m内的地热能资源，而且以水热型地热为主。实际上，水热型地热能的储量相对于地球热库来说，数量很少，而且温度也相对较低。约有地热资源总量的 30%储存在干热岩。干热岩是一种普遍埋藏于距地表 2～6 km 深处、温度为 150～650℃的、没有水或蒸汽的热岩体。干热岩发电是 20 世纪 70 年代由美国加州大学实验室研究人员提出的，其基本思想是在高温但无水或无渗透的热岩体中，通过水力压裂等方法制造出一个人工热储，将地面冷水注入地下深处以获取热能，然后将其导出地面进行发电，其发电系统如图 8-33 所示。

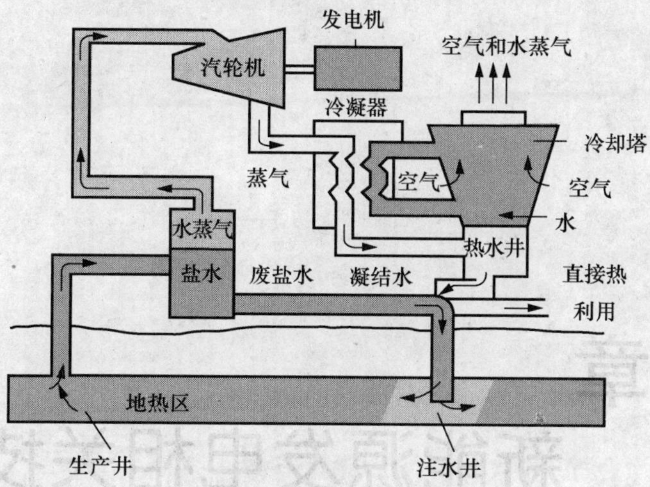

图 8-32　全流发电系统

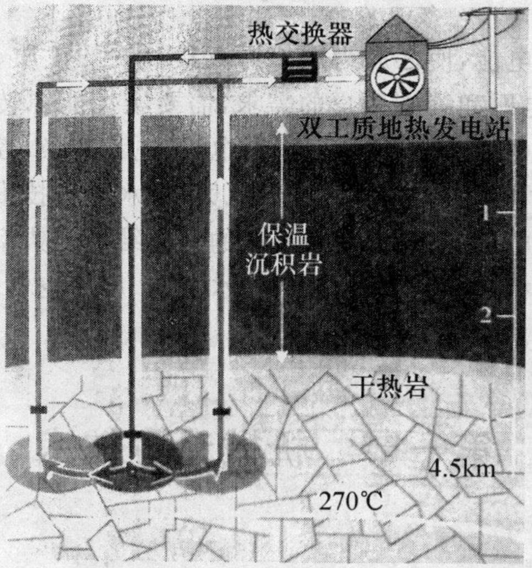

图 8-33　干热岩发电系统

第九章

新能源发电相关技术

将新能源转化为电能，使之成为用户可直接利用的优质、高效、清洁的终端能源，最大限度地满足电网和终端用户的需求，需要经过能源转换、控制、并网、储能等一系列的过程。其中涉及了机械动力、发电机、电源变换、控制管理、储能等相关技术。本章主要介绍了机械动力技术中的风力机、水轮机技术；发电机技术中的风力发电机组和水轮发电机组；电源变换系统的基本结构及典型逆变电路；风力发电和太阳能光伏发电的相关控制管理技术；抽水蓄能、压缩空气储能、超导储能、飞轮储能等电能储存技术。

第一节　机械动力技术

一、风力机

(一)风力机的分类

风力机是把风的动能转换为机械能的装置，鉴于风力机的结构形式繁多，因此分类方法也是多种多样。

(1)按风轮轴与地面的相对位置,可分为水平轴、垂直轴(竖轴)式。

(2)按叶片工作原理,可分为升力型、阻力型。

(3)按风轮相对塔架的位置,可分为上风向(前置式)和下风向(后置式)。

(4)按叶片数量,可分为单叶片、双叶片、三叶片、四叶片和多叶片式。

(5)按叶片材料,可分为由木质、金属和复合材料制成。

(6)按叶片形状,可分为螺旋桨式、Φ 形、△形、H 形、S 形等。

(7)按容量大小,可分为微型(1 kW 以下)、小型(1～10 kW)、中型(10～100 kW)、大型(100～1 000 kW)和巨型(1 000 kW)以上。国外一般只分三类,即小型(100 kW 以下)、中型(100～1 000 kW)和大型(1 000 kW 以上)。

(8)按风力机的用途,有风力发电机、风力提水机、风力铡草机、风力饲料粉碎机等。

(9)按风轮叶片叶尖速度与对应风速之比的大小,分为高速风力机(比值大于3)和低速风力机(比值小于 3),也有将此比值在 2～5 者称为中速风力机。

关于风力机的牌号目前尚无统一规定,通常用“FD”表示风力发电机,如FD4-500W 型风力发电机,其风轮直径为 4 m,额定功率为 500W;用“FS”表示风力提水机,如 FS-8 型风力提水机,其风轮直径为 8 m。

图 9-1 至图 9-12 所示为各种类型的风力机。

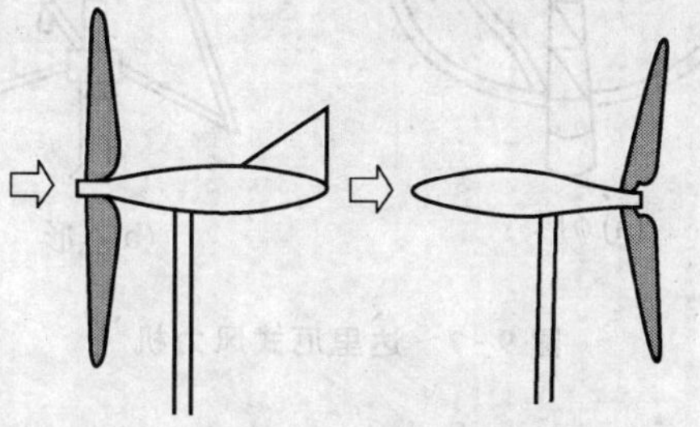
(a) 上风式　(b) 下风式

图 9-1　水平轴上风式和下风式风力机

图 9-2　帆叶式风力机

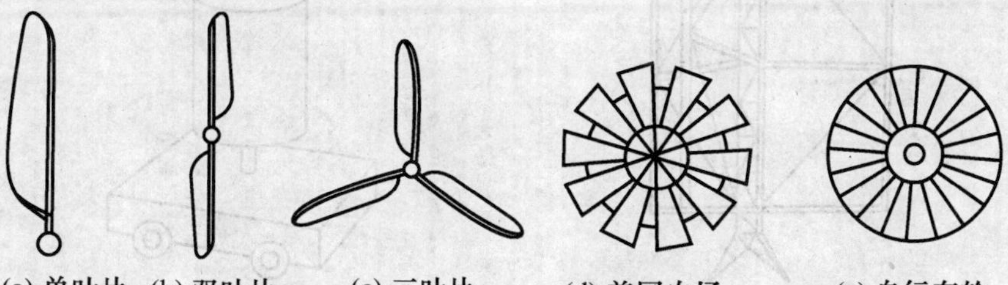
(a) 单叶片　(b) 双叶片　(c) 三叶片　(d) 美国农场多叶片　(e) 自行车轮多叶片

图 9-3　水平轴单叶片和多叶片风力机

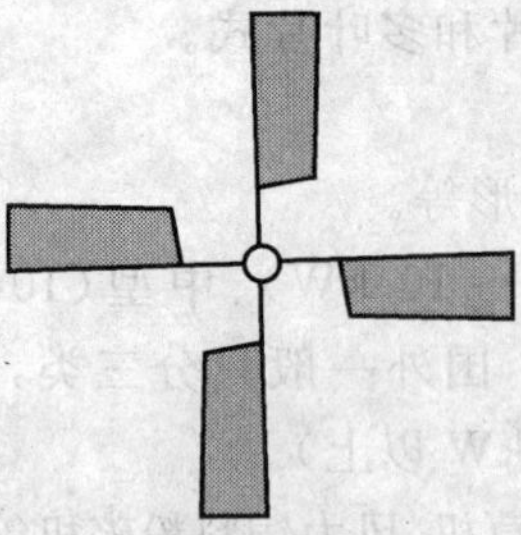

图 9-4　荷兰式风力机图

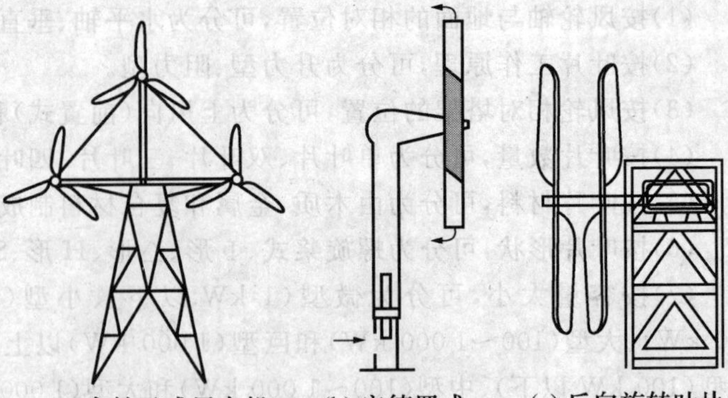

(a) 多转子式风力机　(b) 安德罗式　(c) 反向旋转叶片式

图 9-5　其他形式水平轴风力机

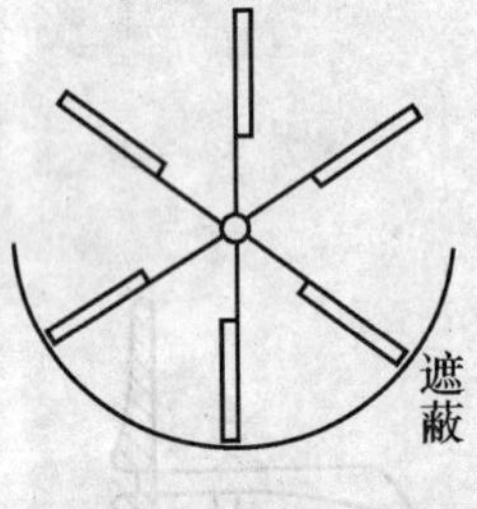

图 9-6　阻力型挡板式风力机

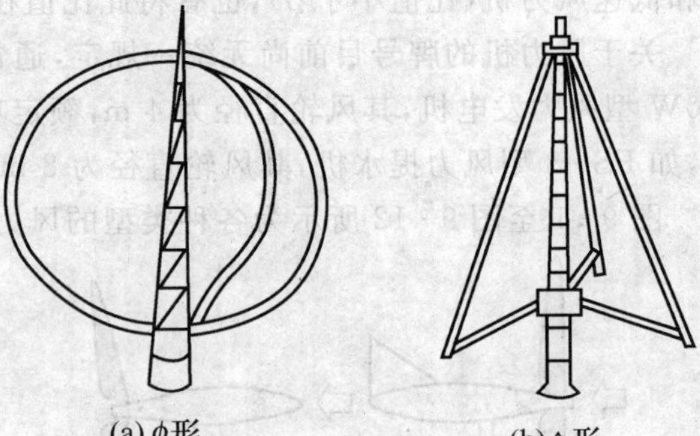

(a) ϕ形　(b)△形

图 9-7　达里厄式风力机

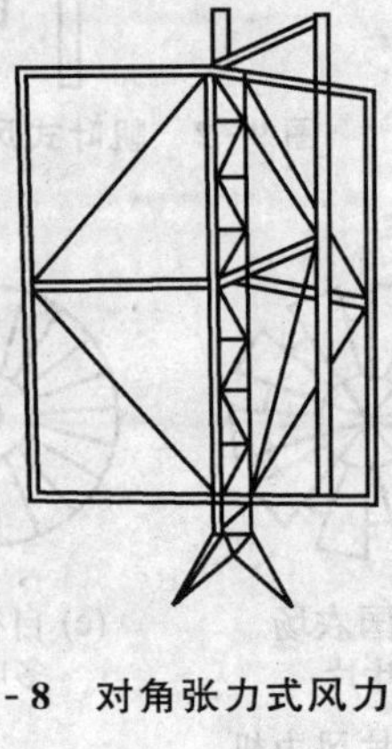

图 9-8　对角张力式风力机图

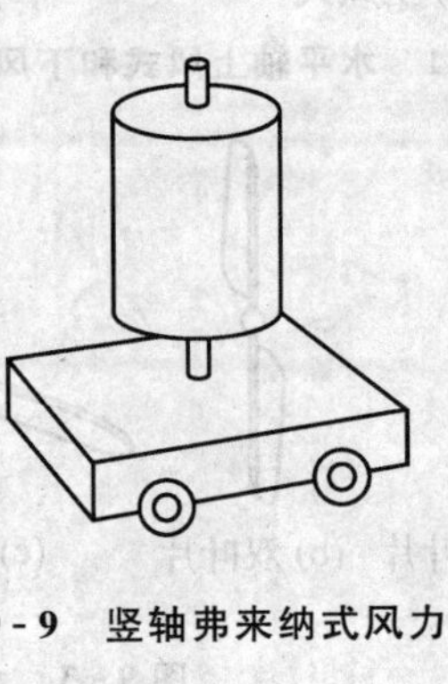

图 9-9　竖轴弗来纳式风力机

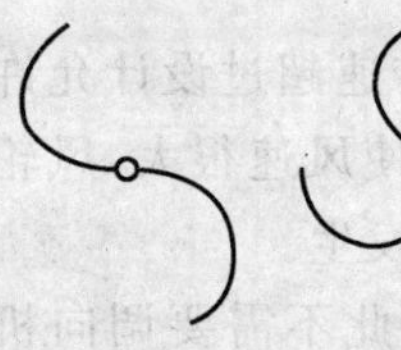

图 9-10 S形风力机

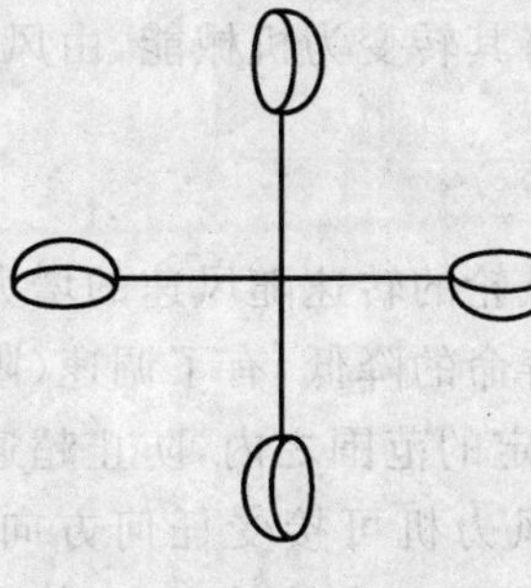

图 9-11 风杯式风力机

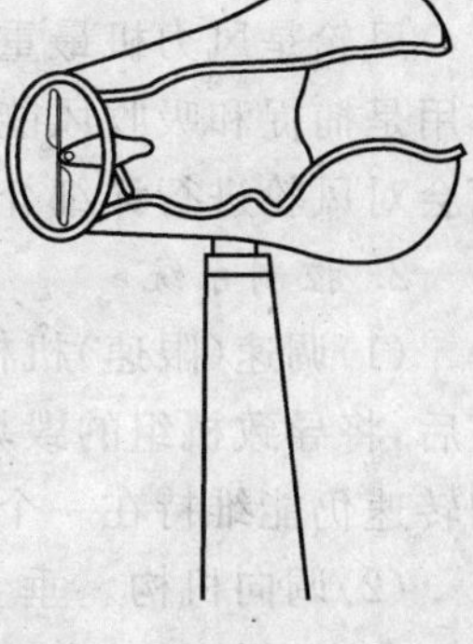

图 9-12 扩压式风力机

(二)风力机的组成及各部件的功用

下面以水平轴风力机为例介绍常见风力机的基本组成和各部件的功用。风力机一般由风轮、传动装置、做功装置、蓄能装置、控制系统、塔架、附属部件等组成(图 9-13、图 9-14)。

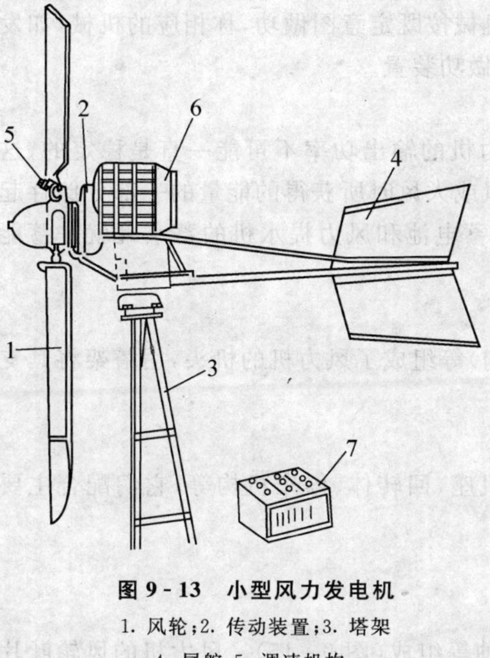

图 9-13 小型风力发电机

1. 风轮;2. 传动装置;3. 塔架 4. 尾舵;5. 调速机构; 6. 发电机;7. 蓄电池

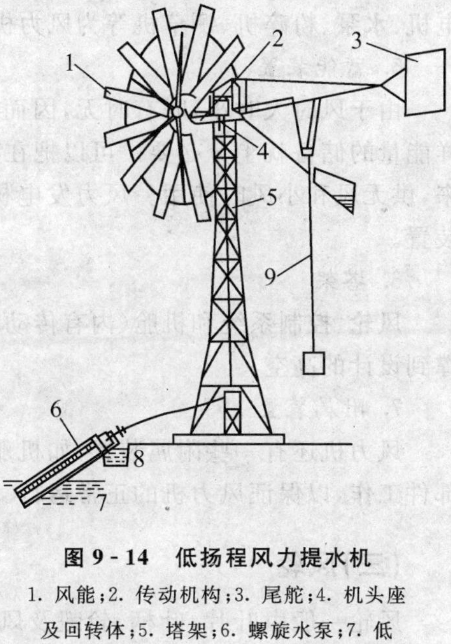

图 9-14 低扬程风力提水机

1. 风能;2. 传动机构;3. 尾舵;4. 机头座及回转体;5. 塔架;6. 螺旋水泵;7. 低水源;8. 储水池;9. 停车机构

1. 风轮

风轮是风力机最重要的部件，它是风力机区别于其他动力机的主要标志。其作用是捕捉和吸收风能，并将其转变为机械能，由风轮轴将能量送至传动装置。下面会对风轮进行详细介绍。

2. 控制系统

(1)调速(限速)机构。风轮的转速随风速的增大而变快，而转速超过设计允许值后，将导致机组的毁坏或寿命的降低，有了调速(限速)机构，即使风速很大，风轮的转速仍能维持在一个较稳定的范围之内，防止超速乃至飞车的发生。

(2)调向机构。垂直轴风力机可接受任何方向吹来的风，因此不需要调向机构。而水平轴的风力机为了获得较高的效率，应使它的风轮经常对准风向，大多数水平轴风力机都有调向机构，图 9-13 和图 9-14 中的尾舵便是调向机构的一种。

3. 传动装置

将风轮轴的机械能送至做功装置的机构称为传动装置。对于风力发电机，其传动装置为增速机构。风力机的传动装置与一般及其所采用的传动装置没有什么区别，多为齿轮、皮带、曲柄连杆等机械传动。

4. 做功装置

由传动装置送来的机械能供给工作机械按既定意图做功，称相应的机械，如发电机、水泵、粉碎机、铡草机等为风力机的做功装置。

5. 蓄能装置

由于风时大时小，时有时无，因而风力机的输出功率不可能一直是稳定的，这样能量的储备就十分必要。可以把在有风或大风时所获得的能量的一部分储存起来，供无风和小风时使用。风力发电机的蓄电池和风力提水机的蓄水罐就是蓄能装置。

6. 塔架

风轮、控制系统和机舱(内有传动机构)等组成了风力机的机头，用塔架将其支撑到设计的高空。

7. 附属装置

风力机还有一些附属装置，如机舱、机座、回转体、停车机构等，它们配合主要部件工作，以保证风力机的正常运行。

(三)风轮

风轮一般由叶片、叶柄、轮毂及风轮轴等组成(图 9-15)。风力机的风轮叶片是接受风能的最主要部件。叶片的设计要求要有高效地接受风能的翼型、合理的安装角(或迎风)、科学的升阻比、尖速比和叶片型线扭曲。由于叶片直接迎风获得风能,所以要求叶片有合理的结构、先进的材料和科学的工艺使叶片能可靠地承担风力、叶片自重、离心力等给予叶片的各种弯矩、拉力,而且还要求叶片重量轻、结构强度高、疲劳强度高、运行安全可靠、易于安装、维修方便、制造容易、制造成本和实用成本低。另外,叶片表面要光滑,以减少叶片转动时与空气的摩擦阻力。

1. 叶片材料和结构

叶片的基本形式有三种,即平板型、弧板型和流线型(图 9-16)。在相同条件下,产生的升力值:流线型>弧板型>平板型;而阻力值:平板型>弧板型>流线型。

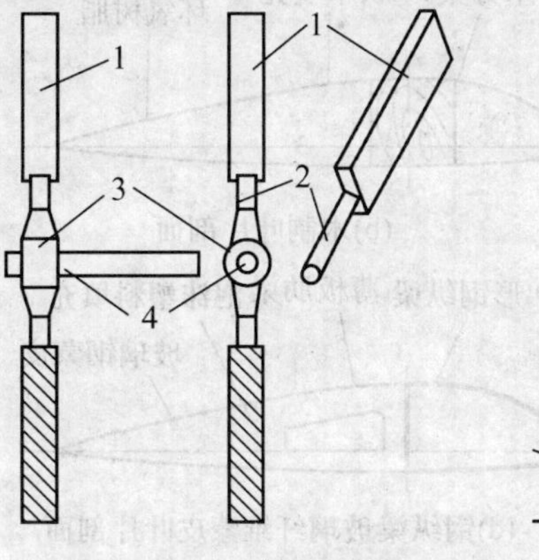

图 9-15　风轮的组成

1. 叶片;2. 叶柄;3. 轮毂;4. 风轮轴

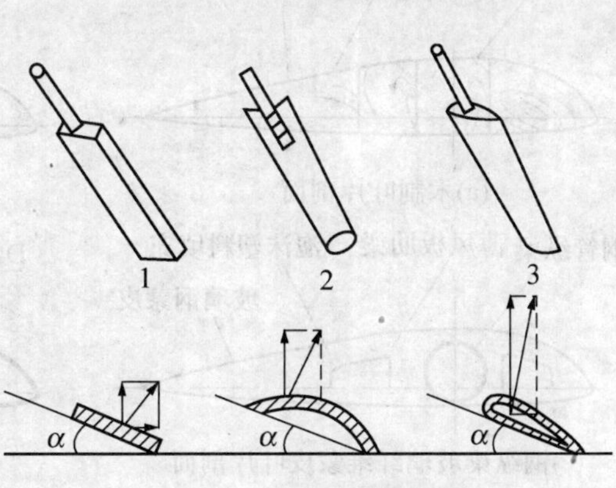

图 9-16　叶片的基本类型

1. 平板型;2. 弧板型;3. 流线型

风力发电机的叶片横截面的形状接近于流线型;而风力提水机的叶片多采用弧板型,也有采用平板型的。风轮叶片是一个复合材料制成的薄壳结构,见图 9-17。叶片根部材料一般为金属结构;外壳一般为玻璃钢;龙骨(加强筋或加强框)一般为玻璃纤维增强复合材料或碳纤维增强复合材料。

图 9-17　风力机叶片吊装实物图

随着风力机的大型化,叶片材料也在不断改进和发展,采用强度更高、比重(相对密度)更轻、抗蚀性更好以及更耐久的新型材料是叶片材料发展的方向，现就较常用的叶片结构作简要介绍。

(1)木制叶片及布蒙皮叶片。近代的微、小型风力机也有采用木制叶片的，由于木制叶片不易做成扭曲型，而常采用等安装角叶片。整个叶片由几层模板粘压而成，与轮毂连接用金属板做成法兰，用螺栓可靠地连接，如图 9-18(a)所示。

大、中型风力机很少用木制叶片，采用木制叶片也是用强度很好的整体木方做叶片纵梁来承担叶片在工作时所必须承担的力和弯矩。叶片助梁模板与纵梁木方用胶与螺钉可靠地连接在一起，其余叶片空间用轻木或泡沫塑料填充，用玻璃纤维覆面，外涂环氧树脂，如图 9-18(b)所示。

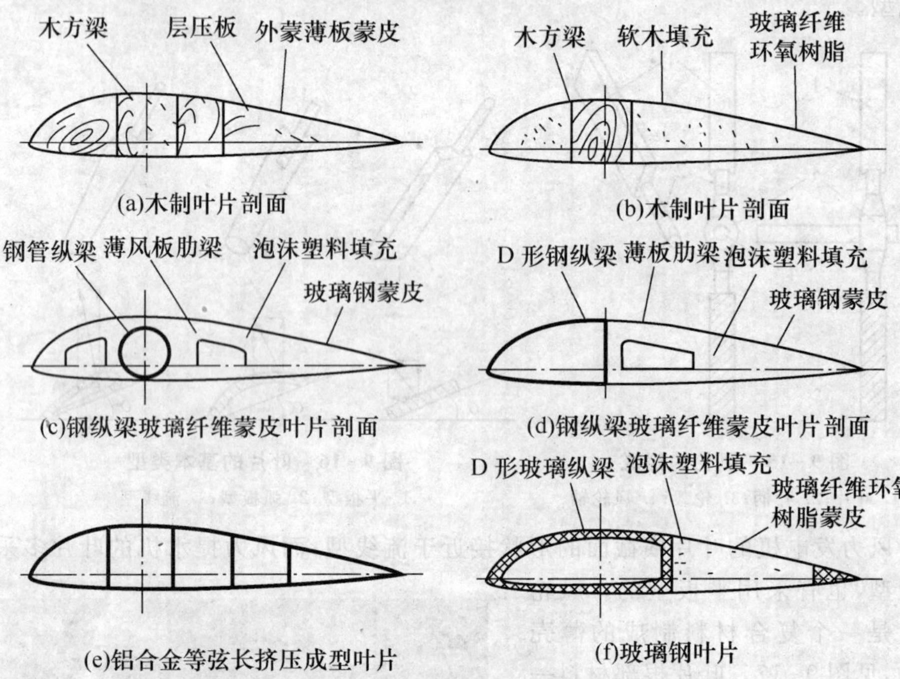

图 9-18　风力机叶片典型结构

叶片也有采用金属纵梁，钢板助梁，内填硬泡沫塑料，用布蒙皮、外涂环氧树脂或涂漆结构的。

(2)钢梁玻璃纤维蒙皮叶片。在目前较多采用钢管或 D 形钢做纵梁、钢板做助梁，内填充泡沫塑料，外覆玻璃蒙皮的结构形式，往往在大型风力机上使用。可变桨距叶片的根部可做成能与轮毂做俯仰转动的轴与轮毂连接，几个叶片可同步旋转的机构设在轮毂内，如图 9-18(c)、(d)所示。叶片纵梁的钢管及 D 形钢从叶根至叶尖的截面应逐渐变小，以满足扭曲叶片的要求并减轻叶片重量，即做成等强度梁。

(3)铝合金等弦长挤压成型叶片。用铝合金挤压成型的等弦长叶片易于制造，可连续生产，将其截成所需要的长度，又可按设计要求的扭曲进行扭曲加工，叶根与轮毂连接的轴及法兰可通过焊接或螺栓连接来实现，如图 9-18(e)所示。铝合金叶片重量轻、易于加工，但不能做到从叶根至叶尖渐缩的叶片，因为到目前为止世界各国尚未解决这种挤压工艺。

钢梁玻璃蒙皮叶片及铝合金挤压成型的等弦长叶片和其他金属叶片的风力机在正常运行时对电视等能形成重影或条状纹干扰，设计时应注意。

(4)玻璃钢叶片。所谓玻璃钢就是环氧树脂、不饱和树脂等塑料渗入长度不同的玻璃纤维或碳纤维面做成的增强塑料。增强塑料强度高、重量轻、耐老化，表面可再缠玻璃纤维及涂环氧树脂，即可增加轻度又使叶片表面光滑。

图 9-18(f)就是用玻璃钢抽压或挤压成从根至叶尖渐缩的纵梁，其余部分用泡沫塑料填充，蒙皮用 2～3 层玻璃纤维缠绕再涂环氧树脂的玻璃钢叶片。

(5)玻璃钢复合叶片。至 20 世纪末，世界工业发达国家的大、中型商品风力机的叶片基本上采用 D 形钢纵梁、夹层玻璃钢助梁及叶根与轮毂连接用金属结构的复合材料做叶片。

2. 叶片结构设计要点

叶片设计难点包括：叶型的空气动力学设计；强度、疲劳、噪声设计；复合材料铺层设计。在风力机组设计中，叶片外形设计尤为重要，它涉及机组能否获得所希望的功率。

叶片的疲劳特性也十分突出，由于要承受较大的风负载，而且是在地球引力场中运行，重力变化相当复杂。以 600 kW 风力机组为例，其额定转速大约为27 r/min，在 20 年寿命期内，大约转动 2×10^8 次。叶片由于自重而产生相同次数的弯矩变化。

对于复合材料叶片来说，每种复合材料或多或少存在疲劳特性问题，当它受到交变负载时，会产生很高的负载变化次数。如果材料所承受的负载超过其相应的疲劳极限，它将限制材料的受力次数。当材料出现疲劳失效时，部件就会疲劳断裂。疲劳断裂通常从材料表面开始，然后是截面，最后到材料彻底破坏。

在叶片的结构强度设计中，要充分考虑到所用材料的疲劳特性。首先要了解叶片所承受的力和力矩以及在特定的运行条件下风负载的情况。在受力最大的部位最危险，在这些地方负载很容易达到材料承受极限。

叶片的重量完全取决于其结构形式。目前生产的叶片，多为轻型叶片，承载好而且很可靠。轻型结构叶片的优点是：①在变距时驱动质量小，在很小的叶片机构动力作用下,可以产生很高的调节速度;②减少风力机组总重量;③风轮的机械刹车力矩很小;④周期振动弯矩由于自重减轻而很小;⑤减少了材料成本;⑥运费减少;⑦便于安装。但是轻型结构叶片也有缺点:①要求叶片结构必须可靠,制造费用高;②所用材料成本高;③风轮推力小,风轮在阵风时反应敏感,因此要求功率调节也要快;④材料特性及负载计算必须很准确,以免超载。

(四)齿轮箱

风力机组中的齿轮箱是一个重要的机械部件,其主要功用是将风轮在风力作用下所产生的动力传递给发电机并使其得到相应的转速。通常风轮的转速很低,远达不到发电机发电所要求的转速,必须通过齿轮箱齿轮副的增速作用来实现,故也将齿轮箱称为增速箱。根据机组的总体布置要求,有时将与风轮轮毂直接相连的传动轴(俗称大轴)与齿轮箱合为一体,也有将大轴与齿轮箱分别布置,其间利用胀紧套装置或联轴节连接的结构。为了增加机组的制动能力,常常在齿轮箱的输入端或输出端设置刹车装置,配合叶尖制动(定桨距风轮)或变桨距制动装置共同对机组传动系统进行联合制动,见图 9-19。

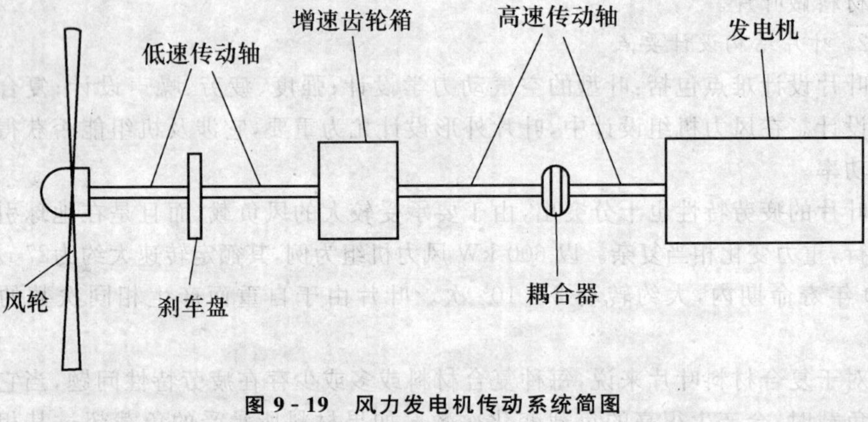

图 9-19 风力发电机传动系统简图

由于机组多安装在高山、荒野、海滩、海岛等风口处,受无规律的变向、变负荷的风力作用以及强阵风的冲击,常年经受酷暑严寒和极端温差的影响,加之所处自然环境,交通不便,齿轮箱安装在塔顶的狭小空间内,一旦出现故障,修复非常困难,故对其可靠性和使用寿命都提出了比一般机械高得多的要求。如对构件材料的要求,除了常规状态下的机械能外,还应该具有低温状态下抗冷脆性等特性;应保证齿轮箱平稳工作,防止振动和冲击;保证充分的润滑条件等。对冬夏温差较大的地区,要配置合适的加热和冷却装置,还要设置监控点,对运转和润滑状态进行遥控。因此，齿轮箱设计要考虑的问题有：选用的基本类型、齿轮箱与主轴轴承是分离型还是集成型、增速比、级数、齿轮箱的重量和成本、齿轮箱的载荷、润滑、断续运行时的效率、噪声等因素。

不同形式的风力机组有不一样的要求，齿轮箱的布置形式以及结构也因此而异。水平轴风力机组用固定平行轴齿轮传动和行星齿轮传动最为常见。

风力机组齿轮箱的种类很多，按照传统类型可分为圆柱齿轮增速箱、行星增速箱以及它们互相组合起来的齿轮箱；按照传动的级数可分为单级和多级齿轮箱；按照传动的布置形式又可分为展开式、分流式和同轴式以及混合式等。

二、水轮机

（一）水轮机的分类

水轮机是将水能转换成机械能的水力原动机。根据水轮机能量转换的特征不同，水轮机可分为反击式水轮机和冲击式水轮机两大类。反击式水轮机的转轮能量转换是在有压管流中进行的；冲击式水轮机的转轮能量转换是在无压大气中进行的。各类水轮机因其结构不同又有多种不同的形式。冲击式水轮机有水斗式、斜击式和双击式；反击式水轮机有混流式、轴流式（轴流转桨式、轴流定桨式）、贯流式（贯流转桨式、贯流定桨式）和斜流式。

(1)混流式水轮机。混流式水轮机的水流进入转轮前沿主轴半径方向，在转轮内转为斜向，最后沿主轴轴线方向流出转轮，见图 9 - 20。水流在转轮内做旋转运动的同时，还进行径向运动和轴向运动，所以称为“混流式”。这类水轮机适用于 30～800 m 水头的水电站，属于中等水头、中等流量机型。

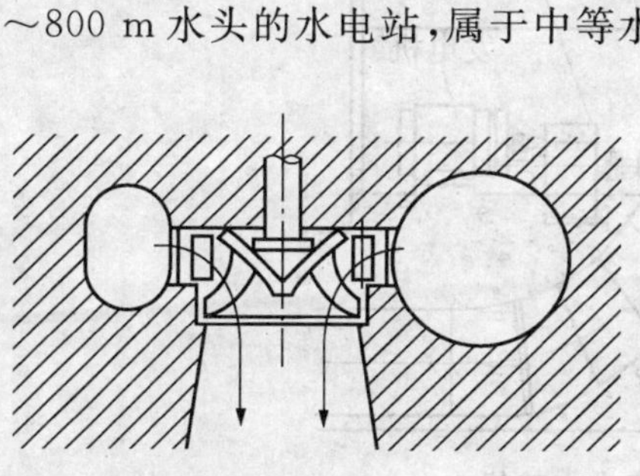

图 9 - 20　混流式水轮机

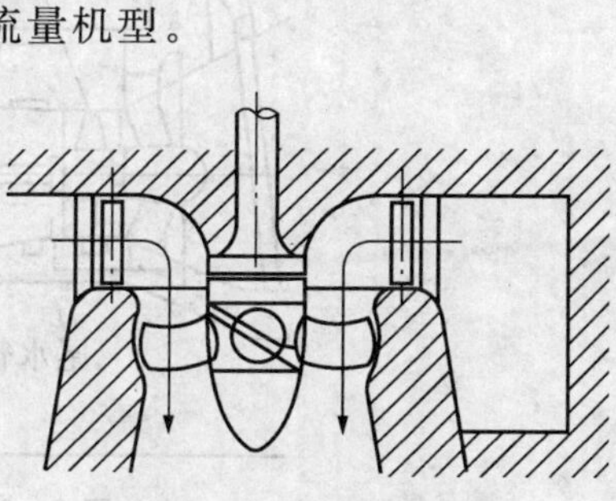

图 9 - 21　轴流式水轮机

(2)轴流式水轮机。轴流式水轮机的水流在进入转轮前已经转过 90°弯角，水流沿主轴轴线方向进入转轮，又沿主轴轴线方向流出转轮，见图 9 - 21。水流在转轮内同时做旋转运动和轴向运动，没有径向运动，所以称为“轴流式”。这类水轮机适用于3～80 m水头的水电站，属于低水头、大流量机型。轴流式水轮机又分为轴流定桨式和轴流转桨式水轮机两种。

(3)斜流式水轮机。斜流式水轮机其转轮内的水流运动与混流式水轮机的转轮一样，但其转轮叶片又与轴流转桨式水轮机的转轮叶片一样，见图9-22。因此这种水轮机吸取了上两种水轮机的优点，适用于40～200 m水头的水电站，属于中等水头、中等流量机型。但由于叶片转动机构的结构和工艺复杂、造价高，国内20世纪60年代在云南毛家村水电厂(8.33 MW)采用以后就很少采用。

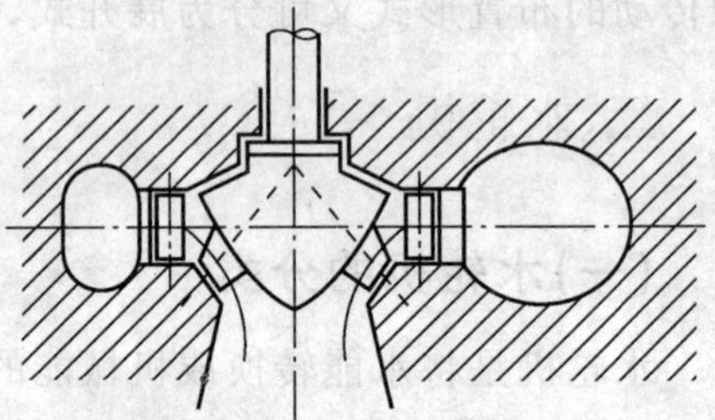

图9-22　斜流式水轮机

(4)贯流式水轮机。贯流式水轮机的转轮结构及转轮内的水流运动与轴流式的转轮完全一样，也有贯流定桨式和贯流转桨式两种形式。与轴流式水轮机不同的是：贯流式水轮机的水流从进入水轮机到流出水轮机几乎始终与主轴线平行贯通，“贯流式”由此而得名。由于水流进出水轮机几乎贯流畅通，因此水轮机的过流能力很大，只要有0.3 m的水位差就能发电。这种水轮机适用于30 m水头以下的水流量的水电站，特别是潮汐电站，属于超低水头、超大流量机型。按结构形式贯流式水轮机还可以分轴伸贯流式(图9-23)、灯泡贯流式(图9-24)、竖井贯流式和虹吸贯流式四种。

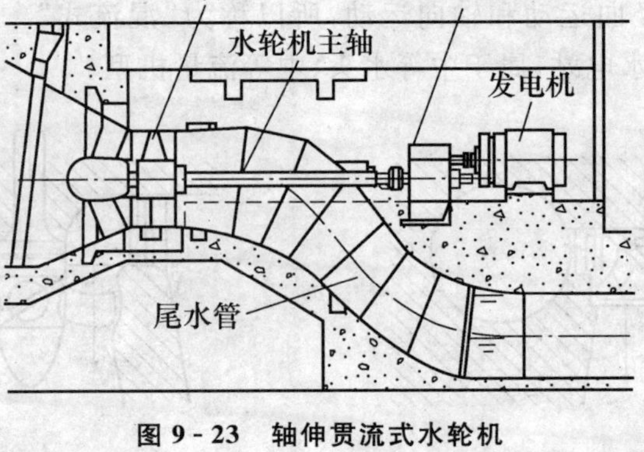

图9-23　轴伸贯流式水轮机

(5)水斗式水轮机。这种水轮机的水流由喷嘴形成高速运动的射流，射流沿着转轮旋转平面的切线方向冲击转轮斗叶，所以又称为切击式水轮机，见图9-25。这种水轮机适用于100～1 700 m水头的水电站，属于高水头、小流量机型。

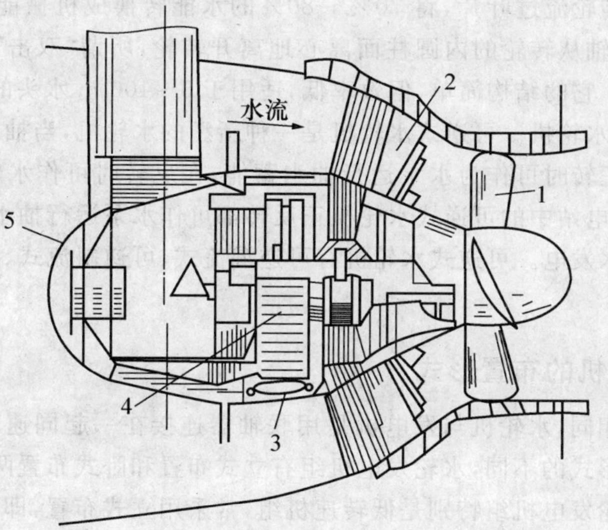

图 9-24　灯泡贯流式水轮机

1. 转轮叶片；2. 导叶；3. 发电机定子；4. 发电机转子；5. 灯泡体

(6)斜击式水轮机。这种水轮机的水流由喷嘴形成高速运动的射流，射流沿着转轮旋转屏幕的正面约 22.5°的方向冲击转轮叶片，再从转轮旋转屏幕的背面流出转轮。该水轮机适用于25～400 m 水头的小型水电站。

图 9-25　水斗式水轮机

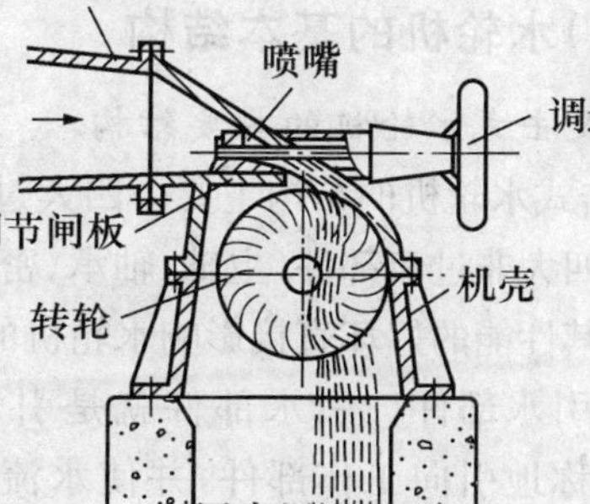

图 9-26　双击式水轮机

(7)双击式水轮机。双击式水轮机的应用水头较低，没有水斗式和斜击式水轮机中的喷嘴，而是在压力管道末端接了一段与转轮宽度相等的矩形断面的喷嘴，见图 9-26。它形成的水流流速比较小，水流流出喷管后，首先从转轮外圆柱面的顶部向心地进入转轮流过叶片，将70%～80%的水能转换成机械能，然后从转轮内腔下落，绕过主轴从转轮的内圆柱面离心地离开转轮，所谓“双击”，是指水流两次流过转轮叶片。它的结构简单，但效率低，适用于5～100 m水头的乡村小水电站。

(8)可逆式水轮机。可逆式水轮机是一种新型的水轮机，当抽水蓄能电站中的可逆式水轮机正转时可作为水泵运行抽水蓄能，在反转时可作水轮机运行放水发电；应用在潮汐电站中的可逆式水轮机正反转都可作水泵运行抽水蓄能，也都可作水轮机运行放水发电。可逆式水轮机有可逆混流式、可逆斜流式、可逆轴流式和可逆贯流式四种。

(二)水轮机的布置形式

与蒸汽机相同，水轮机与发电机是用联轴器连接在一起同速转动的。根据机组轴线的布置形式的不同，水轮发电机组有立式布置和卧式布置两大类。

大中型水轮发电机组特别是低转速机组，常采用立式布置，即机组的主轴垂直布置，发电机位于水轮机的上部。立式机组轴承受力好，机组占地面积小，运行平稳，但是厂房分发电机层和水轮机层，因此厂房高，面积大，机组安装检修不方便，厂房投资大。

小型水轮机大都采用卧式布置，即机组的主轴水平布置，发电机同水轮机一般布置在同一高度上。卧式机组安装、检修和运行维护方便，厂房投资小，但是机组占地面积较大，水轮机、发电机的噪声对运行人员干扰大，夏天室温高。

(三)水轮机的基本结构

1. 反击式水轮机的主要结构

反击式水轮机的结构主要由四大过流部件(引水部件、导水部件、工作部件和泄水部件)及四大非过流部件(主轴、轴承、密封和飞轮)组成。由于水流直接作用于四大过流部件，其性能的好坏直接影响水轮机的水力性能，因此这里只介绍四大过流部件。

(1)引水部件。引水部件就是引水室，其作用是以最小的水力损失将水流均匀、轴对称地引向工作部件，并使水流形成一定的旋转量，以减小水流对转轮叶片头部的进口冲角。引水室的类型有金属蜗壳引水室、混凝土蜗壳引水室、明槽引水室和贯流式引水室四种。

①金属蜗壳引水室。这种引水室其蜗牛壳形状的结构使得加工制作难度大，工艺要求高，制作成本高，但蜗形流道的包角达345°，进入转轮的水流流态较好，水力性能最佳。它广泛应用在混流式水轮机、斜流式水轮机和中高水头的轴流式水轮机中。金属蜗壳引水室见图9-27，通常卧式机组的蜗壳进口轴线垂直向下，使

得来自压力钢管的水流进入蜗壳时必定要转 90°，这样会使水头损失加大。如果保持水轮机其他部分不动，只将卧式布置的蜗壳绕水轮机轴线转到蜗壳进口轴线成为水平方向，则卧式水轮机的这一缺点就可以克服。国内外已经有这样的电站，该电站将水轮机的蜗壳进口轴线按水平方向布置。

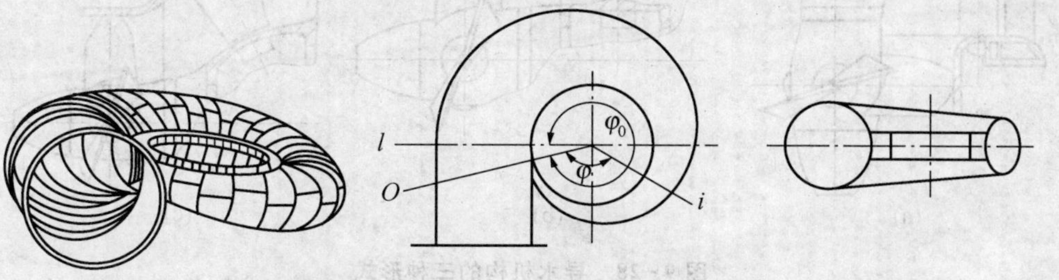

(a) (b) (c)

图 9 - 27 金属蜗壳引水室

②混凝土蜗壳引水室。当水轮机的工作流量较大时，全部流量都需通过金属蜗壳引水室的进口断面，这样使得蜗壳进口断面直径增大，从而造成蜗壳的总宽度增大，机组间距增大，进而要求厂房面积增大，投资增加。因此在工作水头较低的轴形式水轮机中，为了节省机组和厂房的投资，采用部分蜗形流道的混凝土蜗壳引水室，蜗形流道的包角为 180°～225°，从非蜗形流道进入工作部件的水流流态较差，水头损失较大。混凝土蜗壳引水室的水力性能比金属蜗壳引水室的差，但比明槽引水室的好。混凝土蜗壳引水室应用在中低水头轴流式水轮机中。

③明槽引水室。为了减少投资，在 500 kW 以下的低水头小容量轴流定桨式水轮机中常采用明槽引水室。明槽引水室是引水渠道的末端渠道，结构简单，水流进入转轮前的水流流态较差，引水室的水头损失较大。

④贯流式引水室。贯流式引水室只能应用在贯流式水轮机中。贯流式引水室又分灯泡式、轴伸式、竖井式和虹吸式四种形式，其中灯泡式引水室应用最广泛。

(2)导水部件。导水部件主要由导叶转动机构组成，所有又称导水机构。导水部件的作用是根据负荷调节进入转轮的水流量及开机、停机。其类型有径向式、轴向式和斜向式三种，见图 9 - 28。

①径向式导水机构。径向式倒水机构的特点是：水流沿着与水轮机主轴垂直的径向流过导叶，导叶转轴线与水轮机主轴线平行，大部分反击式水轮机采用的都是径向导水机构，见图 9 - 28(a)。

图 9 - 29 为立式水轮机径向式导水机构的平面图，该机构主要由推拉杆(11)，控制环(12)，连杆(10)，主、副拐臂(5、4)，导叶(15)，顶盖(1)，底环(14)，套筒(2)和

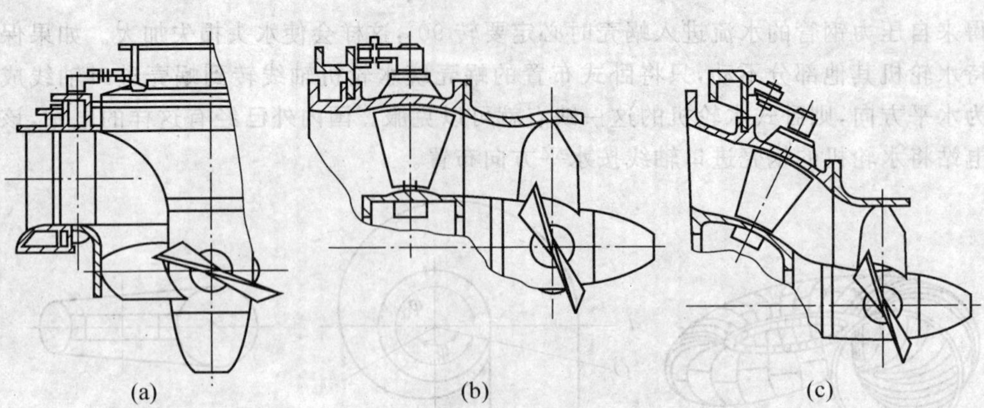

图 9-28　导水机构的三种形式

(a)径向式导水机构；(b)轴向式导水机构；(c)斜向式导水机构

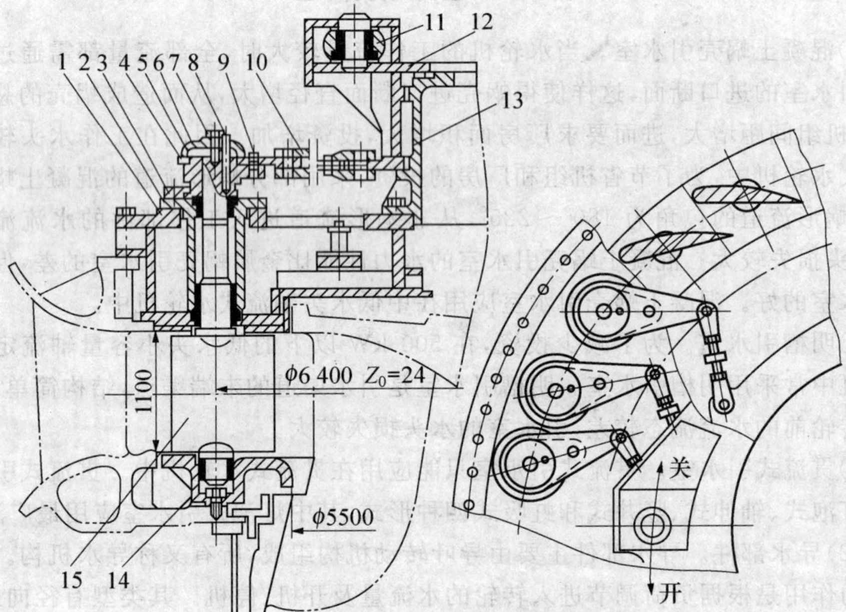

图 9-29　立式水轮机径向式导水机构的平面图

1. 顶盖；2. 套管；3. 止推压板；4. 副拐臂；5. 主拐臂；6. 端盖；
7. 调节螺钉；8. 分半键；9. 剪断销；10. 连杆；11. 推拉杆；
12. 控制环；13. 控制环支座；14. 底环；15. 导叶

剪断销(9)九个零件组成，其中推拉杆、控制环、连杆、拐臂构成导叶转动机构。调速器通过调速轴带动推拉杆来回移动，推拉杆带动控制环来回转动，控制环通过连杆、拐臂带动所有导叶同步来回转动，从而调节进入转轮的水流量，并调节机组的转速或出力。由于控制环的转动平面与连杆的移动平面、拐臂的转动平面相互平行，三者之间可以方便地用销子进行铰链接，因此在传动的结构上最容易实现，结构性能最佳。

剪断销一般装在连杆与拐臂的铰链接处或主、副拐臂连接处。剪断销的作用是当导叶被异物卡住正遇导水部件做关闭操作时，使得被卡导叶的操作力急剧增大；当被卡导叶的操作力增大到正常操作力的 1.3～1.4 倍时，被卡导叶的剪断销被剪断，事故导叶退出导水机构，其他导叶继续关闭，从而防止事故扩大。

②轴向式导水机构。轴向式导水机构的特点是：水流沿着与水轮机主轴平行的轴向流过导叶转轴线与水轮机主轴线垂直，由于控制环的转动平面与连杆的移动平面、拐臂的转动平面相互不平行，因此三者之间的连接结构较复杂。这种导水机构主要应用在轴伸式贯流式水轮机，见图 9-28(b)。

③斜向式导水机构。斜向式导水机构的特点是：水流沿着与水轮机主轴倾斜的方向流过导叶，导叶转轴线与水轮机主轴线倾斜，同样由于控制环的转动平面与连杆的移动平面、拐臂的转动平面相互不平行，因此三者之间的连接结构较复杂。这种导水机构主要应用在斜流式水轮机，灯泡式、竖井式和虹吸式贯流式水轮机中，见图 9-28(c)。

(3)工作部件。工作部件就是转轮，其作用是将水能转换成转轮旋转的机械能。工作部件是水轮机的核心部件，水轮机的水力性能主要由转轮决定。转轮的类型有混流式转轮（图 9-30）、轴流式（贯流式）转轮（图 9-31）和斜流式转轮。由于轴流式水轮机的转轮与贯流式水轮机的转轮完全一样，因此反击式水轮机的机型有四种，转轮形式只有三种。

图 9-30　混流式转轮

(4)泄水部件。泄水部件就是尾水管，所起作用有：①将水流平稳地引向下游；②回收转轮出口处水流相对下游水位的位能，形成转轮出口处的静力真空；③部分回收转轮出口处水流的动能，形成转轮出口处的动力真空。

尾水管有直锥形尾水管、曲膝形尾水管和弯肘形尾水管三种形式。

直锥形尾水管结构最简单，制作最方便，水流在管内平稳减速回收动能，水力性能最佳，主要应用在小型立式水轮机的灯泡式、竖井式及虹吸式贯流式水轮机中。

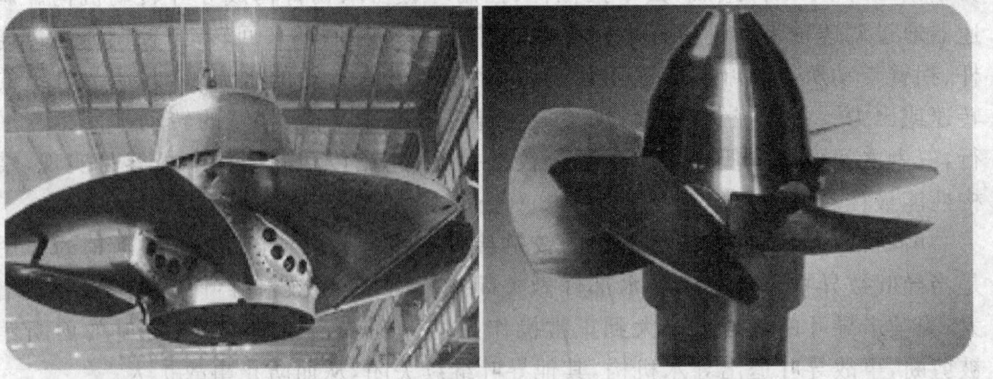

图 9-31　轴流式(贯流式)转轮

曲膝型尾水管的主要特点是:水流一离开转轮,还来不及减速就经弯管段转过90°,主要的减速回收动能都在圆锥段内完成,弯管段的水头损失较大,水力性能最差,主要应用在卧式混流式水轮机和轴伸式贯流式水轮机中。

弯肘形尾水管结构复杂,制作不便。水流离开转轮时在圆锥段中稍减速再转过 90°后作水平减速运动,肘管段从垂直圆形断面转变为水平矩形断面,因此肘管段制造难度大,水流运动紊乱,水头损失较大,水力性能比直锥形尾水管差,但矩形扩散段水流的动能回收充分,因此性能比曲膝型尾水管好,主要应用在大中型立式水轮机中。

2. 冲击式水轮机的主要结构

(1)水斗式水轮机的主要结构。水斗式水轮机主要由转轮、喷嘴、折向器和喷针-折向器协联操作机构组成。

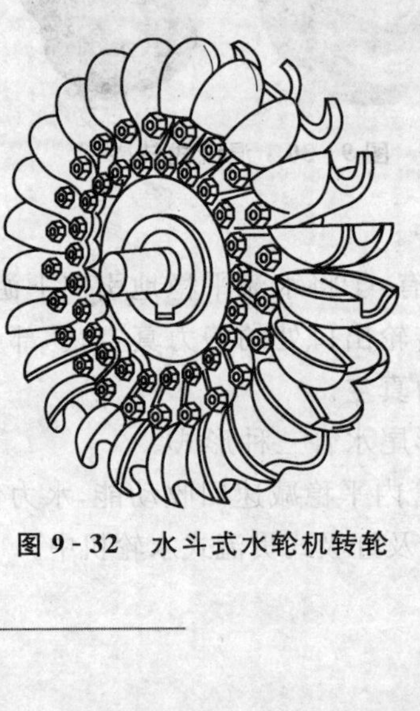

图 9-32　水斗式水轮机转轮

①转轮。转轮是水斗式水轮机的工作部件,其作用是将射流的动能转换成转轮旋转的机械能,水流的能量转换在大气中进行。装配在主轴叶轮外圆上的均布斗叶与叶轮的链接方式有整体铸造结构、焊接结构和螺栓链接结构三种。图 9-32 所示为斗叶与叶轮用螺栓连接结构的水斗式转轮。现在大多采用整体铸造结构和焊接结构。

②喷嘴。喷嘴是水斗式水轮机的导水部件,其作用是将高压水流的压能转换成射流水柱高达100 m/s以上的流速(动能),以冲动转轮旋转做功,并根据负荷调节冲击转轮斗叶的射流流量及开机、

停机。喷嘴的结构见图 9-33,圆形管段末端为收缩段,水流在该段被不断加速流出喷嘴,称为高速运动的射流。支撑筋板中的导向管内装有喷针,轴向移动喷针可改变喷嘴口的过水面积,从而调节冲击转轮的射流流量及开机、停机。

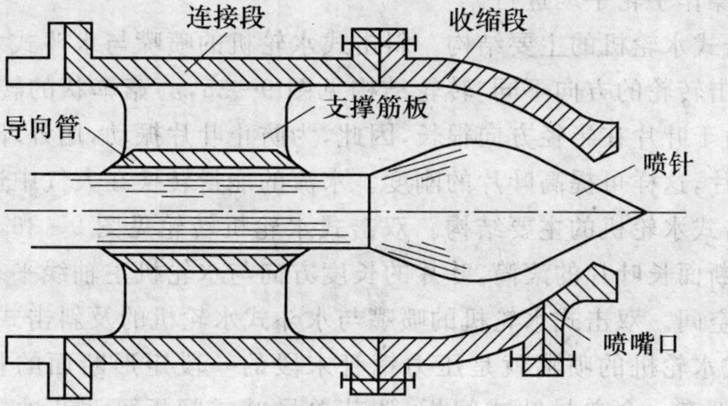

图 9-33 喷嘴

③折向器。折向器的作用是当机组甩负荷时,在 2～4 s 内切入射流,将射流偏引到下游尾水渠,使射流不再冲击转轮斗叶,机组转速不至于上升过高。

④喷针-折向器协联操作机构。喷针-折向器协联操作机构有布置在流道内的内控式和布置在流道外的外控式两种形式。图 9-34 所示为中小型水斗式水轮机的外控式喷针-折向器协联操作机构的结构图。水轮机调速器通过调速轴同时带动两根喷针-折向器协联杠杆动作,协联杠杆 1 直接操作折向器,使得折向器对调速轴的动作始终为同步响应;协联杠杆 2 通过喷针配压阀、喷针接力器操作喷针,

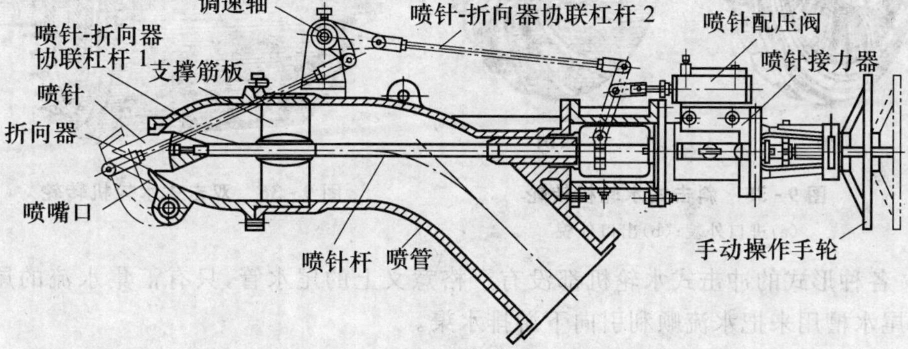

图 9-34 外控式喷针-折向器协联操作机构

调节配压阀与接力器之间的节流孔开度，就能使喷针只在 15～30 s 内将喷针从全开位置关到全关位置，达到缓慢关闭喷嘴的目的，使压力钢管的水击压力不至于上升过高，从而起到了调节机组甩负荷时喷针对调速轴动作响应的滞后时间。喷针操作也可用操作手轮手动进行。

(2)斜击式水轮机的主要结构。斜击式水轮机的喷嘴与水斗式水轮机的一样，只是射流冲击转轮的方向不同，转轮结构见图 9-35，蘑菇伞状的转轮上径向均匀分布叶片，由于叶片在半径方向很长，因此，为防止叶片振动，用外环将所有叶片的头部连为一片，这样可提高叶片的刚度。水流的能量转换在大气中进行。

(3)双击式水轮机的主要结构。双击式水轮机转轮见图 9-36，它是一个均匀分布圆弧状断面长叶片的滚筒，叶片的长度方向与水轮机主轴线平行，滚筒中心有一个圆柱体空间。双击式水轮机的喷嘴与水斗式水轮机的及斜击式水轮机的完全不同，双击式水轮机的喷嘴就是压力钢管末段的一段矩形断面的管道，因此称喷管。喷管内部有一个单导叶或闸板，调节单导叶或闸板可调节冲击转轮的流量。转轮将水能转换成机械能的工作原理类似于混流式水轮机转轮，但是水流能量在大气中进行转换又类似于水斗式水轮机转轮。水流在喷管中由水平运动转为垂直向下运动，穿过转轮后，从尾水槽排入下游。

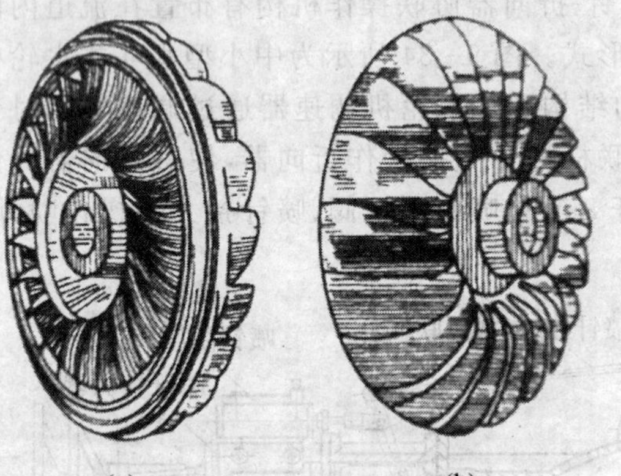
(a)　　　(b)

图 9-35　斜击式水轮机转轮

(a)进口外貌；(b)出口外貌

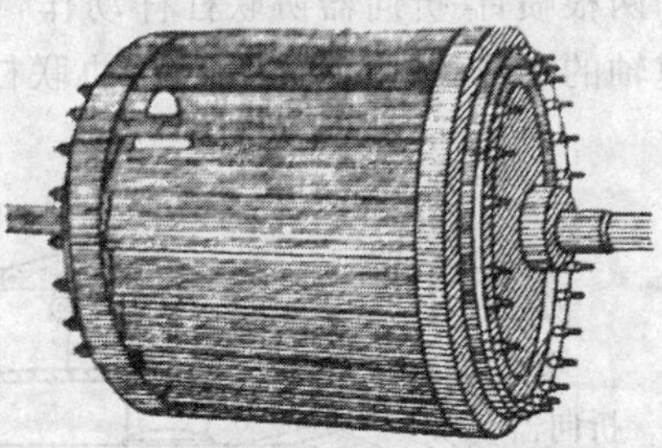

图 9-36　双击式水轮机转轮

各种形式的冲击式水轮机都没有严格意义上的尾水管，只有汇集水流的尾水槽，尾水槽用来把水流顺利引向下游排水渠。

第二节　发电机技术

发电机是电能生产的主要设备，其主要作用是将机械能转换成电能。现代发电机根据拖动它的原动机的不同，主要分为汽轮发电机、风力发电机及水轮发电机三大类。当发电机以汽轮机作为原动机时称为汽轮发电机，以风力机作为原动机时称为风力发电机，以水轮机作为原动机时，称为水轮发电机。本节将介绍风力发电机和水轮发电机。

一、风力发电机

风力发电机的运行方式不同，一般所用的发电机也不同。独立运行的风力发电机组中所用的发电机主要有直流发电机、永磁式交流发电机、硅整流自励式交流发电机及电容式自励异步发电机。并网运行的风力发电机组中使用的发电机主要有同步发电机、异步发电机、双馈发电机、低速交流发电机、无刷双馈发电机、交流整流子发电机、高压同步发电机及开关磁阻发电机等。下面分别介绍这两种运行方式中的一些主要的发电机。

（一）独立运行风力发电机组中的发电机

独立运行的风力发电机一般容量较小，与蓄电池的功率交换器配合实现直流电和交流电的持续供给。通过控制发电机的励磁、转速及功率变换器以产生恒定电压的直流电或恒压恒频的交流电。独立运行的交流风力发电机系统结构如图9-37所示。

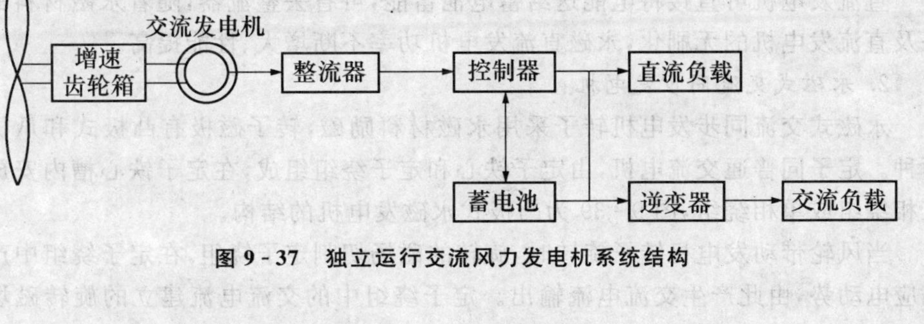

图9-37　独立运行交流风力发电机系统结构

1. 直流发电机

直流发电机从磁场产生(励磁)的角度来分,可分为永磁式直流发电机和电磁式直流发电机。永磁式直流发电机的定子磁极采用永磁体建立磁场,转子绕组在磁场中转动切割磁场产生感应电动势,由电动势产生的电流经电刷和换向器输出直流电。电压一般为 12 V、24 V、36 V,主要用于微、小型风力发电机组中。电磁式直流发电机的定子磁极由几组绕在主磁极上的绕组(励磁绕组)通以直流电流形成。根据励磁绕组与转子绕组的连接方式不同,分为他励式、并励式、串励式及复励式等,其直流电输出与前者相同,主要用于大、中型风力发电机组中。图 9-38 是电磁式直流发电机的剖面。

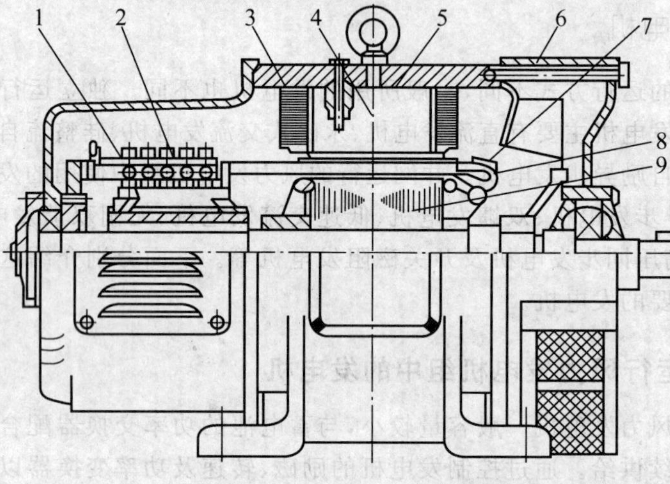

图 9-38 电磁式直流发电机剖面

1. 换向器;2. 电刷装置;3. 机座;4. 主磁极;5. 换向极
6. 端盖;7. 风扇;8. 电枢绕组;9. 电枢铁心

直流发电机可直接将电能送给蓄电池蓄能,可省去整流器,随着永磁材料的发展及直流发电机的无刷化,永磁直流发电机功率不断增大、性能提高。

2. 永磁式交流同步发电机

永磁式交流同步发电机转子采用永磁材料励磁,转子磁极有凸极式和爪极式两种。定子同普通交流电机,由定子铁心和定子绕组组成,在定子铁心槽内安放有三相绕组或单相绕组,图 9-39 为凸极式永磁发电机的结构。

当风轮带动发电机转子旋转时,旋转的磁场切割定子绕组,在定子绕组中产生感应电动势,由此产生交流电流输出。定子绕组中的交流电流建立的旋转磁场的转速与转子的转速同步,属于小型同步发电机。

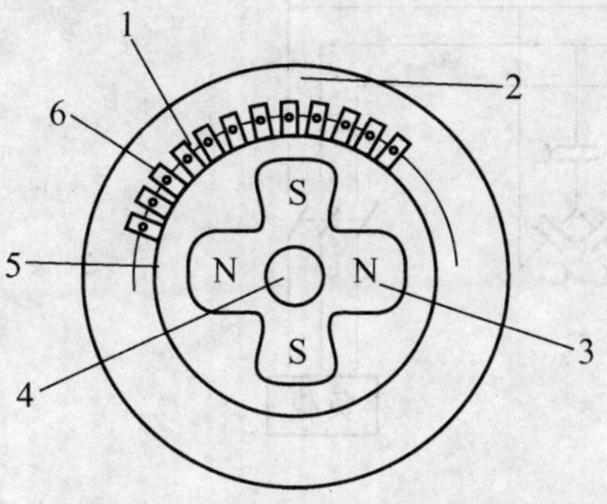

图 9-39　凸极式永磁发电机结构

1. 定子齿；2. 定子轭；3. 永磁体转子；4. 转子轴；5. 气隙；6. 定子绕组

永磁式交流同步发电机的转子上没有励磁绕组，因此无励磁绕组的铜损耗，发电机的效率高；转子上无集电环，发电机运行更可靠；永磁材料一般有铁氧体和钕铁硼两种，其中钕铁硼的剩余磁场强度和矫顽力高，磁能积大，采用钕铁硼制造的发电机体积更小，重量更轻，制造工艺简便，因此广泛应用于小型及微型风力发电机中。

3. 整流自励式交流同步发电机

硅整流自励式交流同步发电机的定子由定子铁心和三相定子绕组组成，定子绕组为星形连接，放在定子铁心的内圆槽内；转子由转子铁心、转子绕组（即励磁绕组）、集电环和转子轴等组成，转子铁心有凸极式和爪极式两种，转子上的励磁绕组通过集电环和电刷与整流器的直流输出端相连，以获得直流电流励磁，其电路原理如图 9-40 所示。

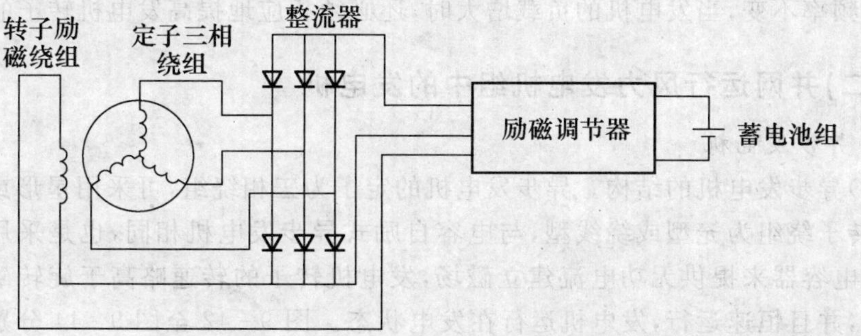

图 9-40　硅整流自励式交流同步发电机电路原理

硅整流自励式交流同步发电机一般带有励磁调节器，通过自动调节励磁电流的大小，来抵消因风速变化而导致的发电机转速变化对发电机端电压的影响，延长蓄电池的使用寿命，提高供电质量。

4. 电容自励式异步发电机

电容自励式异步发电机是在异步发电机定子绕组的输出端接上电容，以产生超前于电压的容性电流产生磁场，从而建立电压。其电路原理如图 9-41 所示。

自励式异步发电机建立电压的条件有两条：其一是发电机必须有剩磁（若无剩磁，可用蓄电池对其充磁）；其二是发电机的输出端并上足够的电容。

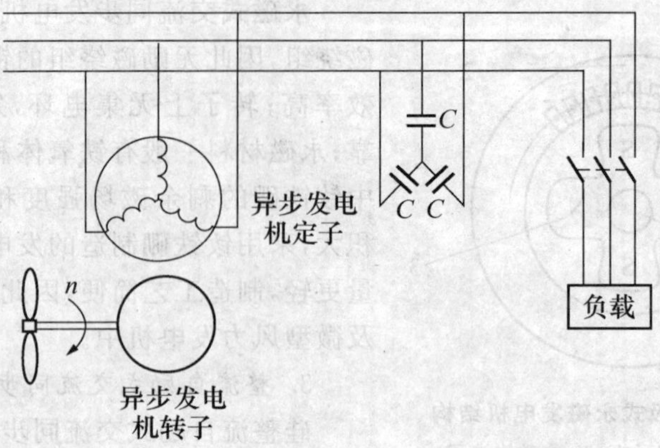

图 9-41 电容自励式异步发电机电路原理

独立运行的异步发电机带负载运行时，负载的大小和性质对发电机输出的电压及频率都有影响。异步发电机的负载为感性负载，当负载增大时，感性电流将抵消一部分容性电流，导致励磁电流的减小，使发电机的端电压下降。因此随着感性负载的增大，必须增加并接的电容数量，以维持励磁电流的大小不变；为了维持发电机的频率不变，当发电机的负载增大时，还必须相应地提高发电机转子的转速。

(二)并网运行风力发电机组中的发电机

1. 异步发电机

(1)异步发电机的结构。异步发电机的定子为三相绕组，可采用星形或三角形连接；转子绕组为笼型或绕线型，与电容自励式异步发电机相同，也是采用定子绕组并接电容器来提供无功电流建立磁场，发电机转子的转速略高于旋转磁场的同步转速，并且恒速运行，发电机运行在发电状态。图 9-42 至图 9-44 分别为三相笼型异步发电机剖面及转子结构、三相绕线转子异步发电机剖面和三相绕线转子

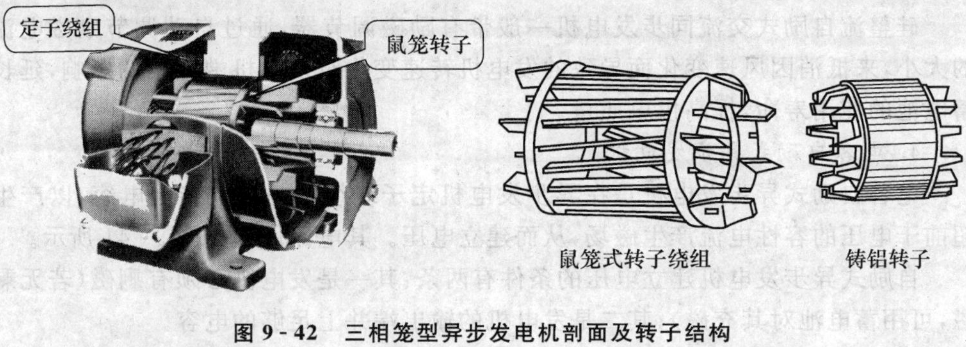

图 9-42 三相笼型异步发电机剖面及转子结构

异步发电机的转子绕组接线。

图 9-43 三相绕线转子异步发电机剖面

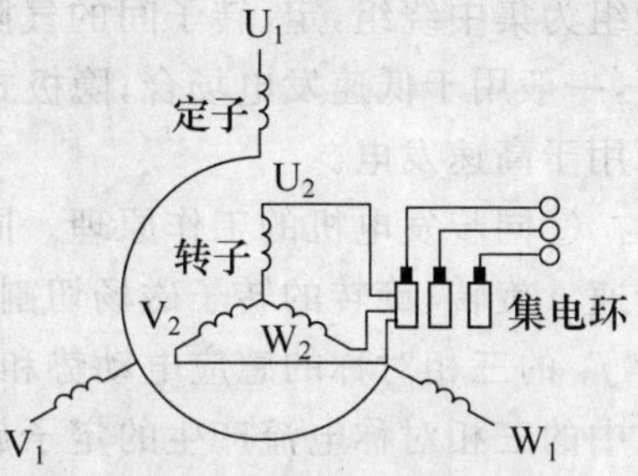

图 9-44 三相绕线转子异步发电机的转子绕组接线

因风力机的转速较低，在风力机和发电机之间需经增速齿轮箱传动来提高转速以达到适合异步发电机运转的转速。一般与电网并联运行的异步发电机为 4 极或 6 极发电机，当电网频率为 50 Hz 时，发电机转子的转速必须高于1 500 r/min或1 000 r/min，才能运行在发电状态，向电网输送电能。

(2)异步发电机的工作原理。根据电机学的理论，当异步电机接入频率恒定的电网上时，面对如式(2-27)所示的电网同步转速，在风力机的拖动下的异步发电机转速，须以高于同步转速($n>n_1$)的速度运行，才能运行在发电状态。此时，电机中的电磁转矩为制动转矩，阻碍电机旋转，发电机需从外部吸收无功电流建立磁场(如由电容提供无功电流)，而将从风力机中获得的机械能转化为电能提供给电网。此时电机的转差率 s 为负值，一般其绝对值在 2%～5%，并网运行的较大容量异步发电机的转子转速一般在(1～1.05)n_1。

风力异步发电机并入电网运行时，只要发电机的转速接近同步转速就可以并网，对机组的调速要求不高，不需要同步设备和整步操作。异步发电机的输出功率与转速近似呈线性关系，可通过转差率来调整负载。风力异步发电机与电网的并联可采用直接并网、降压并网和通过晶闸管软并网 3 种方式。

2. 同步发电机

(1)普通同步发电机。

①同步发电机的结构。同步发电机是目前使用最多的一种发电机。同步发电机的定子由定子铁心和三相定子绕组组成；转子由铁心、即励磁绕组、集电环和转轴等组成，转子上的励磁绕组经集电环、电刷与支流电源相连，通以直流励磁电流

来建立磁场。同步发电机的转子有凸极式和隐极式两种，其结构如图 2-14 所示。隐极式的同步发电机转子呈圆柱体状，其定、转子之间的气隙均匀，励磁绕组为分布绕组，分布在转子表面的槽内。凸极式转子具有明显的磁极，绕在磁极上的励磁绕组为集中绕组，定、转子间的气隙不均匀。凸极式同步发电机结构简单、制造方便，一般用于低速发电场合；隐极式的同步发电机结构均匀对称，转子机械强度高，可用于高速发电。

②同步发电机的工作原理。同步发电机在风力机的拖动下，转子(含磁极)以转速 n 旋转，旋转的转子磁场切割定子上的三相对称绕组，在定子绕组中产生频率为 f_1 的三相对称的感应电动势和电流输出，从而将机械能转化为电能。由定子绕组中的三相对称电流产生的定子旋转磁场的转速与转子转速相同，即与转子磁场相对静止。因此发电机的转速、频率和极对数之间有着严格不变的固定关系，如式(2-27)。

当发电机的转速一定时，同步发电机的频率稳定，电能质量高；同步发电机运行时可通过调节励磁电流，来调节输出的无功功率，因此被电力系统广泛接受。但在风力发电中，由于风速的不稳定性使得发电机获得不断变化的机械能，给风力机造成冲击和高负载，对风力机及整个系统不利。

为了改善同步发电机的性能，出现了一些新型的同步发电机，下面分别简单介绍。

(2)新型同步发电机。

①低速同步发电机。低速同步发电机的转子极数很多，转速较低，径向尺寸较小，轴向尺寸较大，发电机呈圆盘形，可以直接与风力机相连接，省去了齿轮箱，减小了机械噪声和机组的体积，从而提高系统的整体效率和运行可靠性。但其功率变换器的容量较大，成本较高。

②高压同步发电机。高压同步发电机的定子绕组采用高压圆形电缆取代普通同步发电机中的扁绕组，以提高耐压等级，其电压可提高到 10～20 kV，甚至可达 40 kV以上，因此可不用升压变压器而与电网直接相连，避免了变压器运行时的损耗，同时也提高了运行可靠性；转子用永磁材料制成，且为多极式，转速较低，可省去齿轮传动机构而直接与风力机连接，减小了齿轮传动的机械噪声和机械损耗，降低了机械维护工作量。此外，转子上无励磁绕组，不需要集电环，无励磁铜损耗和集电环的摩擦损耗，系统的效率提高。但这种发电机为满足绕组匝数的要求，定子铁心槽形为深槽形的，定子齿的抗弯强度下降，必须采用新型坚固的槽楔来压紧定子齿；发电机采用永磁转子，需大量的稳定性高的永磁材料；与电网并联的高压同步发电机对风电场也提出了较高的要求。

风电场中的每台高压同步发电机发出的交流电，可以先经整流器变换为高压直流电输出，并接到直流母线上，实现并网，再将直流电由逆变器转化为交流电，输送到地方电网；若远距离输电时，可采用升压变压器接入高压输电线路，如图 9 - 45 所示。

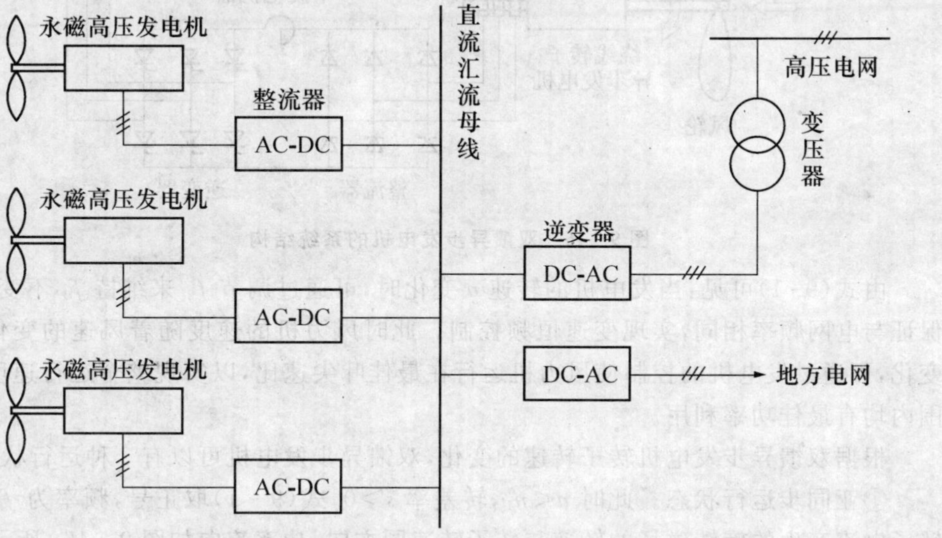

图 9 - 45　采用高压同步发电机技术的风电场电气连接

3. 双馈异步发电机

(1)双馈异步发电机的结构。双馈异步发电机的结构是由一台带集电环的绕线转子异步发电机和变频器组成，变频器有 AC-AC 变频器、AC-DC-AC 变频器及正弦波脉宽调制双向变频器 3 种。AC-DC-AC 变频器中的整流器通过集电环与转子电路相连接，将转子电路中的交流电整成直流电，经平波电抗器滤波后再由逆变器逆变成交流电回馈电网。发电机向电网输出功率，其系统结构如图 9 - 46 所示。图中 P_w 为风力机的输入功率，P_a 为风力机的输出功率。

(2)双馈异步发电机的工作原理。异步发电机中定、转子电流产生的旋转磁场始终是相对静止的，当发电机转速变化而频率不变时，发电机转子的转速和定、转子电流的频率关系可表示为

$$f_1 = \frac{pn}{60} \pm f_2 \tag{9-1}$$

式中 f_1 为定子电流的频率(Hz)，$f_1 = pn_1/60$，n_1 为同步转速；p 为发电机的极对数；f_2 为转子电流的频率(Hz)，因 $f_2 = sf_1$，故 f_2 又称为转差频率。

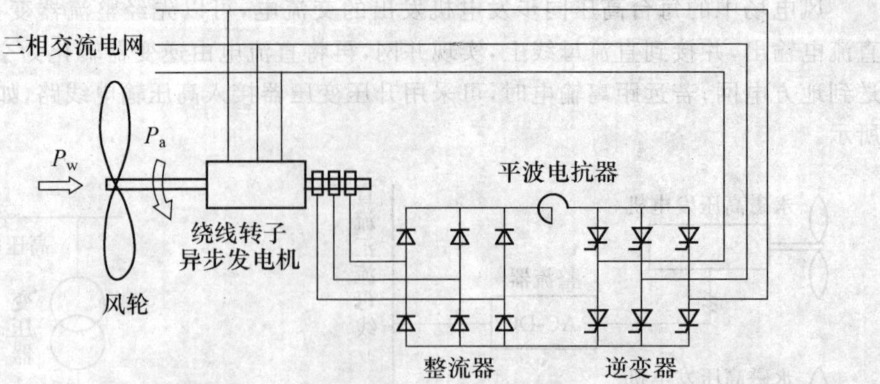

图 9-46　双馈异步发电机的系统结构

由式(9-1)可见：当发电机的转速 n 变化时，可通过调节 f_2 来维持 f_1 不变，以保证与电网频率相同，实现变速恒频控制。此时风力机的速度随着风速的变化而变化，可通过发电机的控制使风力机运行在最佳叶尖速比，以实现整个运行速度范围内均有最佳功率利用。

根据双馈异步发电机转子转速的变化，双馈异步发电机可以有 3 种运行状态：

①亚同步运行状态。此时 $n<n_1$，转差率 $s>0$，式(9-1)取正号，频率为 f_2 的转子电流产生的旋转磁场的转速与转子转速同方向，功率流向如图 9-46a 所示。

②超同步运行状态。此时 $n>n_1$，转差率 $s<0$，式(9-1)取负号，转子中的电流相序发生了改变，频率为 f_2 的转子电流产生的旋转磁场的转速与转子转速反方向，功率流向如图 9-50b 所示。

③同步运行状态。此时 $n=n_1$，$f_2=0$，转子中的电流为直流，与同步发电机相同。

(3)双馈异步发电机运行时的功率分析。双馈异步发电机运行时的功率分析与其他发电机不同。若不计定、转子的铜损耗，风力发电机中的轴上输入的机械功率为 P_1，从转子传送到定子上的电磁功率为 P_{em}，定子输出的电功率为 $(1-s)P_{em}$，转子输入的电功率为 sP_{em}，有

$$P_1=P_{em}=(1-s)P_{em}+sP_{em} \tag{9-2}$$

从式(9-2)可见：亚同步运行状态时，转差率 $s>0$，$sP_{em}>0$，需要向转子绕组馈入电功率，由原动机转化过来并由定子输出的电能只有 $(1-s)P_{em}$，比转子传送到定子上的电磁功率 P_{em} 小；超同步运行状态时，转差率 $s<0$，转子输入的电功率 sP_{em} 为负值，定、转子同时发电，转子发出的电能经双向变流器馈入电网，总输出电能为 $(1+|s|)P_{em}$，大于 P_{em}，这是双馈异步发电机的一个重要的特性。不同状态时的功率流向如图 9-47 所示。

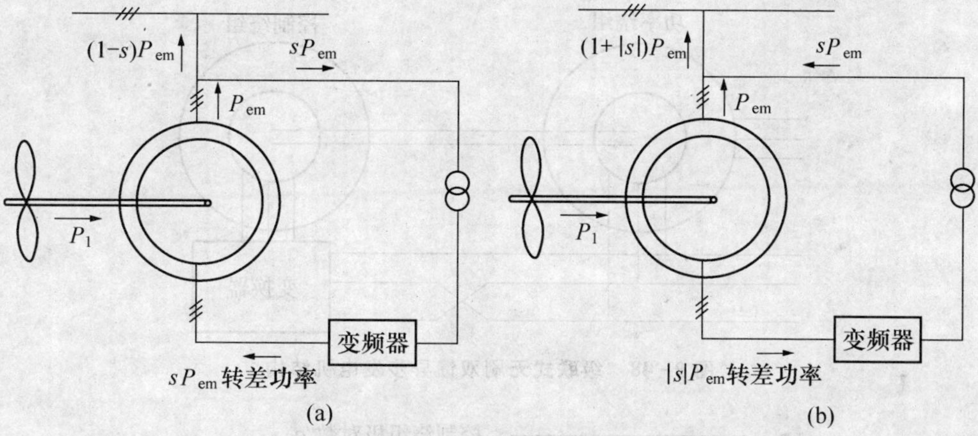

图 9-47 双馈异步发电机运行时的功率流向

(a)亚同步运行;(b)超同步运行

双馈异步发电机的转子通过双向变频器与电网连接,可实现功率的双向流动,功率变换器的容量小,成本低;既可以亚同步运行,也可以超同步运行,因此调速范围宽;可跟踪最佳叶尖速比,实现最大风能捕获;可对有功功率和无功功率进行控制,提高功率因数;能吸收阵风能量,减小转矩脉动和输出功率的波动,因此电能质量高,是目前很有发展潜力的变速恒频发电机。但系统的控制部分复杂,转子上的电刷和集电环降低了系统运行的可靠性,增大了系统维护的工作量。为解决其不足,出现了无刷双馈异步发电机。

4. 无刷双馈异步发电机

无刷双馈异步发电机(BDFM,Brushless Double-Fed Machine)的基本原理与双馈异步发电机相同,不同之处是取消了电刷和集电环,系统运行的可靠性增大,但系统体积也相应增大,常用的有级联式和磁场调制型两种类型。

级联式无刷双馈异步发电机由两台绕线转子异步发电机同轴相连,一台作为主发电机(功率电机),一台作为励磁电机(控制电动机),由于两个电机的磁路彼此独立,很容易实现有功功率和无功功率的解耦控制,但系统体积增大,损耗也增大,其结构如图 9-48 所示。

磁场调制型无刷双馈异步发电机的定子侧有两套极对数不同的绕组,极对数为 p_P 的定子绕组称为功率绕组,极对数为 p_C 的定子绕组称为控制绕组;转子采用不同的磁阻转子通过限制磁通路径以产生交、直轴方向上的磁阻差别,来调制定子绕组产生不同技术的气隙磁场,两套定子绕组在电路和磁路方面是解耦的,其结构如图 9-49 所示。

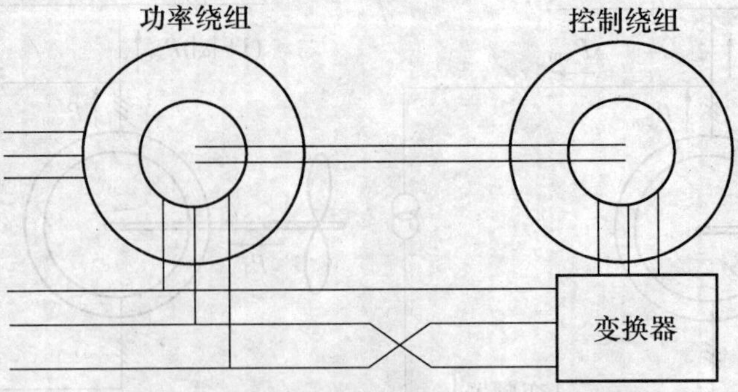

图 9-48　级联式无刷双馈异步发电机结构

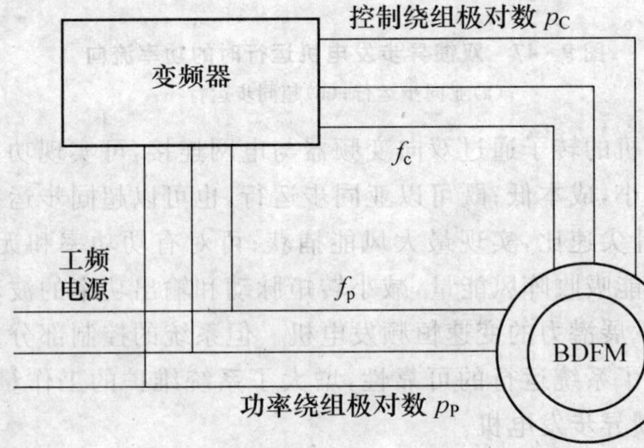

图 9-49　磁场调制型无刷双馈异步发电机结构

5. 开关磁阻发电机

开关磁阻发电机又称为双凸极式发电机(SRG),定、转子的凸极均由普通钢片叠压而成,定子极数一般比转子的极数多,转子上无绕组,定子凸极上安放有彼此独立的集中绕组,径向独立的两个绕组串联起来构成一相。与三相电机不同,各相绕组在物理空间上是彼此独立的,其结构如图 9-50 所示。图中 S_1、S_2 为功率变换器中的电力电子开关,以控制各相电路的导通与关断,VD_1、VD_2 为续流二极管。

开关磁阻发电机作为风力发电机时,其系统一般由风力机、开关磁阻发电机及功率变换器、控制器、蓄电池、逆变器、负载,以及辅助电源等组成,其系统构成如图 9-51 所示。对于开关磁阻发电机来说,机械能转化为电能是利用控制器使相电流与转子位置合适地进行同步来实现的。通过功率变换器使相绕组中获得励磁电流。发电工作时,相励磁电流通常在定、转子磁极重合的附近加入,以得到与转速

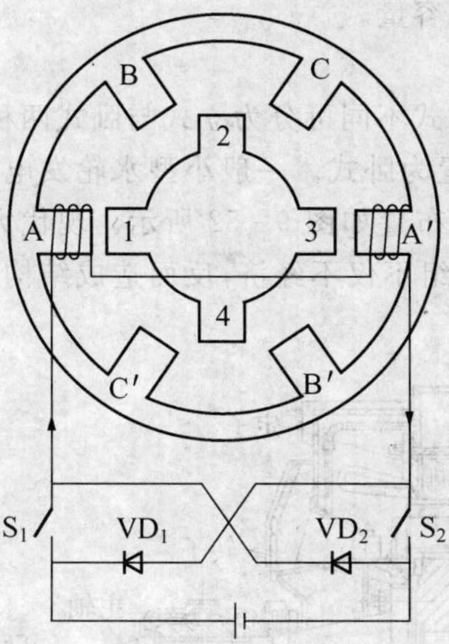

图 9-50　三相(6/4 极)开关磁阻发电机结构

相反方向的电磁转矩，实现机械能向电能的转换。当可控开关器件关断时，相绕组中的能量通过续流二极管流回电源，该返回的能量比励磁期间相绕组吸收的能量大得多。

开关磁阻发电机的结构简单，控制灵活，效率高而且转矩大，在风力发电系统中可用于直接驱动、变速运行。

风力发电系统中的发电机还有很多种，因篇幅有限，在此不再一一罗列。

二、水轮发电机

水电厂中发动机均为同步发电机，它把水轮机的机械能转变为电能，通过变压器、开关、输电线路等设备送往用户。水轮发电机工作原理是：当导线切割磁力线时可产生感应电动势，

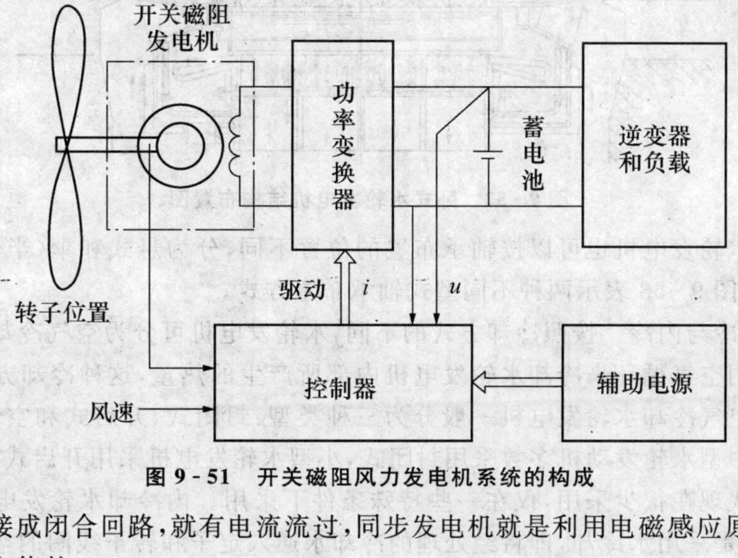

图 9-51　开关磁阻风力发电机系统的构成

将导线连接成闭合回路，就有电流流过，同步发电机就是利用电磁感应原理将机械能转变为电能的。

水轮发电机按照单机容量可分为大型、中型和小型机组。单机容量大于 300 MW的为大型机组，单机容量 100～300 MW 的为中型机组，30～100 MW 为中小型机组，30 MW 以下为小型机组。目前国内最大单机容量已达 700 MW，在

建最大单机容量为 800 MW，也是世界上最大单机容量。

1. 水轮发电机的分类

(1)立式与卧式。按水轮发电机转轴布置的方式不同可分为立式与卧式两种。转轴与地面垂直布置为立式；转轴与地面平行布置为卧式。一般小型水轮发电机和贯流灯泡式、冲击式机组都设计成卧式，其结构布置如图 9-52 所示。现代大、中型水轮发电机，由于尺寸大，如果设计成卧式机组不仅不经济，反而造成结构上困难重重，所以通常设计成立式结构。

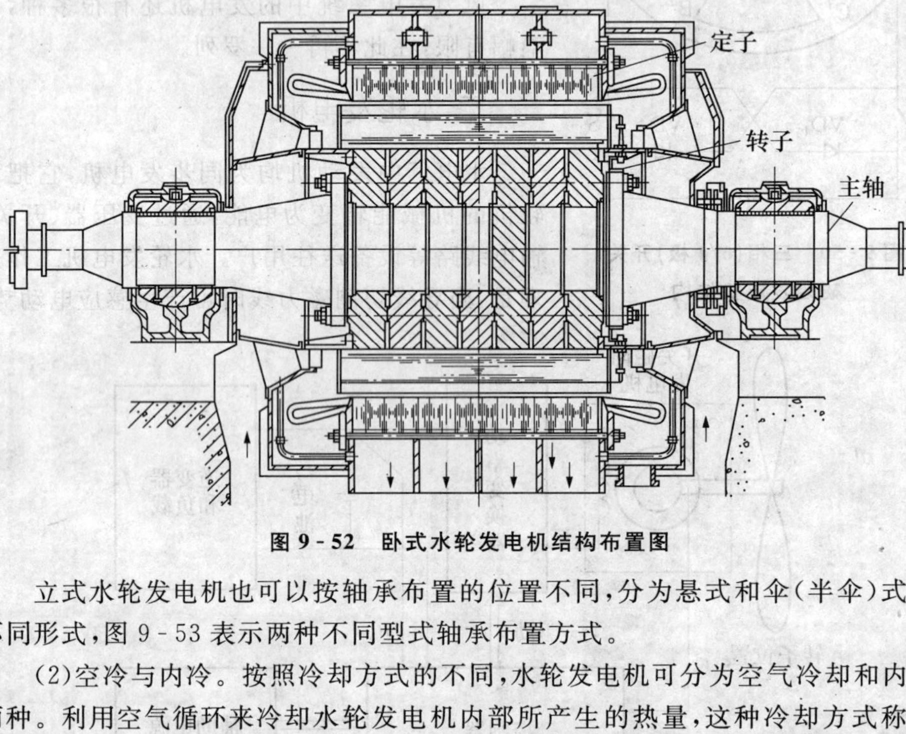

图 9-52　卧式水轮发电机结构布置图

立式水轮发电机也可以按轴承布置的位置不同，分为悬式和伞(半伞)式两种不同形式，图 9-53 表示两种不同型式轴承布置方式。

(2)空冷与内冷。按照冷却方式的不同，水轮发电机可分为空气冷却和内冷却两种。利用空气循环来冷却水轮发电机内部所产生的热量，这种冷却方式称为空气冷却。空气冷却水轮发电机一般分为三种类型：封闭式、开启式和空调冷却式。目前，大、中型水轮发动机多数采用封闭式，小型水轮发电机采用开启式通风冷却。空调冷却式现在很少采用，仅在一些特殊条件下采用。内冷却水轮发电机目前有两种，一种是采用水冷却，即将经处理的冷却水通入定子和转子线圈的空心导线内部，直接带走电极所产生的损耗进行冷却。定子、转子线圈都进行水冷却的电机成为双水内冷却水轮发电机，由于该种冷却方式转子设计制造技术比较复杂，所以一般不采用。目前，大容量水轮发电机都是采用定子线圈水冷却，发电机转子仍采用空气通风冷却，称为半水冷却水轮发电机。另一种方式为蒸发冷却方式，即将冷却

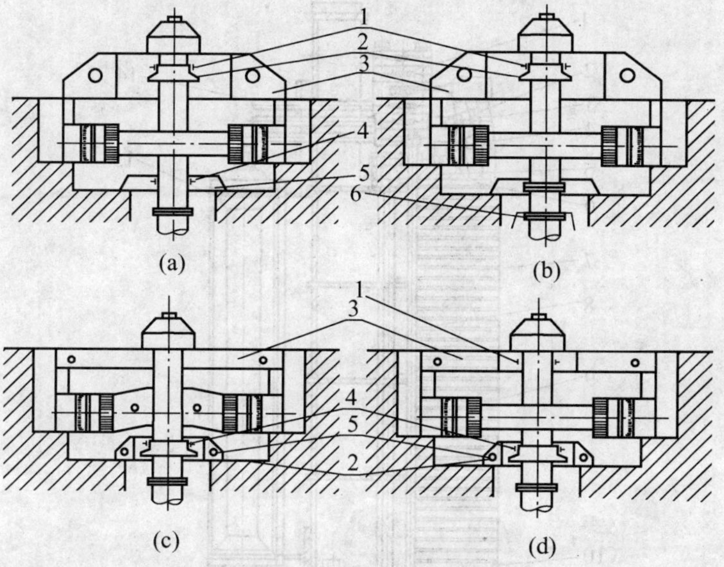

图 9-53 悬式、伞(半伞)式示意图

1. 上导轴承;2. 推力轴承;3. 上机架;4. 下导轴承;5. 下机架;6. 水轮机导轴承

介质(液态)通入定子空心铜线,通过液体介质的蒸发,利用汽化热传输热量进行电机冷却。这种冷却技术是我国自主知识产权的一项新型冷却方式,目前处于领先地位。

(3)常规与非常规。按照水轮发电机功能不同,可分为常规水轮发电机和非常规的蓄能式水轮发电机(发电电动机)两种。常规水轮发电机为一般同步发电机,能使水轮发电机用于蓄能电站,这种发电机具有两种功能,即可作为水轮机和发电机组合发出电能供给电力系统,又可作为水泵和电动机组合,将下游水库的水抽回到上游蓄水库。在此种情况下,它的转动方向与发电机运行时相反,为了配合水轮机作为水泵运行,通常要求具有较高的转速。有时还需要有两种不同的转速,即通过改变转子极对数和定子接线来实现。

2. 水轮发电机的结构

水轮发电机一般由定子、转子、轴承、机架、冷却器、制动系统等组成。

(1)定子。定子是发电机产生电磁感应,进行机械能与电能转换的主要部件。水轮发电机的定子主要由机座、铁心、线圈、端箍、铜环引线、基础板及基础螺杆组成。典型的定子结构见图 9-54。

1)定子机座。定子机座是水轮发电机定子部分的主要结构部件,是用来固定定子铁心的,也是水轮发电机的固定部件。小容量水轮发电机的机座,一般采用铸铁整

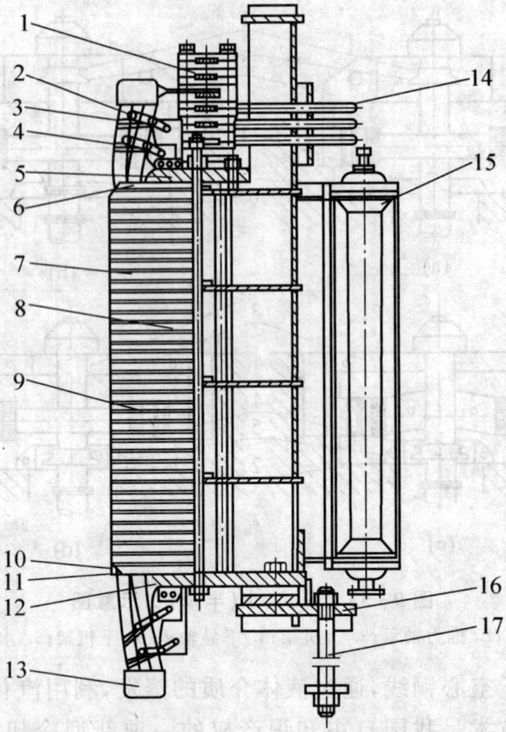

图 9-54 典型定子结构

1. 铜排引线；2. 定子绕组；3. 端箍；4. 蝶形弹簧；5. 上齿压板；6. 上压指；7. 机座；8. 拉紧螺杆；9. 定子铁心；10. 槽楔；11. 下压指；12. 大齿压板；13. 绝缘盒；14. 引出线；15. 空气冷却器；16. 基础板；17. 基础螺杆

圆机座或钢板焊接机座。中、大型容量水轮发电机定子机座采用钢板焊接结构。

定子机座按电机结构类型分为立式和卧式机座，见图 9-55；按机座形状分为圆形和多边形机座，见图 9-56；按机座大小分整圆和分瓣机座，见图 9-57；按机座的立筋形式分为普通立筋结构和盒形筋结构及斜形筋结构机座，见图 9-58 和图9-59。

立式机座的主要零件有：缝合板、支撑零件和机座壁等零件。

2)定子铁心。定子铁心是定子的重要部件，也是电机磁路的主要组成部分。它由扇形片、通风槽片、定位筋、上下齿压板、拉紧螺栓及托板等零件组成。定子铁心是采用硅钢片冲成扇形片叠装于定位筋上，定位筋通过托板焊于机座环板上，并通过上、下齿压板用拉紧螺栓将铁心压紧成整体而成，见图 9-60。

3)定子绕组。绕组是构成发电机的主要部件，属于发电机的导电元件。也是发电机产生电磁作用必不可少的零件，所以绕组是电机的重要部件之一。

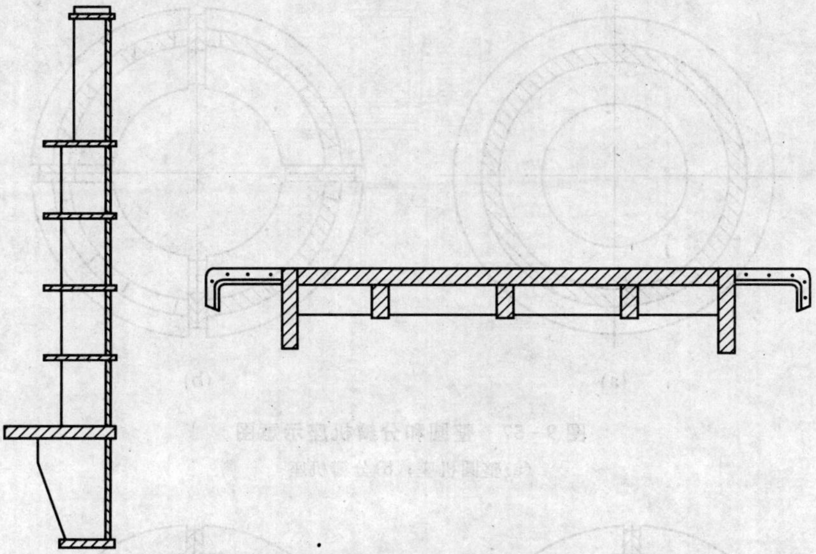

(a)　(b)

图 9-55　立式和卧式机座示意图

(a)立式机座;(b)卧式机座

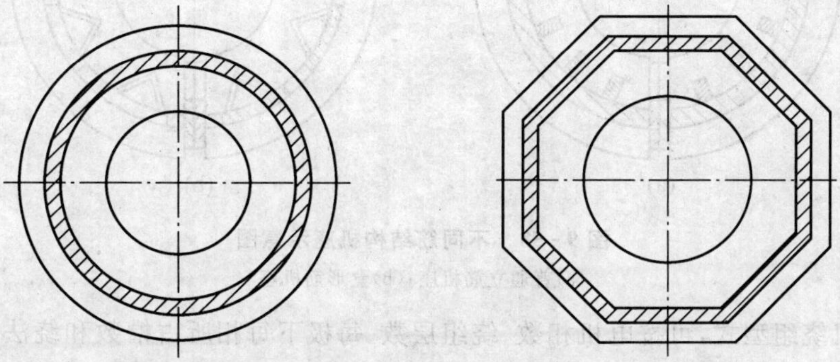

(a)　(b)

图 9-56　圆形和多边形机座示意图

(a)圆形机座;(b)多边形机座

定子绕组的固定,对确保水轮发电机的安全运行及延长绕组使用寿命有着十分重要的作用。如固定不牢,在电磁力和机械振动力的作用下,容易造成绝缘损坏、匝间短路等故障,因而槽内线棒用槽楔压紧,端部用端箍结构固定。

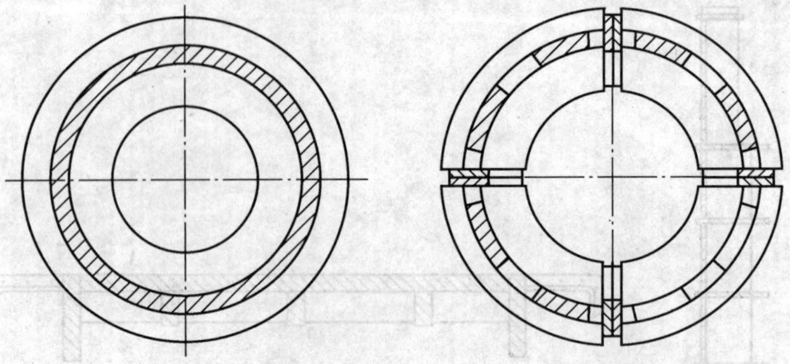

(a)　　　　　　　　　　　　(b)

图 9-57　整圆和分瓣机座示意图

(a)整圆机座；(b)分瓣机座

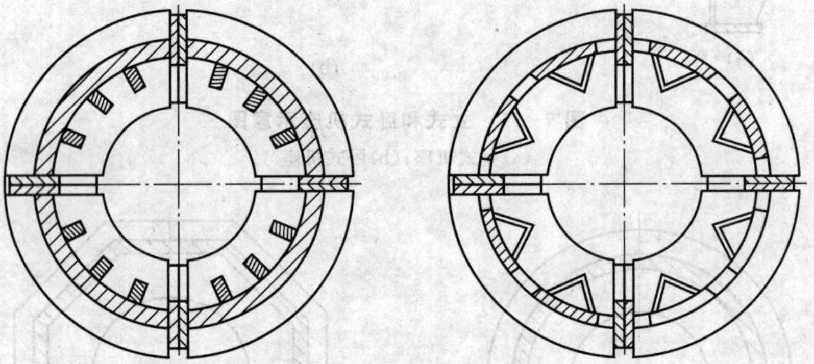

(a)　　　　　　　　　　　　(b)

图 9-58　不同筋结构机座示意图

(a)普通立筋机座；(b)盒形筋机座

电机绕组型式，可按电机相数、绕组层数、每极下每相所占槽数和绕法来分类。从电机相数来划分，可分成单相和多相绕组；根据槽内绕组的布置来划分，可分为单层绕组和双层绕组；按绕组在每个极下每相所占槽数 q 等于整数或分数，则绕组又可分为整数槽绕组和分数槽绕组；按照绕组的制作和绕法，绕组可分多匝圈式叠绕组和单匝条式波绕组。目前，水轮发电机的定子绕组大多为三相、双层多匝圈式或单匝条式绕组。

大、中型水轮发电机的定子绕组是由多股导线组成的。实践证明，在这种绕组中存在两种环流。第一种环流，流动于每一股线导体中，产生集肤效应(挤流)使导体内

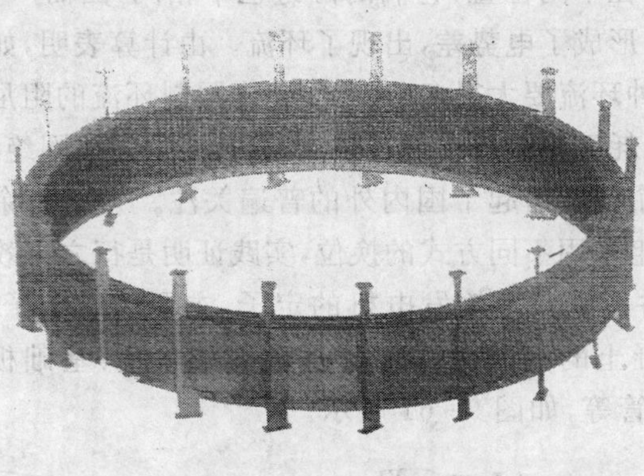

图 9-59　斜形筋机座

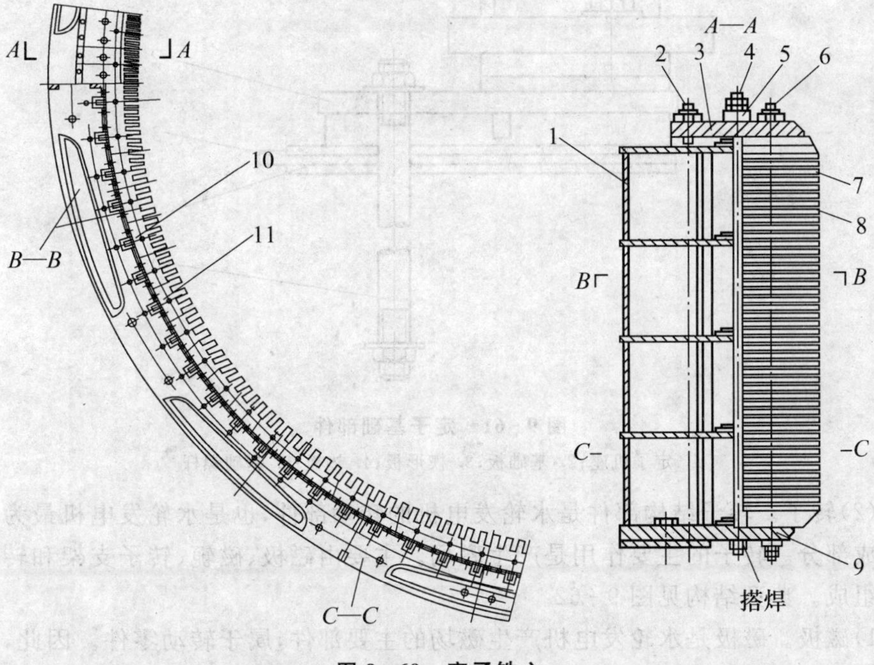

图 9-60　定子铁心

1. 定子机座；2. 调整螺杆；3. 上齿压板；4. 拉紧螺杆；5. 碟簧形弹；6. 穿心螺杆；
7. 通风槽片；8. 扇形冲片；9. 下齿压板；10. 定位筋；11. 托板

的各点电流密度分布不均匀，从而使附加铜耗及交流电阻增加。如果采用较薄的股线，实际上就解决了这种环流。第二种环流，是存在于任意两根股线所组成的回路之中，它叠加在由负载电流决定的平均值之上，使各股线电流呈现不均匀现象，其原因是由于各并联股线处在不同位置，它们的磁链也不相同，因而产生的电势也就不同，因此在各股线回路中形成了电势差，出现了环流。由计算表明，如果没有采取专门的措施，它可能比第一种环流要大得多(因为回路中限制环流的阻尼很小)。这种环流，既增加了定子附加铜耗又使股线出现过热点，将直接危害线圈绝缘寿命，限制电极出力的提高。因此，这个问题引起了国内外的普遍关注。为了消除或减少环流所引起的损耗，通常电机绕组采用不同方式的换位，实践证明是行之有效的方法。

4)定子基础部件。立式水轮发电机的定子，主要通过定子基础部件着落固定在发电机的基础混凝土的基础上。定子基础部件包括：基础板、楔形板、螺栓、销钉、基础螺杆以及套管等，如图 9-61 所示。

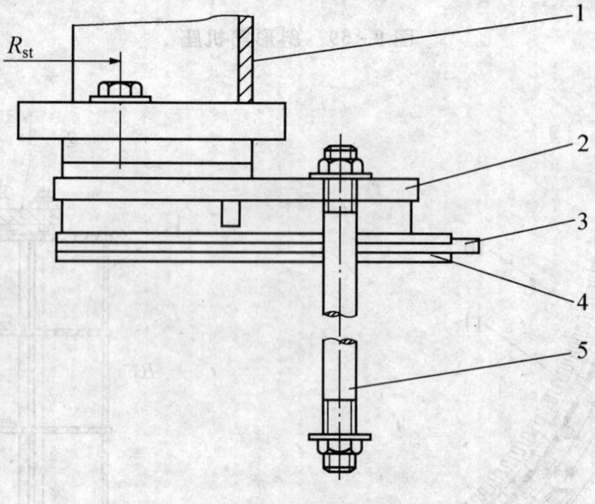

图 9-61　定子基础部件

1. 定子机座；2. 基础板；3. 楔形板；4. 垫板；5. 基础螺杆

(2)转子。转子结构部件是水轮发电机的转动部件，也是水轮发电机最为重要的组成部分。转子的主要作用是产生磁场。主要由磁极、磁轭、转子支架和转轴等部件组成。典型结构见图 9-62。

1)磁极。磁极是水轮发电机产生磁场的主要部件，属于转动零件。因此，它不但要具备一般转动部件应有的机械性能，而且还必须有良好的电磁性能。磁极主要由磁极铁心、磁极线圈、阻尼绕组等零部件组成，见图 9-63。

①磁极铁心。磁极铁心主要由磁极冲片、压板、螺杆(拉杆)或铆钉等零件组成。磁极铁心极靴表面为圆弧面，并有穿阻尼绕组的槽。磁极铁心有实心磁极和叠片磁极两种。中等容量高速水轮发电机的转子，为了满足机械强度的要求和改善发电机的特性，尤其是高速发电电动机的转子，为了适应频繁的启动，采用实心

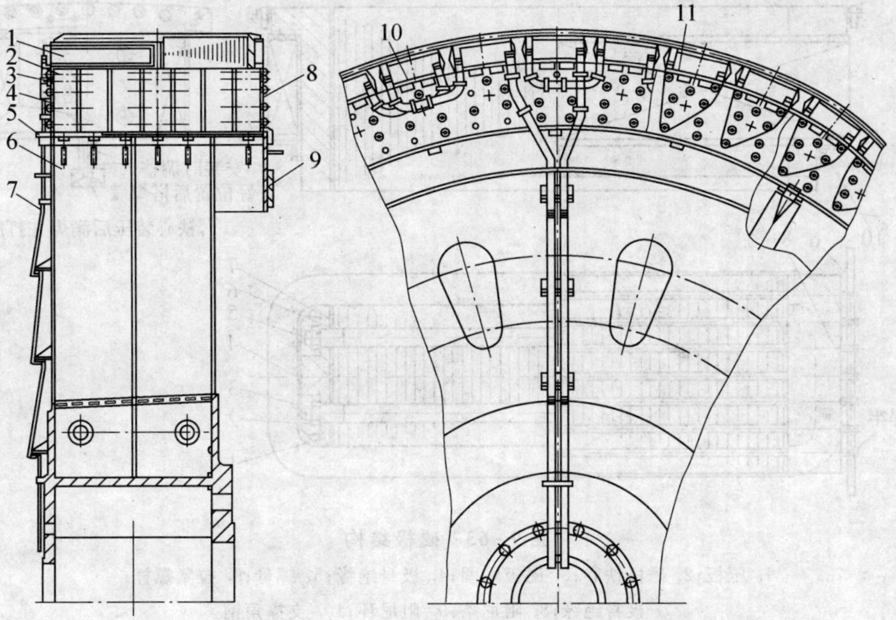

图 9-62 水轮发电机转子典型结构

1. 磁极；2. 磁轭冲片；3. 拉紧螺杆；4. 磁轭上压板；5. 磁轭键固定；6. 转子支架
7. 转子引线；8. 磁轭下压板；9. 制动环；10. 磁极键；11. 通风槽片

磁极。实心磁极铁心通常由整体锻钢和铸钢件制成；叠片式磁极铁心是水轮发电机转子磁极最常见的一种结构，在不同容量的发动机上均有采用。叠片式磁极的铁心是用铁心冲片叠成，对定子采用开口槽的发电机，考虑到降低磁极表面的齿脉振损耗，选用叠片式磁极是有利的。

②磁极线圈。磁极线圈也叫转子绕组或励磁绕组，小容量数量发电机的磁极线圈，是由多层漆包或玻璃丝包圆线、漆包或玻璃丝包扁线绕成。而大多数水轮发电机由于其圆周速度高，一般都采用扁铜排的形式，立绕在磁极铁心的外表面上，匝与匝之间用石棉板绝缘，整个磁极线圈与磁极铁心之间用云母板绝缘。线圈绕好后经浸胶热压处理，形成坚固的整体。

③阻尼绕组。一般来讲，在稳态运行时由水轮机带动的水轮发电机在转子上可以不设阻尼绕组，因原动机（水轮机）与内燃机不同，在每一周旋转过程中均产生均匀的转矩。但是从水轮发电机组系统考虑，当励磁调节器及调速器失去控制或发生故障时，水轮机转矩出现不均匀以及外部负荷不稳定都有可能导致水轮发电机发生振荡现象。振荡时，发电机的转速、电压、电流、功率以及转矩等均将发生周

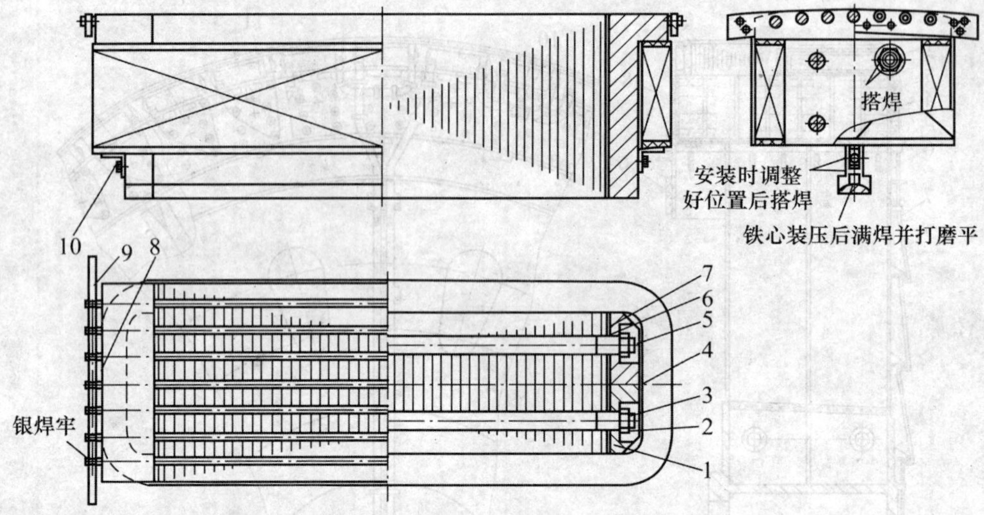

图 9-63 磁极结构

1. 压板；2. 磁极铁心；3. 磁极线圈；4. 极身绝缘；5. 螺母；6. 拉紧螺杆；7. 极身绝缘；8. 阻尼条；9. 阻尼环；10. 支撑角钢

期性变动，严重时会造成水轮发电机与电力系统失去同步。水轮发电机设置阻尼绕组即可抑制转子自由振荡，提高电力系统运行的稳定性。同时在不对称运行中，阻尼绕组起着削弱负序气隙旋转磁场的作用。在有阻尼绕组的同步电机里，其负序电抗值要小得多。因此，水轮发电机设置阻尼绕组，由于负序电抗减小，不对称负载所引起的电压不对称度也随之减小；由于负序气隙磁场的削弱，转子的损耗及发热也随之降低；同理，交变力矩及振动也减小了。此外，转子纵、横轴的差异缩小，也减小了高频干扰的幅度。实践证明，设置阻尼绕组使发电机担负不对称负荷的能力大大提高，同时能加速发电机自同期并入系统。

水轮发电机转子阻尼绕组主要由阻尼条、阻尼环和阻尼环连接片等组成，见图 9-64。

2)磁轭。磁轭也叫轮环。它的作用是产生转动惯量和固定磁极，同时也是磁路的一部分。磁轭由扇形磁轭冲片、通风槽片、定位销、拉紧螺杆、磁轭上压板、磁轭键、锁定板、卡键、下压板等零部件组成，如图 9-65 所示。

磁轭在运转时承受扭矩和磁极与磁轭本身离心力。大、中型发电机转子磁轭由扇形冲片交错叠成整体，再用螺杆拉紧，然后固定在转子支架上。磁轭外缘的 T 形槽用以固定磁极。为防止超速时磁轭径向膨胀，造成磁轭与转子支架分离而产生偏心振动支架，常采用磁轭热打键加以固定。图 9-66 为扇形磁轭冲片叠装。

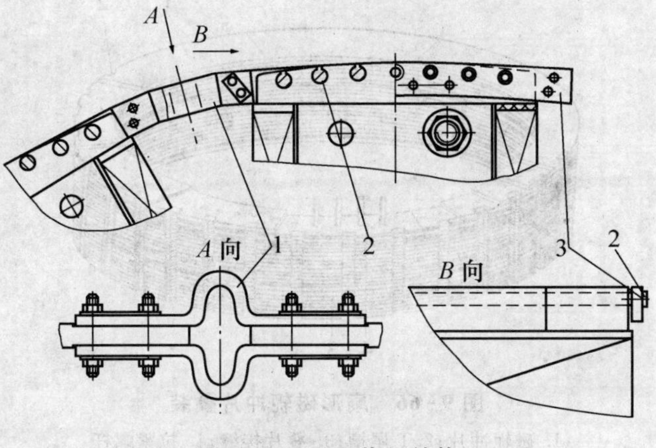

图 9-64 阻尼绕组结构

1. 连接片；2. 阻尼条；3. 阻尼环

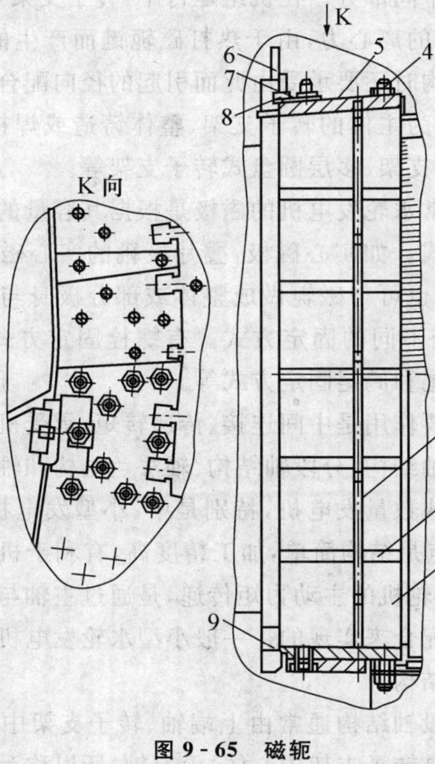

图 9-65 磁轭

1. 磁轭冲片；2. 通风槽片；3. 定位销；4. 拉紧螺杆；5. 磁轭上压板；
6. 磁轭键；7. 锁定板；8. 卡键；9. 下压板

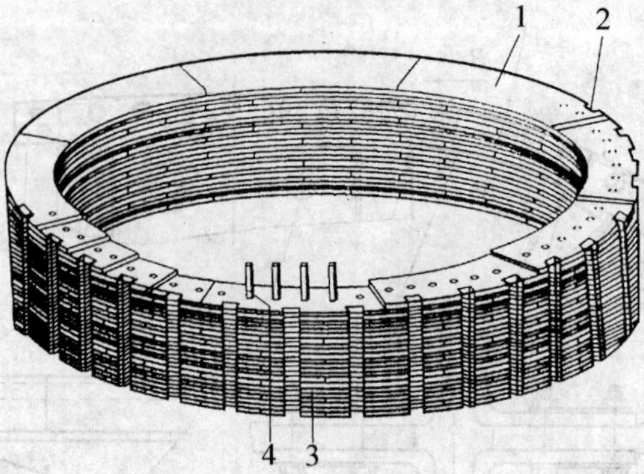

图 9-66 扇形磁轭冲片叠装

1. 磁轭冲片;2. T 尾槽;3. 叠片接缝;4. 拉紧螺杆

3)转子支架。转子支架是大、中型水轮发电机转子体的主要组成部分,也是连接磁轭和转轴成一体的中间部分。在机组运行中,转子支架可承受扭矩、磁轭和磁极的重力力矩,转子自身的离心力,由于热打磁轭键而产生的径向配合力,当转子支架与主轴采用热套结构时还要承受由此而引起的径向配合力等。转子支架主要有以下几种类型:磁轭圈为主体的转子支架、整体铸造或焊接转子支架、简单圆盘式转子支架、支臂式转子支架、多层圆盘式转子支架等。

4)转子的固定。通常水轮发电机的磁极是根据其容量的大小,转速的高低,可做成不同类型的磁极型式。如实心磁极,叠片极靴的实心磁极以及整片式叠片磁极等。同样,磁极的极身也可与磁轭做成整体或部分极身与磁轭做成一体。由于这些因素,即构成了磁极不同的固定方式。有螺栓固定方式、极靴用螺栓固定方式、梳齿形固定方式、T 尾和鸽尾固定方式等。

5)主轴。主轴的主要作用是中间连接、传递转矩、承受机组转动部分的重量及轴向推力。主轴有一根轴结构、分段轴结构、轴法兰结构和轴身结构等形式。

①一根轴结构。悬式数量发电机,特别是中、小型发电机都选用一根轴结构,如图 9-67 所示。其优点是结构简单,加工精度高,有利于机组轴线的处理与调整工作。在这种结构中,水轮机的主动力矩传递,是通过主轴与转子轮毂之间的键和借助主轴与轮毂的过盈配合来实现的。一般小型水轮发电机用键结构,大、中型水轮发电机多用热套和键结构。

②分段轴结构。分段轴结构通常由上端轴、转子支架中心体和下端轴三部分组成。该结构的中间段是转子支架中心体,没有轴,所以称为无轴结构。分段轴的优点是:主轴便于锻造、运输和轮毂不需要热套等。同时可减轻转子起吊重量和降

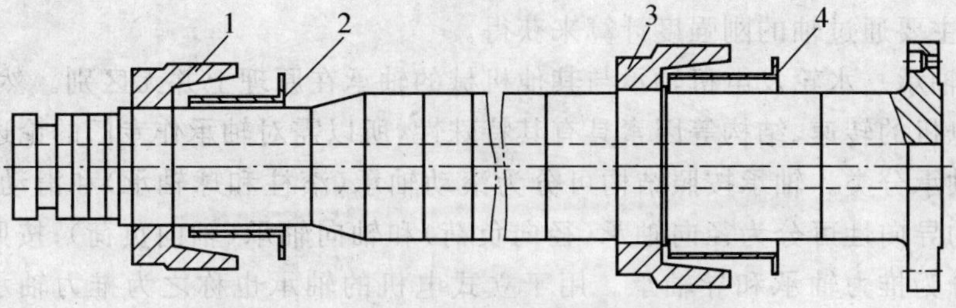

图 9-67　一根轴结构

1. 上导滑转子；2. 上导档油管；3. 下导滑转子；4. 下导档油管

低机组起吊高度。在伞式结构中还可以将推力头与大轴做成一体，如图9-68所示，保证推力头与大轴之间的垂直度和同心度，同时可以消除推力头与大轴之间的配合间隙，免去镜板与推力头配合面的研刮和加垫，给安装调试带来不便，同时也解决了发电机大轴测摆渡难的问题。此外，这种结构不需热套轮毂，大大地改善了轴的受力。分段轴结构适于中、低速大容量伞式水轮发电机。

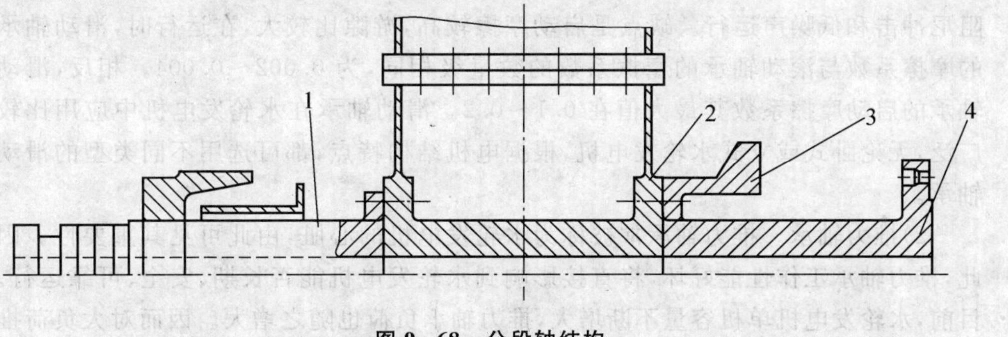

图 9-68　分段轴结构

1. 上端轴；2. 转子支架中心体；3. 推力头；4. 下端轴

③轴法兰结构。轴法兰是连接轴与转子支架中心体和水轮机轴的过渡部分。轴法兰有两种型式：外法兰结构和内法兰结构。外法兰结构一般用于中、小型悬式水轮发电机，内法兰结构广泛应用于大型分段轴结构的水轮发电机。

④轴身结构。小型水轮发电机采用整锻的实心轴结构。大、中型容量水轮发电机常采用锻钢整锻空心轴结构。空心轴可以除去锻造时在轴中心部分的残存杂质和组织疏松等缺陷。此外，还可用作混流式水轮机的补气孔或轴流式水轮机操作油管的通道。近年来，大型水轮发电机轴还采用焊接结构，轴身与法兰采用电渣焊工艺，将锻造法兰和锻造轴身焊成整体。目前，一些特大型发电机轴身采用钢板

卷焊结构。此种轴常为薄壁结构，与整锻的厚壁轴身有差别。轴身的薄壁和厚壁的选择，主要通过轴的刚强度计算来获得。

(3)轴承。水轮发电机轴承与其他机械的轴承在原理上并无区别。然而，由于水轮发电机的转速、结构等因素具有其特殊性，所以需对轴承作专门的论述。

1)轴承分类。轴承按照结构可分为滚动轴承(滚柱和球轴承)和滑动轴承；按照轴承的导向性可分为径向轴承(径向负荷)和轴向轴承(轴向负荷)；按照轴承的作用可分为推力轴承和导轴承。用于立式电机的轴承也称之为推力轴承或止推轴承。

滚动轴承一般做中、小型轴承。它具有小的轴承游隙和低的摩擦系数(0.002～0.003)以及启动摩擦比运行摩擦小20%～50%的优点。其次，在相当程度上与维护无关，尤其采用润滑树脂润滑时。滚动轴承的缺点是寿命短，要求使用的材料具有较高的疲劳强度和静止状态抗冲击的灵敏度；且易产生噪声。

由于滚动轴承的特点决定了它在电机中的应用。因此，这种类型轴承只能应用在小型的卧式水轮发电机上，由于篇幅有限不作叙述。

滑动轴承可制成各种大小尺寸的轴承，在正确装配和维护下，轴承寿命长，能阻尼冲击和低噪声运行。缺点是启动摩擦较高，游隙比较大，在运行时，滑动轴承的摩擦系数与滚动轴承的摩擦系数的数量级相同，为0.002～0.004。相反，滑动轴承的启动摩擦系数其最大值在0.1～0.2。滑动轴承在水轮发电机中应用比较广泛，无论卧式或立式水轮发电机，根据电机结构特点，都可选用不同类型的滑动轴承。

2)推力轴承。推力轴承常被称为水轮发电机的心脏，由此可见其重要性。因此，推力轴承工作性能好坏，将直接影响到水轮发电机能否长期、安全、可靠运行。目前，水轮发电机单机容量不断增大，推力轴承负荷也随之增大。因而对大负荷推力轴承的要求就更高了。典型的水轮发电机推力轴承结构主要由卡环、轴承支撑、推力轴瓦、镜板、推力头、轴承座和冷却器等部件组成，如图9-69所示。

3)导轴承。水轮发电机导轴承主要承受机组转动部分的径向机械和电磁的不平衡力，使机组在规定的摆度和振动范围内运行。

导轴承可以布置在推力轴承镜板工作面或推力头工作面的外圆处。若认为布置在这两个位置的导轴承圆周速度大，会引起过大的损耗，则可以设计成在推力头的轴颈外圆处或直接布置在轴上的滑转子处。

(4)机架。机架是发电机安置轴承的主要支撑部件。常规卧式发电机的轴承一般采用座式支架支撑。在立式电机中机架用来支撑推力轴承、导轴承及制动器等部件。所以，机架是水轮发电机的重要结构部件。

机架结构形式，一般决定于水轮发电机的总体布置。不同类型的总体布置(如悬式、伞式或半伞式结构)，将匹配不同类型的机架形式。机架系由中心体和数个支臂组成的钢板焊接结构。主要的机架结构形式有：整体辐射型机架(图 9-70)、井字形机架(图 9-71)、桥形机架(图 9-72)、斜支臂机架(图 9-73)、多边形机架(图 9-74)、三角环形机架(图 9-75)等。

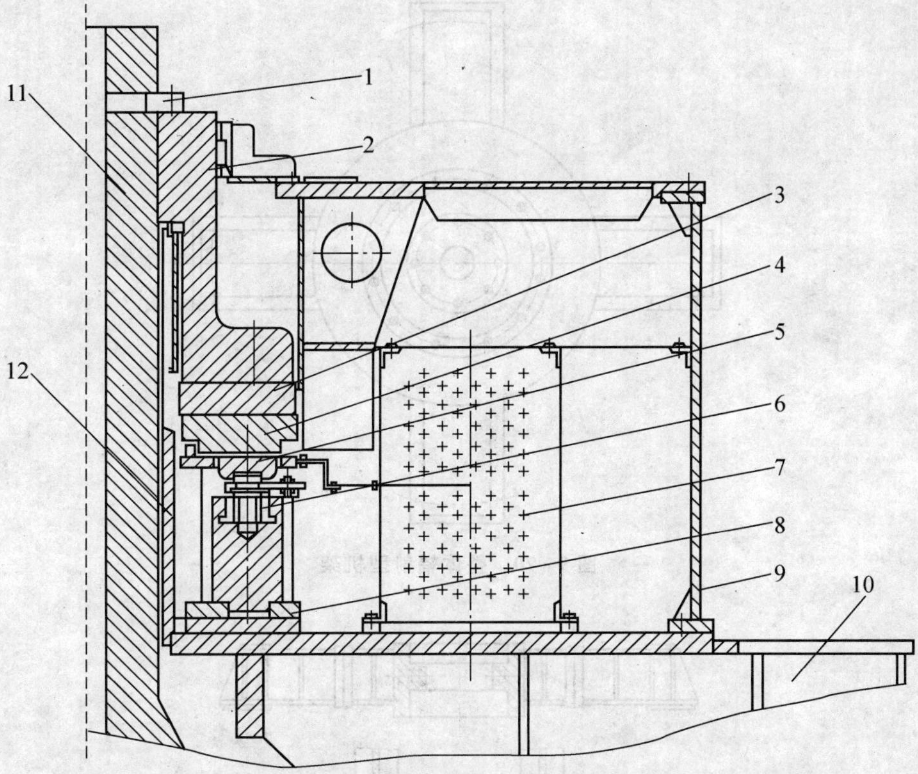

图 9-69　典型的推力轴承结构

1. 卡环；2. 推力头；3. 镜板；4. 推力轴瓦；5. 托盘；6. 支柱螺钉
7. 油冷却器；8. 轴承座；9. 油槽；14. 机架；11. 轴；12. 档油管

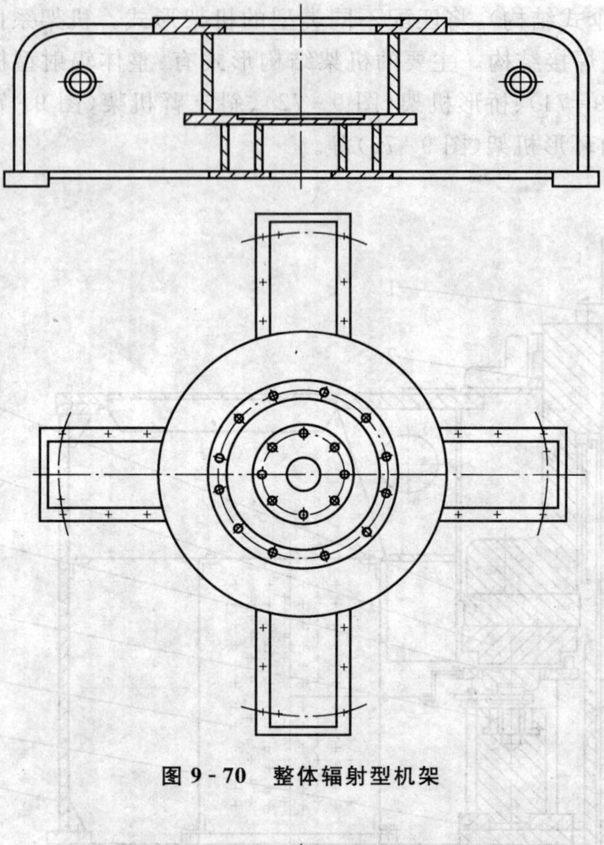

图 9-70 整体辐射型机架

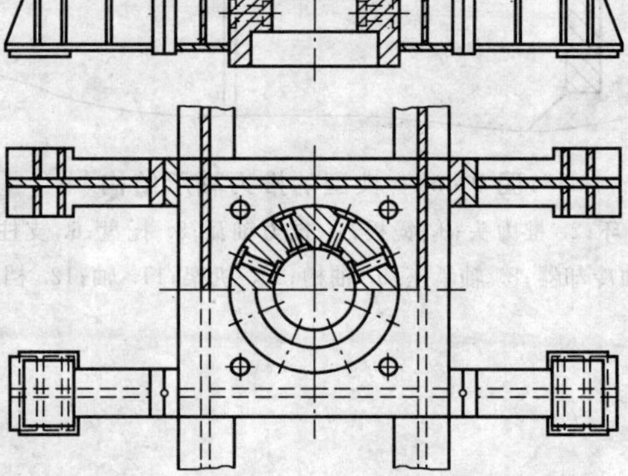

图 9-71 井字形机架

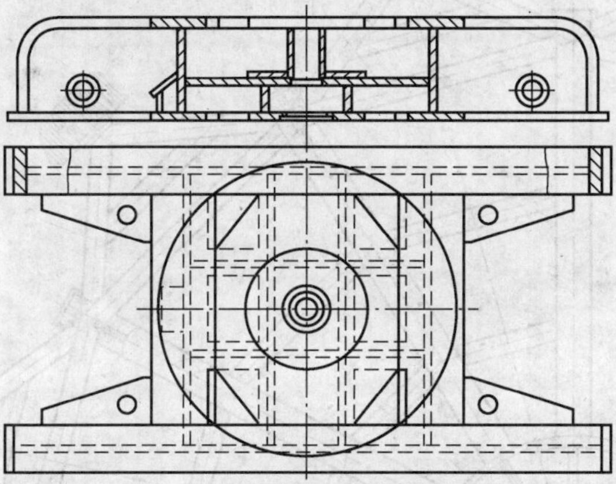

图 9-72　桥形机架

图 9-73　斜支臂机架

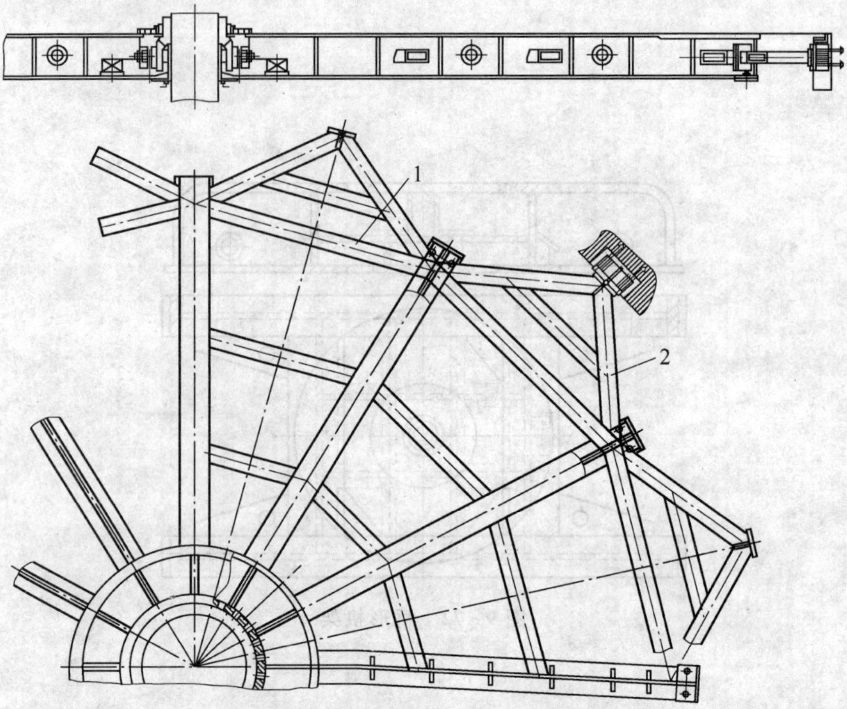

图 9 - 74　多边形机架

1. 工字形支撑架；2. 人字形支撑架

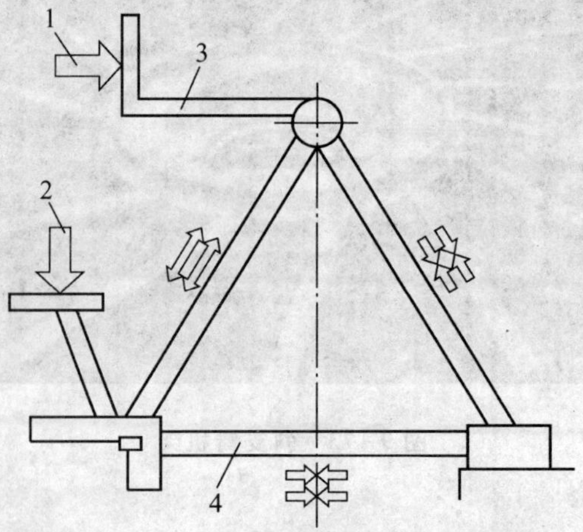

图 9 - 75　三角环形机架

1. 径向负荷；2. 轴向负荷；3. 导轴承座；4. 三角环形机架

第三节　电源变换技术

一、能源转化过程与变流技术

各种资源从其原始状态转化为可供人类实际应用的过程，均与变流技术密不可分，它也是实现节能降耗的关键技术和转变经济增长方式的一个有力推进器。变流技术可以促进发电、输电和配电系统的现代化，推广清洁能源实用化，并可以在广泛应用领域内使电能得到最佳利用。一般说来，资源的利用必须经历如下过程：资源转化、存储、能量转化、辅助能量存储、功率控制。各种资源转化为能源的方式不同，将其送到用户或电网时，必须通过变流技术进行调整。图 9-76 表示各种不同资源的转化过程，以及变流器在这当中的地位与作用。

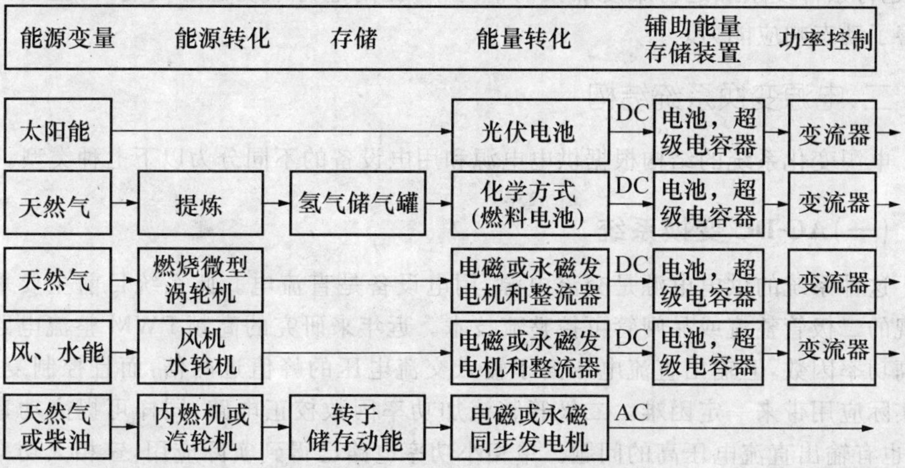

图 9-76　能源转化过程与变流器

图 9-76 中天然气和柴油虽然不是可再生资源，但它们通过燃烧转化为电能的过程，对生物质能（沼气）同样适用；同时天然气通过提炼生成氢气制成燃料电池，也是清洁能源之一。

可再生能源产生的能量大多是不稳定的，如一年四季或日夜之间风力不同、太阳辐照强度差异，其直接产生的能量通常是不稳定的。以风能为例，并网型风力发电是许多台大容量风力发电机并联工作的，由于风场风力的不稳定性，如果在并网时不进行控制调节，可能对电网造成冲击。同时为了保证把尽可能多的有功能量送入电网，风力发电系统中必须应用储能环节和解决存储能量再次转化的问题。这些过程都必须利用电力电子变流技术对其进行控制。此外，可再生能源分布在不同领域，可以就近建成分布式发电单元并通过电力电子变流器接口连成微电网（<10 MW）供给特定地区（如偏僻山区）的用户或与大电网连接并参与电能质量调节。

因为可再生能源可能是直流电，也可能是不稳定的交流电，所以必须通过变流器产生与电网或用户适配的电能形式，以并入电网或直接使用。可以说，几乎所有可再生资源发电系统都涉及一系列大功率、高效、高品质的能量转换、存储与控制。

除了电能的产生以外，电能的传输与分配也需要变流技术。传统的交流输电技术与变流技术相结合，催生了柔性交流输电技术（FACTS）。FACTS 对电网的运行参数（电压、电流、功率、品质因数、损耗角、阻抗等）或运行状态（异步互联、潮流控制、短路电流限制）从刚性控制（断续动作、慢速、欠准确和不够灵活的机电型）提升为柔性控制（快速、准确、平滑、灵活的电力电子装置），从而使得规模不断拓大、运行条件复杂和运行难度加大的情况下，提高电力系统稳态性能，而且极大地改善了动态响应能力。

二、电源变换系统结构

电源变化系统的结构根据供电电源和用电设备的不同分为以下七种类型。

（一）AC-DC 变换系统

这种系统的供电电源是交流电源，用电设备是直流电。此系统目前主要采用常规的二极管整流或晶闸管可控整流技术。近年来研究的高频 PWM 整流电路可提高功率因数，但输出直流电压高于输入交流电压的峰值近两倍，而且控制复杂，给实际应用带来一定困难。二极管整流加功率因数校正电路，同样可提高功率因数，也有输出直流电压高的问题。单相小功率电路已得到实际应用，三相大功率电路还处于应用研究阶段。

（二）DC-DC 变换系统

这种系统的供电电源是固定电压的直流电源，用电设备要求电压可变，或者另一种电压等级。这种供电电源一般是蓄电池，变换电路根据用电设备的要求可采用降压型或升压型 DC-DC 变换电路。降压型可采用 Buck 直流斩波电路，升压型可采用 Boost 直流斩波电路。也可采用软开关 DC-DC 变换电路。

(三)DC-AC变换系统

这种系统的供电电源是固定电压的直流电源,用电设备是交流电。这种供电电源一般是蓄电池,用电设备是工频交流电,一般用在不间断电源(UPS)中。DC-AC变换电路一般采用全桥逆变电路,正弦波脉宽调制(SPWM),输出加LC滤波电路,在负载上可得到正弦波电压。

(四)AC-DC-AC变换系统

这种系统的供电电源是交流电源,用电设备是某一频率范围的交流电。这种变换系统供电电源是电网,AC-DC-AC变换主要采用常规二极管整流,DC-AC变换一般采用全桥逆变电路,功率调节在逆变电路中实现,有脉宽调制方式、移相脉宽调制方式、负载谐振调频调功方式、负载谐振脉冲密度调制方式等,并将软开关技术应用到逆变过程中。

(五)DC-AC-DC变换系统

这种系统的供电电源是固定电压的直流电源,用电设备要求电压可变,或者另一种电压等级。这种变换系统和DC-DC变换的主要区别是通过插入AC环节,加入高频变压器隔离,使输入和输出电压之间完全隔离。这种变换电路有正激式、反激式、推挽式、半桥式、全桥移相变换式等。

(六)AC-DC-AC-DC变换系统

这种系统的供电电源是交流电源,用电设备是直流电。这种系统目前主要采用常规二极管整流,即AC-DC变换,然后经DC-AC变换,变成高频交流电源,经高频变压器变压,高频整流电路整流,变换成需要的直流电压。这种变换电路主要是减小变压器体积。开关电源就是采用了这种变换系统。

(七)AC-DC-DC-AC变换系统

这种系统的供电电源是交流电源,用电设备是某一频率范围的交流电。这种变换系统供电电源是电网,AC-DC变换主要采用常规的二极管整流,DC-DC变换电路采用Buck直流斩波电路,DC-AC变换一般采用全桥逆变电路,功率调节在直流斩波电路中实现,采用脉宽调制方式,并将软开关技术应用到斩波电路中。

三、逆变电路系统结构

逆变电路是所有新能源转换系统中最重要的电能变换电路，其主要作用是将直流电经 DC-AC 逆变器变换成与电网同频率的交流点，为实现并网供电奠定基础。根据直流母线采用的储能组件，逆变电路又分为电流源型和电压源型两大类。下面以太阳能光伏发电为例介绍几种典型逆变电路。

(一)电流源逆变器

直流母线采用电感(L)储能，图 9-77 所示为典型的电流源逆变器。采用三相桥式逆变电路，功率半导体器件(VT_1～VT_6)是全控型 IGBT 开关器件。逆变器输出经电容 C 滤波后，与电网(相电压 U_{sa}、U_{sb}、U_{sc})并网后向电网输送三相交流电流(I_a、I_b、I_c)，一般电流源逆变器的控制策略采用电流滞环 PWM 模式(CHB-PWM)。对于电流源逆变器，适当调节桥式逆变电路输出电流的相位和幅值，就可以使光伏发电系统输出有功功率，实现并网供电的目的。

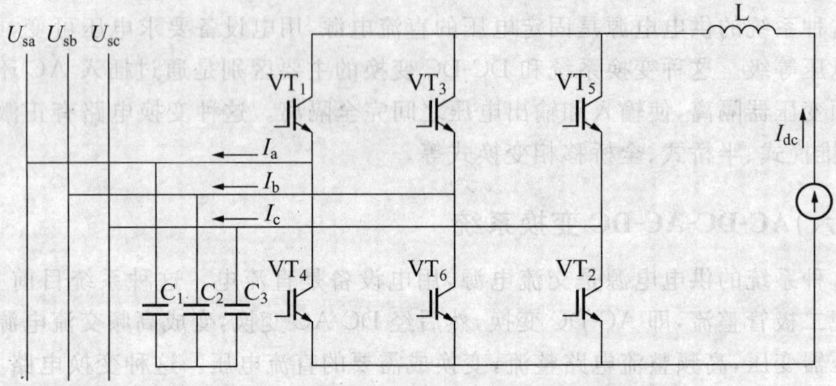

图 9-77 典型电流源逆变器

(二)电压源逆变器

直流母线采用电容(C)储能，典型的电压源逆变器如图 9-78 所示。中小容量的电压源光伏并网逆变器(几百 kW 及以下)采用 IGBT 的 PWM-VSC(脉宽调制-电压源变换器)结构，输出经三相滤波电感并入电网系统。

电压源逆变器的控制策略一般为正弦波 PWM(SPWM)，经低通滤波器滤波后输出电流波形基本为正弦波，在负载中只有很少的谐波损耗，对通信设备干扰小，整机效率高。

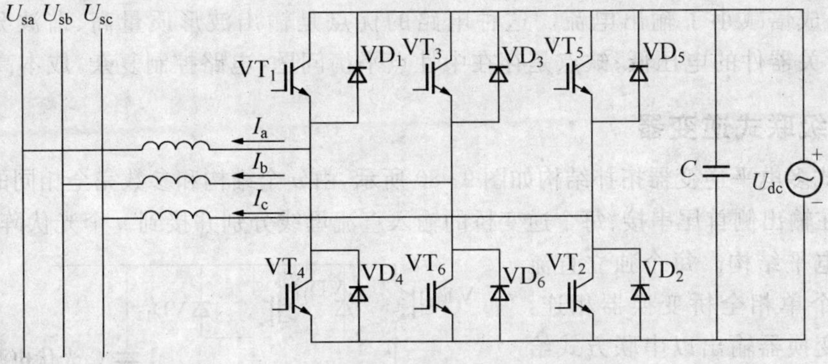

图 9-78 典型电压源逆变器

(三)复杂逆变器

为降低大容量光伏电压源并网逆变器（MW 级）的损耗和输出电流等级，应采用6 kV以上中高压并网供电模式。可采用高压 IGBT 或 GTO 的多重化或多电平结构，钳位型多电平逆变器起源于3电平中性点钳位电路。图 9-79 给出典型二极管钳位的 3 电平逆变器。3 个桥臂定义为 A、B、C 相，其中 A 相桥臂中的 IGBT 管由上而下为 VT_{A1}、VT_{A2}、VT_{A3}、VT_{A4}，钳位二极管为 VD_{A1}、VD_{A2}；B 相和 C 相也依次命名。以 A 相为例，当 VT_{A1} 和 VT_{A2} 导通时，U_{sa} 端输出对地电压为 $+U_{dc}/2$；当 VT_{A3} 和 VT_{A4} 导通时，U_{sa} 端输出对地电压为 $-U_{dc}/2$；当 VT_{A2} 或 VT_{A3} 导通时，U_{sa} 端输出对地电压为零。这种钳位形式成为中性点钳位形式。在需要多电平时，可

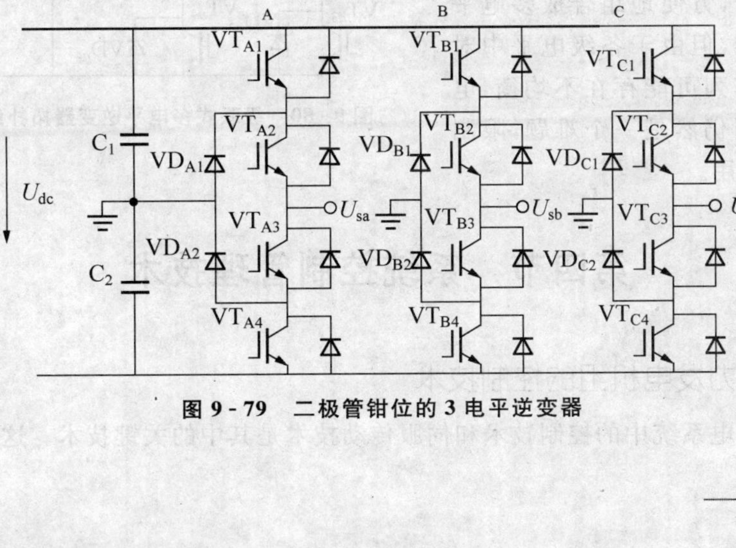

图 9-79 二极管钳位的 3 电平逆变器

以使用多级二极管钳位变换器。一个 m 级二极管钳位变换器在直流母线侧包含 m－1 个稳压电容，从而产生每相 m 个电平。在同等容量下，通过提升逆变器输出电压等级，成倍减小了输出电流。这种电路的优点是输出波形质量高、谐波分量小，单只开关器件的电压低；缺点是存在中性点平衡问题，电路控制复杂，成本高。

(四)级联式逆变器

级联式多电平逆变器拓扑结构如图 9-80 所示，由 n 个结构和参数完全相同的单相逆变桥在输出侧首尾串接、每个逆变桥的输入直流母线分别并接到 n 个光伏阵列，构成 n 级电平结构。每个独立直流电源和一个单相全桥变换器相连，各个单相变换器输出以串联方式给负载供电，形成负载侧的多电平电压。级联式多电平变换器不存在电容平衡问题，但输入需要多电平变换器不存在电容平衡问题，但输入需要多个相互隔离的直流电源。新型多电平拓扑结构能够以较少的器件实现更多电平，通过合理选择开关管的导通状态，可以获得多达 9 级电压，是一种较为合适的用于小功率光伏发电系统的逆变器拓扑结构。多电平逆变器虽然可根据光伏阵列的组合，方便地组合成多电平光伏逆变器，但由于各级电平中对应的光伏阵列可能存在不均衡，电平平衡控制仍然是一个难题，限制了其广泛应用。

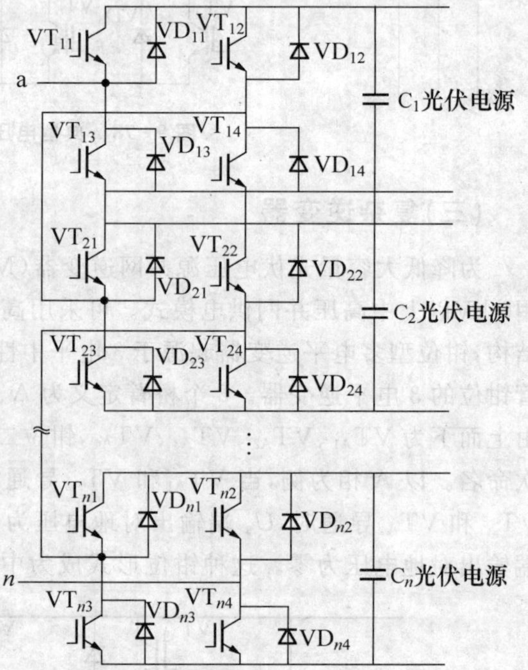

图 9-80　级联式多电平逆变器拓扑结构

第四节　系统控制管理技术

一、风力发电机组的控制技术

风力发电系统中的控制技术和伺服传动技术是其中的关键技术。这时应为自然风速的大小和方向是随机变化的，风力发电机组的切入（电网）和切出（电网）、输入功率的限制、风轮的主动对风以及对运行过程中故障的检测和保护必须能够自动控制。同时，风力资源丰富的地区通常都是海岛或边远地区甚至海上，分散布置的风力发电机组通常要求无人值班运行和远程监控，这就对风力发电机组的控制系统的可靠性提出了很高的要求。

与一般工业控制系统不同，风力发电机组的控制系统是一个综合性复杂控制系统。尤其是对于并网运行风力发电机组，控制系统不仅要监视电网、风况和机组运行数据，对机组进行并网与脱网控制，以确保运行过程的安全性和发电质量。而这正是风力发电机组控制中的关键技术，现代风力发电机组一般都采用微机控制，图 9-81 为一个大型风力发电机组控制系统的总体结构。图 9-82 为风力发电机组的微机自控原理框图。

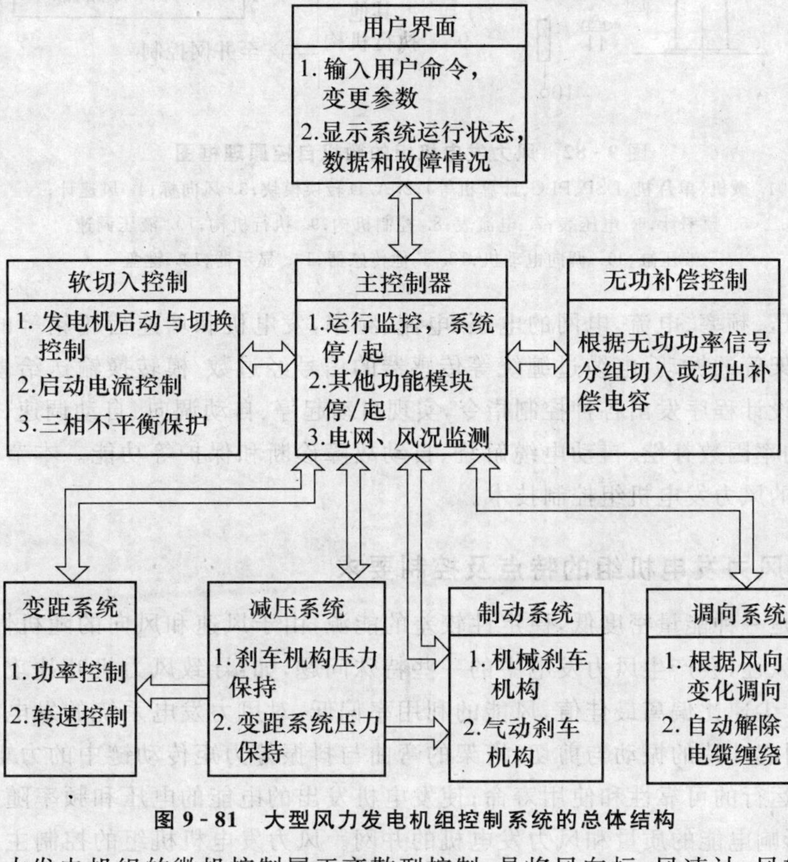

图 9-81　大型风力发电机组控制系统的总体结构

风力发电机组的微机控制属于离散型控制，是将风向标、风速计、风轮转速，发

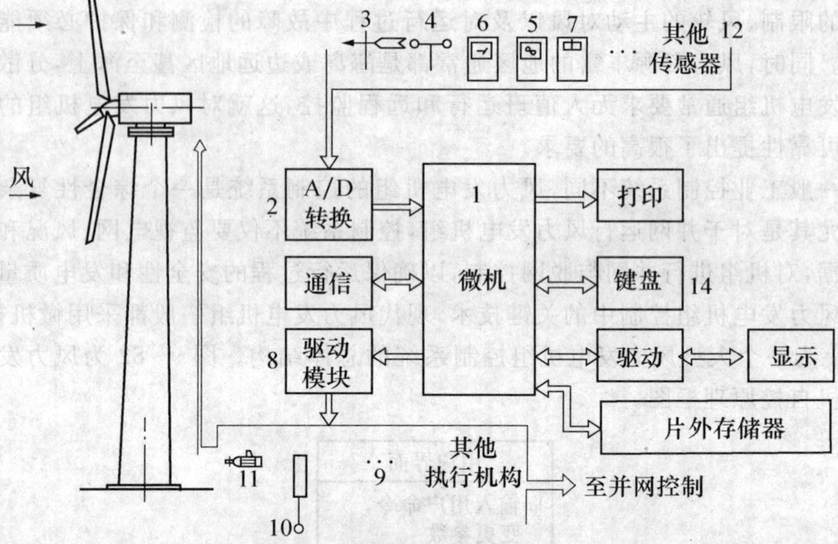

图 9-82　风力发电机组的微机自控原理框图

1. 微机(单片机、DSP、PLC、计算机等)；2. A/D 转换模块；3. 风向标；4. 风速计；5. 频率计；6. 电压表；7. 电流表；8. 控制机构；9. 执行机构；10. 液压调速液压缸；11. 调向电动机；12. 其他传感器；13. 显示器；14. 键盘

电机的电压、频率、电流，电网的电压、电流、频率，发电机和增速齿轮箱等的温升，机舱和塔架等的振动，电缆过缠绕等传感器的信号经过数/模转换输送给微机，由微机根据设计程序发出各种控制指令，实现自动起停、自动调向、自动调速、自动并网、自动功率因数补偿、自动电缆解绕、自动故障诊断和保护等功能。本节将介绍几种典型的风力发电机组控制技术。

(一)风力发电机组的特点及控制要求

风能是一种能量密度低，稳定性较差的能源，由于风速和风向的随机性、不确定性及阵风性，会产生风力发电中的一些特殊问题，如：导致风力机叶片攻角不断变化，使叶尖速比偏离最佳值，风能的利用率偏低，对风力发电系统的发电效率产生影响；引起叶片的振动与剪切、塔架的弯曲与抖振等力矩传动链中的力矩波动，影响系统运行的可靠性和使用寿命；使发电机发出的电能的电压和频率随风速而变，从而影响电能的质量和风力发电机的并网。风力发电机机组的控制主要是为了解决上述相关问题。

由于风力发电的特点，风力发电机组是一个复杂多变量非线性系统，且有不确定性和多干扰等特点。风力发电系统控制的目标主要有 4 个：①保证系统的可靠运行；②能量利用率最大；③电能质量高；④机组寿命延长。风力发电系统常规的控制功能有 7 个：①在运行的风速范围内，确保系统的稳定运行；②低风速时，跟踪最佳叶尖速比，获取最大风能；③高风速时，限制风能的捕获，保持风力发电机组的输出功率为额定值；④减小阵风引起的转矩波动峰值，减小风轮的机械应力和输出功率的波动，避免共振；⑤减小功率传动链的暂态响应；⑥控制器简单，控制代价小，对一些输入信号进行限幅；⑦调节机组的功率，确保机组输出电压和频率的稳定。

(二)变桨距风力发电机组的控制技术

变桨距风力机的整个叶片可以绕叶片中心轴旋转，使叶片攻角在一定范围(0～90°)变化，变桨距调节是指通过变桨距机构改变安装在轮毂上的叶片桨距角的大小，使风轮叶片的桨距角随风速的变化而变化，一般用于变速运行的风力发电机，主要目的是改善机组的启动性能和功率特性。根据其作用可分为 3 个控制过程：启动时的转速控制，额定转速以下(欠功率状态)的不控制和额定转速以上(额定功率状态)的恒功率控制。

传统的变桨距风力发电机的控制系统框图如图 9-83 所示。在启动时实现转速控制，由速度控制器起作用，启动结束后，在额定风速以下，转速环开环，系统不进行控制。当风速达到或超过额定风速时，切换到功率控制，功率控制器根据给定与反馈的功率信号比较后进行功率控制，以维持额定功率不变。由于风速变化很快，变桨距系统的动态响应难以达到要求，因此在功率控制的过程中，对于绕线转子异步发电机采用了新型控制系统，变桨距系统由风速的低频分量和发电机转速控制。风速的低频分量通过功率控制实现，风速的高频分量产生的机械能波动，通

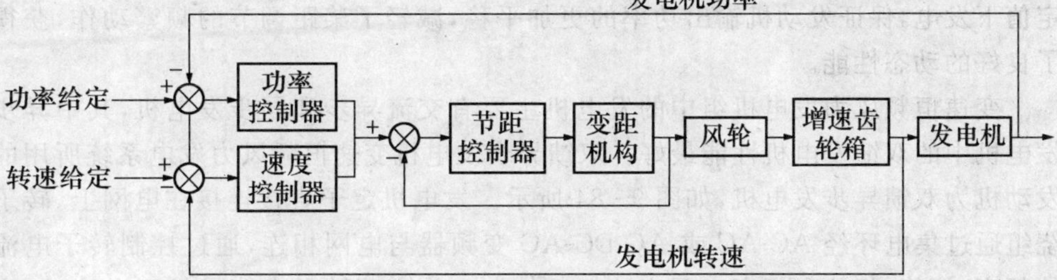

图 9-83　传统的变桨距风力发电机组的控制系统框图

过控制发电机中的转子电流对发电机转差进行控制，从而快速改变发电机的转速。当风速高于额定风速时，允许发电机的转速升高，将瞬变的风能以风轮的动能储存起来，当转速降低时再将动能释放出来，使功率曲线更加平稳。

新型控制系统与传统控制系统的主要区别是采用了两个速度控制器及增加了转子电流的控制。其中一个速度控制器的作用与传统的速度控制器相同，即启动时和同步转速附近的转速控制。另一个速度控制器的作用是在并网后，和功率控制器一起通过转子电流的控制实现电极转差即转速的控制。该控制器受发电机的转速和风速的双重控制，在达到额定值之前，速度给定值随功率给定值增大；当风速高于额定风速时，发电机的转速通过改变风力机的节距来跟踪响应的速度给定值，维持功率恒定。

(三)变速恒频风力发电机组的控制技术

变速恒频是指发电机的转速随风速变化，通过适当的控制得到输出频率恒定的电能。其叶片一般采用变桨距结构，是当前和未来主要发展和研究的方向。与恒速恒频发电机组相比变速恒频的优越性在于：可大范围地调节转速，使功率系数保持在最佳值，从而最大限度地吸收风能，系统效率高；能吸收和储存阵风能量，减少阵风冲击对风力发电机产生的疲劳损坏、机械应力和转矩脉动，延长机组寿命，减少噪声；还可以控制有功功率和无功功率，电能质量高。但控制复杂，成本高，需要避免共振的发生。

变速恒频风力发电机组的调节控制一般分为 3 个阶段：启动时通过调节桨距控制发电机的转速，使发电机转速在同步转速附近，寻找最佳时机并网；并网后，在额定风速以下，通过调节发电机的电磁制动转矩使发电机转子的转速跟随风速的变化，保持最佳叶尖速比，确保风能的最大捕获，表现为跟踪控制问题；在额定风速以上，采用发电机转子变速和桨叶节距双重调节，利用风轮转速的变化，储存或释放部分能量，限制风力机获取能量，提高传动系统的柔性，使风力发电机保持在额定值下发电，保证发动机输出功率的更加平稳，减轻了桨距调节的频繁动作，获得了良好的动态性能。

变速恒频风力发电机组中的发电机主要有交流异步和同步发电机，其中异步发电机中的双馈发电机性能最好。双馈异步发电机变速恒频风力发电系统所用的发动机为双馈异步发电机，如图 9－84 所示。发电机定子直接连接在电网上，转子绕组通过集电环经 AC-AC 或 AC-DC-AC 变频器与电网相连，通过控制转子电流的频率、幅值、相位和相序实现变速恒频控制。为实现转子中能量的双向流动，应采用双向变频器。其中 AC-AC 变频器的输出电压谐波多，输入侧功率因数低，使用的功率器件数量多,目前已被电压型 AC-DC-AC 变频器代替。随着电力电子技术的发展,最新应用的是双 PWM 变频器,通过 SPWM 控制技术,可以获得正弦波转子电流,以减小发电机中的谐波转矩,同时实现功率因数的调节,变频器一般用微机控制。

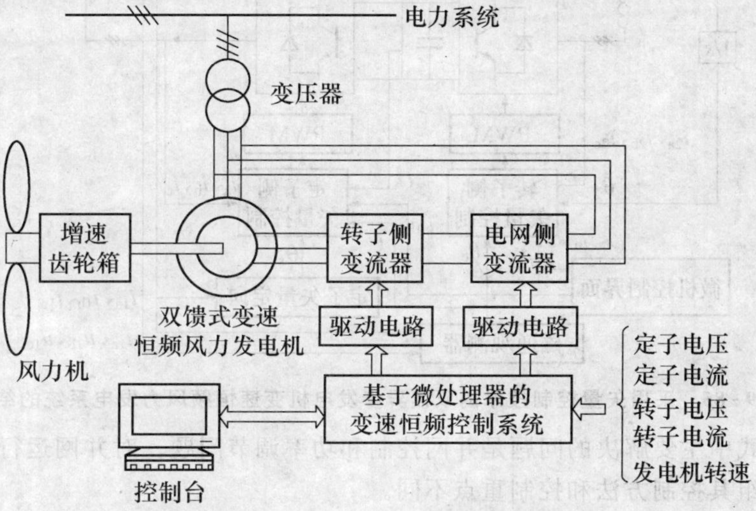

图 9-84 双馈异步发电机变速恒频风力发电系统

双馈异步发电机系统中的变频器采用双 PWM 变频器,发电机根据风力机转速的变化调节转子励磁电流的频率,实现恒频输出;再通过矢量变换控制实现发电机的有功和无功功率的独立调节,进而控制发电机组的转速实现最佳风能的捕获。采用矢量控制技术的双馈异步发电机变速恒频风力发电系统的结构如图 9-85 所示,图中 DFIG 为双馈异步发电机的简称。

(四)风力发电机组的并网运行和功率补偿

由于风能是一个不稳定的能源,风力发电本身难以提供稳定的电能输出,因此风力发电必须采用储能装置或与其他发电装置互补运行。为解决风力发电稳定供电的问题,目前一般采用的方法是:1 000 kW以上的大型风力发电机组并网运行;几十至几百 kW 的风力发电机组可以并网运行,或者与其他发电装置互补运行(如风光互补、风力-柴油发电联合运行);10 kW 以下的小型风力发电机组主要采用直流发电系统并配合蓄电池储能装置独立运行。

大、中型风力发电机组主要是并网运行,由于发动机并网过程是一个瞬变过程,它受制于并网前的发电状况,影响并网后发电机的运行和电网电能质量,在并

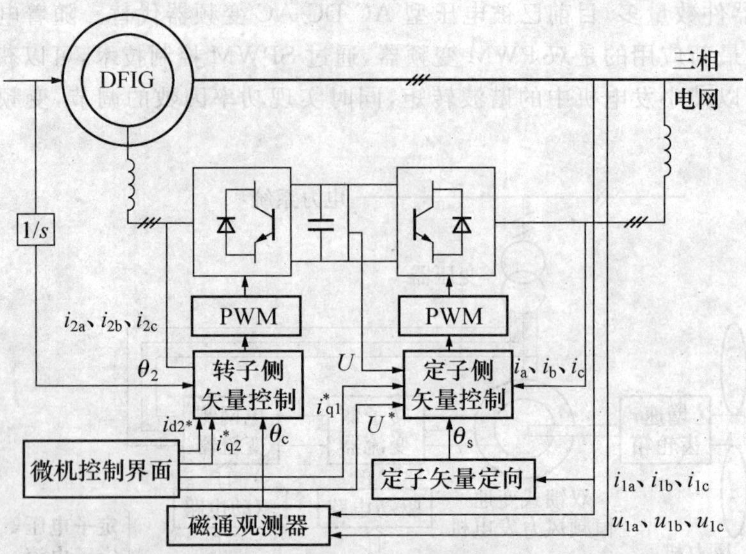

图 9-85　采用矢量控制技术的双馈异步发电机变速恒频风力发电系统的结构

网运行方式中主要解决的问题是并网控制和功率调节问题。对并网运行的不同风力发电机组其控制方法和控制重点不同。

1. 风力同步发电机组的并网运行和功率补偿

同步发电机的转速和频率之间有着严格不变的固定关系，同步发电机在运行过程中，可通过励磁电流的调节，实现无功功率补偿，其输出电能频率稳定，电能质量高，因此在发电系统中，同步发电机也是应用最普遍的。

(1)同步发电机并网方法。风力同步发电机组与电网并联运行的电路如图 9-86所示，图中同步发电机的定子绕组通过断路器与电网相连，转子励磁绕组由励磁调节器控制。同步发电机并网方法主要有自动准同步并网和自同步并网。

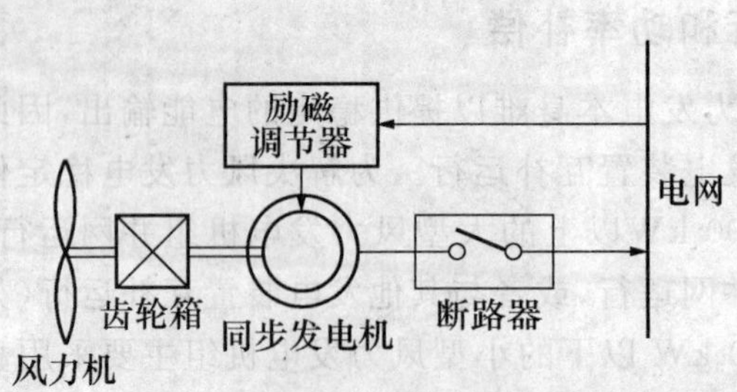

图 9-86　风力同步发电机组与电网并联运行的电路

1)自动准同步并网。同步发电机与电网并联合闸前，为了避免电流冲击和转轴受到突然的扭矩，需要满足一定的并联条件，这些条件是：风力发电机的端电压大小等于电网的电压，并且电压波形相同；风力发电机的频率等于电网的频率；并联合闸的瞬间，风力发电机与电网的回路电势为零；风力发电机的相序与电网的相序相同。

满足上述理想并网条件的并网方式称为准同步并网方式，在这种并网方式下，并网瞬间不会产生冲击电流，电网电压不会下降，也不会对定子绕组和其他机械部件造成冲突。但对风力驱动的同步发电机而言，要准确地达到这种理想并网条件实际上是不容易的，在实际并网操作时，电压、频率及相位往往会有一些偏差，因此并网时仍会产生一些冲击电流。一般规定发电机与电网系统的电压差不超过5%～10%，频率差不超过0.1%～0.5%，使冲击电流不超出其允许范围。但如果电网本身的电压及频率也经常存在较大的波动，则这种通过同步发电机整步实现准同步就更加困难。

风力同步发电机组的启动与并网过程如下：偏航系统根据风向传感器测量的风向信号驱动风力机对准风向，当风速达到风力机的启动风速时，桨距控制器调节叶片桨距角使风力机启动。当发电机在风力机的带动下转速接近同步转速时，励磁调节器给发电机输入励磁电流，通过励磁电流的调节使发电机输出的端电压与电网电压相近。在风力发电机的转速几乎达到同步转速、发电机的端电压与电网电压的幅值大致相同和断路器两端的电位差为零或很小时，控制断路器合闸并网。风力同步发电机并网后通过自整步作用牵入同步，使发电机电压频率与电网一致。以上的检测与控制过程一般通过微机实现。

2)自同步并网。自同步并网的方法是，同步发电机在转子励磁绕组先通过限流电阻端接，发电机中无励磁磁场，用原动机将发电机转子拖到同步转速附近(差值小于5%)时，将发动机并入电网，再立刻给发电机励磁，在定、转子之间的电磁力作用下，发电机自动牵入同步。由于发电机并网时，转子绕组中无励磁电流，因而电动机定子绕组中没有感应电动势，不需要对发电机的电压和相角进行调节和校准，控制简单，并且从根本上排除不同步合闸的可能性。这种并网方法的缺点是合闸后有电流冲击和电网电压的短时下降现象。

(2)有功功率的调节。风力同步发电机中，风力机输入的机械能首先克服机械阻力，通过发电机内部的电磁作用转化为电磁功率，电磁功率扣除发电机绕组的铜损耗和铁损耗后输出的电功率，若不计铜损耗和铁损耗，可认为输出功率近似等于电磁功率。同步发电机内部的电磁作用可以看成是转子励磁磁场和定子电流产生的同步旋转磁场之间的相互作用。转子励磁磁场轴线与定、转子合成磁场轴线之间的夹角称为同步发电机的功率角 δ，电磁功率 P_{em} 与功率角 δ 之间的关系称为同步发电机的功角特性，如图 9-87 所示。

当由风力驱动的同步发电机并联在无穷大电网时，要增大发电机输出的电能，必须增大风力机输入的机械能。当发电机输出功率增大即电磁功率增大时，若励

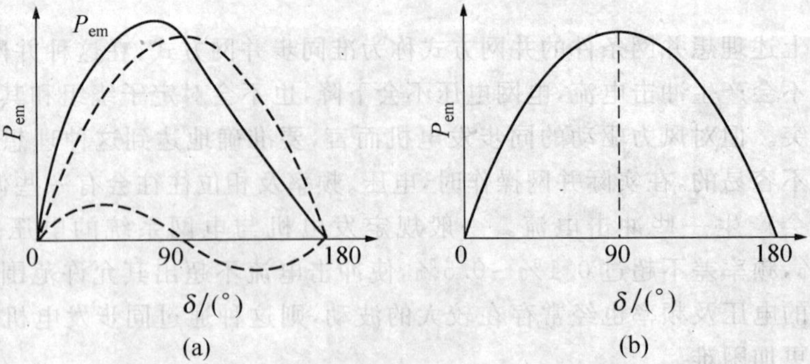

图 9-87　同步发电机的功角特性

(a)凸极机；(b)隐极机

磁不作调节，从图 9-87 可见，发电机的功角也增大，对于隐极机而言，功率角为 90°(凸极机功率角小于 90°)时，输出功率达最大，这个最大的功率称为失步功率，又称为极限功率。因为达到最大功率后，如果风力机输入的机械功率继续增大，功率角超过 90°，发电机输出的电功率反而下降，发电机转速持续上升而失去同步，机组无法建立新的平衡。例如，一台运行在额定功率附近的风力发电机，突然的一阵剧风，可能导致发电机的功率超过极限功率而使发电机失步，这时可以增大励磁电流，以增大功率极限，提高静态稳定度，这就是有功功率调节。

并网运行的风力同步发电机当功率角变为负值时，发电机将运行在电动机状态，此时风力发电机相当于一台大风扇，发电机从电网吸收电能。为避免发电机电动运行，当风速降到一临界值以下时，应及时地将发电机与电网脱开。

(3)无功功率的补偿。电网所带的负载大部分为感性的一部电动机和变压器，这些负载需要从电网吸收有功功率和感性无功功率，如果整个电网提供的无功功率不够，电网的电压会下降；同时，同步发电机带感性负载时，由于定子电流建立的磁场对电机中的励磁磁场有去磁作用，发电机的输出电压也会下降，因此，为了维持发电机的端电压稳定和补偿电网的无功功率，需适当调节同步发电机的转子励磁电流。从图 2-16 中可以看出：当发电机工作在功率因数为 1 时，发电机励磁电流为额定值，此时定子电流为最小；当发电机励磁大于额定励磁电流(过励)时，发电机的功率因数为滞后的，发电机向电网输出滞后的无功功率；而当发电机励磁小于额定励磁电流(欠励)时，发电机的功率因数为超前的，发电机从电网吸引滞后的无功功率。同步发电机一般工作在过励状态下，以补偿电网的感性无功功率需求。

(4)带变频器的风力同步发电机组的并网。通过调节励磁电流，实现同步发电机无功功率的宽幅调节，是该机种对电网十分“友好”的一方面，也可理解为与电网的“柔性联系”。这是其他发电机难以与其相比的优点。但恒速恒频的风力发电系统中，同步发电机和电网之间为“刚性连接”，发电机输出频率完全取决于原动机的转速，并网之前发电机必须经过严格的整步和(准)同步，并网后也必须保持转速恒定，因此对控制器的要求高，控制器结构复杂。

在变速恒频风力发电系统中，同步发电机的定子绕组通过变频器与电网相连接，如图 9-88 所示，图中交流发电机为同步发电机，变频器为 AC-DC-AC 变频器。当风速变化时，为实现最大风能捕获，风力机和发电机的转速随之变化，发电机发出的为变频交流电，通过变频器转化后获得恒频交流电输出，再与电网并联。由于同步发电机与电网之间通过变频器相连接，发电机的频率和电网的频率彼此独立，并网时一般不会发生因频率偏差而产生的较大的电流冲击和转矩冲击，并网过程比较平稳。缺点是电力电子装置价格较高、控制较复杂，同时非正弦逆变器在运行时产生的高频谐波电流流入电网;将影响电网的电能质量。

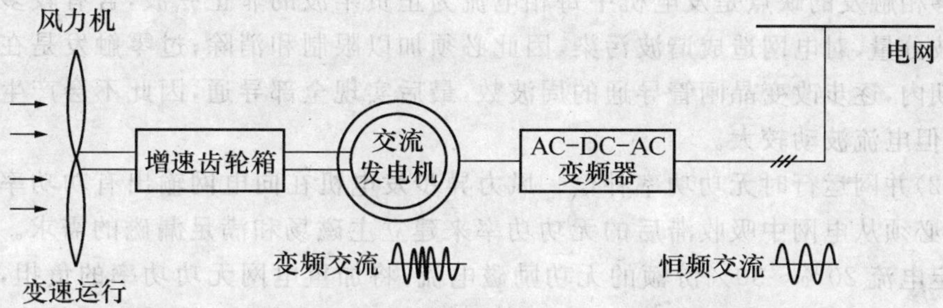

图 9-88　变速恒频风力同步发电机组经变频器与电网连接

2. 风力异步发电机组的并网运行和功率补偿

异步发电机具有结构简单、价格低廉、可靠性高、并网容易、无失步现象等优点，在风力发电系统中应用广泛。但其主要缺点是需吸收 20%～30%额定功率的无功电流以建立磁场，为提高功率因数必须另加功率补偿装置。

(1)风力异步发电机组的并网。风力异步发电机组并网方式主要有 3 种：直接并网、降压并网和通过晶闸管软并网。

1)直接并网。这种并网方法要求在并网时发电机的相序与电网相序相同，当风力驱动的异步发电机转速接近同步转速时即可自动并入电网；自动并网的信号由测速装置给出，而后通过自动空气开关合闸完成并网过程。这种并网方式比同步发电机的准同步并网简单，但并网前由于发电机本身无电压，并网过程中会产生 5～6 倍额定电流的冲击电流，引起电网电压下降。因此这中并网方式只能用于异步发电机容量在百千瓦级以下，且电网的容量较大的场合。

2)降压并网。降压并网是在发电机与电网之间串接电阻或电抗器,或者接入自耦变压器,以降低并网时的冲击电流和电网电压下降的幅度。发电机稳定运行时,将接入的电阻等元件迅速从线路中切除,以免消耗功率。这种并网方式的经济性较差,适用于百千瓦级以上,容量较大的机组。

3)晶闸管软并网。晶闸管软并网是在异步发电机的定子和电网之间每相串入一只双向晶闸管连接起来,三相均有晶闸管控制。通过控制晶闸管的导通角来控制并网时的冲击电流,从而得到一个平滑的并网暂态过程。晶闸管软并网是目前一种先进的并网技术,在其应用时对晶闸管器件和相应的触发电路提出了严格的要求,即要求器件本身的特性要一致、稳定;触发电路工作可靠,控制极触发电压和触发电流一致;开通后晶闸管压降相同。只有这样才能保证每相晶闸管按控制要求逐渐开通,发电机的三相电流才能保证平衡。

在晶闸管软并网的方式中,目前触发电路有移相触发和过零触发两种方式。其中移相触发的缺点是发电机中每相电流为正负半波的非正弦波,含有较多的奇次谐波分量,对电网造成谐波污染,因此必须加以限制和消除;过零触发是在设定的周期内,逐步改变晶闸管导通的周波数,最后实现全部导通,因此不会产生谐波污染,但电流波动较大。

(2)并网运行时无功功率补偿。风力异步发电机在向电网输出有功功率的同时,还必须从电网中吸收滞后的无功功率来建立主磁场和满足漏磁的需求。占到其额定电流20%～30%份额的无功励磁电流,将加重电网无功功率的负担,使电网的功率因数下降,同时引起电网电压下降和线路损耗增大,影响电网的稳定性。因此并网运行的风力异步发电机必须进行无功补偿,以提高功率因数及设备利用率,改善电网电能的质量和输电效率。目前调节无功的装置主要有同步调相机、有源静止无功补偿器、并联补偿电容等。其中以并联电容器应用的最多,因为前两种装置的价格较高,结构、控制比较复杂,而并联电容器的结构简单、经济、控制和维护方便、运行可靠。并网运行的异步发电机并联电容器后,其所需要的无功电流由电容器提供,从而减轻电网的负担。

在无功功率的补偿过程中,发电机的有功功率和无功功率随时在变化,普通的无功功率补偿装置难以根据发电机无功电流的变化及时地调整电容器的数值,因此补偿效果受到一定的影响。为了实现无功功率及时和准确的补偿,必须计算出任何时期的有功功率、无功功率,并计算出需要投入的电容值来控制电容器的投入数量,而这些大量和快速的计算及适时的控制,目前可通过DSP和计算机来实现。

二、太阳能光伏发电的控制技术

太阳能光伏发电系统的控制器一般包括光伏电池最大功率点跟踪(MPPT, Maximum Power Point Tracking)控制器、蓄电池充放电控制器、直流升压或降压型变换(Boost or Buck DC-DC Converter)器及逆变器(DC-AC Inverter)等。

(一)最大功率点跟踪控制技术

在一般电气设备中,如果使负载电阻等于供电系统的内电阻时,此时可以在负载上获得最大功率。可是太阳能电池本身是极不稳定的电源,即输出功率往往是变化的。这是因为太阳能电池工作时发出的功率随日照强弱、天空阴雨、环境温度(电池方阵表面温度)而变化。因此需要及时跟踪太阳,使太阳能电池获取最大功率或获得最大功率附近处的值。

光伏阵列的输出特性曲线如图 9-89 所示。为了使输出功率最大化。当图中两矩形分别为在各自特性条件下的面积最大者,即为各自状态下的最大输出功率。对于某光照条件下,所对应的输出特性曲线 1 上只有 A 点输出的功率最大;而对于另一光照条件下,所对应的输出特性曲线 2 上只有 B 点输出的功率最大。在一般情况下,由于光照强度的变化将使光伏阵列的输出特性曲线也相应地变化,为使无论在何种光照强度下,光伏阵列都能运行于最大功率点,就必须调整负载的阻抗,使工作点一直保持在最大功率点,即如图 9-89 中的 A 点和 B 点。采用这种方法,

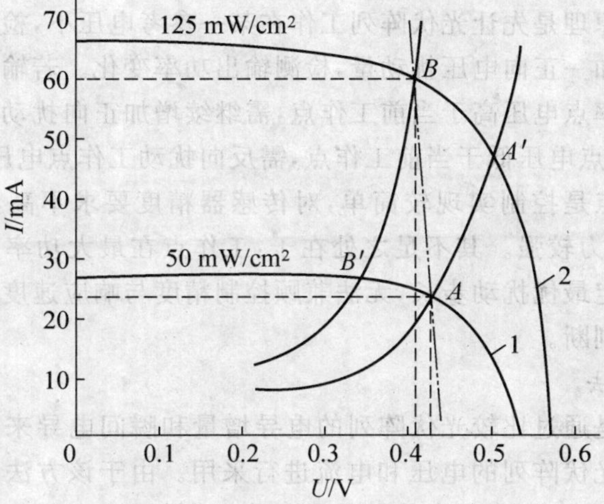

图 9-89 光伏阵列的输出特性曲线

可以获得比恒电压控制更大的输出功率。但是在实际的应用系统中，通过调节负载阻抗大小的方式达到最大功率输出是很难实现的。

目前所采用的最大功率点控制方法(MPPT)方法是通过 DC - DC 变换器中功率开关来控制太阳能电池阵列工作存在最大功率点，从而实现最大功率跟踪控制的。MPPT 的实现是一个动态自寻优过程，通过对光伏阵列当前的输出电压和电流的检测，得到当前阵列的输出功率，与已被存储的前一时刻功率进行比较，舍小存大、再检测、再比较，如此周而复始。MPPT 控制算法主要有定电压跟踪法、扰动观察法、功率反馈法、增量电导法、模糊逻辑控制法、滞环比较法、神经元网络控制法及最优梯度法等。

1. 定电压跟踪法(CVT)

该方法是对最大功率点曲线进行近似，求得一个中心电压，并通过控制使光伏阵列的输出电压一直保持该电压值，从而使光伏系统的输出功率达到或接近最大功率输出值。

这种方法具有使用方便、控制简单、易实现、可靠性高、稳定性好等优点，而且输出电压恒定，对整个电源系统是有利的。但是这种方法控制精度较差，忽略了温度对光伏阵列开路电压的影响，而环境温度对光伏电池输出电压的影响往往是不可忽略的。为克服使用场所冬夏、早晚、阴晴、雨雾等环境温度变化给系统带来的影响，在 CVT 的基础上可以采用人工调节或微处理器查询数据表格等方式进行修正。

2. 扰动观察法

扰动观察法原理是先让光伏阵列工作在某一参考电压下，检测输出功率，在此工作电压基础上加一正向电压扰动量，检测输出功率变化。若输出功率增加，表明光伏阵列最大功率点电压高于当前工作点，需继续增加正向扰动；若所测输出功率降低，则最大功率点电压低于当前工作点，需反向扰动工作点电压。

该方法的优点是控制实现较简单，对传感器精度要求不高，跟踪速度相对较快，对误判修正能力较强。其不足之处在于：工作点在最大功率点附近振荡运行，且需多次尝试设定最优扰动步长，无法兼顾控制精度与响应速度，光照强度剧烈变化时还会出现误判断。

3. 电导增量法

电导增量法是通过比较光伏阵列的电导增量和瞬间电导来改变控制信号，这种方法也需要对光伏阵列的电压和电流进行采用。由于该方法控制精度高，响应速度快，因而适用于大气条件变化较快的场合。同样由于整个系统的各个部分响应速度都比较快，故其对硬件的要求，特别是对传感器的精度要求比较高，导致整个系统的硬件造价比较高。

4. 模糊逻辑控制法

由于受太阳光照强度的不确定性、光伏阵列温度的变化、光伏阵列输出特性的非线性及负载变化等因素的影响，实现光伏阵列的最大功率输出或最大功率点跟踪时，需要考虑的因素很多。模糊逻辑控制法不需要建立控制对象精确的数学模型，是一种比较简单的智能控制方法，采用模糊逻辑控制法进行 MPPT 控制，可以获得比较理想的效果。使用模糊逻辑的方法进行 MPPT 控制，通常要确定以下几个方面：①确定模糊控制器的输入变量和输出变量；②拟定适合本系统的模糊逻辑控制规则；③确定模糊化和逆模糊化的方法；④选择合理的论域并确定有关参数。

以模糊控制为代表的智能控制技术不需要精确研究光伏电池的具体特性和系统参数，系统控制设计灵活，稳态精度较高，控制系统鲁棒性强。但模糊控制在光伏系统 MPPT 控制应用中存在动态响应较慢、适应能力有限、特定条件下易振荡等固有问题；模糊控制算法复杂，其模糊推理和解模糊过程需要完成大量浮点运算，控制系统实时性难以满足。

(二)蓄电池充电控制技术

蓄电池是光伏阵列发电系统中一个重要蓄能中间环节，它担负着光伏电能在用电低峰时存储电能，而在光伏电能较低时释放电能，使发电系统能够比较平稳地进行。光伏阵列发电系统中，一般采用铅酸蓄电池，只有良好地应用铅酸蓄电池的充放电特性，对其实施充放电，才能使铅酸蓄电池处于最佳工作状态。

铅酸蓄电池的充电过程主要包括充电程度判断、从放电状态到充电状态的自动转换，以及充电各阶段模式的自动转换和停止控制等方面。

充电过程一般分为主充、均充和浮充三个阶段，有时在充电末期以微小充电流长时间持续进行涓流充电。主充一般为快速充电，有两阶段充电、变流间歇式充电等模式；以慢充为主充模式的一般采用低充电电流的恒流充电模式。由于铅酸蓄电池在深度放电或长期浮充条件下，串联中的单体蓄电池和的电压和容量都可能出现不平衡现象，而导致这种不平衡现象的充电方式称为均衡充电，简称均充。为保证蓄电池不过充，在蓄电池快速充电至 80％～90％的容量后，一般转为浮充，即恒压充电模式，为适应充电后期蓄电池可充电电流减小，当浮充电压值与蓄电池端电压相等时即自动停止充电。为防止可能出现的蓄电池充电不足，在此之后还可以用微小的充电电流进行涓流充电，使充电比较彻底。

对于充电程度的判断有三种方法：检测蓄电池去极化后的端电压变化、检测蓄电池的实际容量、检测蓄电池的端电压。

对于充电各个阶段的自动转换方法有三种：采用定时控制方式、比较充电电流或充电电压是否达到设定值、采用积分电路在线监测蓄电池的容量。

对于蓄电池停止充电的控制方法有四种：定时控制、蓄电池的温度控制、蓄电池端电压负增量控制、蓄电池极化电压控制。

对蓄电池充电控制的实现方法有经典控制与智能控制两大类：

(1)经典的充电控制。经典充电控制一般包括充电电流的检测与自动调整、消除极化放电、自动停止充电检测等功能。

(2)智能化的充电控制。由于蓄电池的充电过程为非线性，为使充电过程最优，可采用各种智能控制方法，如模糊控制方法、神经元网络控制方法及自适应控制方法等。例如，智能模糊充电器，采用模糊控制方法对充电过程进行控制，可以实现对充电电流的高精度控制，并保证充电各阶段动作及时转换。

第五节　储能技术

储能，又称蓄能，是指使能力转化为在自然条件下比较稳定的存在形态的过程。它包括自然和人为的两类：自然的储能，如植物通过光合作用，把太阳辐射能转化为化学能储存起来；人为的储能，如旋紧机械钟表的发条，把机械功转化为势能储存起来。按照储存状态下能量的形态，可分为机械储能、化学储能、电磁储能(或蓄电)、风能储存、水能储存等。和热有关的能量储能，不管是把传递的热量储存起来，还是以物体内部能量方式储存能量，都称为蓄热。在能源的开发、转换、运输和利用过程中，能量的供应和需求之间，往往存在着数量上、形态上和时间上的差异。为了弥补这些差异，有效地利用能源常采取储存和释放能量的人为过程或技术手段，称为储能技术。

能量储存的基本任务就是克服能量供应和需求之间的时间性或地域性的差别。这种差别是由于能量需求突然变化(如季节变化造成的用能高峰变化)和一次能源与能源转换装置之类的原因造成的。

以电力储存为例，能量储存的目的是要克服稳定的发电厂输出能量与电力用户用电量被动之间的差值。当用户用电量低于发电能力时，发电厂将发出的电力储存起来，而用户用电量需求高于发电厂发电能力时，再将储存起来的能力释放出来。能量储存可以使发电厂按照正常发电负荷稳定、有效、连续、经济地供应电力，在社会上出现用电高峰时也不会超过发电厂短期超额供应的能力。

另外，在新能源利用中，也需要发展储能技术。已知的不稳定能源利用方法中，如利用太阳能、海洋能、风能等发电，在能量输入与输出之间基本上仅设有能量转换装置，而存在于该领域中的最大问题是输入能量的不稳定性，使得转换效率、装置安全性、装置稳定性等诸多方面存在无法克服的先天性缺点。目前采用的稳定技术有加惯性轮的机械储能，有对蓄电池充电的化学储能，或者采用将发电装置与电网或柴油机联网运行，利用电网或柴油机的大容量来填补不稳定能源利用中的波动性。例如，在太阳能利用中，由于太阳昼夜的变化和受天气、季节的影响，需要有一个储能系统（储热箱或蓄电瓶）来保证太阳能利用装置（光热水或光电）连续工作。

储能系统本身并不节约能源，它们的引入主要在于能够提高能源利用体系的效率，促进新能源如太阳能和风能的发展，以及对废热的利用。在能源发生危机的今天，将积极利用自然能，如太阳能、风能、波浪能等。发展电能储存技术，对提高发电设备利用率、降低成本、保证供电质量、节约能源是非常重要的。目前，世界各国已经使用或正在研究开发的电能储存方式有：抽水蓄能、压缩空气储能、超导电感储能、新型蓄电池储能、飞轮储能等。

一、抽水蓄能的应用

抽水蓄能电站利用可以兼具水泵和水轮机两种工作方式的蓄能机组，在电力负荷出现低谷（夜间）作水泵运行，用基荷火电机组发出的多余电能将下水库的水抽到上水库储存起来，在电力负荷出现高峰（下午及晚间）作水轮机运行，将水放下来发电。以十三陵水库电站示意图为例（图 8 - 19），一座抽水蓄能电站具有几个基本组成部分：上水库、地面控制室、出线洞、压力管道、下水库、尾水隧道、尾水调压室、地下厂房、主阀室。

抽水蓄能机组可以和常规水电机组安装在一座电站内，这样的电站既有电网调节作用又有径流发电作用，称为常蓄结合或混合式电站。

（一）抽水蓄能电站的分类

1. 按建设类型分类

装有常规水轮发电和抽水蓄能两种机组的水电站称为混合式抽水蓄能电站，或称常蓄结合水电站。有的抽水蓄能电站或利用现有水库为上水库或下水库，人工新建另一个水库及引水系统和厂房。就抽水蓄能的功能而言和径流发电无关，属于纯抽水蓄能电站类型。另一种纯抽水蓄能电站完全依靠人工修造上下两个水库和引水系统，电站系统内的水体往复循环，只为抵消蒸发和渗漏需要补充少量水源，厂内安装的全是抽水蓄能机组。

2. 按调节规律分类

如果抽水蓄能电站在夜间和午间系统负荷低谷时抽水，在上、下午及晚间负荷高峰时发电，每天都按此规律操作，则成为日调节电站。

有的电力系统不呈现日循环规律而是周循环规律，在一周的 5 个工作日内，蓄能机组每天都有一定次数的发电和抽水，但是每天的发电量多于抽水量，故上水库的蓄水量逐天减少，到了周末水库近于放空，因周末工业负荷很少，这两天只抽水不发电。

如利用径流式水电站丰水期的季节性电能将水抽到另一个水库中储存起来，到了枯水期再放下来发电，则成为季节调节抽水蓄能电站。在西欧一些国家，早年发展抽水蓄能电站就是从季节性蓄水开始的。

3. 按利用水头分类

混合式蓄能电站受天然落差的限制，水头一般不超过 150～200 m，如我国在常规水电站增装蓄能机组的岗南、密云、潘家口、响洪甸等都是水头 100 m 以下的电站。

纯蓄能电站则趋向于使用高水头，因为在容量和蓄能量方面电站的造价随水头增加而逐渐降低。我国的高水头蓄能电站如广州、十三陵、天荒坪等的利用水头已到 400～600 m 或者更高，国外使用单级水泵水轮机的蓄能电站已用到 700 m 以上，使用多级水泵水轮机的蓄能电站已用到水头1 300 m。

4. 按机组形式分类

国外早期的抽水蓄能电站使用的是单独的水泵机组和水轮机组，即水泵配以电动机，水轮机配以发电机，形成四机式机组。由于抽水和发电使用不同的电机，投资大，后来随技术进步，一台电机可以兼做电动机及发电机使用，四机式机组应用的就更少。

随后出现的是将水泵、水轮机与电机连接在一起的三机式机组，又称组合式机组。机组的水泵和水轮机都可以按电站的集体要求设计，故能保证在各自的调节下高效率运行。同时水泵和水轮机都向同一方向旋转，在切换工况时不需要停机，增加了机组的调节灵活性。目前，组合式机组逐渐被可逆式机组所取代。但在高水头范围，如 600～800 m 或更高，组合式机组还是有竞争力的组合式机组的缺点是主机投资高、整体尺寸大。

从 20 世纪 50 年代起，出现了将水泵和水轮机合并成一个可逆式水泵水轮机，或称二机式机组。它向一个方向旋转为水轮机工况，向另一个方向旋转为水泵工况，可逆式机组的优点是结构简单、造价低。除低水头范围内使用一些斜流式机组外，大多数蓄能电站均使用混流式机组。

水头更高时，单级水泵水轮机的比转速将变得很小，很难保持高效率，故需要采用多级可逆式水泵水轮机。多级机组可使用较高的比转速提高效率。在欧洲现在有的蓄能电站使用4～6级的高水头水泵水轮机。

（二）抽水蓄能电站的组成部分

抽水蓄能电站包括4个组成部分。

1. 上下水库

混合式蓄能电站的上水库一般为已建成的水库，下水库可能是下一级电站的水库，或为用堤坝修建起来的新水库。纯抽水蓄能电站大多数是利用现有水库为下水库，而在高地或山间筑坝建成上水库。

人工修筑的水库，其容量除应满足全天发电所需的水量外，另有一定的备用库容，以抵消蒸发和渗漏。据估计，大型蓄能电站每年损耗水量100万～200万 m^3，上库的修筑工作量是巨大的，所形成的库容十分宝贵，库底及边壁都应有防渗保护，国内外广泛使用沥青混凝土全面铺盖，也有用混凝土板防护的，对上库原来有水源的也应视情况决定是否采取防护措施。

2. 引水系统（高压部分）

和常规水电站一样，蓄能电站引水系统的高压部分包括上库的进水口、引水隧洞、压力管道和调压室。上库的进水口在发电时是进水口，但在抽水时是出水口，故称为进出水口。为满足双向水流的要求，进出水口应按两种工况的最不利条件设计。常规水电站在进出口都装有拦污栅。在蓄能电站中因水泵工况的出水十分湍急，对拦污栅施加很大的推力和震动力，所以拦污栅是进出水口设计的重要项目。

蓄能电站引水隧道上的分岔管在发电工况时流向是分流的，在抽水工况则是合流的，为使两个方向水流的损失都能最小，需要进行专门的试验研究。

3. 引水系统（低压部分）

地下电站的尾水部分（低压部分）是有压的，通常也做成圆断面的隧洞。设计中要特别注意过渡过程中可能出现的负压，如现在趋向于将厂房向上游移动，也就是尾水隧洞将会更长，产生负压的可能性也就更大。

4. 电站厂房

中低水头抽水蓄能电站分为坝后式和引水式，都可以使用地面厂房。水轮机工况的排水和水泵工况的吸水都直接连通到尾水渠。由于水泵的空化性能比水轮机要差，机组中心必须安放在比常规水轮机更低的高程，高水头蓄能电站一般都采用地下厂房，不少中低水头的蓄能电站也是用地下厂房。现在高水头蓄能电站机组中心已达尾水面以下 70～80 m，厂房内所有管道都要承受很大的压力，厂房本身的防渗漏问题也需特别设计。多数的地下电站都将变压器安装在地下，故需要专门开挖一个洞室放置变压器。如电站需要修建尾水调压井，则常常将几台机组的尾水闸门连通，形成第三洞室。

(三)抽水蓄能电站在电力系统中的作用

1. 抽水蓄能机组对改善电网运行的作用

(1)抽水蓄能机组属于水电机组，启动快速，使用负荷范围广，在电力系统中能很好地替代火电机组担任调峰。

(2)作为水电机组，抽水蓄能机组有很强的负荷跟随能力，在电网中可起调频作用。

(3)抽水蓄能机组的利用时数不很高，随时可以作为系统的备用机组。同时还可以作为旋转备用，也就是在并列状况下在发电方向空转，必要时能快速地带上负荷，可以在很短的时间内转换为发电，其短时间调节能力为装机容量的 2 倍。

2. 抽水系统在能源利用上的作用

(1)降低了电力系统燃料消耗电力系统中的大型高温高压热力机组，包括燃煤机组和核燃料机组，均不适合于在低负荷下工作。由于电网调节需要而强迫降低负荷后，燃料消耗、核电厂用电都将增加，机组的磨损也将加速。在采用了抽水蓄能机组与燃煤机组及核电机组配合运行后，这些热力机组都得以在额定或较高出力下稳定运行，实现了较高的运行效率。

(2)改变能源结构抽水蓄能机组所代替的热力机组中有一部分是燃油的蒸汽机组或燃气轮机组。抽水蓄能的动力来自燃煤，使用抽水蓄能以后就起到了以煤代油的作用，对改变燃料结构有重要意义。

(3)提高火电设备的利用率用燃煤机组调峰时要经常改变运行方式或频繁开停机，因而导致机器磨损并经常发生事故。抽水蓄能机组可以替代这些热力机组的调峰任务，使这些机组可以担负更为稳定的负荷，设备的利用率因而得以提高，使用寿命延长。

(4)降低运行消耗抽水蓄能机组是水力机组，厂用电消耗比常规水电站多些，但只有装机容量的 2%～3%，而热力机组的厂用电一般在 7%～8%。采用抽水蓄能机组后可以有效地降低运行消耗和辅助设备的投资。

3. 抽水蓄能电站在提高水电效益方面的作用

(1)缓减发电与灌溉的用水矛盾。在缺水地区水库的运用一般是以保证灌溉用水为原则，水库上虽建有水电站，却不能按电力系统的要求来发电。在灌溉季节水电站需要连续发电，实际成为基荷电站。在非灌溉季节因水量不足而不能发电，根本起不了水电机组应有的调峰作用。在这样的水电站中如果装设抽水蓄能机组，则可以每天把顶尖峰放下来的水抽回去，往复循环，从而避免了发电与灌溉争水，使水电机组得以发挥其调峰作用。实际上，在这种水电站中装设了抽水蓄能作用。在这样的水电站中如果装设抽水蓄能机组后，其他的常规水电机组可以多发点，因而提高了全厂的调峰能力。

(2)调节长距离输送的电力。将西部丰富的水力资源输送到东部沿海地区(西电东送)是我国电力建设的一个特点，今后将有很大的发展。长距离输电的设备投资很高，因而要连续满容量输送，实际上大部分输送的是基荷电力。然而，受电地区的负荷每日要随时间早晚而变化，还需要在适当地点有一个调节环节。装设抽水蓄能电站是缓和电网与长距离输电矛盾的重要手段。

(3)充分利用水力资源抽水蓄能电站不仅对火电有节煤效益，对常规水电同样有充分利用水能的功能。在汛期抽水蓄能电站的调峰填谷任务更加繁复，因为具有调峰能力的常规水电站，为了避免或减少弃水，一般都发满处理，在系统中实际担任了基荷或腰荷。在此期间电网的调峰能力大为减少，特别是库容小的常规电站在电网处于低谷时，只能减负荷或完全停机弃水。抽水蓄能电站此时正好可以利用常规水电站的弃水负荷来抽水蓄能，达到充分利用水能的目的。

(4)对环境没有不良影响。抽水蓄能电站不发热、不冒烟、不进煤、不出渣，对环境影响极小。相反，在电站的水库或调节池建成后还有助于净化环境，改善景观。

(5)具有黑启动功能。如遇到电网严重故障或全网解裂，蓄能电站可以在无厂用电的情况下，启动机组作发电运行(上水库都应留有一定的紧急备用容量)，而无需装设有污染的备用电源。

二、超导储电技术的应用

超导技术的进步为电能储藏开辟了一条新的技术途径。超导储能装置具有储能密度大、效率高、响应快的优点，而且也可以小型化、分散储能的形式应用，正在受到人们越来越大的关注。超导储能技术有超导磁储能和磁悬浮飞轮储能两种，前者将电能以磁场的形式储藏，后者将电能以机械能的形式储藏。下面分别介绍这两种电能储存技术。

(一)超导磁储能技术

1. 线圈储存电磁能技术

当一个电感线圈 L，其电感量为 L_0(H)，如果流过电流强度为 I(A)的电流，则在线圈内储存有一定的电磁能，电磁能 W(J)之大小可用下式表示：

$$W=\frac{1}{2}L_0I^2 \tag{9-3}$$

如果用磁感应强度 B(1 T=1 Wb/m²)表示能量密度 W(J/m²)，则

$$W=\frac{1}{2\mu_0}B^2=\frac{10^7}{8\pi}B^2 \tag{9-4}$$

式中，μ_0 为线圈中磁介质系数。

因普通线圈都有一定的电阻，流过线圈电流很大时，电阻消耗大量电能而发热，因而储能量不能很大。

2. 超导线圈储能的可行性

如果上述线圈没有电阻，那么电流可以达到很大的数量级，从而大大提高储电磁能的能力。随着在 10 T 以上的磁场下仍然可以承载很高超导电流密度的超导材料的发展，使得利用超导线圈来储存更大的电磁能成为可能。随着供电系统的大容量化，一旦发生送电事故，超导线圈储能可作为能量“分洪”装置。

根据上述原理，如果能建造能量密度 10^2 kW/m² 以上大容量超导线圈储能装置的话，在动力供能、消除供能地区差异、时序差异、减少能源浪费等方面都将开辟美好的前景。

这种方式的电能是由一个超导磁环中的环流储存的，没有能量转换到其他形式(如机械、化学能)，因为使用了超导体线圈，电流在其中流动几乎无损耗，能耗仅为保持超导冷却和少许辅助机械作用，所以其返回效率(Round Trip Efficiency)高达 90%以上。超导磁储能还有以下几个优点。

(1)储能密度高，可以缩小储能设备的体积，不大受安装场地的限制，可以建造在任何地方。目前的超导材料，可以获得 10^7 J/m² 以上的储能密度，随着强磁场超导材料的发展，还可以获得 10^8 J/m² 或更高的储能密度。

(2)可以节省送变电设备和减少送变电损耗。

(3)可以快速启动和停止，即可以瞬时储电和放电，从而也可以缩短停电事故修复时间。

(4)因为在系统输入、输出端使用交流变换装置，短路容量的稳定度较高。

唯一的限制是连接磁环与电网的固态元件的开关时间。超导磁储能做到在约 10 ms(或 6 个周波)内对电网暂态响应并达到全功率，超导磁储能不像抽水蓄能和压缩空气储能那样容易受到地理条件的约束，也不像蓄电池储能那样宜于分散建设积少成多，它可以根据实际需要在较大容量范围内设计制作，它的缺点是单元组件的最大储存电能没有抽水蓄能那样大，不能用作季节的负荷调节。

基于超导磁储能的上述优点，它的应用不仅可以调平日夜负荷峰谷差，而且可以提高输电线的稳定性和电能质量。更重要的还在于遇到电网暂态波动时（如由于地震等自然灾害或电网本身重大事故而引起的突然甩负荷等），它对电网有功与无功的支持来稳定电压和频率，可以避免系统解裂甚至崩溃。超导磁储能技术在电力工业中有广泛的商业应用前景。

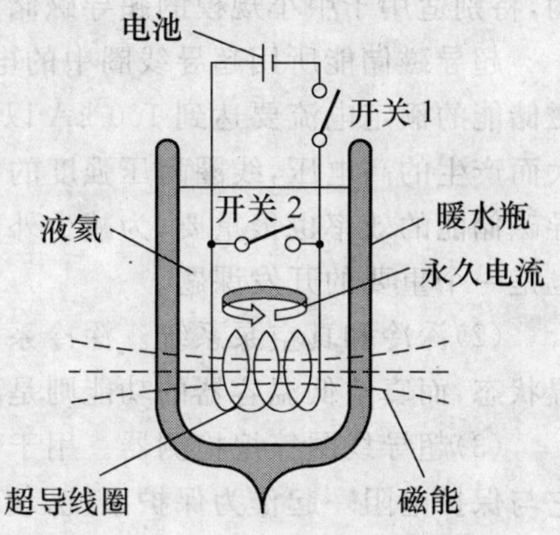

图 9-90 超导磁储能原理图

3. 超导磁储能的原理

根据超导体极低温度下即达到超导状态后电阻为零的特性，可以给出图 9-90 所示的超导磁储能原理图。图 9-90 中在开关 2 断开状态下，接通开关 1 给超导线圈充电之后，将开关 2 闭合，使开关 1 断开，超导线圈中便成短路状态。由于在超导线圈这一闭合回路内电流不会衰减而永久流通（永久电流），永久电流的能量便以磁场的形式储存在超导线圈中，其储能原理和第一节中的线圈储能原理一样，可以用式(9-3)和式(9-4)表示。

4. 超导磁储能系统的组成及研究现状

超导磁储能系统的基本组成由图 9-91 所示，其主要部件的作用及目前研究如下。

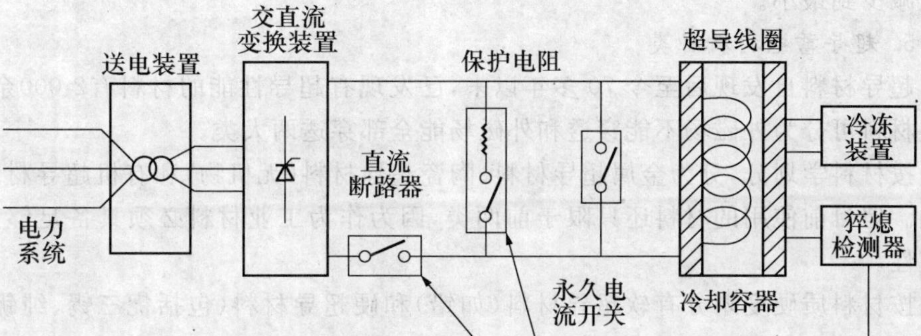

图 9-91 导磁储能系统的基本组成

(1)超导线圈。置于真空绝热冷却容器中的超导线圈，是整个超导磁储能系统的核心部件。超导线圈排列在圆周上的圆环形线圈。圆筒形结构比环形简单，适用于大型超导磁储能，但缺点是易产生漏磁场；环形线圈可以最大限度地减少螺旋管外的磁场，并可减少占地面积，尤其是环形多级结构是目前较为理想的线圈结构，特别适用于中小规模的超导磁储能。

超导磁储能所用超导线圈中的电流很大，特别是调整负荷所用的大中型超导磁储能的额定电流要达到100 kA以上，所以为保证超导稳定性及克服由于电流增大而产生的高电压，线圈耐压强度的提高是一关键技术。此外，用于平衡负荷的超导磁储能的效率也很重要，为减少外部热量侵入冷却器，开发热系数低的电流导线也是一个重要的开发课题。

(2)深冷和真空泵系统。深冷系统维持超导磁储能线圈运行时所需要的极低温状态，而真空低温容器的功能则是减少外部环境向深冷线圈内的热传导。

(3)超导线圈猝熄检测器。用于快速检测超导线因由于失超而产生的"猝熄"，它与保护电阻一起作为保护系统，使储存于线圈内的能量安全释放。要降低超导磁储能超导线圈中的交流损失，必须将稳定性好的导体截面积降到最低限度，为此在发生猝熄时，要求能在短时间内准确检测出猝熄故障，在温升不致烧坏线圈之前迅速排除故障，因此需要有能从背景噪声中确实识别短路信号的高灵敏度检测器。

(4)电力调节系统(PCS)。PCS为超导磁储能与公用电网或其他用户之间提供了接口。在电网低负荷时，将多余的电力转换或直流电储存于超导磁储能中；而当电网负荷高峰时，又将超导磁储能的直流电转换成交流电补充道电网中。另外，PCS也可调节电力系统的功率因数。

(5)永久电流开关。使超导线圈两端短路，以长期高效地储能。要提高超导储能系统中永久电流开关的效率，必须尽量减少储能损失，因而必须将开关闭合时的电阻减少到最小。

5. 超导蓄电材料种类

超导材料自发现后至今70多年以来，已发现有超导性能的材料有2 000余种，这些材料可分为外磁场不能穿透和外磁场能全部穿透两大类。

按材料学划分，分为金属超导材料、陶瓷超导材料(无机物)和有机超导材料三大类。但目前使用的材料还只限于前两类，因为作为工业材料必须具备足够高的稳定性。

按材料质硬度划分有软超导材料(如铅)和硬超导材料(包括铌三锡、纯铌、纯钒以及铌钛合金等)。

按构成元素的结合状态来划分时，则可分为单体超导材料、合金超导材料、金属间化合物超导材料、碳化物超导材料、氮氧化物超导材料、碱化物超导材料、硫化物超导材料、氧化物超导材料以及有机盐类超导材料等。

按照结晶系划分时，则有固溶体(合金)系超导材料、A-15型(β钨型)化合物超导体、B-1 型（氯化钠型）化合物超导体、C-15 型（拉夫斯相型）化合物超导体、古铜辉石型化合物超导体、尖晶石型化合物超导体、钙钛矿型化合物超导体等。

另外，还可按是否符合 BCS 超导理论来分类，如陶瓷超导材料和有机超导材料就属于不符合 BCS 理论的一类超导体。

尽管已有2 000余种材料具有超导性能，但真正用于超导储电材料的却并不多。原因是作为超导触电材料除了具有良好的超导性能外，还必须具有较好的强度。塑韧性及成型工艺性能，这样才有可能使之加工成线材和带材。而具备这两方面性能超导材料，有金属类及合金类超导材料。纯合金超导材料很少用。

6. 今后超导储能有待解决的问题

(1)电磁力支承：大型线圈的支撑材料造价与结构问题。

(2)猝熄短路保护：解决短路后能量释放、控制线圈温升的问题。

(3)永久电流开关：迄今研究的超导常规导电的开关和超导接点方式都未突破常温常规开关，储能损失大，难以实用。

(4)高温超导体(HTS)线圈：目前液氮冷却的 HTS 线圈的磁场强度不够，故应不断提高线材临界温度值以提高场强，或利用液氯和氢之间的温度使磁场强化。

(5)漏磁场：考虑经济性，用圆筒形线圈为好。但环保限定漏磁场不超过 10～3 T。大型超导磁储能需要半径为1 000 m 的场地。环形线圈无此问题，但所需导体的量约为前者的两倍，故形状问题仍需考虑。

(6)变流器：沿用现有技术，存在规格、损耗及安全性问题。

(7)成本：成本影响实用。小型超导磁储能成本造价尤其比其他相应技术成本高，其中变流器所占比重很大。应开发低造价的超导磁储能。

(二)超导磁悬浮飞轮储能技术

在超导储能装置中，超导磁悬浮飞轮储能较磁储能起步晚，是在高质量、高温超导块材技术基本形成后才发展起来的，与超导磁储能装置相比较，超导磁悬浮飞轮储能密度更高、泄漏磁场较小。而且，超导储能的效率、单位容量成本与储存能量大小密切相关，储存能量太小则经济效益较差。在这方面，超导磁悬浮飞轮储能的效率、单位容量成本与储能容量的相关性较小，从而更容易实现小型化。

超导磁悬浮飞轮储能的基本原理如下。

1. 飞轮储能

运动的物体具有动能。质量为 m、质心以速度 v 做支线运动的物体所具有的动能 E 为：

$$E = \frac{1}{2}mv^2 \qquad (9-5)$$

而绕某一轴心旋转的物体的动能与惯性矩 I 和角速度 ω 相关，惯性矩 I 为：

$$I = \int_m r^2 \mathrm{d}m \qquad (9-6)$$

物体以角速度 ω 旋转时的动能为：

$$E = \frac{1}{2}I\omega^2 \qquad (9-7)$$

这就是飞轮储藏的能量。

但是，由机械轴承支撑的飞轮，因承重轴承上的机械摩擦耗，难以实现高效、大容量、长时间的储能（图 9-92）。

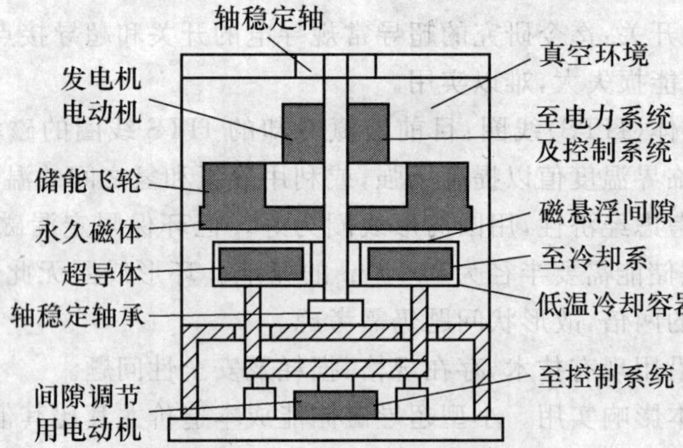

图 9-92　悬浮轴承储能原理图

2. *超导磁悬浮飞轮储能技术*

磁悬浮永久磁体承载储能装置中，飞轮用高抗张力强度材料制成。电机以电动机的方式运行，带动处于磁悬浮状态的飞轮旋转，将电能转换成动能储藏；反过来，当电机以发电机方式运行时，飞轮所储藏的动能将转换为电能。稳定飞轮轴向的轴承也可以使用磁性轴承。磁悬浮间隙的大小可以通过间隙调节电动机调节。调节磁悬浮间隙也可以改变磁悬浮力的大小。为了减小高速旋转飞轮上的风损，飞轮和磁悬浮轴承一般放置在真空环境中。真空环境也是维持超导体低温环境所必需的绝热手段。也有将飞轮直接置于空气中的试验样机。

随着超导磁悬浮飞轮储藏能量的减少，飞轮的转速逐步下降，因而它与电力系统的连接还存在变频问题。这既可以采用电力电子变频技术，也可以采用交流励磁可变速发电机技术实现。通过对发电机的控制，既可以使超导磁悬浮飞轮储能输出有功功率，也可以使之输出无功功率。因此，和超导磁储能系统一样，飞轮储能也具有调节电力系统有功功率和无功功率的能力。

三、电容器储能技术的应用

在脉冲功率设备中，作为储能元件的电容器在整个设备中占有很大的比重，是极为重要的关键部件，广泛应用于脉冲电源、医疗器材、电磁武器、粒子加速器及环保等领域。我国现有的大功率脉冲电源中采用的电容器基本上是按电力电容器的生产模式制造的箔式结构的电容器，其存在储能密度低、发生故障后易爆炸的缺陷。目前国内脉冲功率电源中所用电容器的储能密度一般为 100～200 J/L，少数达到 500 J/L。国际上所用脉冲电容器的储能密度水平在 500～1 000 J/L，形成商品的电容器的储能密度约为 500 J/L。提高电容器的储能密度，将有效地减小大功率脉冲电源的体积。

电容的形成原理可用在两块导电电极之间夹有绝缘材料层的平板型电容结构来说明。当两电极之间施加电压 U，极板上将储存电荷 Q，电极间的电容量 C 为：

$$C = \frac{Q}{U} = \frac{\varepsilon S}{\delta} \tag{9-8}$$

式中，ε 为绝缘介质的介电常数；S 为极板面积；δ 为绝缘介质的厚度。

设电容器储存的能量为 W，则

$$W = \frac{1}{2}CU^2 = \frac{\varepsilon S\delta U^2}{2\delta^2} = \frac{1}{2}\varepsilon V_i E^2 \tag{9-9}$$

式中，V_i 为绝缘介质的体积；E 为绝缘介质承受的电场强度。

电容器中的能量储存在两金属电极之间的绝缘材料中，绝缘材料的体积储能密度为

$$D_i = \frac{1}{2}\varepsilon V_i E^2 \tag{9-10}$$

由式(9-10)可见，提高电容器的储能密度的方法有两种：①提高 ε 值，这意味着采用高介电常数的膜，但现有的高介电常数的膜均为极性材料，这种材料一般电导率较大，击穿场强较低；②提高工作场强，目前这是一条最重要的途径，因 D_i 与 E 的平方成正比，国内外的电容器研究主要侧重在这方面。

1. 箔式结构脉冲电容器

现有箔式结构脉冲电容器普遍采用纸膜负荷的介质结构。这种电容器主要利用纸盒聚酯膜的高介电常数及纸良好的浸渍性能。但纸的物理结构疏松，导致这种复合介质的击穿强度较低。因此，从现有水平看，再提高这种电容器的储能密度是很困难的。从提高介质的工作场强出发，高储能密度电容器的介质材料应选择

击穿强度较高的聚合物膜，而不是纸膜复合材料。

2. 自愈式高能储能密度电容器

金属化蒸镀技术在20世纪70年代应用于储能电容器。金属化膜电容器的电极是由蒸镀到有机薄膜上的很薄一层金属组成，其厚度仅20～100 mm。膜在生产过程中存在缺陷或杂质，该处电流强度低于周围，称其为电弱点。随着外施电压的升高，电弱点处的薄膜先被击穿形成放电通道，放电电流引起局部高温，击穿点处的极薄金属层受热迅速蒸发、向外扩散并使绝缘恢复，因局部的击穿不影响到整个电容器，故称该过程为"自愈"。

金属化膜电容器有效地防止了单个电弱点引起的电容器失效，使用寿命大为延长，电极体积/质量的减小也大幅度提高了储能密度。但薄电极结构和端部喷金的连接形式限制了通流能力，故不能应用于大电流、陡脉冲放电领域。加厚电极边缘及改进端部喷金可提高端部通流能力。

四、压缩空气储电技术的应用

(一)压缩空气储电技术简介

压缩空气储能技术的概念在20世纪50年代提出来，它像蓄电池、抽水蓄能电站等技术一样，在电力供应方面作电力削峰填谷的工具。

压缩空气储能系统由两个独立的部分组成，充气(压缩)循环和排气(膨胀)循环。压缩时，电动机/发电机作为电动机工作，使用相对较便宜的低谷电驱动压缩机，将高压空气压入地下储气室，这时膨胀机处于脱开状态。用电高峰时，合上膨胀端的联轴器，电动机/发电机作为发电机发电，这时从储气室出来的空气先经过热气预热(是用膨胀机排气作加热起源)，然后在燃烧室内进一步加热后进入膨胀系统。

(二)利用压缩空气储存电能的原理

压缩空气储存发电是这样一种技术：利用夜间多余的电力制造压缩空气，使之储存在地下空洞里，白天用压缩空气使燃料燃烧使燃气轮机发电。1978年德国建成了芬特罗夫发电站(输出功率为290 MW)。图9-93所示是储存压缩空气的发电系统之一(美国麦金塔发电站)。通过压缩机，将7 MPa的压缩空气储存在水喷射法挖掘的岩石层空洞里。然后利用低压燃气轮机的废热再生器，将储存的压缩空气加热到300℃，作为高压燃气轮机和低压燃气轮机的燃烧空气使用。压缩机和汽轮机通过发电机/电动机这一离合器的连接与断开，就可形成各自的工作循环。

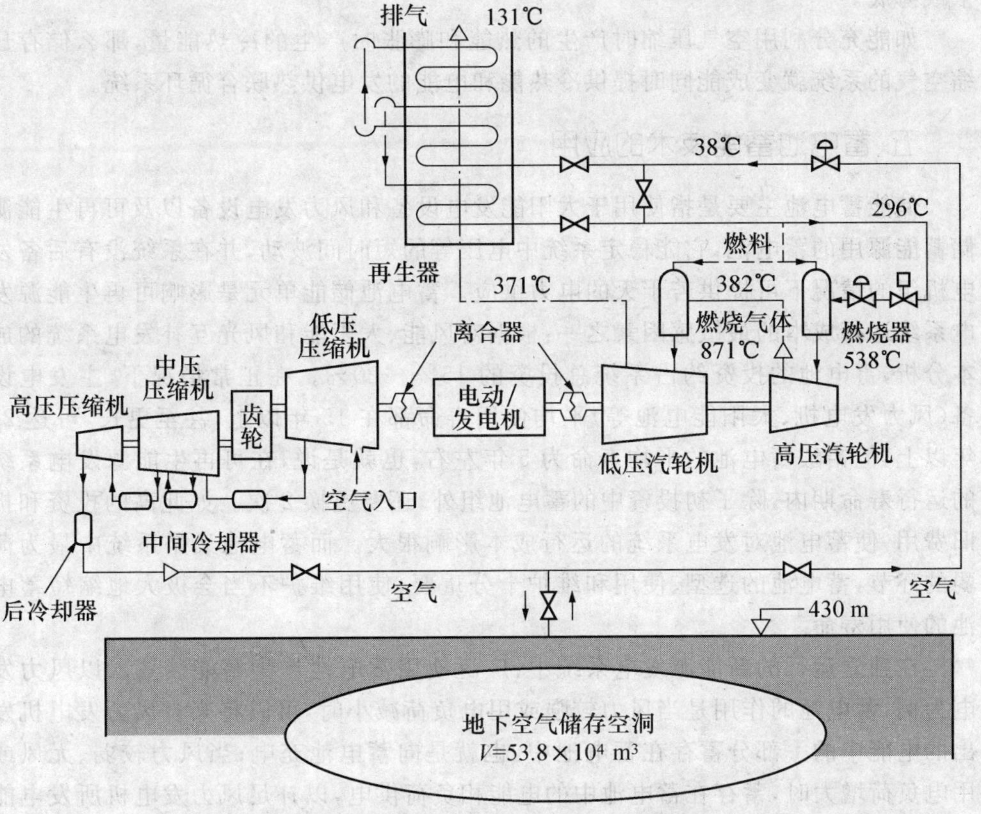

图 9-93　储存压缩空气发电系统(美国麦金塔发电站)

用一般的燃气轮机发电时，压缩机的动力占汽轮机动力输出的 1/2～2/3，因此，发电机的额定输出比汽轮机的额定输出小，但在这种方式中，能使发电机的额定输出接近汽轮机的额定输出。燃气轮机发电启动时间短，只有几分钟，即便是压缩储存方法，也能够充分发挥这一特点。

储存压缩空气发电时，使用储存的空气和燃料，储存效率可由下式定义：

$$\eta=\frac{\text{生产电能(相当于储存的部分)}}{\text{储存时投入的电能}}=\frac{E_0-Q\eta_g}{E_i}\qquad(9-11)$$

式中，E_0 为白天生产的电能；Q 为白天投入的燃料；η_g 为发电效率；E_i 为夜间投入的电能。

输出功率为 100 MW 时，压缩空气发电系统的储存效率为 77%，超过扬水发电的储存效率(为 70%)，若能提高燃气轮机的效率，储存效率可达到 90%。日本没有像欧美那样能用水喷射挖掘岩盐层那样的地质结构，只能将储存设备埋在地下或海底。

如能充分利用空气压缩时产生的热能和膨胀时产生的冷热能量，那么储存压缩空气的系统就变成能同时提供冷热能和电能的发电供热联合循环系统。

五、蓄电池蓄能技术的应用

储能蓄电池主要是指使用于太阳能发电设备和风力发电设备以及可再生能源储蓄能源用的蓄电池，它能稳定系统中电压等的短时间波动，并在系统没有后备发电机组的情况下可提供若干天的电力供应。蓄电池储能单元是影响可再生能源发电系统运行成本的最敏感因素之一：根据对风能、太阳能和风光互补发电系统的成本分析，蓄电池的投资约占系统总投资的15%～20%。在正常情况下，主发电设备(风力发电机、太阳能电池等)平均使用寿命都在15年以上，甚至更长，可达20年以上，但铅酸蓄电池的平均寿命为5年左右，也就是说，在可再生能源发电系统的运行寿命期内，除了初投资中的蓄电池组外，还要更换2次。如此高的投资和折旧费用，使蓄电池对发电系统的运行成本影响很大。而蓄电池又是系统中最为薄弱的环节，蓄电池的选型、使用和维护十分重要，使用维护不当会极大地缩短蓄电池的使用寿命。

在独立运行的新能源发电系统中，广泛使用蓄电池作为蓄能装置。以风力发电为例，蓄电池的作用是当风力较强或用电负荷减小时，可以将来自风力发电机发出的电能中的一部分蓄存在蓄电池中，也就是向蓄电池充电；当风力较弱、无风或用电负荷增大时，蓄存在蓄电池中的电能相负荷供电，以补足风力发电机所发电能的不足，达到维持相负荷持续稳定供电的作用。风力发电系统中常用的蓄电池有铅酸蓄电池(亦称铅蓄电池)和镍镉电池(亦称碱性蓄电池)。

蓄电池的容量以Ah表示，容量为100 Ah的蓄电池代表该蓄电池。若放电电流为10 A，可连续放电10 h；若放电电流为5 A，可连续放电20 h。在放电过程中，蓄电池的电压随着放电而逐渐降低，放电时铅酸蓄电池的电压不能低于1.4～1.8 V，碱性蓄电池的电压不能低于0.8～1.1 V，蓄电池放电时的最佳电流值为10 h放电率电流，蓄电池的最佳充电电流值等于其最佳放电电流值。

蓄电池经过多次充电及放电以后，其容量会降低，当蓄电池的容量降低到其额定值的80%以下时，就不能再使用了，也就是蓄电池有一定的使用寿命，影响蓄电池寿命的因素很多，如充电或放电过度、蓄电池的电解液浓度太大或纯度降低以及在高温环境下使用等都会使蓄电池的性能变坏，降低蓄电池的使用寿命。

(一)常用蓄电池介绍

1. 铅酸蓄电池

铅酸蓄电池是最常用的蓄电池,单个铅酸蓄电池的电动势约为 2 V,单个碱性蓄电池的电动势约为 1.2 V,将多个单个蓄电池串联组成蓄电池组,可获得不同的蓄电池组电势,如 12 V、23 V、36 V 等,当外电路闭合时,蓄电池正负两极间的电位差即为蓄电池的端电压(亦称电压),蓄电池的端电压在充电和放电过程中,电压是不相同,充电时蓄电池的电压高于其电动势,放电时蓄电池的电压低于其电动势,这是因为蓄电池有内阻的缘故,且蓄电池的内阻随温度的变化比较明显。在可再生能源发电系统中常用的铅酸蓄电池有 AGM 阀控电池、启动型富液式蓄电池、开口式富液蓄电池、胶体式阀控电池。

(1)富液式蓄电池。富液式铅酸电池俗称“开口电池”。由于铅蓄电池在运行中有副反应,电池充电时会有大量氢气析出,导致铅蓄电池在运行过程中不断失水,为了使蓄电池保持正常运行,富液式蓄电池在使用过程中需要经常补水维护,增大了工作量,并对环境造成了污染。

(2)阀控式铅蓄电池采用特定的隔板技术,使充电过程中的副反应得到抑制(正极在充电过程中产生的氧气能够通过隔板顺利到达负极,在负极被还原,因而负极处于不充满状态,从而抑制了负极的析氢,这个过程也叫气体再化合),使得电池在使用过程中避免了水的损失,在使用过程中无需加水维护。

为了提高安全性,电池上设有安全阀,以防止电池在过充电状态下会积聚多余的气体,因而称为阀控电池,也叫 VRLA 电池,常用的是 AGM 阀控电池。AGM 是指隔板的材质。AGM 蓄电池是指隔板采用的是超细玻璃棉材料的蓄电池。常见的蓄电池隔板有橡胶隔板、PP 隔板、PE 隔板、PVC 隔板及 AGM 隔板。蓄电池装配对汽车蓄电池和密封阀控铅酸蓄电池有较大的区别,密封阀控铅酸蓄电池要求紧装配,一般用 AGM 隔板,而汽车蓄电池一般用 PE、PVC 或橡胶隔板。AGM 蓄电池电解液限量使用,使全部的电解液吸附在 AGM 隔板中,正极产生氧气顺利到达负极,实现负极的气体再化合。

2. 镉镍蓄电池

镉镍(Cd-Ni)充电电池,正极为氧化镍,负极为海绵状金属镉,电解液多为氢氧化钾、氢氧化钠碱性水溶液。小型密封镉镍电池的结构紧凑,坚固,耐冲击、振动,成品电池自放电小,在使用上适合大电流放电,适用温度范围广,−40～60℃。它的特点是循环寿命长,理论上有2 000～4 000次的循环寿命。常见外形是方形、扣式和圆柱形,其有开口、密封盒、全密封三种结构。按极板制造方式又分为有极板盒式、烧结式、压成式和拉浆式。镉镍蓄电池具有放电倍率高、低温性能好、循环寿命长等特点。

3. 金属氧化物镍蓄电池

金属氢化物镍蓄电池是新开发出来的产品，负极为吸氢稀土合金，正极为氧化镍，电解液为氢氧化钾、氢氧化锂水溶液，比能量是镉镍蓄电池1.5～2倍，具有可快速充电、优良的高倍率放电性能和低温放电性能，价格便宜，无污染，被称为绿色环保电池。

4. 铁镍蓄电池

负极为铁粉，正极为氧化镍，电解液为氢氧化钾或氢氧化钠水溶液。具有结构坚固、寿命长等特点，比能量较低，多用于矿井运输车动力电源。

5. 锌银蓄电池

负极为锌，正极为氧化银，电解液为氢氧化钾水溶液，具有较高的比能量及优良的高倍率放电性能，但价格偏高，多用于军事工业级武器系统。

6. 锌镍蓄电池

负极为锌，正极为氧化镍，电解液为氢氧化钾水溶液，具有高比能量，价格较低；但寿命较短，近年来，锌镍蓄电池的循环寿命有了较大提高，预计随着循环寿命的提高将获得更广泛应用。

7. 锂离子蓄电池

负极是碳(石墨)，正极是氧化钴锂，由于采用有机电解质液，具有电压高、比能量高及优良的循环寿命，安全无污染，被称为绿色电源。常作为通信工具和便携器材的电源。

(二)其他新型电池

由于一方面生产蓄电池的材料，如铅和酸，在废弃后会造成环境污染；另一方面，市场对大容量、高效率，深充深放蓄电池的需求，促进了许多新型蓄电池的发展。

1. 硅能蓄电池

硅能蓄电池采用液态低钢硅盐化成液替代硫酸液作电解质，生产过程不会产生腐蚀性气体，实现了制造过程、使用过程以及废弃物均无污染，从根本上解决了传统铅酸蓄电池的主要缺点。该电池比能量特性、大电流放电特性、快速充电特性、低温特性、使用寿命及环保性能等各项性能，均大大优于目前国内外普遍使用的铅酸蓄电池。同时还克服了铅酸蓄电池不能大电流充放电等缺点，其大电流放电和耐低温优点突出。与其他多种改良的铅酸蓄电池比较，硅能蓄电池电解质改型带来的产品性能进步明显，它掀起了电解质环保和制造业环保的新概念，是蓄电池技术的标志性进步之一。

2. 燃料电池

燃料电池的一般结构为：燃料电池的反应为氧化还原反应，电极的作用一方面是传递电子、形成电流；另一方面是在电极表面发生多相催化反应，反应不涉及电极材料本身，这一点与一般化学电池中电极材料参与化学反应很不相同。燃料电池工作原理详见第七章。

参 考 文 献

[1]沈鸿.电气工程师手册.北京:机械工业出版社,1993.
[2]王承煦,张源.风力发电.北京:中国电力出版社,2002.
[3]冯慈璋.电磁场.2版.北京:高等教育出版社,2001.
[4]黄立培.电动机控制.北京:清华大学出版社,2004.
[5]赵争鸣,刘建政,孙晓瑛,袁立强.太阳能光伏发电及其应用.北京:科学出版社,2005.
[6]徐伯雄,窦玉琴.电机量测.北京:清华大学出版社,1988.
[7]范瑜.电气工程概论.北京:高等教育出版社,2007.
[8]R.J.罗沙(美).磁流体发电.北京:科学出版社,1975.
[9]程明.微特电机及系统.北京:中国电力出版社,2004.
[10]方日杰.电机制造工艺学.北京:机械工业出版社,2004.
[11]中国电力科学研究院生物质能研究室.生物质能及其发电技术.北京:中国电力出版社,2008.
[12]日本太阳能学会编.太阳能利用新技术.宋永臣,宁亚东,刘瑜译.北京:科学出版社,2009.
[13]Gibert M. Masters.高效可再生分布式发电系统.王宾,董新洲,等译.北京:机械工业出版社,2009.
[14]电气学会大电流能量应用技术调查专门委员会(日).大电流能量技术与应用.陈国呈,译.北京:科学出版社,2004.
[15]翟庆志,等.电机学.北京:中国电力出版社,2008.
[16]付正博.感应加热与节能.北京:机械工业出版社,2008.
[17]韩至成,等,电磁冶金技术及装备500问.北京:冶金工业出版社,2010.
[18]张旭亮,黄继昌.节能减排基础知识.北京:中国电力出版社,2009.
[19]田瑞,闫素英.能源与动力工程概论.北京:中国电力出版社,2008.
[20]刘柏谦,洪慧,王立刚.能源工程概论.北京:化学工业出版社,2009.
[21]邢运民,陶永红.现代能源与发电技术.西安:西安电子科技大学出版社,2007.
[22]孙云莲.新能源及分布式发电技术.北京:中国电力出版社,2009.
[23]沈辉,曾祖勤.太阳能光伏发电技术,北京:化学工业出版社,2005.
[24]王长贵,王斯成.太阳能光伏发电实用技术.北京:化学工业出版社,2005.

[25]李钟实.太阳能光伏发电系统设计施工与维护.北京:人民邮电出版社,2010.
[26]于国强,孙为民,崔积华.新能源发电技术.北京:中国电力出版社,2009.
[27]许世森,程健.燃料电池发电系统.北京:中国电力出版社,2005.
[28]曹殿学,王贵领,吕艳卓,等.燃料电池系统.北京:北京航空航天大学出版社,2009.
[29]郭新生.风能利用技术.北京:化学工业出版社,2005.
[30]刘柏谦,洪慧,王立刚.能源工程概论.北京:化学工业出版社,2009.
[31]樊栓狮,梁德青,杨向阳,等.储能材料与技术.北京:化学工业出版社,2004.
[32]丁荣军,黄济荣.现代变流技术与电气传动.北京:科学出版社,2009.
[33]刘荣厚.新能源工程.北京:中国农业出版社,2006.
[34]何显富,卢霞,杨跃进,刘万琨,等.风力机设计、制造与运行.北京:化学工业出版社,2009.
[35]陈铁华,赵万清,郭岩.水轮发电机原理及运行.北京:中国水利水电出版社,2009.
[36]陈锡芳.水轮发电机结构运行监测与维修.北京:中国水利水电出版社,2008.
[37]陈锡芳.水轮发电机组改造增容与优化运行.北京:中国水利水电出版社,2010.
[38]叶杭治.风力发电机组的控制技术.北京:机械工业出版社,2002.
[39]黄汉云.太阳能光伏发电应用原理.北京:化学工业出版社,2009.
[40]王仲颖,任东明,高虎,等.中国可再生能源产业发展报告 2009.北京:化学工业出版社,2010.
[41]秦鸣峰.蓄电池的使用与维护.北京:化学工业出版社,2009.
[42]陈剑,赵争鸣,袁立强,查澜曦.光伏系统最大功率点跟踪技术的比较.北京:清华大学学报(自然科学版),2010,50(5):700-704.
[43]刘玉方.新能源发电与分布式发电及其对电力系统的影响.东南大学硕士学位论文,2006.